Umweltnatur- & Umweltsozialwissenschaften

Reihenherausgeber

A. Daschkeit, Kiel
O. Fränzle, Kiel
V. Linneweber, Magdeburg
J. Richter, Braunschweig
S. Schaltegger, Basel
R. W. Scholz, Zürich
W. Schröder, Kiel

Springer
Berlin
Heidelberg
New York
Barcelona
Hongkong
London
Mailand
Paris
Singapur
Tokio

Volker Linneweber
Elisabeth Kals (Hrsg.)

Umweltgerechtes Handeln

Barrieren und Brücken

Mit 33 Abbildungen

Springer

Volker Linneweber
Universität Magdeburg
Institut für Psychologie
Lennéstraße 6
D-39112 Magdeburg
E-mail: Volker.Linneweber@gse-w.uni-magdeburg.de

Elisabeth Kals
Universität Trier
Fachbereich I – Psychologie
Postfach 3825
D-54286 Trier
E-mail: kals@uni-trier.de

Die Deutsche Bibliothek – CIP-Einheitsaufnahme

Umweltgerechtes Handeln: Barrieren und Brücken / Hrsg.: Volker Linneweber; Elisabeth Kals. –
Berlin; Heidelberg; New York; Barcelona; Hongkong; London; Mailand; Paris; Singapur; Tokio: Springer, 1999
(Umweltnatur- & Umweltsozialwissenschaften)
ISBN-13: 978-3-642-64252-4

ISBN-13: 978-3-642-64252-4   e-ISBN-13: 978-3-642-60091-3
DOI: 10.1007/978-3-642-60091-3

Umschlaggestaltung: Erich Kirchner, Heidelberg
Satz: Reproduktionsfertige Vorlage von den Herausgebern

SPIN: 10709999   30/3136 - 5 4 3 2 1 0 – Gedruckt auf säurefreiem Papier

Vorwort

Dieses Buch ist aus verschiedenen Gründen wichtig. Erstens, weil es sich mit der allgemeinen Umweltentwicklung befaßt, die - trotz aller "ökooptimistischen" Flötentöne - einer globalen Krisis entgegen zu eilen scheint. Zweitens, weil es mutig und selbstbewußt versucht, die Humandimensionen dieser Entwicklung ins Zentrum der Heuristik zu rücken und damit den unerläßlichen Beitrag der Sozialwissenschaften zur Abwendung jener Krise einzufordern. Drittens, weil es den existentiellen Begriff des "umweltgerechten Handelns" in seiner Doppelbödigkeit aufgreift und durchleuchtet.

Naturwissenschaftler (wie ich) neigen bekanntlich dazu, die Anregungen der Nicht-Naturwissenschaftler (der "unnatürlichen" Wissenschaftler?) entweder wegen mangelnder Formalisierung gering zu schätzen oder mit ehrfurchtsvollem Unverständnis anzuhimmeln. Häufig finden sich sogar beide Haltungen gleichzeitig in der selben Brust. Allerdings ist diese bestenfalls schizophrene Attitüde gerade in Kreisen der Umweltforscher zu einem beträchtlichen Teil den Sozialwissenschaften selbst anzulasten, welche den messenden, bohrenden, bastelnden, explorierenden und programmierenden Tatmenschen aus den physikalischen, geologischen und biologischen Zünften gerne die erdschweren Felder der Natur überlassen, um sich der süßen Kontemplation in den Sphären der Gesellschaftskultur hinzugeben. Die vorliegende Monographie beweist, daß es so nicht sein muß und daß es so nicht bleiben wird.

Nachdem ich nunmehr meiner (durch Überzeugung erleichterten) Pflicht zu lobenden, wenn nicht erbaulichen Worten nachgekommen bin, möchte ich einige (wenige) Gedanken zum Thema "Umweltgerechtigkeit" selbst beisteuern. Diese Gedanken finden sich teilweise auch in meinem Buch zur Erdsystemanalyse[1], das den Versuch unternimmt, eine "mathematische Ethik" der Nachhaltigkeit zu formulieren. Der damit verbundene Anspruch ist übrigens so hoch, wie er klingt.

Der Begriff "Gerechtigkeit" wird häufig auf den Begriff "Gleichheit" reduziert - der Gebrauch der Kategorie "Egalité" durch den Wohlfahrtsausschuß der Französischen Revolution illustriert dies ebenso wie der Gebrauch der Kategorie "Equity" in der angloamerikanischen Fairneßtheorie. Ohne auf die Begründbarkeit dieser Reduktion (bzw. Operationalisierung) einzugehen, läßt sich festhalten, daß "Gleichheit" im Umweltkontext gleichen Zugang zu natürlichen Ressourcen, gleiche Entwicklungschancen, gleiche Beteiligung an den Vor- und Nachteilen von Umwelteingriffen, gleiche Verantwortung beim Umweltmanagement usw. für die involvierten Agenten von vergleichbarem Typus bedeuten soll.

Aber die fundamentale Ungleichheit zwischen genuinen *Akteuren* und *Reakteuren* bei der Durchführung des Umweltspiels ist unaufhebbar. Es gibt diejenigen Figuren, welche das Spiel durch ihre Initiativen gestalten, und diejenigen, welche die Folgen bewältigen müssen. Bei einer solchen Aussage denken wir natürlich

---

[1] Schellnhuber, H.-J. & Wenzel, V. (Eds.). (1998), *Earth System Analysis: Integrating Science for Sustainability*. New York: Springer.

sofort an die asymmetrische Verteilung von umweltrelevanter Macht zwischen den Schichten einer Gesellschaft bzw. zwischen den Gesellschaften unterschiedlicher industrieller Entwicklungsstufen auf dem Globus. Überspitzt ausgedrückt, entscheidet der Mehrheitsaktionär eines westeuropäischen Stahlkonzerns mit darüber, ob ein Inselstaat im fernen Pazifik vom steigenden Meer verschluckt werden wird. Reziproke Umwelteinflüsse, etwa der Bewohner von Vanuatu auf die Montanindustrie im Ruhrgebiet, sind bisher nicht identifiziert worden.

So weit, so bekannt und so schlecht. Es gibt jedoch darüber hinaus eine unaufhebbar-fundamentale Asymmetrie, die mit dem unidirektionalen Fließen der *Zeit* zusammenhängt: Was wir tun, prägt das Schicksal nachfolgender Generationen, aber nicht umgekehrt. Intergenerationelle Gerechtigkeit herzustellen, bedeutet also in letzter Konsequenz, Chancengleichheit bei der Gestaltung der Zukunft zwischen sukzessiven Generationen zu schaffen, und dies ist bestenfalls in einem äußerst eingeschränkten, theoretischen Sinne möglich. Die Gnade der *frühen* Geburt kann nicht zurückgewiesen werden; die meisten werden sie gerne zu nutzen wissen. Die rauschhafte Konsumption der fossilen Brennstoffe (Öl, Kohle, Erdgas etc.) durch die globale Post-Weltkriegsgesellschaft ist dafür das perfideste Beispiel: Nicht nur werden die Menschen des 22. Jahrhunderts der Zugangsmöglichkeiten zu billiger Energie beraubt sein, sondern sie werden auch die Folgen des als "Nebeneffekt" realisierten Klimawandels bewältigen müssen. Neue Modellrechnungen zeigen übrigens, daß das "Kohlendioxiderbe" der Industriegesellschaft bis zum Ende des 3. Jahrtausends in massiver Weise in den Umweltbedingungen der Menschheit nachwirken wird.

Da wir aber den Gang der Uhr nicht verlangsamen und schon gar nicht umkehren können, bleibt die wahrhaft "chronische" Ungerechtigkeit zwischen Ober- und Unterliegern im Zeitenstrom für immer bestehen. Sie kann allenfalls gemildert werden durch eine Verantwortungsmoral, die das antizipierte Wohlergehen ferner Generationen ebenso hoch veranschlagt wie das der eigenen. Ich sehe das Werden und Erstarken einer solchen Moral bisher nicht, geschweige denn ihre Umsetzung in politische Handlungen jenseits des Deklamatorischen.

Will man sich jedoch die Verantwortung für die "artgerechte" Bedienung der Schleusenmechanik im Fluß der Zeit tatsächlich aufbürden, dann sollte man sich der Schwere dieser Last bewußt sein: Denn zumindest die Naturwissenschaften werden den Prognosehorizont für potentielle Umweltentwicklungen als Folge menschlicher Eingriffe immer weiter in die Zukunft ausdehnen. Damit droht uns die zweite Vertreibung aus dem Paradies der (beschränkten) Unwissenheit: Entscheidungen darüber, ob der Ressourcenzugang der 17. Generation nach uns wichtiger ist als die Umweltsicherheit der 25. Folgegeneration, könnten vielleicht zum Alltagsgeschäft der "Erdsystemanalyse" werden. Damit wären unerhörte Probleme verbunden, welche alle Humandimensionen - psychologischer, sozialer, ökonomischer, rechtlicher und ethischer Art - berühren. Wer möchte wirklich wissen, wann er sterben muß; aber noch bedrückender dürfte das Wissen darüber sein, wen wir wann sterben *lassen* . . .

So erwächst den Wissenschaften, die den Menschen in seinem gesellschaftlichen und natürlichen Kontext ins Auge fassen, ein Tätigkeitsfeld, das nur mit Pflügen völlig neuer Machart umgebrochen werden kann. Eine ähnliche Situation entwickelt sich heute übrigens geradezu schockartig im Bereich der Gentechnologie und ihren spezifischen Humandimensionen.

Das Buch, dessen Vorwort ich hiermit zu meinem holprigen Gedankenflug genutzt habe, wird keinesfalls schon Antworten auf die skizzierte Problematik geben können oder wollen. Es scheint mir aber an einigen Stellen bereits Zubringerwege zu jener Landstaße, die sich im Staub des fernen Erkenntnishorizontes abzeichnet, zu eröffnen.

Hans-Joachim Schellnhuber

im Dezember 1998

Inhaltsverzeichnis

Autorenverzeichnis

Becker, R., Dipl.-Psych.
   Universität Trier, Fachbereich I - Psychologie,
   Postfach 3825, D - 54286 Trier

Billig, A., Dipl.-Volksw.
   Öko-Forum e.V. Köln,
   Greesbergstr. 7, D - 50668 Köln

Bolscho, D., Prof. Dr.
   Universität Hannover, Fachbereich Erziehungswissenschaften,
   Institut für Didaktik der Sozialwissenschaften,
   Bismarckstraße 2, D - 30173 Hannover

Breit, H., Dipl.-Soz.
   Deutsches Institut für Internationale Pädagogische Forschung
   (German Institute of International Educational Research),
   Schloßstraße 29, D - 60486 Frankfurt/Main

Bruppacher, S., liz. phil. hist.
   Universität Bern, Interfakultäre Koordinationsstelle für Allgemeine Ökologie,
   Falkenplatz 16, CH - 3012 Bern

Döring, T., Dipl.-Psych.
   Deutsches Institut für Internationale Pädagogische Forschung
   (German Institute of International Educational Research),
   Schloßstraße 29, D - 60486 Frankfurt/Main

Eckensberger, L.H., Prof. Dr.
   Deutsches Institut für Internationale Pädagogische Forschung
   (German Institute of International Educational Research),
   Schloßstraße 29, D - 60486 Frankfurt/Main

Gessner, W., Dipl.-Psych.
   Universität Bern, Interfakultäre Koordinationsstelle für Allgemeine Ökologie,
   Falkenplatz 16, CH - 3012 Bern

Gutscher, H., Prof. Dr.
   Universität Zürich, Abteilung Sozialpsychologie,
   Plattenstrasse 14, CH - 8032 Zürich

Kals, E., Dr. habil.
Universität Trier, Fachbereich I - Psychologie,
Postfach 3825, D - 54286 Trier

Lantermann, E.-D., Prof. Dr.
Universität Gesamthochschule Kassel, Fachrichtung Psychologie,
Holländische Straße 36-38, D - 34127 Kassel

Lehwald, G., Prof. Dr.
Leipziger Kinderbüro e.V., Forschungsstelle: Umwelt und Sozialisation,
Demmingerstraße 59a, D - 04177 Leipzig

Linneweber, V., Prof. Dr.
Otto-von-Guericke-Universität Magdeburg, Institut für Psychologie,
Postfach 4120, D - 39016 Magdeburg

Montada, L., Prof. Dr.
Universität Trier, Fachbereich I - Psychologie,
Postfach 3825, D - 54286 Trier

Mosler, H.-J., PD Dr.
Universität Zürich, Abteilung Sozialpsychologie,
Plattenstrasse 14, CH - 8032 Zürich

Renn, O., Prof. Dr.
Akademie für Technikfolgenabschätzung in Baden-Württemberg,
Industriestraße 5, D - 70565 Stuttgart

Reusswig, F., Dr.
Potsdam-Institut für Klimafolgenforschung,
Abteilung Globaler Wandel & Soziale Systeme,
Postfach 601203, D - 14412 Potsdam

Rieder, D., StR
Staatliches Institut für Lehrerfort- und -weiterbildung,
SIL Haus Boppard,
Mainzer Straße 46, D - 56154 Boppard

Schellnhuber, H.- J., Prof. Dr.
Potsdam-Institut für Klimafolgenforschung,
Abteilung Globaler Wandel & Soziale Systeme,
Postfach 601203, D - 14412 Potsdam

Umwelthandeln multidisziplinär betrachtet

Volker Linneweber und Elisabeth Kals

Anlaß zu diesem Buch gab eine interdisziplinäre Tagung, welche 1996 vom Zentrum für Gerechtigkeitsforschung an der Universität Potsdam und vom Potsdam-Institut für Klimafolgenforschung zum Thema "Umweltgerechtes Handeln" ausgerichtet wurde. Der Titel dieser Tagung impliziert eine interessante Doppeldeutigkeit: "Umweltgerecht" ist einerseits im Sinne von "umweltangemessenem", "umweltadäquatem Handeln" zu verstehen. Damit ist ein wesentlicher Aspekt der Umweltforschung angesprochen, der auch Forschungsgegenstand des Potsdam-Instituts für Klimafolgenforschung ist: Dort bemühen sich Sozial- und Naturwissenschaftler[1] in enger Kooperation um ein Verständnis der Wechselwirkungen zwischen sozialen und natürlichen Systemen. Gemeinsames Ziel ist, Prozesse globalen Wandels zu begreifen und daraus Erkenntnisse über Rahmenbedingungen für nachhaltige Entwicklung abzuleiten. Diese haben eine räumliche Reichweite von lokal/regional bis global und eine zeitliche Erstreckung von einigen Jahren bis mehreren Jahrzehnten. Nicht immer erfüllen kurzfristig anscheinend "umweltgerechte" Entscheidungen auch langfristig das Kriterium des Umweltschutzes. So erscheint beispielsweise die Nutzung von Kernenergie zur Energiegewinnung kurzfristig als umweltgerecht, weil dadurch unmittelbar weniger CO_2 emittiert wird. Langfristig hingegen ist die Entsorgung möglicherweise eine große Erblast für nachfolgende Generationen und nur unter Inkaufnahme hoher Umweltbelastungen und -risiken zu handhaben.

"Umweltgerecht" meint andererseits aber auch "Gerechtigkeit" der Umweltnutzung bzw. der Belastungen und Risiken durch Umweltverbrauch und -schädigungen. Damit rücken die klassischen Gegenstände der sozialwissenschaftlichen Gerechtigkeitsforschung (Verteilungs- und Austauschgerechtigkeit, die Gerechtigkeit normativer Ordnungen und Verteilungen u.a.m.) in den Fokus des Interesses. Das Zentrum für Gerechtigkeitsforschung an der Universität Potsdam bietet ein Forum für den interdisziplinären und internationalen Austausch über Gerechtigkeitsprobleme, relevante empirische Forschung und Lösungsoptionen. Bezogen auf das Tagungsthema ist die zentrale Frage, wie Nutzen, Kosten und Risiken durch Umweltverbrauch und Umweltbelastungen zwischen Individuen, Unternehmen, Populationen und Generationen verteilt sind, weitergehend auch die Frage, ob die Menschheit gegenüber dem "Rest der Schöpfung" die Vorrechte beanspruchen darf, die sie sich anmaßt. Aber auch der Umweltschutz stellt Gerechtigkeitsprobleme, die etwa mit der Frage zusammenhängen, wem die Kosten und Verluste, welche der Umweltschutz unvermeidlich zur Folge hat, zuzumuten sind.

---

[1] Aufgrund der besseren Lesbarkeit wird in den meisten Beiträgen dieses Buches auf die weibliche Form verzichtet, sie ist aber selbstverständlich immer mitgedacht.

Als besonders reizvoll erschien es, die beiden skizzierten Bedeutungen von "umweltgerecht" nicht nur isoliert nebeneinander stehenzulassen, sondern aufeinander zu beziehen. Ist möglicherweise "umweltgerechtes" Handeln in seiner ökosystemischen Bedeutung nur möglich, wenn Umweltgerechtigkeit im soziosystemischen Sinne zumindest angenähert wird? Oder ist "umweltgerecht" in beiderlei Bedeutung so unscharf, daß es als Kriterium nicht tragfähig ist?

In den deutschsprachigen Sozialwissenschaften kann nach Jahrzehnten einer Beschäftigung mit der Umweltproblematik mittlerweile auf einige Ansätze, Konzepte und Projekte zurückgegriffen werden, die eine fundierte Diskussion erlauben. Der Band möchte dazu beitragen, diese Potentiale und den "state-of-the-art" in den verschiedenen sozial- und verhaltenswissenschaftlichen Fächern unter dem Aspekt der Erklärung umweltbezogenen Handelns, seiner Barrieren und ihrer Überwindung zu dokumentieren. Diese multidisziplinäre Bestandsaufnahme verfolgt das Ziel, Anknüpfungspunkte zu dokumentieren, welche von interdisziplinären Projekten in Forschungsdesigns inkorporiert werden können. Obwohl thematisch ähnlich ausgerichtet, sind die Beiträge aus den einzelnen Fächern bislang nur insoweit aufeinander bezogen, als Querverbindungen aufgezeigt, diese jedoch noch nicht systematisch in Modelle, Konzepte oder empirische Vorhaben eingearbeitet sind.

Ein Zwischenschritt zur "Kompatibilitätsprüfung", wie er hier vorgelegt wird, war auch für die Naturwissenschaften auf dem Weg zu einer Erdsystemanalyse erforderlich (vgl. Schellnhuber & Wenzel, 1998). Diese haben mittlerweile einige Einblicke in globale Stoff- und Energieflüsse. In ähnlicher Weise müssen die Umweltsozialwissenschaften anstreben, durch kohärente Verknüpfungssysteme für Makro-, Meso- und Mikroebenen diejenigen Prozeßkomponenten zu definieren, welche das umweltbezogene Funktionieren sozialer Systeme modellieren können, um daraus Konsequenzen für nachhaltigkeitsförderliche Entscheidungen vorzuschlagen.

Die gewählte Beschränkung auf sozial- und verhaltenswissenschaftliche Disziplinen sollte nicht als einseitige Zuweisung von Bedeutung bzw. als implizite Abwertung der naturwissenschaftlich-technischen Zugänge mißverstanden werden. Ihre Bedeutsamkeit bleibt unangezweifelt. Die Beschränkung auf eine der beiden disziplinären Gruppen ist lediglich notwendig, um die Zahl der relevanten Barrieren umweltschützenden Handelns und Entscheidens von Bürgern und Institutionen überschaubar zu halten, und um die einzelnen Barriereformen - ihrer Lokalisation auf Makro-, Meso- oder Mikroebene entsprechend - aus unterschiedlichen sozial- und verhaltenswissenschaftlichen Perspektiven analysieren zu können.

Die Fokussierung der sozial- und verhaltenswissenschaftlichen Perspektive erscheint auch wissenschaftshistorisch gerechtfertigt: So dominierte lange Zeit eine naturwissenschaftlich-technische Sicht der Umweltkrise und daraus abgeleiteter Veränderungsmöglichkeiten. Den Sozial- und Verhaltenswissenschaften kam hierbei fast zwei Jahrzehnte lediglich eine Nebenrolle zu, obgleich sie das Thema bereits frühzeitig aufgegriffen haben (vgl. Kruse, 1993, 1995). So haben Maloney und Ward die ökologische Krise beispielsweise bereits 1973 als "Krise fehlangepaßten Verhaltens" bezeichnet. Devall nannte sie später "Krise der Kultur" (Devall, 1982). Doch erst langsam setzt sich die Erkenntnis durch, daß den Sozial- und Verhaltenswissenschaften in gewisser Weise eine Schlüsselrolle zukommt, da sich naturwissenschaftliche Erkenntnis und umwelttechnologischer Fortschritt letztlich nur dann bezahlt machen, wenn sie auch in menschliches Handeln und Entscheiden umgesetzt werden (vgl. WBGU, 1993, 1995). Damit ist jeder naturwissenschaftlich-technische Erkenntnisgewinn auf eine entsprechende Akzeptanzbereitschaft bei relevanten Akteuren angewiesen, um wirksam zu werden.

Viele Umweltprobleme lassen sich nicht allein auf technischem Wege lösen. Erforderlich sind auch Verhaltensänderungen, die weit über den Einsatz umwelttechnologischer Lösungen hinausgehen. Beispielsweise ist die Entwicklung und der Einsatz energiesparender Autos mit geringeren Schadstoffemissionen sinnvoll und notwendig, doch werden darüber hinaus veränderte Mobilitätsentscheidungen und strukturell-politische Lösungen gefordert (vgl. Kaiser, 1993; Knoflacher, 1993).

Diesen Lösungen stellen sich Barrieren entgegen, die Gegenstand dieses Buches sind. Dabei dokumentiert der Barrierebegriff (Forschungs-)Fragen, welche sich quer zu den Disziplinen und damit quer zu den Beiträgen des Buches stellen: Angesichts multipler Schnittstellen zwischen Menschen und Umwelten wird analysiert, wie verschiedene Disziplinen umweltrelevantes Handeln erklären, wo sie Barrieren umweltschonenden Handelns sehen und wie sie zu seiner Deblockierung beitragen können. Ihren Forschungsschwerpunkten entsprechend setzen die hier zu Wort kommenden Sozial- und Verhaltenswissenschaften an unterschiedlichen Stellen und auf unterschiedlichen Ebenen der Mensch-Umwelt-Wechselwirkungen an. Sie analysieren die Schnittstellen zwischen sozialen und ökologischen Systemen mit diversen Konzepten und unterbreiten dementsprechend verschiedene Vorschläge zur Überwindung von Barrieren. Damit dokumentiert der Band auch einen Entwicklungsbedarf an Modellen, einzelnen Komponenten und auch Forschungsprojekten. Als Herausgeber hoffen wir, damit eine "Forschungsförderung" im intellektuellen Sinne zu betreiben.

Der Facettenreichtum der Beiträge spiegelt die Vielschichtigkeit des sozialwissenschaftlichen Forschungsgegenstandes "Triebkräfte anthropogener Umweltveränderungen" sowie die Bandbreite umweltrelevanten Entscheidens und Handelns wider: "Mega-Akteure" oder "Key-Players", wie international verhandelnde Umweltpolitiker (bzw. - die wahrscheinlich noch wichtigeren - Wirtschaftspolitiker und "global players") beeinflussen die Umweltnutzung durch soziale Systeme dadurch, daß sie z.B. situative oder strukturelle Bedingungen in Form von "constraints" oder "incentives" fördern oder hemmen. Aber auch die Individuen, die durch Handlungsentscheidungen und - mehr noch - durch die Bildung von Gewohnheiten auf die Umwelt einwirken, üben Einflüsse aus. Diese aggregieren sich - über die Individuen hinweg - in ihren Effekten. Dabei sind die verschiedenen Handlungsebenen nicht voneinander unabhängig: Selbstverständlich berücksichtigen Verhandlungsführer das, was ihnen "daheim" durchsetzbar erscheint, und selbstverständlich orientiert sich der einzelne Energie- und Ressourcennutzer in seinen Entscheidungen (auch) an der Dringlichkeit des Problems, wenn diese in aufwendigen Verhandlungen (etwa in Rio oder Kyoto) deutlich wird.

Einzelne Akteure sind hochgradig interdependent. Sie sind sich wechselseitig Modell - sowohl in ihrer anscheinenden Ignoranz als auch in ihrer Bereitschaft, Barrieren zu überwinden. Sie entwickeln Verantwortlichkeiten anderen gegenüber (z.B. nachfolgenden Generationen) und beurteilen sich wechselseitig vergleichend auf der Grundlage von Ethik-, Moral- und Gerechtigkeitsprinzipien, welche sie

4

- möglicherweise strategisch - einführen bzw. anwenden. Sie beeinflussen sich wechselseitig durch Sozialisation und Erziehung, aber auch durch das mehr oder weniger genaue Einhalten selbstgesetzter bzw. akzeptierter Standards und Verpflichtungen.

Während sich die Naturwissenschaften zunehmend um die Perfektionierung disziplinübergreifender "Erdsystemanalysen" bemühen (vgl. Schellnhuber & Wenzel, 1998), sind die sozial- und verhaltenswissenschaftlichen Bemühungen um eine gleichermaßen integrierte Modellierung "ihrer" Seite der Mensch-Umwelt-Wechselwirkung - bis auf wenige Ausnahmen (vgl. exemplarisch die Fallstudie von Scholz, Bösch, Koller, Mieg & Stünzi, 1996) - noch weit davon entfernt, ihr Verständnis einzelner Aspekte untereinander bzw. mit den naturwissenschaftlichen Analysen zu verknüpfen. Nach wie vor stellen sich die Aufgaben, bestehende Konzepte und Ansätze zu sichten und gegeneinander abzuwägen, disziplinübergreifend Kompatibilitäten zu suchen, Widersprüche zu entdecken oder den Import oder Export von Ansätzen zu erwägen.

Im vorliegenden Band wird angestrebt, vorliegende sozialwissenschaftliche Konzepte zu sichten, um eine Prüfung ihrer Verknüpfbarkeit zu ermöglichen. In unterschiedlicher Weise gehen die Beiträge eher von theoretischen Konzepten aus (erster Teil des Buches), oder es werden Anwendungsbeispiele dokumentiert (zweiter Teil). Dies indiziert, daß wir uns im Grenzbereich zwischen grundlagenorientierten und anwendungsorientierten Forschungsfragen bewegen. Während üblicherweise erwartet wird, daß die anwendungsbezogene Forschung in ihrem Bemühen um theoretische Fundierung auf grundlagenwissenschaftliche Erkenntnisse zurückgreift, ist die Erwartung einer positiven Auswirkung in die entgegengesetzte Richtung weniger verbreitet. Die anwendungsbezogenen Beiträge dieses Bandes zeigen aber, daß Entscheiden und Handeln multiple Ursachen und Konsequenzen haben, wobei auch Aussagen über deren Inhalte formuliert werden. Dieses Wissen sollte die intradisziplinäre Theoriebildung in stärkerem Maße berücksichtigen als bisher, so daß grundlagen- und anwendungsorientierte Forschung innerhalb eines Faches nicht nur einseitig, sondern wechselseitig voneinander profitieren.

Der Band soll aber auch den interdisziplinären Dialog anregen. Er soll für die hier vertretenen sozial- und verhaltenswissenschaftlichen Fächer, aber auch für die nicht zu Wort kommenden Disziplinen dokumentieren, daß auf verschiedenen Ebenen Ansätze zur Erklärung umweltbezogenen Handelns verfügbar sind, die zur Überwindung von Barrieren genutzt werden können. Ziel dieses Buches ist es nicht, einen homogenen sozial- und verhaltenswissenschaftlichen Ansatz zur Lösung von Umweltproblemen zu präsentieren. Dafür sind die Ansätze auch innerhalb der sozial- und verhaltenswissenschaftlichen Analyse zu komplex und zu heterogen. Ziel dieses Buches ist es aber, die verschiedenen sozial- und verhaltenswissenschaftlichen Zugänge in den Mittelpunkt der Betrachtung zu bringen, sie zu bündeln und damit ihren Einfluß zu stärken. Denn gewiß ist eine der Ursachen für die geringe Beachtung der sozial- und verhaltenswissenschaftlichen Beiträge auch darin zu sehen, daß sich unsere Fächer selbst viel zu wenig eingebracht haben, wenn umweltbezogene Alltagsprobleme forschungsrelevant wurden. Daher kann dieses Buch möglicherweise dazu beitragen, den aktuellen Stand der Beschäftigung mit Mensch-Umwelt-Wechselwirkungen innerhalb der Psychologie, Soziologie, Ökonomie und Erziehungswissenschaft zu demonstrieren, um so die

Außenwirkung umweltbezogener sozialwissenschaftlicher Forschung zu steigern und die Etablierung von Umweltpsychologie, Umweltsoziologie, Umweltökonomie und Umweltpädagogik zu stärken.

Literatur

Devall, B. (1982). Ecological consciousness and ecological resisting: Guidelines for comprehension and research. *Humboldt Journal of Social Relations, 9,* 177-196.

Kaiser, F. G. (1993). *Mobilität als Wohnproblem.* Bern: Peter Lang.

Knoflacher, H. (1993). Zur Harmonie von Stadt und Verkehr. Wien: Böhlau.

Kruse, L. (1993). Umweltschmutz und Umweltschutz als Verhaltensprobleme. In R. Zwilling & W. Fritsche (Hrsg.), *Ökologie und Umwelt. Ein interdisziplinärer Ansatz* (S. 229-243). Heidelberg: Heidelberger Verlags Anstalt.

Kruse, L. (1995). Globale Umweltveränderungen: Eine Herausforderung an die Psychologie. *Psychologische Rundschau, 46,* 81-92.

Maloney, M.P. & Ward, M.P. (1973). Ecology: Let's hear from the people. An objective scale for the measurement of ecological attitudes and knowledge. *American Psychologist, 28,* 583-586.

Schellnhuber, H.-J. & Wenzel, V. (Eds.). (1998). *Earth system analysis. Integrating science for sustainability.* New York: Springer.

Scholz, R.W., Bösch, S., Koller, T., Mieg, H.A. & Stünzi, J. (1996). *Industrieareal Sulzer-Escher Wyss.* Zürich: vdf Hochschulverlag.

WBGU, Wissenschaftlicher Beirat der Bundesregierung Globale Umweltveränderungen (Hrsg.). (1993). *Welt im Wandel: Grundstruktur globaler Mensch-Umwelt-Beziehungen.* Bonn: Economica.

WBGU, Wissenschaftlicher Beirat der Bundesregierung Globale Umweltveränderungen (Hrsg.). (1995). *Welt im Wandel. Wege zur Lösung globaler Umweltprobleme.* Berlin: Springer.

Zur Polytelie umweltschonenden Handelns

Ernst - D. Lantermann

1 Eine Familie in Nordhessen

Stellen Sie sich eine Familie in der Vorstadt vor, die in einem Eigenheim lebt, über viel Geld verfügt und großen Wert auf gute Nachbarschaft legt. Stellen Sie sich weiter vor, diese Familie wohnte in einem typischen nordhessischen Ambiente, umgeben von Nachbarn, die eher mißtrauisch als offenherzig sind, sich weniger gönnen als sie könnten ("man stellt seinen Wohlstand nicht zur Schau"), Abweichungen von der Normalität des Alltagslebens bei sich und anderen wenig schätzen und dies auch kontrollieren, so gut es geht. Diese Familie verfügt seit mehreren Jahren über zwei Autos, die auch rege in Anspruch genommen werden. Zum Erstaunen der Nachbarn schafft diese Familie eines Tages eines ihrer Autos ab, und zwar das größere, komfortable, und nutzt statt dessen, zum weiteren Erstaunen aller Nachbarn, regelmäßig die Straßenbahn, wie es die anderen schon immer getan haben.

Umweltpsychologen, die eine Studie über Umweltbewußtsein und umweltschonendes Handeln durchgeführt hatten, waren im Laufe ihrer Untersuchung auch an diese Familie geraten und über deren Abschaffung des Erstwagens, als sie davon erfuhren, keineswegs erstaunt. Zeigte diese Familie doch in ihrer Untersuchung ein überdurchschnittlich hohes Umweltbewußtsein - ein hohes Maß an Einsicht in die Gefährdung der Umwelt durch die zunehmende Umweltverschmutzung - und auch das Bewußtsein darüber, daß ein weitgehender Verzicht auf Autofahrten einen wichtigen Beitrag zum Umweltschutz bedeuten würde. Offensichtlich hatte sich diese Familie dazu entschlossen, endlich das zu tun, was ihrem gehobenen Umweltbewußtsein schon längst entsprochen hätte: Sie schloß die Kluft zwischen Umweltbewußtsein und Verhalten, zumindest in dieser Sphäre ihres Alltags.

In einer Längsschnittuntersuchung über "Werte, Umweltbewußtsein und umweltschützendes Handeln" im Biosphärenreservat Schorfheide-Chorin von Dörner, Kruse-Graumann und Lantermann (1995) wurden mit ca. 100 ausgewählten Personen ausführliche Interviews durchgeführt, um - neben weiteren Fragen - solche individuellen Motive, Ziele, Werthaltungen, Wissensbestände und Gefühle zu erkunden, die Bewohner des Biosphärenreservates zu umweltschonenden Handlungen veranlaßt hatten.

Dabei zeigte sich, daß die "Sorge um die Umwelt", das Bewußtsein um ihre Gefährdung, die Hochachtung vor der Natur, die Naturliebe, oder die Einsicht in die Mitverantwortung für den bedrohlichen Zustand der Umwelt nur in wenigen Fällen als wichtige Motive für eigenes umweltschonendes Verhalten genannt wurden. Nach diesen (vorläufigen) Ergebnissen scheint ein hohes Umweltbewußtsein gegenüber anderen Motiven - wie soziale Anerkennung, Furcht vor Strafmaßnahmen, Prestigeverlust bei den nachfolgenden Generationen - oftmals nur von nachgeordneter Bedeutung für umweltschützende Entscheidungen zu sein.

Doch zurück zu der nordhessischen Familie. Inwieweit ist es gerechtfertigt, gerade deren in der Tat ausgeprägtes Umweltbewußtsein als wesentliches Motiv für ihr Umschwenken auf ein stärker umweltschonendes Handeln zu unterstellen? Wäre dies der Fall - und wäre dieser Fall verallgemeinerbar - dann wäre ein Königsweg zum umweltschonenden Handeln gefunden. Und Umweltpsychologen und Pädagogen könnten sich in ihrer Forschungsstrategie bestätigt sehen, einerseits Bedingungen für eine Förderung von Umweltbewußtsein zu erfassen und zu beeinflussen, andererseits die entsprechenden situativen Anreize und Gelegenheiten für umweltschonendes Handeln zu identifizieren, um dann über eine Verbindung beider Maßnahmen umweltschützendes Handeln zu fördern.

Auf meine Fragen nach den Motiven für ihren Autoverzicht und ihren Umstieg auf die öffentlichen Nahverkehrsmittel erklärten die Familienmitglieder spontan, auch sie wollten damit ihren Beitrag für eine bessere Umwelt leisten, das seien sie sich und ihren Einstellungen gegenüber der Umwelt schuldig. Nach längerem Schweigen meinerseits kam unvermittelt die Rede auf ihre Nachbarn, mit denen sie wegen ihrer verschiedenartigen Lebensweisen und Anschauungen (man sei erst vor einigen Jahren in diese Gegend gezogen) leider einige Probleme habe. In Nordhessen gelte nun mal das Prinzip: nur nicht auffallen, nicht angeben, nicht zeigen, was man hat. Andererseits sei nichts so wichtig wie ein einvernehmliches Verhältnis mit der Nachbarschaft, und außerdem sei neulich die Firma vom Randgebiet in die Stadt übergesiedelt, so daß das zweite Auto nicht länger notwendig gewesen wäre. Also habe man sich entschlossen, einen PKW zu verkaufen, und warum dann nicht gleich das aufwendigere, so habe dieser Verzicht auch noch eine angenehme finanzielle Seite.

Wenn diese kleine Geschichte auch erfunden ist, so ist sie dennoch nicht unwahrscheinlich. Mit ihr - und mit den Resultaten der Schorfheide-Studie - sollten einige Voreingenommenheiten zur Sprache kommen, die nicht wenige Studien und Konzepte zum Umweltbewußtsein und umweltschonenden Verhalten begleiten. In diesen Voreingenommenheiten befindet sich die umweltpsychologische Forschung in Übereinstimmung mit der überwiegenden Zahl sozialpsychologischer Arbeiten zum Verhältnis von Einstellung und Verhalten. Bekanntermaßen gehen Sozialpsychologen zur Beantwortung der Frage nach dem Zusammenhang zwischen Einstellung und Verhalten in der Regel so vor, daß sie zunächst die Einstellung zu einem Objekt oder einem Verhalten messen, manchmal noch zusätzlich die Einbindung des in Frage kommenden Verhaltens in den Normen- und Kontrollhorizont der Person, um dann das tatsächliche Verhalten oder doch zumindest die Verhaltensintentionen zu erfassen. Über entsprechende Statistiken (Korrelationen, Regressionen) stellen sie anschließend die Höhe des empirisch gefundenen Zusammenhangs zwischen Einstellung und Verhalten fest. Interpretiert werden die Befunde in der Regel so, daß die jeweils untersuchte Einstellung die Individuen zu einem bestimmten Verhalten veranlaßt habe oder daß ihr Verhalten wesentlich von ihrer Einstellung bestimmt worden sei.

In der Fixierung mancher Umweltpsychologen auf das Konstrukt "Umweltbewußtsein" scheint sich leicht eine gewisse Blindheit gegenüber dem Forschungsgegenstand entwickeln zu können. Umweltbewußtsein ist eine notwendige Bedingung für umweltschonendes Verhalten, lautet eine (oftmals unausgesprochene) Prämisse dieser Forschungsansätze, und im Umkehrschluß: jedes umweltschonende Verhalten fußt auf Umweltbewußtsein. Diese Prämissen beruhen weniger auf sorgfältigen empirischen Analysen, sondern möglicherweise auf einem der Voreingenommenheit zuzurechnenden logischen Fehlschluß (Wenn A, dann B, also gilt auch: wenn B, dann A). Diese logische Inkonsistenz mag dazu beigetragen haben, daß in den meisten empirischen Studien zum umweltschonenden Verhalten anderen, zusätzlichen oder alternativen Motiven, Werthaltungen und Einstellungen, die sich nicht unmittelbar auf die Umwelt beziehen, erst gar keine Gelegenheit gegeben wird, sich "zu zeigen". Sie werden entweder nicht miterfragt, nicht miterhoben oder ignoriert, wenn sie sich in den Aussagen von Individuen doch einmal aufdrängen. In dieser Art der Empirie wird das zu untersuchende Phänomen durch geschickte Versuchsanordnung soweit zurechtgestutzt, bis daß es sich ohne Rest den Annahmen und Hypothesen des Forschers fügt.

Woran es solcherart Untersuchungen zum Umweltbewußtsein und umweltschonenden Verhalten mangelt, ist meines Erachtens vor allem der Bezug auf eine Theorie oder ein Rahmenmodell individuellen Handelns, das den Blick für die Komplexität und die potentiell polytelische Organisation des umweltbezogenen Tuns offenhielte und so einer vorzeitigen Einengung des Gegenstandsbereiches entgegenwirken könnte. Aus handlungspsychologischer Sicht konnte das Motiv- und Zielgemenge der nordhessischen Familie, das sie zum Autoverzicht veranlaßte, nicht überraschen, ebenso wenig wie die Aussagen der Schorfheide-Bewohner zu den heterogenen Anlässen und Gründen für ihr umweltschonendes Verhalten, die weit über den engen Horizont des "Umweltbewußtseins" und der "Umwelt" hinausreichten. Im übrigen wären auch die empirischen Befunde der sozio-ökologischen Dilemma-Forschung ohne Rekurs auf ein Rahmenmodell des polytelischen Handelns im Umweltbereich nicht plausibel zu erklären, ich komme später darauf zurück.

2 Umweltschonendes Verhalten als polytelisches Handeln

In alltäglichen Situationen haben wir (fast) immer die Wahl, uns für oder gegen ein bestimmtes Verhalten zu entscheiden. In den wenigsten Fällen ist die Lage so festgelegt, so zwingend, daß uns keine Wahl zu bleiben scheint, und auch dann noch können wir uns in der Regel dafür entscheiden, das geforderte, uns nahegelegte Verhalten zu unterlassen, also nichts zu tun. Diese "Wahlfreiheit" ist eine notwendige Unterstellung, um ein beobachtetes Verhalten einer Person als "Handlung" zu interpretieren, als ein Unternehmen, das auf der Grundlage von Abwägungen des Für und Wider eines Tuns in Konkurrenz zu anderen denkbaren Aktivitäten entworfen wurde, um bestimmte Ziele zu erreichen, die in der Situation zu verfolgen lohnenswert erscheinen. In den seltensten Fällen verfolgen Menschen mit ihren Handlungen in einer konkreten Situation *nur ein einziges* Ziel, und in den seltensten Fällen beruht die Entscheidung für eine bestimmte Handlung nur auf einem Motiv oder einem Ziel. Die Ergebnisse und Folgen einer Handlung werden vom Handelnden daher auch nicht nur hinsichtlich eines Vorsatzes, eines Ziels interpretiert und bewertet. Wenn die Handlungswahl in der Regel *polytelisch* organisiert ist, dann ist die Handlungsbewertung in der Regel *polyvalent*.

Handlungsbarrieren werden im handlungspsychologischen Kontext allgemein so verstanden, daß diese ein (vermeintliches, tatsächliches oder antizipiertes) Hindernis auf dem Weg zur Zielerreichung darstellen. Sie erschweren die Entwicklung und Umsetzung eines Handlungsvorsatzes oder machen sie unmöglich. *Handlungsoptionen* oder -chancen, die eine Situation für die Verfolgung eines Ziels bereitstellt, werden entsprechend als erleichternde Bedingungen, Optionen oder Chancen für die Erreichung individueller Handlungsziele aufgefaßt. Handlungsoptionen und -barrieren können in der Person - ihren Kompetenzen und Ressourcen, ihrem Wissen, ihren Gefühlen und Werthaltungen - sowie in der Situation - deren raum-zeitlichen Charakteristika, den sozialen Normen, in bereitstehenden oder fehlenden "externen" Handlungsressourcen - angesiedelt sein.

Was in einer konkreten Handlungssituation von einer Person als Option oder Barriere interpretiert wird, hängt davon ab, welche Ziele sie in dieser Situation verfolgt, und umgekehrt wird sie wohl eher solche Ziele verfolgen, deren Erfolgsaussichten - deren Option-Barriere-Bilanz - sie einigermaßen günstig einschätzt. Welche inneren und äußeren Zustände und Gegebenheiten aus der Perspektive der handelnden Person eine Option oder eine Barriere bedeuten, variiert mit den Zielen, welche diese Person gerade bedenkt und verfolgt. So kann ein preiswertes Angebot über eine hohe Wärmedämmung im Haus für das Ziel einer möglichst sparsamen und zugleich umweltschonenden Beheizung eine günstige Option darstellen. Dieselbe preiswerte Wärmedämmung könnte im Hinblick auf das simultan bedachte Ziel, eine optimale Luftfeuchtigkeit im Haus aufrechtzuerhalten, dagegen als Barriere oder erschwerende Bedingung interpretiert werden, zumindest dann, wenn nicht zugleich Handhabungen für eine Feuchtigkeitsregulierung angeboten würden, welche den unerwünschten Nebeneffekt der Wärmedämmung kompensierten. Eine Handlung wird dann gegenüber alternativen Handlungen bevorzugt, wenn jene mit höherer Gewißheit bestimmte Ziele erreichen läßt, ohne andere Ziele zu gefährden, unter gleichzeitiger Berücksichtigung des relativen Aufwandes (Kosten, Anstrengung, Bruch von Verhaltensgewohnheiten etc.) für die Durchführung der Handlung.

Kehren wir noch einmal zu der Entscheidung der oben erwähnten Familie zurück, in der Zukunft auf ein Auto zu verzichten und statt dessen häufiger mit der Straßenbahn zu fahren. Den Verkauf des Autos verband die Familie mit der Hoffnung, gleich "mehrere Fliegen mit einer Klappe zu schlagen". Ihre umweltschonende Entscheidung war polytelisch bestimmt, aber die erhofften Handlungsfolgen konvergierten zu einer positiven Gesamtbewertung. Das Verhältnis mit den Nachbarn, das der Familie äußerst wichtig war, würde sich möglicherweise nachhaltig bessern, der Autoverkauf brächte sie gleichzeitig ihrem erklärten Ziel näher, einen eigenen Beitrag zum Umweltschutz zu leisten und darüber ihrem hohen Umweltbewußtsein gerecht zu werden, und außerdem sparte die Familie damit auch noch Geld. Gegen diese Entscheidung sprach zwar ihre Gewohnheit sowie die Bequemlichkeit und hohe Mobilität, die zwei verfügbare Autos in der Vergangenheit bedeuteten, vielleicht auch ihr (nichteingestandenes) Behagen, den Nachbarn zu zeigen, was man hat. Diese inneren Widerstände (die *internen* motivationalen *Barrieren*) wogen jedoch leicht im Vergleich zu den Chancen und Optionen zur Annäherung an diejenigen Ziele, die sie mit ihrem Autoverzicht verbanden. Gefördert wurde ihre Entscheidung noch durch die leichtere Erreichbarkeit des Arbeitsplatzes - einer situativen oder *externen Option* und erhöhten Chance, auf Nahverkehrsmittel umzusteigen, ohne empfindliche Einbußen an Mobilität, Zeitbudget und Bequemlichkeit hinnehmen zu müssen. Die externe Option "gute Anbindung an das öffentliche Nahverkehrsnetz" stellte ein zumindest annähernd *funktional äquivalentes Mittel* zur Beibehaltung der Mobilität dar, die bislang die beiden Autos gewährleisteten.

Dieses Beispiel stellt einen Sonderfall der polytelischen Handlungsorganisation und Polyvalenz der Handlungsfolgen dar, in dem eine Handlung zu einer Annäherung an gleich mehrere wichtige Ziele der Akteure führte, ohne die Erreichbarkeit anderer bedeutsamer Ziele zu gefährden. Im Falle eines Konfliktes zwischen mehreren Zielen, deren gleichzeitige Verfolgung sich möglicherweise ausschließen würde, wäre die Entscheidung für einen Autoverkauf schwerer gefallen.

Umweltschonende Handlungen werden eher wahrscheinlich, wenn sie von hoher funktionaler Relevanz für mehrere, bedeutsame Ziele innerhalb *und* außerhalb der Umweltsphäre einer Person sind. Und sie werden eher unwahrscheinlich, wenn eine Person mit ihrer Ausführung Folgen antizipiert, die im Hinblick auf ihre unterschiedlichen Motive und Ziele, welche sie in einer Situation als wichtig und verfolgenswert erachtet, von widersprüchlicher Valenz sind. *Interne Ziel- und Motivkonflikte* stellen eine wirksame innere Barriere für umweltschonendes Handeln dar. Oder positiv gewendet: Wenn es gelingt, umweltschonendes Verhalten mit zugleich mehreren, von der Person als wichtig angesehenen Zielen und Motiven hoher Priorität zu verbinden, steigt auch die Wahrscheinlichkeit für die Wahl einer umweltschonenden Handlung. Ist eine solche Kohärenzstiftung zwischen mehreren Zielen nicht möglich, dann wäre es aus handlungspsychologischer Perspektive sinnvoll, funktional äquivalente Handlungsangebote bereitzustellen, mit denen wichtige, aber durch die Entscheidung für umweltbewußte Handlungen blockierte Ziele dennoch erreichbar blieben.

3 Mehrfachreguliertes Handeln und Selbstwertschätzung

Regulationstheoretische Konzeptionen individuellen Handelns postulieren einen engen funktionalen Zusammenhang zwischen inneren und äußeren Operationen eines Individuums. Beide Klassen von Aktivitäten sind darauf gerichtet, das Individuum in den unterschiedlichen situativen Kontexten handlungs- und funktionsfähig zu halten. Eine nach außen gerichtete Operation - ein Eingriff in die Umgebung - ist grundsätzlich begleitet von internen Operationen (informationsverarbeitenden Prozessen, Mobilisierung von Energien, emotionalen Veränderungen), während interne Operationen nicht notwendigerweise von externen Operationen begleitet sein müssen. Man kann etwa Probehandeln, ohne dabei gleichzeitig in die Umwelt einzugreifen. Externe Operationen werden aus zwei zusammenfallenden Gründen und Zielsetzungen geplant und ausgeführt: die "Systemumgebung" (die Umwelt der Person) so zu verändern, daß die Zielannäherungen wahrscheinlicher, Barrieren abgebaut und Chancen hergestellt oder genutzt werden, und gleichzeitig - über den Weg nach außen - den Zustand des Systems (der Person) so zu verändern, daß die Abweichungen von systemeigenen "Sollwerten" (Motivlagen, Werthaltungen, Zielen) minimiert werden. Interne Operationen koppeln sich im Handlungsorganisationsprozeß dann von externen Aktivitäten ab, wenn für deren Ausführung (noch) keine hinreichenden (inneren und äußeren) Ressourcen verfügbar sind. Dies ist etwa der Fall, wenn kein hinreichend elaboriertes Modell der Umgebung oder ein zu geringes Maß an Energie und "Entschlossenheit" für die Ausführung von zielgerichteten Operationen verfügbar ist, oder auch, wenn eine Ausführung von externen Operationen zur Zielerreichung aufgrund von Restriktionen und fehlenden Mitteln in der Umgebung behindert wird und gleichzeitig ein hoher Bedarf an Sollwertminimierung besteht.

"Die Selbstwertschätzung wird allgemein als eine der fundamentalsten und durchgängigsten Motivationen innerhalb des psychologischen Funktionierens angesehen" (Baumeister, 1996). Es ist davon auszugehen, daß alle inneren und nach außen gerichteten Operationen und Aktivitäten einer Person - die Gesamtheit ihrer regulativen Prozesse - auf eine Wahrung und Erhöhung ihrer Selbstwertschätzung und auf eine Abwehr von selbstwertmindernden Ereignissen und Erfahrungen gerichtet sind. Was immer eine Person unternimmt, wie auch immer sie sich entscheidet, sie bezieht und bewertet die Folgen ihres Tuns nach deren Implikationen und Auswirkungen auf ihre Selbstwertschätzung und ihr Selbstwertgefühl. Dörner (1998) bindet die Selbstwertschätzung eng an die (im weitesten Sinne Handlungs-) Kompetenz, deren Aufrechterhaltung, Wiederherstellung oder Erhöhung für ihn dasjenige Motiv ist, das durch alle Aktivitäten hindurchscheint, die dann auch an ihren Beiträgen zur Sicherung der Handlungskompetenz bewertet werden. Eine Person wird sich in jeder Situation so verhalten, daß die antizipierten Konsequenzen ihres Tuns positive oder doch zumindest keine negativen Auswirkungen auf die Selbstwertschätzung und das Selbstwertgefühl erwarten lassen. Sie wird ihre kognitiven, emotionalen und behavioralen Aktivitäten in allen Situationen in einer Weise organisieren, daß ihre Selbstwertschätzung dabei keinen Schaden nimmt.

Jede Handlungsregulation, sowohl deren innere als auch deren äußere Seite, ist zugleich ein Prozeß der Selbstregulation mit der übergeordneten Zielsetzung einer Wahrung des Selbstwertes. Und Handlungen und Situationen werden auch und vornehmlich danach bewertet, in welchen Maßen sie vor selbstwertmindernden Erfahrungen schützen oder zur Wahrung einer hinreichenden Selbstwertschätzung und eines positiven Selbstwertgefühls beitragen.

In einer Arbeitsgruppe des Autors wird gegenwärtig ein (systemtheoretisch fundiertes) Akteur-Ressourcen-Modell der Selbstregulation im Umgang mit knappen Ressourcen entwickelt. Das Ausgangsscenario ist denkbar einfach: Zwei interagierende Akteure nutzen eine knappe Umweltressource, deren Entwicklung für die Beteiligten nicht ohne weiteres erfaßbar ist (vgl. auch den Beitrag von Mosler & Gutscher in diesem Band). In diesem Ansatz wird die akute Selbstwertschätzung von den (gewichteten) Sollwertabweichungen des jeweiligen Akteurs abhängig gemacht. Jenseits einer definierten Schwelle von Sollwertabweichungen nach oben und nach unten wird ein "Selbstwertgefühl" wirksam, das, je nach seiner (positiven oder negativen) Valenz, zu unterschiedlichen inneren und äußeren Operationen überleitet, die von denen unterschieden sind, die im "gefühlsneutralen" Zustand des Akteurs aktiviert werden. Die Selbstwertschätzung wird demnach von der Übereinstimmung mit internen Standards abhängig gemacht; das

Selbstwertgefühl ist als (integrierte) Information über bedeutsame Abweichungen von den internen Sollwerten und zugleich als "Aufrufsignal" für spezifische Operatoren der Handlungsregulation definiert. Ein akut sich *verschlechterndes* Selbstwertgefühl führt u.a. dazu, daß der Akteur anstelle einer ausgewogenen Bilanzierung von Sollwertgrößen sich einseitig auf diejenige Zieldiskrepanz unter Ignorierung aller anderen Ziele orientiert, die er mit einiger Sicherheit auch mit Erfolg bewältigen kann, dabei ausschließlich die zeitlich nahen Folgen seines Tuns einkalkuliert und Veränderungen der Situation nur im Hinblick auf das eine, hervorgehobene Ziel bewertet. Seine Handlungsregulation steht dann ganz unter dem "Diktat" einer möglichst raschen Wiederherstellung eines erträglichen Selbstwertgefühls, ohne jede weiteren Ziel- und Folgenkalkulationen, die über die akute, gegenwärtige Situation hinausreichten. Ein *erhöhtes* Selbstwertgefühl dagegen führt zu einer Erweiterung des Bereichs bedachter Zieldiskrepanzen, einer erhöhten Risikobereitschaft, die den Akteur auch "schwierige" Zieldiskrepanzen bearbeiten läßt sowie zu einer weitgehenden Ausblendung von negativen Handlungsfolgen, die gleichfalls auf einen zeitlich stark begrenzten Horizont beschränkt bleiben.

Den Akteuren werden Sollwerte unterschiedlicher Gewichtungen zugeordnet, die soziale, umweltbezogene sowie selbstbezogene Motive oder Werthaltungen repräsentieren. Ein Beispiel für soziale Motive wäre der Wunsch nach Anerkennung und Sympathie, für umweltbezogene Motive, die Umweltressource zu schonen, für selbstbezogene Motive der Wunsch nach Handlungskontrolle oder Gewinnmaximierung.

Jeder Akteur steht vor der Aufgabe, diejenigen Handlungen auszuwählen, die in der Situation, die er mit dem anderen Akteur teilt, eine optimale Zielerreichung und damit eine hohe Selbstwertschätzung zu sichern versprechen, und er wird alles unternehmen, um dieses auch zu gewährleisten. Seine Entscheidung für eine bestimmte soziale Aktion (wie Unterstützung oder Blockierung des anderen), für bestimmte Eingriffe in die Umweltressource sowie für spezifische selbstbezogene Aktivitäten richten sich nach deren jeweiligen (relativen) Beiträgen für die Selbstwertschätzung, die von den momentanen Sollwertabweichungen und deren Gewichten bestimmt wird.

Auch die *Interaktionen* der Akteure im Umgang mit der (gemeinsamen) Umweltressource zielen aus der jeweiligen Perspektive des einzelnen auf eine möglichst positive Selbstwertschätzung ab. Inwieweit in diesen aufeinander und auf die Ressource gerichteten Aktionen die Umwelt geschont oder ausgebeutet wird, hängt von zahlreichen Bedingungen ab - wie vom gegenseitigen Vertrauen, der Motivkonstellationen der Akteure, deren Ressourcenwissen und Erfahrungen mit ähnlichen Situationen in der Vergangenheit oder von der Ressourcenentwicklung. Auch ein Akteur mit einer hohen Motivausprägung, die Umweltressource zu wahren, wird nach diesem Modell die Ressource über Gebühr nutzen, wenn der andere Mitspieler, auf dessen Sympathie er in starkem Maße angewiesen ist, dies für wünschenswert und richtig hält. Er wird dies primär dann tun, wenn sein Wunsch nach Anerkennung durch eine längere Deprivation und Sympathieentzug nicht erfüllt wurde. In einem solchen Fall wird er die Gewichtung seiner Sollwerte verändern - eine interne Regulation vornehmen - die ihm zumindest kurzfristig eine Optimierung seiner Selbstwertschätzung garantiert ("Wichtiger ist es eben doch, von den anderen geschätzt und geachtet zu werden als immer nur an die

Umwelt zu denken"). Umgekehrt ist es auch denkbar, daß ein umweltdesinteressierter Akteur plötzlich auf eine Strategie der Ressourcenschonung umschwenkt, wenn er etwa feststellt, daß er im anderen Fall jede Sympathie bei seinem Mitakteur verlöre oder wenn er glaubt, dadurch ein höheres Maß an Handlungskontrolle zurückzugewinnen, um auf diesem Wege eine Selbstwertminderung besser als auf anderen Wegen zu vermeiden.

Die Wahrscheinlichkeit, daß beide Akteure mit der Umweltressource verantwortlich umgehen, müßte dann wachsen, wenn sie ihre gegenseitige Sympathie von dem umweltschonenden Handeln des jeweils anderen abhängig machen und einander vertrauen können, wenn dieses Verhalten für beide Akteure einen Kontrollgewinn über die Ressourcenentwicklung bedeutete und wenn sie gleichzeitig mit ihren erzielten Gewinnen einverstanden wären.

4 Externe Barrieren für umweltschonendes Handeln

Es wurde mehrfach darauf verwiesen, daß eine Bestimmung von Barrieren und Optionen für umweltschonendes Handeln häufig nicht "objektiv", sondern erst aus der Zielperspektive von Individuen erfolgen kann. Einige Kandidaten für typische Barrieren wurden bereits erwähnt - bestimmte *soziale Normen* relevanter Bezugsgruppen, *interne Wert- und Zielkonflikte*, eine *Bedrohung des Selbstwertgefühls*, die Ambivalenz oder *Widersprüchlichkeit von* antizipierten oder tatsächlichen *Handlungsfolgen* im Hinblick auf die Chancen für die Zielerreichung und Motiverfüllung, *das Fehlen von funktionalen Handlungsäquivalenzen*, wenn wichtige Ziele durch umweltschonende Entscheidungen nicht länger oder nur mit erhöhtem Aufwand erreicht werden können, *fehlende externe Anreize* und Angebote, oder auch *mangelndes Umwelt- und Handlungswissen*. An welcher Barriere eine Person ansetzt, welche Optionen sie sieht und nutzt, wenn sie vor der Entscheidung für oder gegen die Ausführung und Etablierung umweltschonender Handlungen steht, ist, so kann vermutet werden, in starkem Maße von der Relevanz dieser Barrieren und Optionen für die Aufrechterhaltung einer hinreichend hohen Selbstwertschätzung abhängig. Barrieren, die eine Person nicht kontrollieren kann, für deren Existenz sie keine Eigenverantwortung erkennt, die ihrer Meinung nach nur in schwacher Beziehung zu ihren Zielvorstellungen stehen, werden kaum zu ihrer Überwindung animieren, und somit auch längerfristig umweltschonende Handlungen noch erschweren.

Für die Etablierung von umweltschonenden Handlungen sind einige weitere Klassen von Barrieren zu beachten, die im folgenden erörtert werden sollen. Die Besonderheiten dieser externen Barrieren sind darauf zurückzuführen, daß weite Bereiche der gegenwärtigen Umweltproblematik als sozio-ökologische Dilemmaprobleme unter den Bedingungen des globalen Wandels verstanden werden können. Mosler und Gutscher haben diese Sichtweise in ihrem Beitrag ausführlich erörtet (vgl. dazu insbesondere auch Pawlik, 1991 und Lantermann & Schmitz, 1994). Die Spezifität dieser externen Barrieren liegt darin, daß sie von Individuen und sozialen Gruppen in der Regel erst gar nicht als Hindernisse und Anlässe für umweltschonende Handlungen erkannt werden und somit auch nicht in die Zielsetzung und Handlungsplanung Eingang finden. Die dennoch notwendige Einbindung dieser externen Barrieren in den Handlungshorizont kann meines Erachtens nur über kommunikative Prozesse geleistet werden, über direkte Interaktion bis hin zu Massenmedien. Die kommunikative Aufgabe läge allgemein darin, diese externen Barrieren in Handlungsoptionen und -barrieren und damit in potentielle Anregungen für die Zielbildung und -setzung einzelner und kollektiver Akteure zu übersetzen, so daß sowohl die Besonderheiten des globalen Wandels als auch der Dilemma-Charakter von Umweltproblemen zum Gegenstand individueller Handlungsprozesse würden. Dies könnte von Multiplikatoren, "Agenten" und Massenmedien etwa darüber geleistet werden, daß diese der Umweltproblematik angemessene soziale Verhaltensnormen und Werthaltungen anregen sowie eine gezielte Wissensvermittlung leisten. Dies wäre ein Weg, um die externen - normalerweise unerkannt bleibenden - Barrieren in den Handlungshorizont von Individuen und Kollektiven systematisch einzubinden.

Eine wesentliche externe Barriere ist die *Kluft zwischen den marginalen Umwelteffekten, welche die Handlungen eines Individuums haben und den Folgen einer kollektiven Überbeanspruchung von Umweltressourcen.* Diese Kluft, die aus dem Gemeingut-Dilemma von Umweltproblemen resultiert, trägt dazu bei, daß jede einzelne Person zwar die Umweltentwicklung bedauern mag, ohne jedoch ihren eigenen Beitrag dazu anzuerkennen und sich mitverantwortlich zu sehen. Dieses fehlende Verantwortungsbewußtsein führt gleichzeitig dazu, daß keine Anlässe für Verhaltensänderungen erkannt werden. Wegen dieser Kluft binden sich nur schwer die individuellen Motive und Ziele (wie das Motiv zur Handlungskontrolle, Autonomie und zur sozialen Gerechtigkeit) an manche Umweltprobleme, deren Behandlung durchaus als dringlich erkannt werden (es liegt nicht unbedingt an einem fehlenden Umweltbewußtsein, daß nichts unternommen wird), so daß die Selbstwertschätzung auch nicht von umweltschonenden Handlungsoptionen abhängig gemacht wird.

Eine weitere externe Barriere für umweltschonende Handlungen stellt *die räumliche und zeitliche Distanz zwischen Eingriffen in die Umweltressourcen und deren Folgen* dar. Diese zunehmende Distanz ist ein Resultat der Globalisierung von Umweltveränderungen sowie der zeitlichen Dynamik dieser Veränderungen. Der einzelne und auch ganze Kollektive sind oftmals nicht in der Lage, einen Zusammenhang zwischen ihren umweltbezogenen Aktivitäten und deren weitreichenden Folgen zu erkennen, da zwischen ihren Umwelteingriffen und deren Auswirkungen oftmals "Totzeiten" liegen, es zu räumlichen Verschiebungen kommt, die wegen der Komplexität der Zusammenhänge in der Biosphäre verborgen bleiben. Es besteht kein unmittelbarer Anlaß für eine Verhaltensänderung, wenn die Konsequenzen eines Tuns kaum absehbar sind und keine Gelegenheit zu einer Anbindung der individuellen Motive und Ziele an die Folgen des eigenen Tuns gesehen wird. So werden Motive nach sozialer Anerkennung und Sympathie oder das Kompetenzmotiv kaum wirksam werden können, solange die Distanz zwischen Tätern und Opfern nicht durch geeignete Kommunikationsformen und Erfahrungen auf ein "menschliches Maß" verringert wird. Das zentrale Motiv der Selbstwertschätzung, das nach der hier diskutierten Konzeption allen anderen individuellen Motiven zugrunde liegt bzw. diesen "vorgeschaltet" ist, "sucht" sich sonst andere, in bezug auf die drängenden Umweltprobleme möglicherweise contraproduktive Gelegenheiten, Motive und Ziele, um "sich zu beweisen".

Die Handlungs- und Selbstregulation geht nicht selten, so wurde argumentiert, an wesentlichen Aspekten der gegenwärtigen Umweltproblematik schlicht vorbei.

Jede Handlungsregulation, sowohl deren innere als auch deren äußere Seite, ist zugleich ein Prozeß der Selbstregulation mit der übergeordneten Zielsetzung einer Wahrung des Selbstwertes. Aus diesem Postulat, das im Zentrum dieses Beitrages steht, sind zugleich mögliche Strategien zur Beförderung umweltschonender Handlungen ableitbar. So wäre danach zu fragen, in welcher Weise umweltschonende Handlungen mit grundlegenden Motiven und darauf aufbauenden Handlungszielen in Verbindung gebracht werden können. Erst wenn dies gelingt, entwickeln Individuen ein *vitales* Interesse, einen eigenen Beitrag zum Umweltschutz zu leisten. Optionen und Barrieren werden dann als Anreize für umweltschonende Unternehmungen in den Handlungshorizont der Akteure eingebunden, wenn deren Berücksichtigung einen Zugewinn an Selbstwertschätzung verspricht. Auf welchen Wegen und Umwegen diese Anbindung gelingen mag, hängt von den jeweiligen konkreten Kontexten und der Art des Verhaltens ab. Bei der Polytelie umweltbezogener Handlungen wäre es wenig erfolgversprechend, sich dabei nur auf solche Motive, Werthaltungen und Ziele zu beschränken, welche sich in ihrer Semantik explizit auf "die Umwelt" beziehen. Das Umweltbewußtsein, die "Umweltmoral", umweltorientierte Werthaltungen oder ein hohes Verantwortungsbewußtsein der Umwelt gegenüber nehmen dabei keineswegs eine privilegierte Stellung innerhalb des Gesamtsystems von Werten, Motiven und anderen Sollwerten einer Person ein, wie in diesem Beitrag demonstriert werden sollte.

5 Entnervt vom Nachbarn

Eine *prinzipielle Einschränkung* des Geltungsbereiches der in diesem Beitrag vorgeführten handlungspsychologischen Erklärung umweltbezogenen Verhaltens soll zum Abschluß nicht unterschlagen bleiben, zumal sie generell auch auf die Umweltbewußtseinsforschung zutrifft. Handlungspsychologische Ansätze unterstellen grundsätzlich, daß individuelle Entscheidungen und Handlungen auf Ziel-, Mittel- und Folgenanalysen beruhen, also auf einem - wie auch immer "unvollständigen" - *zweckrationalen Kalkül*. Aber könnte die Familiengeschichte, die wir zu Beginn berichteten, nicht auch eine ganz andere gewesen sein? Wir hatten der Familie unterstellt, daß sie ihren Erstwagen deshalb verkaufte, weil sie nach Abwägung aller Vor- und Nachteile zu dem Schluß gekommen war, daß sie mit dieser Entscheidung ihren Zielen und - darüber vermittelt - der Wiederherstellung einer hinreichend stabilen Selbstwertschätzung erheblich näher kommen würde. Es ist durchaus möglich, daß diese Geschichte eine genaue Rekonstruktion des Entscheidungsablaufes darstellt, aber es lassen sich durchaus plausible Alternativen dazu erfinden. Was der Familie in den vergangenen Monaten immer wieder auf die Nerven gegangen war, waren die dummen Bemerkungen eines Nachbarn. "Mal wieder mit zwei Autos unterwegs? Na ja, wer hat, der hat", oder "Wann wird denn endlich der Drittwagen für den Junior angeschafft?" Eines Nachmittags ließ sich der Nachbar dann zu der Bemerkung hinreißen "Sie scheinen's aber wirklich nötig zu haben, beschäftigen Sie jetzt auch noch einen Gärtner? Zwei Autos reichen wohl nicht!" Entnervt bis zur Grenze des Erträglichen fuhr das Familienoberhaupt zur nächsten Autowerkstatt und verkaufte seinen geliebten Saab, ohne weitere Überlegungen und Zielkalküle, sondern nur, weil er es satt hatte, sich auch weiterhin über die gehässigen Bemerkungen seines Nachbarn ärgern zu müssen.

Wenn Menschen nur deshalb nicht an Umweltaktionen teilnehmen, weil sie sich scheuen, in der Öffentlichkeit zu agieren, wenn Entscheidungen zum Mitmachen nur darauf beruhen, daß man jemanden sehr sympathisch findet, der dort eine aktive Rolle spielt; zur Erklärung dieser und vergleichbarer Fälle taugen handlungspsychologische Ansätze nur begrenzt. Diese offensichtlich wenig zweckrationalen Verhaltensweisen verweisen auf eine zweite, parallele Organisationsform individuellen Tuns, die, so kann angenommen werden, eher die Regel als die Ausnahme darstellt. In den wenigsten Alltagssituationen greifen Individuen auf ihre Werthaltungen und übergeordneten Zielsetzungen zurück, wenn sie sich in einer bestimmten Weise verhalten und entscheiden. Gewohnheiten, Gefühlsregungen, Erinnerungen an das, was man immer schon getan hatte, ein "adhocistisches Durchwursteln" durch den Parcour von Alltagsanforderungen ohne weiterreichende Pläne und Ziele stellen die wahrscheinlich üblichsten Formen und Anlässe für die Verhaltens- und Selbstregulation dar. Die Selbstwertschätzung und das Selbstwertgefühl können in der Regel auch ohne aufwendige Handlungsreflexion gesichert werden. Momentane Erfahrungen und Gefühle, eine Wiederholung von Verhaltensroutinen, die sich in der Vergangenheit bewährt haben, werden unmittelbar mit dem Selbstwertgefühl "kurzgeschlossen" und tragen so - ohne weitere Ziel- und Folgenabwägungen - zu seinem Schutz bei.

In dem oben skizzierten Akteur-Ressourcen-Modell wird dieser Form der Verhaltensregulation u.a. dadurch Rechnung getragen, daß - wie ausgeführt - im Falle einer deutlichen Veränderung des Selbstwertgefühls bei den nachfolgenden Regulationen sämtliche Folgenabschätzungen und Zielerwägungen ausgeblendet bleiben, die über die momentane Situation hinausweisen, und statt dessen *eine Fixierung auf eine rasche Momentlösung* der aktuellen Situation einsetzt. Die Akteure "reagieren" auf die Situation, anstatt überlegt zu handeln. Regulationsprozesse, die ohne Zielreflexion verlaufen, werden wahrscheinlich, wenn die in der Vergangenheit erfolgreich gewesenen Verhaltensroutinen auch auf die gegenwärtige Situation anwendbar zu sein scheinen, die Situationen gut in ihrer Entwicklung vorhersehbar sind, oder wenn diese plötzliche emotionale Veränderungen auslösen. Ein bewußter Rekurs auf die eigenen Motive, Werthaltungen und Ziele wird vor allem dann zum Teilbestand der Handlungsregulation, wenn weitreichende Folgen auf dem Spiel stehen, eine einmal getroffene Entscheidung irreversibel ist, gravierende Ziel- und Motivkonflikte auftreten sowie zielführende Entscheidungs- und Handlungsroutinen nicht verfügbar sind. Auf unser Thema gewendet: Anstelle a priori davon auszugehen, daß dem Umweltbewußtsein eine zentrale Rolle für die Etablierung von umweltschonenden Handlungen und Entscheidungen zukommt, könnte es lohnenswert sein, diejenigen Handlungskontexte zu identifizieren, in denen Individuen und Gruppen überhaupt auf ihre Werte, Motive, auf ihr Umweltbewußtsein, ihre Moral und Überzeugungen zurückgreifen, wenn sie ihr Verhalten organisieren. Aus der Psychologie des komplexen Problemlösens (vgl. u.a. Lantermann, Döring-Seipel & Schima, 1992) ist bekannt, daß dies vor allem dann zu beobachten ist, wenn sich Individuen mit neuartigen Situationen konfrontiert sehen, ihre Entscheidungen mit weitreichenden und irreversiblen Folgen verbunden sind oder wenn sie mit schwierigen Zielkonflikten konfrontiert werden. Im Umweltbereich könnten das Situationen sein, in denen etwa eine (einmalige) hohe Investition für umweltschonende Techniken und Gebrauchsgüter zur Entscheidung oder eine Preisgabe von liebgewonnenen Gewohnheiten zugunsten des Umweltschutzes auf dem Spiel steht. In solchen Fällen mag ein hohes Umweltbewußtsein eine günstige Vorbedingung für umweltschonende Entscheidungen sein. In normalen Alltagssituationen käme es wohl eher darauf an, umweltschonende Aktivitäten mit emotional positiven Erfahrungen zu verknüpfen, die den Individuen günstige Gelegenheiten zur Bewahrung eines positiven Selbstwertgefühls signalisieren, ohne große Umwege über Katastrophenbeschwörungen, aufwendige Ziel- und Wertreflexionen und ohne Appelle an das Versagen und das schlechte Gewissen, die nach allem Gesagten eher als Barriere denn als Chance für die Sicherung der eigenen Selbstwertschätzung und die nachhaltige Beförderung von umweltschonenden Verhaltensgewohnheiten sein dürften.

Literatur

Baumeister, R.F. (1996). Self-regulation and ego threat: An organismic perspective on the nature of goals and their regulation. In P.M. Gollwitzer & J.A. Bargh (Eds.), *The psychology of action* (pp. 27-47). New York: The Guilford Press.

Dörner, D. (1998). *Mechanik der Seele*. Reinbek: Rowohlt.

Dörner, D., Kruse-Graumann, L. & Lantermann, E.-D. (1995). The Schorfheide-Project. In L. Kruse-Graumann (Ed.), *Societal dimensions of biosphere reserves - biosphere reserves for people* (pp. 33-41). Bonn: MAB National Committee.

Lantermann, E.-D., Döring-Seipel, E. & Schima, P. (1992). *Ravenhorst - Gefühle, Werte und Unbestimmtheit im Umgang mit einem ökologischen Scenario*. München: Quintessenz.

Lantermann, E.-D. & Schmitz, B. (1994). Psychische Ressourcen und Strategien im Umgang mit globalen Umweltveränderungen. *Natur & Wissenschaften, 81*, 521-527.

Pawlik, K. (1991). The psychology of global environmental change. Some basic data and an agenda for cooperative international research. *International Journal of Psychology, 26*, 547-563.

Restriktionen individuellen umweltverantwortlichen Handelns

Wolfgang Gessner und Susanne Bruppacher[1]

1 Umweltverantwortung: Warum Sollen (und auch Wollen) Können voraussetzt

Die zeitgenössischen Forderungskataloge der Umweltethiker stellen an uns bedeutsame Anforderungen; sie haben sozusagen großes mit uns vor. Man denke an die entschiedenen Projektionen von Arne Naess (1989) in seiner deep ecology oder an die Entwürfe des Berner Juristen Saladin (Saladin & Zenger, 1988) zu einem Katalog der Rechte der Natur. Der Philosoph Meyer-Abich (1990) expliziert unter dem Titel "Verantwortung für die Natur" die Verschärfung dieser Forderungen als zunehmende Entfernung von unserer Alltagspraxis, indem er einen achtstufigen Entwicklungsschritt entwirft von der "Egozentrik des autonomen Individuums" als Schritt (1) zu Nepotismus oder Sippenmoral als Schritt (2), Nationalismus (3) der Volksgenossen unter sich zur Anthropozentrik der Gegenwart (4) als Gemeinschaft der Mitmenschen nah und fern. Dem folgt die reine Anthropozentrik (5) der Menschheit als "geschlossener Gesellschaft" und schließlich der "Mammalismus" der höheren Säugetiere unter sich (6), also das Äquivalent einer pathozentrischen Umweltethik. Die eigentlich radikalen Schritte sind dann Biozentrik als Bezug auf die Gemeinschaft der Lebewesen, deren Interessen es zu respektieren gelte, und schließlich (8) Physiozentrik als der Verantwortung für die äußere Struktur des Planeten, von Landschaften bis zu den Eigenheiten des Klimas. Entsprechend werden von den Vertretern des ökologischen Holismus (Callicott, 1979) nur noch die Biosphäre als ganzes und die großen Ökosysteme, aus denen sie besteht, als in sich wertvoll angesehen. Menschen, Tiere und Pflanzen seien dies nur insofern, als sie zur Erhaltung des Ganzen beitragen. An diesen sicherlich eindrucksvollen Entwürfen stört, daß sie uns allein lassen mit unseren begrenzten Möglichkeiten, diesen hypertrophen Anforderungen auch zu genügen. Anders gesagt: Der enormen Forderung fehlt eine korrespondierende Analyse der Möglichkeiten, diese Forderungen auch umzusetzen. Wir stehen vor einer Kluft zwischen Sollen und Können.

---

[1] Die Arbeit an diesem Papier wurde mit Mitteln des Schwerpunktprogramms Umwelt des Schweizerischen Nationalfonds gefördert: Projekt Nr. 5001-35276 "Interventionsmodelle zur Förderung umweltverantwortlichen Handelns" und Nr. 5001-48832 "Umweltverantwortliches Alltagshandeln in kommunalen Umfeldern: Theoretische Analyse, empirische Untersuchung und Überwindung von Veränderungshindernissen".

Die Positionen, die von der Umweltethik formuliert werden, sind sicherlich mehr oder weniger radikal, mehr oder weniger apodiktisch im Tonfall und sie unterscheiden sich in ihren Begründungen[2]. Das prinzipielle Manko dieser Vorschläge besteht nun allerdings darin, daß in all diesen umweltethischen Positionen das Prinzip "Sollen setzt Können voraus" als Vorbedingung der Einforderbarkeit der jeweiligen Normsätze niemals bestritten würde. Anders gesagt, es herrscht ein allerdings *rein abstrakter* Konsens bezüglich dieses Prinzips. Zugleich gilt aber, daß sich praktisch keine dieser Positionen um die *konkrete* Umsetzbarkeit ihrer Normen, Imperative oder Empfehlungen kümmert. Oft wird nicht einmal der Adressat dieser Normsetzungen hinreichend klar benannt, geschweige denn, daß man sich um dessen Handlungsbedingungen sorgen würde. Dies wird aber spätestens dann fatal, wenn konkrete, unüberwindbare Hindernisse aufzeigbar sind, die nicht nur der konkreten Umsetzung einer Norm in eine normenkonforme Handlung, sondern auch dem konsensuell akzeptierten Prinzip der Könnensvoraussetzung widersprechen.

Wir haben somit zu konstatieren, daß normative Setzungen nicht ohne empirisches Wissen über ihre Realisierbarkeitsbedingungen sinnvoll einzufordern sind. Die bloße Denkbarkeit der Möglichkeit ihrer Umsetzung reicht nicht aus. Die reale Möglichkeit ihrer Umsetzung muß belegbar sein. Umgekehrt gilt, daß normative Anforderungen ins Leere laufen, wenn aufzeigbar ist, daß Restriktionen für das entsprechende Handeln unumgehbar sind. Wenn sich also zeigen läßt, daß das zugehörige Können des umweltethisch oder sonstwie imperativ oder normativ Geforderten nicht gegeben ist, so folgt daraus unmittelbar, daß diese Normen oder Imperative auf einen rein theoretischen Status zurückfallen. Sie können dann nämlich vernünftigerweise nur noch als *kontrafaktische* Normsätze diskutiert und angenommen werden: Wenn Handlung X *möglich wäre*, dann *wäre es geboten*, sie auch zu tun. Daraus folgt unmittelbar, daß, wenn man an der Umsetzung dieser (unterstellt: akzeptierten) Normen interessiert ist, man sich zuallererst um die Möglichkeit kümmern muß, sie zu realisieren.

Ein weiterer Zugang zu dieser Ebene der harten Fakten resultiert aus der psychologischen Forschung zum Thema "Umweltbewußtsein und Umweltverhalten" (vgl. u.a. Grob, 1991; Kals, 1996; Kastenholz, 1994; Nauser, 1990; Schahn, 1993, Wortmann, 1994, sowie Kuckartz, 1996, für einen Überblick). In dieser Forschung wurden immer wieder (und in ganz verschiedenen Sektoren des Verhaltens) Inkonsistenzen von Einstellung und Verhalten festgestellt. Für diesen Mangel an Umsetzung von vorhandenen umweltpositiven Einstellungen bietet schon die Psychologie selbst durchaus Erklärungen an. Beispielhaft sei Spadas Arbeit über Umweltbewußtsein (1990) zitiert, der die folgenden Gründe für diese Diskrepanz sieht (vgl. auch die Beiträge von Lantermann sowie von Reusswig in diesem Band):

---

[2] Für einen Überblick über das Spektrum dieser Forderungen, das auch gemäßigtere Ansprüche als die in den oben zitierten Positionen enthaltenen einschließt, vgl. die Arbeiten von Krebs und Leist zur ökologischen Ethik in Nida-Rümelin (1996).

1. Existenz konkurrierender verhaltensrelevanter Einstellungen

Hier hängt es vom relativen Gewicht der einzelnen konkurrierenden Einstellungen (bzw. von dem ihrer Dimensionen) ab, welche sich durchsetzt. Beispielsweise können Präferenzen für Bequemlichkeit umweltfreundliche Einstellungen dominieren[3], und damit als konkurrierende Wertsetzungen die Oberhand gewinnen.

2. Inkonsistenz zwischen gewandeltem Umweltbewußtsein und herkömmlicher Sozialisation

Hier wird konstatiert, daß sozusagen "falsch" sozialisierte, aber umweltrelevante Verhaltensweisen durch die Macht der Gewohnheit trotz bereits erfolgter Einstellungsänderung dominieren. Diese schon manifeste Einstellung wird also ignoriert, weil das über lange Zeiträume hin eingeschliffene Verhalten gegenüber jeder neuen Einstellung prävalent bleibt.

3. Fehlen positiver oder negativer Verhaltensanreize

Als positive Verhaltensanreize wirken nur innere Befriedigung und punktuelle soziale Verstärkung durch Gleichgesinnte, letzteres abhängig davon, in welchem Ausmaß man sich in deren Szenen bewegt. Sicher zu erwarten sind dagegen die Zusatzkosten materieller und immaterieller Art, die mit umweltfreundlichem Verhalten verbunden sind, aber ohne daß die Effekte dieses Mitteleinsatzes für die Einzelperson sichtbar würden. Zusätzlich fehlen klar negative Anreize, also Sanktionen für umweltunfreundliches Verhalten. Statt dessen haben alle sozusagen die freie Wahl, sich so oder so zu verhalten, und eine solche Lage *fördert* zumindest *nicht* das umweltfreundliche Verhalten.

4. Generalisierte Einstellungen versus spezifiziertes Verhalten

Diese eher methodologische Erklärung führt die Divergenz von Einstellung und Verhalten darauf zurück, daß mit sehr allgemeinen, pauschalen Fragestellungen das immer spezifische, eng umschreibbare Handeln in Alltagssituationen gar nicht erfaßt werden kann und sich also globale Bekenntnisse mit objektiv abweichendem kleinteiligen Verhalten im Kopf des Handelnden durchaus vereinbaren lassen.[4]

---

[3] Es hat sich zwar über lange Jahre ein ständig zunehmendes Gewicht der Umweltdimension ergeben, doch scheint nach neueren Berichten z.B. über Verbraucherorientierungen der Zenit dieser Entwicklung überschritten zu sein.

[4] Kals (1996) bemängelt an der umweltpsychologischen Forschung, daß Einstellungs- und Verhaltensvariablen allzu oft nicht einmal getrennt erfaßt werden, und (wie Spada), daß das Spezifitätsniveau der erfaßten Einstellungen und des erfaßten Verhaltens sich nicht entsprechen. Allgemeine Werthaltungen und Einstellungen gegenüber "der Umwelt" hätten sich jedoch als schlechte Prädiktoren für spezifische Verhaltensweisen erwiesen. Kals (1996) fordert deshalb neben einer Trennung der Messung von Einstellung und Verhalten auch, daß Verhaltens- und Einstellungsvariablen auf dem gleichen Spezifitätsniveau erfaßt werden.

5. Fehlen adäquater Verhaltensmöglichkeiten

Hier nennt Spada (1990) schließlich auch objektive Faktoren, die - allerdings seiner Meinung nach nur "in einzelnen Fällen" - handlungsrelevant sind, nämlich erstens das Fehlen individueller Kompetenz für umweltfreundliches Verhalten (also z.B. Fahrradfahren bei gebrechlichen alten Leuten), und zweitens das Fehlen adäquater Verhaltensmöglichkeiten (z.B. indem Wertmüllsammelstellen oder hinreichender öffentlicher Nahverkehr usw. *nicht* angeboten werden).

Eine solche Analyse der Diskrepanz von Einstellung und Verhalten in diesen fünf Punkten ist zwar nicht falsch, aber doch in entscheidender Hinsicht mangelhaft, weil unvollständig. Erstens scheint uns Punkt 5, das Fehlen adäquater Verhaltensmöglichkeiten, eine *viel grundlegendere Restriktion der Möglichkeit der Umsetzung umweltfreundlicher Intentionen* zu sein, als dies in den anderen genannten Punkten gegeben ist, indem diese durch verschiedene Maßnahmen wie Aufklärung, Erziehung, Training, ökonomische Anreize, Normsetzung etc. weitgehend kompensierbar wären.

Zweitens wirkt die Auffassung, Verhaltensmöglichkeiten *nur in ihrer Defizitform* zu betrachten - also die *fehlende* Wertstofftonne usw. - als zu kurz gegriffen, weil sie das ganze Spektrum *aktiv wirksamer Zwänge und Restriktionen*, die in der Organisation unseres Alltagslebens sozusagen fest installiert sind, vollständig ignoriert. Und damit ist in solchen Analysen der Diskrepanz von Einstellung und Verhalten möglicherweise das Thema verfehlt, weil etwas psychologisch analysiert wird, was einer psychologischen Erklärung weitgehend gar nicht bedarf.

Eine Erörterung der *psychologischen* Voraussetzungen umwelt(un)gerechten Handelns wäre also in den Fällen überflüssig oder mindestens nachrangig, in denen aufzeigbar ist, daß *schon in den äußeren Umständen, den Randbedingungen des Handelns* Gründe oder Ursachen liegen, die so stark sind, daß sie eine intentionale Steuerung dieses Handelns verhindern: Sie sind dieser Steuerung sozusagen vorrangig. Mit wachsender Dauer unserer Beschäftigung mit den Bedingungen umweltverantwortlichen Handelns scheint es uns zunehmend lohnend, eine vertiefte Analyse dieser *externen* Handlungsdeterminanten zu versuchen.

Wir befinden uns dabei in guter Gesellschaft: Bereits 1936 spricht Lewin (1936/1966, S. 70 und 214) von "Einflüssen 'von außerhalb [als] Einflüssen auf den Lebensraum, die nicht durch psychobiologische Gesetze aus den psychobiologischen Eigenschaften der vorangegangenen Situation abgeleitet werden können". Dies könnte nahelegen, "eine vollständige Realität als begrifflich verbunden zu verstehen mit den objektiven physikalischen oder sozialen Einflüssen aus dem 'Äußeren' des Lebensraums", also denjenigen Faktoren der Realität, die "am ehesten durch ihre Unabhängigkeit vom Willen der Person charakterisierbar" (Lewin, 1936/1966, S. 203) sind. Ganz entsprechende Unterscheidungen trifft Foppa (1989, S. 2), indem er feststellt, daß in der psychologischen Wissenschaft "Ziele, Motive, Absichten, Eigenschaften, Wertvorstellungen etc. des Individuums" als "entscheidende Steuerungsgrößen" des Ablaufs von Handlungen betrachtet werden, demgegenüber aber "die Handlungsdeterminanten, die keiner psychologischen Erklärung bedürftig oder zugänglich sind", systematisch vernachlässigt würden. Diese Freiräume - oder ihr Fehlen! - herauszuarbeiten, sei ein primäres Ziel, denn "es liegt auf der Hand, daß Individuen allen möglichen Arten von Restriktionen unterworfen sind, die ihrem Handeln und der Realisierung ihrer Zielvorstellungen enge Grenzen setzen". Ganz ähnlich spricht Heckhausen (1989, S. 6) von "Erklärung[en] für nicht-erfolgtes Handeln". In dieser Perspektive soll nicht erklärt werden, warum ein bestimmtes Handeln erfolgt, sondern "warum es nicht erfolgt; nämlich aus Mangel an Realisierungsmöglichkeiten wegen eingeschränkter situativer . . . Gegebenheiten in der Lebensumwelt. Es ist der langfristige Mangel an Gelegenheiten, der die Entfaltung entsprechender Dispositionen und damit Handlungsmöglichkeiten einschränkt, aber nicht von vornherein einschränken müßte." Doch diesem Mangel wäre abzuhelfen, denn er erscheint "grundsätzlich änderbar, soweit die gegebenen Lebensverhältnisse wirtschaftlich, technisch, kulturell, gesellschaftlich, politisch zu ändern, zu bereichern, zu verbessern sind".

Es scheint klar, daß Erklärungsmuster dieser Art *in Konkurrenz mit herkömmlichen psychologischen Erklärungsmustern treten können*. Wir halten es dennoch im Rahmen einer personalen Handlungstheorie für unverzichtbar zu untersuchen, welche Restriktionen für individuelle Handlungsintentionen überhaupt denkbar und welche davon in unseren Kontexten vermutlich relevant sind. Als Beleg wird hier in aller Kürze eine Typologie derjenigen *objektiven* Zwänge und Restriktionen vorgestellt, auf die wir bei unserer Analyse umweltrelevanter Handlungsweisen gestoßen sind.

Wir unterscheiden derzeit 16 Typen in 3 Hauptgruppen, nämlich *materielle, kognitive* und *soziale* Restriktionen und Zwänge. Diese 16 Typen sind - vielleicht mit Ausnahme von Typ 7 und Typ 12 - als wirksam auch für umweltrelevantes Handeln anzusehen:

– **Materielle Restriktionen und Zwänge**
    1. Physischer Zwang
    2. Instrumentelle Zwangsführung
    3. Infrastrukturelle Zwänge
    4. Knappheitszwang
    5. Temporale Restriktionen
    6. Existentielle Restriktionen

– **Kognitive Restriktionen und Zwänge**
    7. Rationalitätszwang
    8. Nutzenzwang
    9. Modalisierungsrestriktionen
    10. Akrasiazwang[5]
    11. Antizipationsrestriktionen

---

[5] Eine Situation wirkt auf unsere Handlungsbereitschaft negativ ein, indem sie als Störung der personalen Präferenzordnung unsere Willensschwäche (griech.: akrasia) fördert (vgl. Spitzley, 1992).

- **Soziale Restriktionen und Zwänge**
  12. Personaler Zwang
  13. Sozialer Zwang
  14. Normativer Zwang
  15. Konkurrenzzwang
  16. Koordinationszwang

Die folgende kurze Darstellung beschränkt sich auf sechs dieser Typen, also zwei aus jeder Hauptgruppe, um einen ersten Eindruck zu vermitteln (vgl. auch Gessner, 1996).

2 Darstellung ausgewählter umweltrelevanter Restriktionstypen

2.1 Materielle Restriktionen und Zwänge

2.1.1 Physischer Zwang (⇒ 1.)

Die spezifische Anordnung eines Handlungsumfelds oder die spezifische Konstruktion eines Handlungsmittels kann Freiheitsgrade einschränken oder vernichten, insofern sie einem Handelnden keine andere Wahl des Ausführungswegs einer Handlung lassen (als Zwangsführung) oder sogar (als situative Nötigung) diese Handlung selbst erzwingen (vgl. auch Barker, 1968). Physischer Zwang kann in unterschiedlicher Gestalt auftreten und sich in bestimmten Strukturen der physischen Umwelt als Blockade, Barriere, Lenkung, Ablenkung, Gegenkraft aber auch als spezifische Erleichterung oder Privilegierung *nur eines* Wegs artikulieren (Johnson, 1987). Bezogen auf Umweltfragen denkt man hier zuerst an die Gestaltung von Verkehrssystemen, aber bei näherer Betrachtung zeigt sich, daß solche Hemmnisse und Barrieren in unserer gesamten gebauten Umwelt dominieren und in vielen Fällen umweltfeindliches Handeln erzwingen. Darin liegt zugleich eine Restriktion unserer Wahlfreiheit: Indem wir nämlich in vielen Angelegenheiten, deren Folgen uns alltäglich betreffen, vorab gar nicht gefragt werden, was wir wollen und welche Umweltwerte wir realisiert sehen möchten. Bei der Planung von Verkehrssystemen z.B. entscheiden Experten an unserer Stelle, für welche *Maximalgeschwindigkeit* eine Straße ausgelegt wird und wie dann die Straßenbreiten und Kurvenradien entsprechend ausgelegt werden, und dies mit allen resultierenden Folgen für Flächenverbrauch, Bodenversiegelung und Förderung von Mehrverkehr. Dies wirkt um so tragischer, als solche kostenintensiven Investitionen die Situation für Jahre oder Jahrzehnte prägen, also praktisch irreversibel sind.

2.1.2 Instrumentelle Zwangsführung (⇒ 2.)

Für die Erreichung bestimmter Ziele ist es notwendig, sich passender Mittel und Funktionen oder, allgemein gesagt, Instrumente zu bedienen. Diese Instrumente können in unterschiedlicher Hinsicht "passend" sein, also mit bestimmten Wertungen - auch ökologischen - divergieren oder konvergieren. Im Sinne einer solchen Wertung negativ zwangsführend wirken Instrumente auf Handlungen dann, wenn sie dem Handelnden keine Wahl offenlassen, seine Handlungsmittel in Kongruenz mit dieser Wertung zu wählen. Es sind also nur solche Instrumente zugänglich, die eine Verletzung dieser Wertung sachlogisch implizieren. Der Handelnde wird auf wertfremde Ausführungswege gezwungen, indem ihm alternative Handlungsmöglichkeiten und Mittelwahlen vorenthalten werden: Sie liegen gar nicht in seinem Entscheidungsspielraum. So liegt es, um ein positives Beispiel zu nennen, nicht in seinem Spielraum, eine Diskette auf die im Prinzip möglichen acht Arten ins Laufwerk zu schieben. Das Ganze ist so konstruiert, daß nur ein Weg möglich ist. Äquivalent, aber mit umweltnegativen Folgen, sind viele Installationen konstruiert. Man denke an die Zwangskopplung von Kühlschränken mit Tiefkühltruhen in Mietwohnungen oder an die Installationen von Wasser, Heizung usw., die eine verbrauchsorientierte Mengenregulierung oft erschweren oder gar nicht zulassen. Ein weiteres Beispiel wäre das Fehlen richtiger Wärmeisolierungen in Mietwohnungen, deren Einbau sich schnell rentieren würde, allerdings solange nicht, als die Mieter per Umlage diese Verschwendungskosten selbst zu bezahlen gesetzlich gezwungen werden. Die Summation dieser Fehlsteuerungen und Fehlkonstruktionen dürfte einen riesigen Posten in der Bilanz der Umweltschädigung ausmachen, ohne daß man in der Lage wäre, viel daran zu ändern, solange keine externen Anreize oder Regulierungen das Vernünftige nahelegen oder erzwingen.

2.2 Kognitive Restriktionen und Zwänge

2.2.1 Modalisierungsrestriktionen (⇒ 9.)

Die Bildung von umweltfreundlichen Intentionen und auch die Ausführung von Handlungs*alternativen* als Abweichung vom Gewohnten, Eingeschliffenen, Unhinterfragten setzen die *Wahrnehmbarkeit* dieser Alternativen voraus. Diese Wahrnehmbarkeit wiederum ist automatisch nicht gegeben, wenn nicht ermöglicht ist, daß sie sich in intellektueller, funktionaler, instrumenteller, technischer und auch ökonomischer Hinsicht realisieren läßt, also nicht durch eine wie auch immer erzeugte Dominanz des *status quo* unterdrückt wird. Diese Dominanz wirkt, unabhängig von der Art ihrer Erzeugung, als Barriere gegen die kognitive Modalisierung von Werten, Zielen und Verhältnissen, die für jede Neuorientierung unverzichtbar ist.

2.2.2 Antizipationsrestriktionen ($\Rightarrow$ 11.)

Die Ausführung umweltgerechter Handlungsalternativen setzt die Wahrnehmung der Wirkung dieser Alternativen als resultatorientiert langfristig, also *nachhaltig*, und somit auch in subjektiver Perspektive lohnend voraus. Es kann aber schon zum Zeitpunkt der Wahl umweltfreundlicher Alternativen oder vor ihrer Ausführung sichtbar oder absehbar sein, daß die positiven Resultate der eigenen Handlung von anderen *im Sinne einer Gelegenheit* genutzt werden. Wenn die mit dieser Handlung verbundene eigene Wertsetzung somit konterkariert ist, wird die Unterlassung dieser umweltfreundlichen Handlung zu einer kognitiv dann eigentlich notwendigen Folge dieser Einsicht. Um also Resultate personaler Entscheidungen auch wirksam, also nachhaltig, durchzusetzen, bedarf es der Existenz entsprechend restriktiver Regelungen und ihrer verläßlichen Wirkung. Ein Gegenbeispiel hierzu wäre, daß mein Verzicht auf das Automobil in einem zum Dauerstau finalisierenden Verkehrssystem nur anderen potentiellen Autofahrern eine jetzt noch verschlossene Lücke öffnen würde. Genau das kann man antizipieren und unterläßt deshalb den eigenen Verzicht. Fehlt also die Unterstützung durch entsprechende Regelungen, z.B. daß *individuelle Verzichte auf das Autofahren* durch *einen parallelen öffentlichen Rückbau von Straßen* unterstützt werden, so wirkt diese Konstellation als impliziter Zwang, die eigentlich gewollte positive Handlung zu unterlassen. Dies definiert zugleich eine Variante des Kollektivitätsparadoxons: Wenn Regelungen für die Allgemeinheit fehlen und ein privater und freiwilliger Verzicht nur neue Spielräume für andere Umweltschädiger eröffnet, die den eigenen Verzicht sofort aufwiegen, dann folgt das kollektive Fortsetzen des umweltschädigenden Verhaltens auch dann, wenn jeder einzelne in diesem Kollektiv umweltfreundlich eingestellt ist und eigentlich handlungsbereit gewesen wäre.

2.3 Soziale Restriktionen und Zwänge

2.3.1 Konkurrenzzwang ($\Rightarrow$ 15.)

In der Produktion von Gütern oder der Erbringung von Dienstleistungen wirken in der Regel unterschiedliche Teilprozesse zusammen, um Teilziele zu erreichen. Dabei werden verschiedenartige Mittel eingesetzt. Die Auswahl dieser Mittel ist dann nicht frei, wenn sie mit differierenden Kostenfaktoren (Entwicklungskosten, Investitionskosten, Arbeitskosten, Ressourcenkosten etc.) belastet sind, die auf die Kosten des Gesamtziels durchschlagen. Wenn nämlich diese Gesamtkosten über die Konkurrenzfähigkeit des Produkts oder der Dienstleistung am Markt entscheiden, ohne daß der Konsument diese spezifischen Kostenfaktoren in ihrer Wirkung als personale oder kollektive Nutzenfaktoren in Rechnung stellt (oder stellen kann), so wird die Wählbarkeit bestimmter Mittel oder Prozeduren für den Produzenten eingeschränkt oder unmöglich gemacht. Diese unspezifische Wirkung betrifft natürlich auch *jede Art von Umweltschutzmaßnahmen,* die praktisch immer mit *Zusatzkosten* verbunden sind. In einer deregulierten Konkurrenz ohne vorgegebene Rahmenbedingungen wirkt sich das als hinreichende Bedingung dafür aus, solche Maßnahmen unterlassen zu müssen.

2.3.2 Koordinationszwang (⇒ 16.)

Um funktionale Nachteile in kooperativen Handlungen zu vermeiden, müssen eigene Handlungen oder Handlungsmittel (also Werkzeuge) mit denen anderer kompatibel sein. Dies reicht von der eigenen Übernahme der jeweils "herrschenden" Sprache über "passende" Beiträge in kooperativen Handlungen bis hin zum Gebrauch der "richtigen" Formate beim Austausch von Daten oder Nachrichten. Es ist also erst einmal *sinnvoll* im Sinne eines gemeinsam zu erreichenden Ziels, ein bestimmtes Verfahren zu wählen, Handlungen zeitgleich passend einzusetzen usw., also die zeitliche, funktionale, organisatorische Passung eigener Planung mit den Planungen anderer zu suchen[6]. Der Zwangscharakter dieser Wahl der Mittel ergibt sich daraus, daß *bei Nichtbeachtung dieser Konventionen, also bei Verzicht auf die entsprechenden Koordinationen*, personale Verluste drohen, die andere Wertsetzungen dominieren können. Der Zwangscharakter einer solchen Situation resultiert weiterhin daraus, daß eine singuläre Instanz vorgibt, welche Wahl einer Funktion, welcher Zeitpunkt usw. der passende ist. Dies kann sich als Resultat aus einer gesteuerten Praxis ergeben, in der nicht Koordination das primäre Ziel ist, sondern der kollektive Vorteil, dieses Ziel anzustreben, von einzelnen dazu benutzt wird, ihre Partikularinteressen durchzusetzen. Dies kann insbesondere dann erreicht werden, wenn ein Anbieter mit seinem(n) Produkt(en) die Marktdominanz einer Funktion erreicht hat, also ein Quasi-Monopol besteht. (Auf den *Koordinationszwang* wird gleich noch in der ersten der beiden ausführlicheren Fallanalysen eingegangen.)

Nach diesen Beispieltypen für Zwänge und Restriktionen soll jetzt noch kurz das Analyseraster erläutert werden, mit dem wir diese Restriktionstypen parallel betrachten.

3 Analyseraster für einzelne Zwangs- und Restriktionstypen

Für die Analyse einzelner solcher Typen erscheint es uns nützlich, ein schematisches Muster zur Explikation der wesentlichen Bestimmungsfaktoren der einzelnen Restriktionen und Zwänge zu entwickeln. Wir differenzieren nach dem *Medium* der entsprechenden Restriktion, also ob es um Handlungsgelegenheiten oder Handlungsmittel geht, um Wege oder um Ziele, um materielle oder ideelle Gegenstände usw. Als *zugrunde liegende Weltstruktur* benennen wir die spezifischen Strukturen, innerhalb derer sich die entsprechende Restriktion entfalten kann. Als *Ursache der Wirksamkeit* werden bestimmte Naturgesetze oder sozialwissenschaftliche Gesetze benannt, die diese Restriktion in ihrer Möglichkeit erklären, während unter *Wirkungsweise* die spezielle Anwendung in dem speziellen Kontext thematisiert wird, in dem diese Restriktion typischerweise auftaucht. Unter

---

[6] Zur Entwicklung des Konventionsbegriffs (in Abgrenzung zu Regel, Konformität usw.) vgl. Lewis (1969).

zugrunde liegender Wert beschreiben wir die Art von individuellen oder kollektiven Wertsetzungen, die in der Wirksamkeit dieser Restriktion eine Rolle spielen. Die *Zeitrelation zum Handlungszeitpunkt* läßt wichtige Rückschlüsse auf die personale Intentionsbildung und mögliche Handlungsbereitschaft, aber auch auf die *Umgehbarkeit* dieser Restriktion zu. Das *Minimum aktual involvierter Personen* bestimmt die materielle, individuelle oder soziale Dimension der entsprechenden Restriktion. Schließlich zeigt die Analyse der *disziplinären Zuständigkeit* für die gesamten Restriktionstypen, daß hier meist eine interdisziplinäre Herangehensweise gefordert ist.

Dieses (hier nur recht abstrakt beschreibbare) Analyseraster wirkt einerseits als *Heuristik*, um in systematischer Weise diese einzelnen Bestimmungsfaktoren herauszuarbeiten. Zugleich erlaubt es die *Vergleichbarkeit* einzelner Restriktionen und Zwänge über diese Bestimmungsfaktoren hinweg. Die Funktionsweise dieses Analyserasters wird in den folgenden Fallanalysen zweier problematischer Strukturen in umweltrelevanten Handlungsfeldern weiter verdeutlicht.

4 Zwei Fallanalysen

4.1 Koordinationsrestriktionen

Einschränkungen der Handlungsfreiheit können unter anderem dann auftreten, wenn die "Werkzeuge" (im weitesten Sinn verstanden), mittels derer bestimmte Funktionen bedient werden, auf dem freien Markt durch einen dominanten Anbieter geliefert werden, also ein Quasi-Monopol besteht. Ein solcher Koordinationszwang ist somit sowohl das Resultat einer äußeren Einflußnahme und zugleich selbst auferlegt im Zug der Maximierung des eigenen personalen Nutzens durch intendiert optimale Werkzeugnutzung. Man denke als Computerbenutzer an folgendes Beispiel: Ein einzelner Anbieter beherrscht 80% des Markts an Betriebssystemen für Personalcomputer. In kurzen Abständen werden durch ihn neue Betriebssysteme kreiert und mit massiver Werbung in den Markt gedrückt, d.h. eine zunehmende Anzahl der Kollegen(innen) benutzt schon dieses neue Betriebssystem, und auch alle innovativen Programme oder Programm-Updates werden nur noch für dieses neue Betriebssystem geschrieben. Man verliert den Anschluß und die Kompatibilität mit den Kollegen(innen), wenn man nicht auch mitmacht, d.h. das entsprechende Software-Werkzeug benutzt. Bei der Gelegenheit stellt man fest, daß die eigene Hardwarekapazität zu klein ist, weil alle neuen Programme den x-fachen Platz brauchen wie auf dem alten System. Das Resultat ist: Man wird zum Kauf eines neuen Computers genötigt, obwohl man bis gestern mit dem alten recht zufrieden war. *Unser Thema* dabei sind die Megatonnen von hochgiftigem Elektronikschrott, die bei jedem dieser inszenierten "Generationenwechsel" offensichtlich unvermeidlich entstehen, weil man nämlich als Benutzer(in) kaum Möglichkeiten hat, sich dieser extern initiierten Dynamik zu entziehen.

Diese Situation läßt sich mit Hilfe eines sogenannten "Wortmodells" (modifiziert nach Bossel, 1992, S. 47-63) wie folgt darstellen:

KOORDINATIONSZWANG BEI SOFTWARENUTZERN ERZEUGT UMWELTSCHÄDEN

Die folgenden singulären Zusammenhänge[7] beschreiben die Basis der Entstehung eines Koordinationszwangs, der letztendlich zu einem Umweltproblem führt (vgl. Abb. 1):

---

(1) ↑ (Eigener oder fremder Kauf des Update-Programms) ⇒ ↑ **(UMSATZ-ZUWACHS UND PROFITZUWACHS BEIM SOFTWARE-ANBIETER)**

---

(2) ↑ (Anwendung des Update-Programms bei externen Nutzern) & ∇ (Eigene Anwendung des Update-Programms) ⇒ ↑ (Monopolisierungstendenz des Software-Anbieters)

---

(3) ↑ (Monopolisierungstendenz des Software-Anbieters) ⇒ ↑ (Anwendung des Update-Programms bei externen Nutzern)

---

(4) ∇ (Update des existierenden Programms) & ∇ (Massive Werbung für dieses Update) ⇒ ↑ (Anwendung des Update-Programms bei externen Nutzern)

---

(5) ↑ (Anwendung des Update-Programms bei externen Nutzern) ⇒ ∅ (Eigene Kompatibilität mit externen Nutzern)

---

(6) ∅ (Eigene Kompatibilität mit externen Nutzern ⇒ *! (Sicherung der Kompatibilität mit externen Nutzern)*

---

[7] **Legende zum Wortmodell:**

∇	Die Existenz von (....)
∅	Das Fehlen von (....)
↑	Die Zunahme von (....)
↓	Die Abnahme von (....)
!	Die Notwendigkeit von (....)
&	(....) zusammen mit (....)
Γ	(....) nur unter Bedingung von (....)
⇒	(....) impliziert zwingend (....)

Handlungsintentionen sind *fett-kursiv* angezeigt, finale Zustände fett in **MAJUSKELN**.

(7)   ∇ (Eigene Kompatibilität mit externen Nutzern) ⌐ ∇ (Anwendung des Update-Programms) ⇒ ! (Anwendung des Update-Programms)

(8)   ∇ (Eigene Anwendung des Update-Programms) ⌐ ∇ (Kauf des Update-Programms) ⇒ ! (Eigener Kauf des Update-Programms)

(9)   ∇ (Update von Softwareprogrammen) ⇒ ↑ (Speicherbedarf von Festplatten und Hauptspeicher) & ↑ (Taktfrequenz)

(10)   ↑ (Speicherbedarf von Festplatten und Hauptspeicher) & ↑ (Taktfrequenz)   ⇒ ∅ (Tauglichkeit existierender Hardware)

(11)   ∅ (Tauglichkeit existierender Hardware) ⇒ *! (Sichern der Tauglichkeit der Hardware)*

(12)   ∇ (Anwendbarkeit des Update-Programms) ⌐ ∇ (Neukauf von Hardware) ⇒ ! (Neukauf von Hardware)

(13)   ↑ (Neukauf von Hardware) ⇒ ↑ **(UMSATZZUWACHS UND PROFITZUWACHS BEIM HARDWARE-ANBIETER)**

(14)   ↑ (Neukauf von Hardware) ⇒ ↑ (Elektronikschrott)

(15)   ! (Entsorgung von Elektronikschrott) ⇒ ↑ **(UMWELTBELASTUNG)**

Abbildung 1: Wortmodell zur Analyse von *Koordinationszwang* am Beispiel von Computernutzung

Im Flußdiagramm als *Wirkungsgraphen* (vgl. Abb. 2) ergibt diese Darstellung der oben analysierten Zusammenhänge einen Überblick über die resultierende systemische Dynamik:

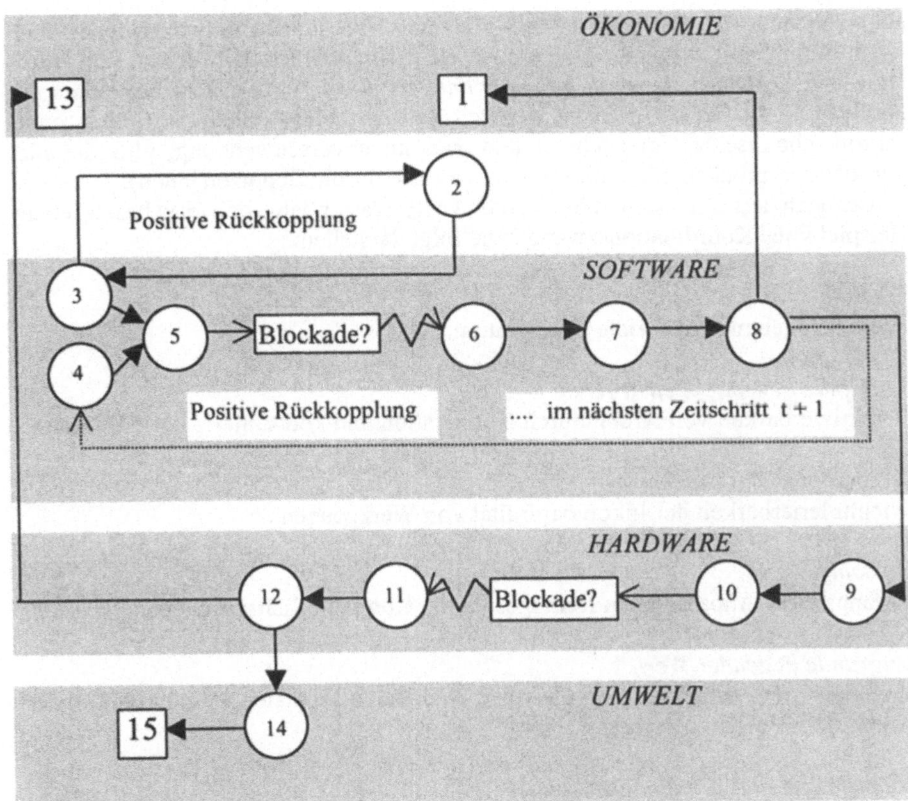

Abbildung 2: Flußdiagramm zur Darstellung der systemischen Dynamik eines Koordinationszwangs. Die Zahlen beziehen sich auf die singulären Zusammenhänge im Wortmodell. Das resultierende Gesamtsystem ist in vier Subsysteme untergliederbar.

Es ist also zwar für die Beteiligten unter der Perspektive der Funktionalität ihrer Koordination und des daraus resultierenden ökonomischen Nutzens *rational*, sich entsprechend zu verhalten. Aber diese Koordination erzeugt zugleich nicht kontrollierbare Nebenfolgen, da keine entsprechende Organisation für die umweltverträgliche Entsorgung der Resultate dieser Materialflüsse sorgt.[8]
Wir sind somit mit einer Situation konfrontiert, in welcher der immer neue Zwang zur Koordination diese Kooperationsmöglichkeit zwar wiederherstellt,

---

[8] Ganz im Gegenteil führt eine Politik der "Entsorgungsgarantie" zu einer möglichst billigen und reibungslosen Abfallentsorgung auf Kosten der Umwelt (vgl. Minsch, Eberle, Meier & Schneidewind, 1996). "Primäre Stoßrichtung ist die Erhöhung der Entsorgungskapazitäten, bei möglichst tiefen und damit nicht knappheitsadäquaten Preisen bzw. Gebühren. . . . [Diese] nicht nur ökologische, sondern auch ökonomische Sinnlosigkeit einer (permanent) subventionsgestützten Abfallentsorgung wird [allerdings] zunehmend erkannt. Tatsächlich zwingt die Finanzknappheit der öffentlichen Haushalte, die[se "merkantilistischen"] Subventionen abzubauen und an deren Stelle vermehrt verursachungsorientierte Finanzierungen einzuführen" (Minsch et al., 1996, S. 116 f.).

aber zugleich *als Nebenfolge* Effekte erzeugt, die äußerst umweltrelevant sind. Denn diese somit erzwungenen, immer kurzfristigeren Modellwechsel von Hardware und Software erzeugen *immer schnellere Entwertungszyklen* besonders der Hardware, mit der Folge von weltweit gesehen Megatonnen von Elektronikschrott, chemischer Verseuchung und Ressourcenverschwendung, plus der hier gar nicht besprochenen ökonomischen Verluste für die Benutzer(innen).

Bezogen auf das oben dargestellte Analyseraster läßt sich das beschriebene Beispiel von "Koordinationszwang" wie folgt darstellen:

Medium
Werkzeuggebundene soziale Kooperation.

Zugrunde liegende Weltstruktur
Effektivierbarkeit von Arbeit durch Kooperation und koordinierte Arbeitsteilung.

Ursache der Wirksamkeit
Nichttolerierbarkeit der Inkompatibilität von Werkzeugen.

Wirkungsweise
Zwangsweise Anpassung an fremdgesteuerte Kompatibilitätsvorgaben.

Zugrunde liegender Wert
Gelingen von Arbeitsteilung plus der personalen, sozialen und ökonomischen Folgeeffekte dieses Gelingens.

Zeitrelation zum Handlungszeitpunkt
Gegenwärtige Antizipation des zukünftigen Nichtgelingens von Kooperation, wenn nicht gegenwärtige Anpassungen der Kooperationsmittel erfolgen.

Minimum aktual involvierter Personen
Die Person, die sich als "Nachzieher" neu koordinieren muß, mindestens eine andere Person als direkte(r) Austauschpartner in dieser Werkzeugfunktion und das Nutzerkollektiv im Hintergrund, das durch den statistischen Trend zur Neuorientierung per Mehrheitsbildung als das die Werkzeugart vorgebende Kollektiv wirkt.

Umgehbarkeit
Derzeit (wegen Monopolstellung des "Anbieters") praktisch unmöglich, außer bei Verzicht auf Arbeitsleistung und Inkaufnahme der eigenen Mindereffizienz.

Disziplinäre Zuständigkeit
Philosophie und Spieltheorie bzw. Nutzentheorie für die Analyse der Wirkmechanismen von Lewis-Konventionen in Koordinationsprozessen.

Die Anwendung dieses Rasters als Heuristik eröffnet das Feld für eine genauere Analyse der benannten Einflußfaktoren und Wirkrelationen in diesem Fallbeispiel für einen "Koordinationszwang".

Als zweite Fallanalyse im Rahmen der vorgestellten Analysemethode wurde ein ganz anderes Handlungsfeld, nämlich die Bezugsmöglichkeit von Konsumgütern, gewählt. Auch sind hier andere Arten von Restriktionen und Zwängen als wirksam aufzeigbar. Zugleich demonstriert dies aber am paradigmatischen Fall, daß die vorgeschlagene Analysemethode nicht "domänenspezifisch" ist, also nur auf bestimmte Bereiche eingeschränkt bleibt, sondern auf ganz unterschiedliche Handlungsfelder anwendbar ist.

4.2 Angebotsstruktur und Einkaufsverhalten: Kombination einer Physischen Zwangsstruktur ($\Rightarrow$ 1.) mit einer Modalisierungsrestriktion ($\Rightarrow$ 9.) und einem Konkurrenzzwang ($\Rightarrow$ 15.)

Das folgende Beispiel betrifft die positiven Optionen oder Restriktionen von Möglichkeiten, sich im alltäglichen Einkaufsverhalten umweltbewußt zu verhalten. Thematisch sind primär die *problematischen* Strukturen, also die strukturellen Zwänge, denen wir in diesem alltäglichen Einkaufsverhalten unterliegen. Abweichend von anderen umweltrelevanten Handlungsproblematiken, die sich oft eher unbemerkt einschleichen oder als unerkannte Nebenfolge einer erwünschten Hauptfolge auftreten, ist in der historischen Genese dieses Problems ein klares ökonomisches Konzept der gezielten Strukturveränderung im Städtebau erkennbar. Der Aufbau von *malls* am Stadtrand wurde im Amerika der 60er Jahre erfunden und damals als positive Utopie popularisiert. Diese Entwicklung zur Auslagerung der Distribution stand ebenfalls nicht isoliert, sondern entfaltete sich infolge der damaligen Architekturideologie der "autogerechten Stadt", die damals im forcierten Ausbau von Stadtautobahnen (*freeways*) umgesetzt wurde, die den traditionellen Unterschied von "Stadt" und "Land" nivellierten durch die schnelle Erreichbarkeit jedes Punkts von jedem anderen Punkt aus. Die exzessive Entwicklung des automobilen Individualverkehrs gerade in Los Angeles (L.A.) als paradigmatischem Fall ist in seiner Entwicklungsgeschichte aus konzeptuellen Fehlentscheidungen, struktureller Dynamik und lobbyistischer Konspiration eindrucksvoll beschrieben worden (vgl. Bratzel, 1995). Inzwischen gilt L.A. (neben Mexico City und Kairo) als die weltweit unlösbarste Problemsituation dieser Art.

Der Autor zieht folgende Konsequenzen:

> "Was sind die Lehren aus dem *verkehrspolitischen Mißerfolgsfall Los Angeles* für andere Städte und Regionen? Erstens rufen die Erfahrungen Südkaliforniens eine weitgehende Skepsis gegenüber Politiken hervor, die die Lösung der Mobilitätsprobleme vorwiegend in einem Ausbau bzw. in der Verbesserung der motorischen Verkehrsträger sehen. Angebotsorientierte Politiken wirken *verkehrsgenerierend* und zwar um so mehr, je größer die Räume sind, die durch sie erschlossen werden. Durch die Erschließung neuer Räume oder die Verbesserung bestehender Verkehrsverbindungen werden *systemische Anpassungsprozesse* ausgelöst, in deren Folge sich die Raum- und Siedlungsstrukturen verändern und sich das Mobilitätsverhalten auf ein entfernungsintensiveres Niveau einpendelt" (Bratzel, 1995, S. 131).

Dieser Prozeß des *Einpendelns auf entfernungsintensivere Niveaus* kann am Beispiel der Distribution von Gütern des täglichen Bedarfs in seiner systemischen Dynamik aufgezeigt werden und läßt sich ebenfalls mit dem oben eingeführten Wortmodell darstellen. Wir unterscheiden dabei elf "Subsysteme" dieses Gesamtsystems (I-XI), innerhalb derer die Wirkungszusammenhänge im einzelnen modelliert werden können (vgl. Abb. 3):

ZENTRALISIERUNG DER DISTRIBUTION IM EINZELHANDEL VERNICHTET KLEINRÄUMIGE VERSORGUNGSNETZE

I. INTERNE KOSTENDYNAMIK DES SUPERMARKTS

---

1. $\uparrow$ (Zentralisierung und Verlagerung von Verkaufsflächen in externe Supermärkte (SM)) $\Rightarrow$ $\uparrow$ (Interne Rationalisierungseffekte) & $\downarrow$ (Grundstückspreise)
2. $\uparrow$ (Interne Rationalisierungseffekte) & $\downarrow$ (Grundstückspreise) $\Rightarrow$ $\downarrow$ (Betriebskosten für SM-Betreiber)
3. $\uparrow$ (Zentralisierung und Verlagerung von Verkaufsflächen in externe SM) $\Rightarrow$ $\downarrow$ (Transport- und Verteilungskosten für SM-Betreiber)
4. $\downarrow$ (Transport- und Verteilungskosten für SM-Betreiber) $\Rightarrow$ $\downarrow$ (Betriebskosten für SM-Betreiber)
5. $\downarrow$ (Betriebskosten für SM-Betreiber) $\Rightarrow$ $\downarrow$ (Endverkaufspreise in SM)
6. $\downarrow$ (Endverkaufspreise in SM) $\Rightarrow$ $\uparrow$ (Umsatzmenge von externen Supermärkten)

II. ANGEBOTS- / ATTRAKTIVITÄTSRELATION

---

7. $\uparrow$ (Konzentration des Warenangebots in SM) $\Rightarrow$ $\uparrow$ (Attraktivität des Angebots in SM)
8. $\uparrow$ (Attraktivität des Angebots in SM) $\Rightarrow$ $\uparrow$ (Personale Präferenz für Einkäufe in SM)
9. $\uparrow$ (Personale Präferenz für Einkäufe in SM) $\Rightarrow$ $\uparrow$ (Umsatzmenge von externen Supermärkten)

III. KONKURRENZDYNAMIK SUPERMARKT / QUARTIERLADEN

10. ↑ (Umsatzmenge von externen Supermärkten) ⇒ ↓ (Umsatzmenge in lokalen Quartierläden (QL))   **11.** ↓ (Umsatzmenge in lokalen QL) ⇒ ↑ **(KONKURSE VON QUARTIERLÄDEN)**   **12.** ↑ (Konkurse von Quartierläden) ⇒ ↑ (Zwang zur Einkaufsverlagerung auf externe Supermärkte)   **13.** ↑ (Zwang zur Einkaufsverlagerung auf externe Supermärkte) ⇒ ↑ (Umsatzmenge von externen Supermärkten)

IV. FOLGEN FÜR URBANITÄT

14. ↑ (Konkurse von Quartierläden) ⇒ ∅ (Einkaufsmöglichkeiten in Innenstädten)   **15.** ∅ (Einkaufsmöglichkeiten in Innenstädten) ⇒ ↑ **(VERÖDUNG VON INNENSTÄDTEN)**

V. EINKAUFSGEWOHNHEITEN BEIM VERBRAUCHER

16. ↑ (Zeitaufwand für Einkauf in externen SM) ⇒ ↑ (Menge der gekauften Waren/Einkauf)   **17.** ↑ (Menge der gekauften Waren/Einkauf) ⇒ ↑ (Verwendung eines Autos zum Warentransport)   **18.** ↑ (Verwendung eines Autos zum Warentransport) ⌈ (Ankauf eines Autos zum Warentransport) ⇒ *! (Ankauf eines Autos zum Warentransport)*

VI. PRIVATE MOBILITÄTSENTSCHEIDUNG, ÖFFENTLICHE MOBILITÄTSFOLGEN

19. ↑ (Existenz von Autos zum Warentransport) ⇒ ↑ **(ZUWACHS DES PRIVATEN ANTEILS AN DER GESAMT-MOBILITÄT)**

VII. PRIVATKOSTEN DER ZUSATZMOBILITÄT

20. ∇ (Ankauf eines Autos zum Warentransport) ⇒ **(VERLUST VON PRIVATEM INVESTITIONSKAPITAL)**   **21.** ∇ (Existenz eines Autos zum Warentransport ⇒ ↑ **(ZUNAHME VON VORHALTE- UND UNTERHALTSKOSTEN DER MOBILITÄT)**

VIII. FINANZIERUNG DER VERKEHRSINFRASTRUKTUR

<table>
<tr><td>22.</td><td>↑ (Zuwachs von Mobilität) ⇒ ↑ (Zuwachs von öffentlich finanzierter Verkehrsinfrastruktur)</td></tr>
<tr><td>23.</td><td>↑ (Zuwachs von öffentlich finanzierter Verkehrsinfrastruktur) ⇒ ↑ (Zuwachs an Mobilität)[9]</td></tr>
<tr><td>24.</td><td>↑ (Zuwachs von öffentlich finanzierter Verkehrsinfrastruktur) ⇒ ↑ (ZU-WACHS AN PRIVAT FINANZIERTEM STEUERAUFKOMMEN)</td></tr>
</table>

IX. FOLGEN FÜR BESCHÄFTIGUNG

<table>
<tr><td>25.</td><td>↑ (Zentralisierung und externe Verlagerung von Verkaufsflächen in SM) ⇒ ↑ (Abbau von Personaldichte/Verkaufsfläche)</td></tr>
<tr><td>26.</td><td>↑ (Abbau von Personaldichte/Verkaufsfläche) ⌈ ↑ (Zuwachs des Verpackungsanteils am Warengewicht[10])</td></tr>
<tr><td>27.</td><td>↑ (Abbau von Personaldichte/Verkaufsfläche) ⇒ ↑ (ZUNAHME VON ARBEITSLOSIGKEIT)</td></tr>
</table>

X. UMWELTRELEVANTE FOLGEN

<table>
<tr><td>28.</td><td>↑ (Zunahme des Verpackungsanteils am Warengewicht) ⇒ ↑ (ZUWACHS AN VERPACKUNGSMÜLL)</td></tr>
<tr><td>29.</td><td>↑ (Zuwachs von Mobilität) ⇒ ↑ (ZUWACHS AN ÖKOLOGIERELEVANTEN IMMISSIONEN)</td></tr>
<tr><td>30.</td><td>↑ (Zuwachs von Mobilität) ⇒ ⌈ ↑ (Mehrverbrauch von Energie) ⇒ ↑ (Mehrverbrauch von Energie)</td></tr>
<tr><td>31.</td><td>↑ (Mehrverbrauch von Energie) ⇒ ↑ (ZUNEHMENDER ABBAU NICHT ERNEUERBARER RESSOURCEN)</td></tr>
</table>

---

[9] Diese "Politik der Mobilitätsgarantie" als "Gewährleistung einer immer größeren Mobilität durch den steten Ausbau der Verkehrswege" wird in Minsch et al. (1996) diskutiert: "Zur Durchsetzung der Doktrin möglichst ungehemmter Mobilität werden Kapazitätsengpässe im Verkehrsbereich diagnostiziert, die es ausschließlich angebotsorientiert zu überwinden gilt. . . Unter dem Regime der angebotsorientierten Verkehrspolitik verkehren sich Strategien zur Förderung des öffentlichen Verkehrs zwangsläufig in eine Förderung der Mobilität" (Minsch et al., 1996, S. 118).

[10] Bei weitgehender Selbstbedienung des Publikums wird zunehmend weniger Ware offen durch Fachpersonal verkauft. Aus Hygienegründen nimmt der Anteil fester Kunststoffverpackungen zu. Daneben müssen kleinere Gegenstände durch große Umverpackungen gegen Diebstahl geschützt werden.

XI. EIGENDYNAMIK DES AUTOBESITZES

> **32.** ↑ (Existenz von zum Warentransport gekauften Autos) ⇒ ↑ (Surplus -
> Benutzung dieser Autos)[11]
>
> **33.** ↑ (Surplus - Benutzung dieses Autos) ⇒ ↑ (ZUWACHS
> ZUSÄTZLICHER ÖKOLOGIERELEVANTER IMMISSIONEN) &
> ↑ (ZUSÄTZLICHER ABBAU NICHT ERNEUERBARER
> RESSOURCEN)

Abbildung 3: Wirkungszusammenhänge der Subsysteme

Das Zusammenwirken dieser elf Subsysteme als Gesamtdarstellung der problematischen Situation läßt sich wie im folgenden Schema (vgl. Abb. 4) modellieren:

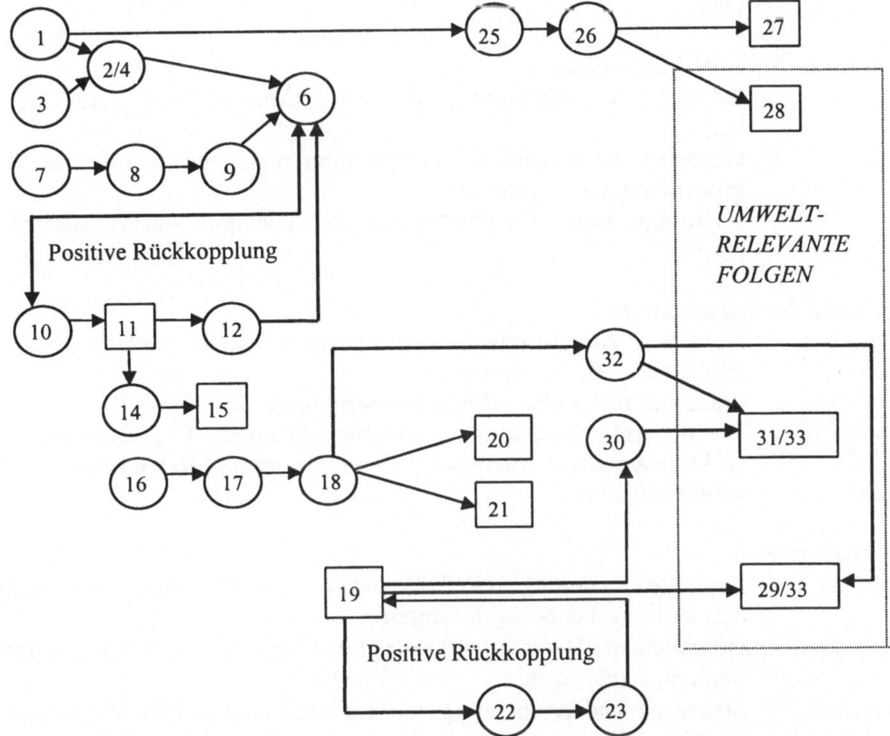

Abbildung 4: Flußdiagramm zur Darstellung der systemischen Dynamik der Kombination einer physischen Zwangsstruktur mit einer Modalisierungsrestriktion und einem Konkurrenzzwang

---

[11] Der beste Prädiktor für die Zusatznutzung eines Autos über seine Primärfunktionen hinaus ist der Besitz eines Autos (vgl. Seifried, 1990).

Es zeigt sich in diesem Beispiel ebenfalls eine hohe Dynamik, indem zwei positive Rückkopplungskreise als selbstverstärkende Prozesse wirksam sind, die *umweltnegative* Trends stabilisieren. Während aber in der ersten Fallanalyse im wesentlichen ein Zwangstyp, nämlich *Koordinationszwang* ($\Rightarrow$ 16), als wirksam aufzeigbar war, greifen in diesem Beispiel mit den Zwangstypen *Physischer Zwang* ($\Rightarrow$ 1), *Modalisierungsrestriktionen* ($\Rightarrow$ 9) und *Konkurrenzzwang* ($\Rightarrow$ 15) mindestens drei dieser Zwangstypen gleichzeitig. Bei Anwendung des oben dargestellten Analyserasters sind deshalb die entsprechenden Punkte je in Hinsicht auf diese drei Zwangs- bzw. Restriktionstypen differenziert zu betrachten:

Medium

($\Rightarrow$ 1)	Gebaute Umwelt und Wegstrukturen als physische Strukturen.
($\Rightarrow$ 9)	Wahrnehmung von gebauter Umwelt und Wegstrukturen als physische Strukturen.
($\Rightarrow$ 15)	Ökonomische Konkurrenz zwischen Anbietern von Konsumartikeln.

Zugrunde liegende Weltstruktur

($\Rightarrow$ 1)	Passung von Transportweg und Transportmittel (bzw. deren Fehlen).
($\Rightarrow$ 9)	Differenz der kognitiven Verarbeitung real gegebener versus zu imaginierender Strukturen.
($\Rightarrow$ 15)	Nachfragegesetze, Preisbildungsgesetze, Dynamik von Konsumpräferenzen.

Ursache der Wirksamkeit

($\Rightarrow$ 1)	Dominanz vorgeformter Infrastrukturen für reale Bewegungsmöglichkeiten (z.B. Transporte).
($\Rightarrow$ 9)	Prävalenz realer über imaginierte Strukturen.
($\Rightarrow$ 15)	Aus der Anbieterperspektive rentable und aus der Konsumentenperspektive attraktive Angebote; in zentralisierten Märkten dominieren lokale Angebote.

Wirkungsweise

($\Rightarrow$ 1)	Implizite Steuerung der Präferenzen von Konsumenten primär durch die Verkehrswegstrukturen.
($\Rightarrow$ 9)	Dominanz der Verarbeitung realer Strukturen und die resultierenden Lenkungswirkungen.
($\Rightarrow$ 15)	Steuerung und Ausbeutung von vordergründigen Käuferinteressen bei Vernachlässigung der wirklichen Käuferinteressen, plus Externalisierung der realen ökologischen Folgekosten.

Zugrunde liegender Wert

($\Rightarrow$ 1)	Bündelung der Konsumtätigkeit des Konsumenten an einem zentralen Ort im Interesse des Anbieters.
($\Rightarrow$ 9)	Keine expliziten Wertsetzungen, aber eventuell durch die Anbieter gezielt eingesetzte Affordanzen.

(⇒ 15) Divergierende Umsatz- und Gewinninteressen von Kleinanbietern und (tendenziell monopolistischen) Großverteilern.

Zeitrelation zum Handlungszeitpunkt

(⇒ 1) Dem Handlungszeitpunkt zum Teil weit vorausliegende Fremdentscheidungen (z.B. in Verkehrswegeplanungen).

(⇒ 9) Den Handlungsentscheid begleitende, aber auch die den entsprechenden Handlungsoptionen vorausgehende Steuerungswirkung.

(⇒ 15) Jeder Kaufentscheid "pro Supermarkt" verstärkt den negativen Trend, so daß schließlich auch schon die (bei früheren Kaufentscheiden) noch bestehenden alternativen Optionen "pro Quartierladen" vernichtet werden.

Minimum aktual involvierter Personen

(⇒ 1) Alle Marktteilnehmer in diesem Segment sowie Verwaltungen und Institutionen als politische Planer von Infrastrukturen.

(⇒ 9) Der Konsument als Einzelperson.

(⇒ 15) Primär der Konsument als Einzelperson, indirekt alle Marktteilnehmer in diesem Segment, plus die politischen Instanzen, die deren Rahmenbedingungen definieren.

Umgehbarkeit

(⇒ 1) Nur indirekt über Konsumverweigerung und nachfolgende, marktgesteuerte Verlagerung der Angebotsorte.

(⇒ 9) Eventuell durch gezielte Selbstreflexion, eher durch diskursive (und auch kontroverse) Darstellung der gegebenen Situation und ihrer Überwindungsmöglichkeiten.

(⇒ 15) Reflektierte Kaufentscheidungen des Konsumenten, die seine nur vordergründigen Interessen revidieren und "per Markt" noch bestehende alternative Optionen erhalten oder zerstörte Optionen neu schaffen, plus revidierende Entscheidungen der politischen Instanzen, die die Rahmenbedingungen dieses Marktes zu Recht destruiert worden ist. Es macht also durchaus noch Sinn, von Umweltverantwortung zu reden. Als allgemeine Regel (in Analogie zu anderen klassischen Regelvorschlägen) ließe sich die folgende Ausformulierung vorschlagen:

Disziplinäre Zuständigkeit

(⇒ 1) Planungswissenschaften sowie Soziologie und Psychologie zur Analyse der Lenkungswirkung gebauter Infrastrukturen.

(⇒ 9) Kognitive Psychologie, Wahrnehmungspsychologie, Handlungstheorie.

(⇒ 15) Mikro- und Makroökonomie, Marktforschung und Konsumpsychologie.

Diese Darstellung im Analyseraster erweist sich nicht nur als wirksame Heuristik, sondern kann auch zur Basis von *Vergleichen* problematischer Strukturen in bezug auf die in ihnen involvierten Restriktionen und Zwänge werden. Bei einer vorläufigen Betrachtung der beiden Fallanalysen in bezug auf die Lösungspotentiale[12] hin zeigt sich als erstes die besondere Widerständigkeit der im Computerbeispiel gegebenen Struktur. Im wesentlichen eine einzige Variable, nämlich die faktische Monopolstellung des Anbieters, schafft einen praktisch nicht umgehbaren Zwang, sich seinen Vorgaben anzupassen. Eine aus der Konsumentenperspektive auf den ersten Blick scheinbar freie Auswahl erweist sich so als durch keinerlei individuell steuerbare Entscheidungen oder kollektive Maßnahmen revidierbare Struktur, solange die Monopolstellung des Anbieters besteht, also nicht durch "radikale" normative Maßnahmen (etwa einer Antikartellgesetzgebung) zerschlagen worden ist.[13] Dagegen sind im zweiten Fallbeispiel die scheinbar so festgefügten infrastrukturellen Festlegungen aber auch die mit ihnen verbundenen kognitiven und sozialen Restriktionen im Prinzip durch vielerlei Maßnahmen revidierbar. Das Spektrum solcher Maßnahmen reicht von einfachen Kaufentscheiden des Konsumenten, auf die "der Markt" in Gestalt eines erneuten innerstädtischen Angebots reagiert bis hin zu Verwaltungsentscheidungen, in denen z.B. die früher allzu großzügige Genehmigung riesiger Parkplatzareale "auf der grünen Wiese" mit ihrer Sogwirkung für den automobilen Individualverkehr revidiert werden.

Noch weitere Vergleiche zwischen den zwei Fallanalysen und auch in Hinsicht auf die jeweils gegebenen Lösungspotentiale ließen sich ziehen, müssen hier aber aus Platzgründen den Leser(innen) überlassen bleiben. Jedenfalls scheint es nützlich, sich einer solchen Heuristik auch in anderen, potentiell problematischen Konstellationen zu bedienen, um (1) umweltrelevante Handlungsrestriktionen und Zwänge zu identifizieren, um (2) die dort jeweils bestehenden Wirkzusammenhänge zu explizieren, um (3) die systemische Dynamik solcher Konstellationen zu entwickeln, und um (4) als Resultat dieser Analysen die wirklich wirksamen Veränderungspotentiale erkennen und ausarbeiten zu können.

5 Politisches Fazit: Bedingungsverantwortung

Es wurde im bisherigen Verlauf versucht, die Betrachtung objektiver Handlungsrestriktionen stark zu machen gegenüber der Analyse einer Innenwelt von Personen, wie sie sich z.B. in der Analyse der dimensionalen Struktur von Umweltbewußtsein oder überhaupt von Einstellungen zeigt. Dieser leider sehr ertragreiche Zugriff auf solche Restriktionen (vgl. Gessner, 1996; Gessner & Kaufmann-

---

[12] Für eine Typologie von policies als Lösungspotentiale (Aufklärung und Überzeugung, Wertbildung, Information und Rückmeldung, soziale Verankerung, Angebote und Unterstützung, Bildung von Kompetenzen, Hemmnisbeseitigung, Anreizbildung, normative Steuerung) vgl. die Ausarbeitung bei Windhoff-Héritier (1987).

[13] Eine amerikanische Softwarefirma, die eine solche nahezu weltweite Monopolstellung inzwischen erworben hat und dieses Monopol auch gezielt ausnutzte, gerät neuerdings unter den Druck von Antikartellgesetzen (vgl. u.a. "Business: U.S. vs. Microsoft / A Blow to the Empire", Newsweek, Dec. 29, 1997, 58-61).

Hayoz, 1995) schien nun zunächst nahezulegen, daß wir die Last unserer Verantwortung für die Umwelt, wie sie von den Umweltethiken definiert wird, abtreten könnten, nämlich eben auf die objektiven Randbedingungen, unter denen wir handeln und handeln müssen. Wir glauben auch gezeigt zu haben, daß diese Position in bezug auf unser unmittelbares, gegenwärtiges Handeln weitgehend richtig und kaum bestreitbar ist.[14] Dennoch ist diese Entmächtigung im gegenwärtigen Handeln kompensierbar: Da uns die Bedingungen unseres Handelns *reflexiv zugänglich* sind, können wir die *zukünftige Realisierung von Werten*, auch von Umweltwerten, dadurch sichern, daß wir die Bedingungen verändern, unter denen wir selbst und andere zukünftig handeln werden. Der Nachweis, daß ein Konzept "Umweltverantwortung" bezogen auf gegenwärtiges Umwelthandeln wenig Sinn macht, kann somit auch umgekehrt werden: Es läßt sich *mit Hinweis auf die gleichen Fakten und Zusammenhänge, mit denen dieser Nachweis geführt wurde,* aufzeigen, in welcher Weise diese Randbedingungen *zukünftigen* Handelns verändert werden müßten, damit ein an Umweltwerten orientiertes Handeln möglich wird. Mit der Übernahme von Verantwortung für das zukünftige Bestehen dieser Möglichkeiten ist aber auch dieser andere, realistischere Begriff von *Bedingungsverantwortung*[15] gerettet, nachdem der (wie wir gezeigt haben) *nur ideologische* Begriff der unmittelbaren Handlungsverantwortung zu Recht destruiert worden ist. Es macht also durchaus noch Sinn, von Umweltveranwortung zu reden. Als allgemeine Regel (in Analogie zu anderen klassischen Regelvorschlägen) ließe sich die folgende Ausformulierung vorschlagen:

> *Erstens:* Handle umweltverantwortlich, soweit es Dir eben gegenwärtig möglich ist, aber lasse Dich nicht durch unerfüllbare Forderungen neurotisieren.
>
> *Zweitens:* Handle so, daß die Bedingungen Deines eigenen und auch des Handelns anderer so verändert werden, daß Euch zukünftig umweltverantwortliches Handeln möglich wird.

Die Konsequenz der *Nichtbeachtung* dieser Regeln wäre ein Beharren auf der Erfüllung von Umweltnormen ohne Bereitstellung oder mindestens Förderung der entsprechenden Handlungsmöglichkeiten, also *ohne* Abbau von Handlungsrestriktionen. Dies treibt aber absehbar umweltengagierte Personen in die Resignation, und zwar vermutlich um so schneller, je stärker ihr Engagement und je größer ihre Handlungsrestriktionen sind. Dieser Zusammenhang könnte von einschlägig Interessierten sogar als Strategie eingesetzt werden, gezielt Resignation zu erzeugen. Man sollte also zukünftig vorsichtiger sein, *bedingungslose* Anpassung an Umweltnormen zu fordern.

---

[14] Selbstverständlich lassen sich die besprochenen zwei Fallanalysen allein nicht induktiv zu einer allgemeinen Tendenz generalisieren. Unsere weitere Forschungsarbeit zeigt allerdings, daß auch andere problematische Konstellationen mit Erfolg in dieser Perspektive behandelt werden können.

[15] In äquivalenter Weise spricht Lenk (1997) in diesem Zusammenhang von vorsorglicher Handlungsverantwortlichkeit, die auf das in der Zukunft zu Tuende ausgerichtet ist. Entsprechend stellt er fest, daß die Verantwortungsdiskussion nicht auf Schuldzuschreibungen für Vergangenes reduziert werden darf.

6 Forschungspolitisches Fazit: Praxisbegleitende Subjektzentrierung

Als metaethische und zugleich wissenschaftlich begründbare Schlußfolgerung aus der oben dargestellten Restriktionsanalyse folgt, daß umweltethische Forderungskataloge sich an denjenigen Restriktionen messen und auch relativieren lassen müssen, die aufzeigbar ihrer Umsetzung im Wege stehen. Es scheint deshalb wichtig, wegzukommen von einer Erforschung von reinen Einstellungen oder Attitüden, die vom Publikum bereitwillig, nämlich im Sinne sozialer Erwünschtheit geäußert und auf Anfrage auch bestätigt werden, solange sie nichts kosten, solange nämlich die Umsetzung dieser Einstellungen nicht ansteht oder nicht eingefordert wird. Umgekehrt scheint es unverzichtbar wichtig, Menschen begleitend zu beforschen in genau den Momenten, in denen sie versuchen, ihre Einstellungen umzusetzen, also sich selbst und diese umweltpositiven Einstellungen mit den vielfältigen Strukturen der objektiven Außenwelt zu konfrontieren. Dieser Forschungsbedarf wird auch von der Konferenz der Schweizerischen Wissenschaftlichen Akademien und dem Forum für Klima und Global Change bestätigt:

> "Es braucht Wissen über *sozio-ökonomische und institutionelle Rahmenbedingungen*, die eine nachhaltige Entwicklung unterstützen. Heute widerspiegeln sich ökologische und soziale Kosten nicht in den Preisen für Güter und Dienstleistungen. Die bestehenden Anreizstrukturen erzeugen deshalb bei Individuen und Kollektiven eine einseitige Wertorientierung an kurzfristigem, privatem, materiellem Nutzen. Dies führt ebenfalls zu Zwangssituationen und sozialen Konflikten, die den Spielraum für umweltschonendes Handeln einschränken. . . . Viel zu selten sind aber solche Anwendungen bisher wissenschaftlich systematisch begleitet und ausgewertet worden. Es fehlt deshalb an verallgemeinerbarem Wissen über die Umsetzung solcher Konzepte" (CASS/ProClim-, 1997, These 14, S. 20).

Adäquate *psychologische* Untersuchungen bedürfen entsprechend des Einbezugs der Strukturen des zugehörigen Handlungsfeldes von Akteuren und insbesondere der Restriktionen in diesen Handlungsfeldern. Vor einem solchen Hintergrund könnten empirische Erhebungen eine neue Qualität gewinnen, weil sie bezogen auf die subjektive Perspektive des Handelnden, zugleich aber auch auf dessen spezielle objektive Handlungssituation hin, interpretierbar werden. Ein Hauptgrund dafür, daß solche Forschung immer noch zu selten geschieht, ist sicherlich die "Professionalisierungsschranke": Wer z.B. als Psychologe (oder als Humanwissenschaftler überhaupt) die Handlungswirksamkeit solcher Faktoren feststellt, die außerhalb der Zuständigkeit seiner Profession liegen, gräbt sich sozusagen selbst das Wasser ab - mit der Folge, sich dann doch lieber auf diejenigen Faktoren zu beschränken, die klassischerweise humanwissenschaftlich behandelt werden. Wenn aber Minsch et al. (1996) mit guten Gründen vertreten, daß Umweltpolitik nicht von Wirtschaftspolitik zu trennen sei, dann impliziert dies, daß alle disziplinären Zuständigkeiten für Umweltwissenschaften auch durch wirtschaftswissenschaftliches Wissen ergänzt werden müssen. Solche nur scheinbar externen Faktoren müssen also rekonstruiert und - durchaus auch in ihrer Kovariation mit humanwissenschaftlichen Faktoren - analysiert und einbezogen werden. Es ist deshalb mit CASS/ProClim- (1997) zu fordern, daß die Wissenschaft "die politischen und sozio-ökonomischen Institutionen und Rahmenbedingungen sowie die Interessen- und Machtverhältnisse, die die bestehenden Strukturen transformieren können" erforscht und daß "Szenarien, Optionen und Instrumente erarbeite[t werden], die eine Neuorientierung in der Ausgestaltung sozio-ökonomischer Strukturen bewirken können" (CASS/ProClim-, 1997, S. 20).

Dies spricht *methodologisch* gegen eine reine Meinungsforschung zu Umweltwerten und Umweltverhalten, gegen reine Modellbildung von Umweltverhalten am grünen Tisch, und auch gegen alle Ideologien der Machbarkeit des Handelns aus reiner Willensfreiheit heraus. Diese methodologischen Orientierungen sollten zumindest ergänzt werden durch eine praxisbegleitende Subjektzentrierung. Daraus folgt *inhaltsbezogen* die Konzentration auf eine realitätsnahe Handlungsforschung, in der die objektiven Restriktionen subjektiv intendierten Handelns ernst genommen werden. Gut bestätigte Theorien dieser Art würden ein unverzichtbares Basiswissen liefern, um verbesserte Ausgangsbedingungen für zukünftige Versuche der Veränderung zu mehr umweltverantwortlichem Handeln herzustellen. Erst daraus könnte eine gelingende Umsetzung von *Bedingungsverantwortung* resultieren, die an die Stelle einer naiven, weil zu kurz greifenden *unmittelbaren Handlungsverantwortung* zu setzen wäre. Auch dann bleibt noch genügend Spielraum für uns als Humanwissenschaftler, die Interaktion dieser Objektivität mit den subjektiven Strukturen der Akteure zu erforschen. Nur wären wir dann, sowohl als neutrale Forscher als auch als *concerned scientists* in einer besseren, weil realistischeren Lage.

Literatur

Barker, R. (1968). *Ecological Psychology*. Stanford: Stanford University Press.

Bossel, H. (1992). *Modellbildung und Simulation. Konzepte, Verfahren und Modelle zum Verhalten dynamischer Systeme*. Braunschweig: Vieweg.

Bratzel, S. (1995). *Extreme der Mobilität. Entwicklung und Folgen der Verkehrspolitik in Los Angeles*. Basel: Birkhäuser.

Callicott, J.B. (1979). Elements of an environmental ethic: moral considerability and the biotic community. *Environmental Ethics, 1*, 71-81.

CASS/ProClim- (1997). *Visionen der Forschenden. Forschung zu Nachhaltigkeit und Globalem Wandel - Wissenschaftspolitische Visionen der Schweizer Forschenden*. Bern: Konferenz der Schweizerischen Wissenschaftlichen Akademien und ProClim-.

Foppa, K. (1989). *Grundlagen einer ipsativen Theorie des Handelns* (unveröffentlichtes Manuskript). Bern: Institut für Psychologie.

Gessner, W. (1996). Der lange Arm des Fortschritts. Versuch über die umweltrelevanten Strukturen der Lebenswelt. In R. Kaufmann-Hayoz & A. Di Giulio (Hrsg.), *Umweltproblem Mensch. Humanwissenschaftliche Zugänge zu umweltverantwortlichem Handeln* (S. 263-299). Bern: Haupt.

Gessner, W. & Kaufmann-Hayoz, R. (1995). Die Kluft zwischen Wollen und Können. In U. Fuhrer (Hrsg.), *Ökologisches Handeln als sozialer Prozeß* (S. 11-25). Basel: Birkhäuser.

Grob, A. (1991). *Meinung - Verhalten - Umwelt. Ein psychologisches Ursachennetz-Modell umweltgerechten Verhaltens*. Bern: Peter Lang.

Heckhausen, H. (1989). *Motivation und Handeln*. Berlin: Springer.

Johnson, M. (1987). *The body in the mind. The bodily basis of meaning, imagination and reason*. Chicago: The University of Chicago Press.

Kals, E. (1996). *Verantwortliches Umweltverhalten. Umweltschützende Entscheidungen erklären und fördern*. Weinheim: Psychologie Verlags Union.

Kastenholz, H.G. (1994). *Bedingungen umweltverantwortlichen Handelns in einer Schweizer Bergregion*. Bern: Peter Lang.

Kuckartz, U. (1996). *Umweltbewußtseinsforschung - 100 empirische Studien (Teil I, II)*. Freie Universität Berlin: Forschungsgruppe Umweltbildung.

Lenk, H. (1997). *Einführung in die angewandte Ethik. Verantwortlichkeit und Gewissen*. Stuttgart: Kohlhammer.

Lewin, K. (1936/1966). *Principles of topological psychology*. New York: McGraw Hill.

Lewis, D. (1969). *Convention. A Philosophical Study*. Cambridge: Harvard University Press.

Meyer-Abich, K.M. (1990). *Aufstand für die Natur. Von der Umwelt zur Mitwelt*. München: Hanser.

Minsch, J., Eberle, A., Meier, B. & Schneidewind, U. (1996). *Mut zum Ökologischen Umbau: Innovationsstrategien für Unternehmen, Politik und Akteurnetze*. Basel: Birkhäuser.

Naess, A. (1989). *Ecology, community and lifestyle. Outline of an ecosophy*. Cambridge: Cambridge University Press.

Nauser, M. (1990). *Zur Förderung umweltverantwortlichen Handelns* (Berichte und Skripten, Nr. 38). Zürich: Geographisches Institut ETH Zürich.

Nida-Rümelin, J. (Hrsg.). (1996). *Angewandte Ethik. Die Bereichsethiken und ihre theoretische Fundierung. Ein Handbuch*. Stuttgart: Körner.

Saladin, P. & Zenger, C.A. (1988). *Rechte zukünftiger Generationen*. Basel: Helbing & Lichtenhahn.

Schahn, J. (1993). Die Kluft zwischen Einstellung und Verhalten beim individuellen Umweltschutz. In J. Schahn & T. Giesinger (Hrsg.), *Psychologie für den Umweltschutz* (S. 29-49). Weinheim: Psychologie Verlags Union.

Seifried, D. (1990). *Gute Argumente: Verkehr*. München: C.H. Beck.

Spada, H. (1990). Umweltbewußtsein: Einstellung und Verhalten. In L. Kruse, C.F. Graumann & E.-D. Lantermann (Hrsg.), *Ökologische Psychologie. Ein Handbuch in Schlüsselbegriffen* (S. 623-631). Weinheim: Psychologie Verlags Union.

Spitzley, T. (1992). *Handeln wider besseres Wissen: eine Diskussion klassischer Positionen.* Berlin: de Gruyter.

Windhoff-Héritier, A. (1987). *Policy-Analyse: eine Einführung.* Frankfurt: Campus.

Wortmann, K. (1994). *Psychologische Determinanten des Energiesparens.* Weinheim: Psychologie Verlags Union.

Umweltgerechtes Handeln in verschiedenen Lebensstil-Kontexten

Fritz Reusswig

1 Nachhaltige Entwicklung als Leitkonzept des ökologischen Diskurses und als neuer Kontext ökologischen Handelns und Verhaltens

Zustand und Entwicklungsrichtung der natürlichen und naturnahen Umwelt sind - das hat sich mittlerweile auch in den Naturwissenschaften "herumgesprochen" - einstellungs- und verhaltensabhängig. Was wir tun oder lassen - es hat stets auch Auswirkungen auf die lokalen oder gar globalen Ökosysteme. Individuelles Handeln hängt aber - neben Charakterdispositionen, Motivationen, Wissensbeständen und Zielsetzungen - auch von äußeren Bedingungen ab, die es sowohl ermöglichen als auch restringieren. Dieser soziale Kontext individuellen Handelns (Mikroebene) umfaßt grob zwei Ebenen: die Makroebene (gesellschaftliche Institutionen und Mechanismen) und die Mesoebene (soziale Strukturen und Organisationen). Wie alles individuelle Tun und Lassen ist auch das umweltrelevante (-schädliche oder -freundliche) Handeln eingebettet in diese beiden Kontexte und ohne sie weder zu verstehen noch zu verändern. Blendet man sie dennoch aus, sind auf theoretischer Ebene übervereinfachte Akteursmodelle (z.B. "Psychologismus" oder "Ökonomismus") die Folge. Ökologisierung des menschlichen Handelns und Verhaltens bedeutet vor diesem Hintergrund häufig eine Über- ("Moralismus") oder Unterforderung ("Egoismus") von sozialen Akteuren, die zu mehr oder anderem fähig wären.

Das Leitkonzept der umweltpolitischen Debatte der letzten Jahre ist der Begriff des "Sustainable Development" oder der "Nachhaltigen Entwicklung". Obwohl nicht eindeutig und unumstritten in seiner genauen Bedeutung, zielt er im Kern doch darauf, die gesellschaftliche (z.B. die wirtschaftliche) Entwicklung weltweit auf ihre ökologische Verträglichkeit, ihre soziale Gerechtigkeit und ihre zeitliche Dauerhaftigkeit zu überprüfen und gegebenenfalls umzubauen. Das Vordringen des Begriffs der Nachhaltigkeit zum neuen Leitbegriff des ökologischen Diskurses hat dazu geführt, daß umwelt- und entwicklungspolitische Fragestellungen - lange Zeit voneinander isoliert - zusammengeführt wurden. Außerdem hat er deutlich gemacht, daß die Konsum- und Lebensweise der industrialisierten Länder nicht mehr ungebrochen als Entwicklungsleitbild für die anderen Länder dienen kann. Unter dem Begriff "ökologischer Diskurs" verstehe ich hier das Ensemble aus Umweltwissenschaft, -politik, -bewegung und öffentlicher Debatte über Umweltthemen. Dieses Ensemble ist in der Regel heterogen, oft konfliktorisch - für ein soziales Konstrukt nichts Ungewöhnliches. Im historischen Rückblick lassen sich für eine gegebene Gesellschaft bestimmte Themenschwerpunkte und Zugangsweisen dieses Diskurses ausmachen und grob periodisieren. Der Umweltdiskurs, der in Ländern wie der Bundesrepublik lange Jahre hinweg über technische Großanlagen und Schadstoffemissionen geführt wurde, ist dadurch erheblich erweitert worden: Wer über Produktionsbedingungen sprechen will, darf über Produkte und Produktkontexte nicht schweigen. Und das bedeutet: Eine ganze Reihe von alltäglichen Produkten, Gewohnheiten und Institutionen - z.B. Einkaufen, Autofahren, Müllentsorgen, Heizverhalten, Gesundheit usw. - rücken ins Zentrum der sozial-ökologischen Debatte, die mit dem Konzept der Nachhaltigkeit eröffnet ist. Sie erfahren, anders gesagt, eine Politisierung (und, so darf man hinzufügen, auch eine Verwissenschaftlichung). Mikro-, Meso- und Makroebene des individuellen Handelns "scheinen", wie Hegel sagen würde, "ineinander". Ulrich Beck (1993), einer der prominentesten Beobachter dieses Prozesses einer "reflexiven Modernisierung" im Zeichen der ökologischen Krise, spricht hier vom Aufkommen neuer Felder und Akteure des Politischen, die er - explizit auf die angedeutete Ebenendurchdringung zielend - als "Subpolitiken" bezeichnet. Der britische Soziologe Anthony Giddens (1991) spricht in einem ganz ähnlichen Sinn hier von "Life-Politics".

Zwar ist die Politisierung scheinbar rein privater Lebensbereiche kein Novum unserer Tage - man denke an die frühe Konsumkritik der 60er und 70er Jahre oder, in einem anderen Kontext, an die Themen und Politikformen der Frauenbewegung. Auch die Forderung nach einem ökologischen Konsumverhalten ist nicht neu, sondern wurde von der Umweltbewegung, einigen Verbraucherorganisationen und engagierten Wissenschaftlern bereits in den 70er und 80er Jahren erhoben (vgl. Reusswig, 1994). Aber "Nachhaltige Entwicklung" ist mehr als bloß eine neue Fassung der altbekannten Umweltproblematik. Dies ist in mindestens zwei Hinsichten der Fall (vgl. auch den Beitrag von Linneweber in diesem Band):

1. Die Umweltprobleme "klassischen" Zuschnitts (z.B. Kontamination von Böden durch die Landwirtschaft, Belastung von Flüssen durch Organika und Schwermetalle, Luftschadstoffe) waren räumlich und zeitlich begrenzt - meist bezogen auf den jeweiligen nationalstaatlichen Kontext sowie auf die nähere Zukunft. Das Nachhaltigkeitsparadigma ist strukturell global angelegt und auf sehr viel weitergehende Zeithorizonte hin angelegt (man denke allein an die Klimadebatte, wo Szenarien mit Reichweiten über hunderte von Jahren debattiert werden).

2. Die "klassischen" Umweltprobleme waren sektoraler Natur; allenfalls kam ihnen ein medienübergreifender Querschnittscharakter zu. Die im Rahmen der Nachhaltigkeitsdebatte angesprochenen globalen Umweltveränderungen (Bodendegradation, Süßwasserverknappung, Biodiversitätsverlust, Klimawandel etc.; vgl. hierzu WBGU, 1994, 1997) dagegen sind vorweg transsektoral verfaßt, berühren in vielfältiger Weise die globalen gesellschaftlichen Naturverhältnisse und damit das menschliche Zivilisationsprojekt im ganzen. Durch diese Verknüpfung mit der ihrerseits erweitert gefaßten Entwicklungsproblematik wird die Umweltproblematik im Rahmen des Nachhaltigkeitsparadigmas entsektoralisiert und zu einem Problem der Weltgesellschaft transformiert - zumal

die "klassischen" Problemlagen keineswegs gelöst, sondern allenfalls entschärft oder sogar nur verlagert werden konnten.

Durch dieses neue "Framing", durch die diskursive Einrahmung des Alltagshandelns in die gekoppelten Kontexte von globalen Umweltveränderungen und Entwicklungsproblematik, bekommt die Politisierung des Alltags eine neue Dimension und gewinnt zusätzlich an Brisanz. In global-ökologischer Perspektive basiert diese Politisierung im wesentlichen auf zwei Feststellungen:

1. Der Konsum- und Lebensstil der Industrieländer ist nicht nachhaltig und stellt eine der wichtigsten Belastungen des globalen Naturhaushalts dar (z.B. über Energieverbrauch, CO_2-Emissionen oder Abfallproduktion).
2. Viele Entwicklungs- und Schwellenländer sind dabei, dieses nicht-nachhaltige Konsum- und Lebensstilmodell zu übernehmen. Sie tragen dadurch zu einer zusätzlichen Umweltbelastung bei - vor allem dann, wenn sie bevölkerungsreich sind.

Die Lebensweise der Industrieländer ist damit direkt (1) oder indirekt (2) für einen Großteil der globalen Umweltprobleme verantwortlich. Infolgedessen wird von ihnen auch ein wesentlicher Beitrag beim Übergang zu nachhaltigeren Konsum- und Lebensstilen erwartet. "Wir müssen unseren Lebensstil ändern!" - so heißt es im ökologischen Diskurs des öfteren. Die Studie "Zukunftsfähiges Deutschland" des Wuppertal-Instituts (Loske & Bleischwitz, 1996) gibt eine ungefähre Vorstellung davon, wie ein solcher Lebensstilwandel aussehen könnte. Die "Leitbilder" eines neuen, dem Nachhaltigkeitsziel verpflichteten Lebensstils, werden dort geprägt durch Vorstellungen eines besseren Lebens mit weniger Materie- und Energiedurchsatz (Faktor vier oder gar zehn), einer Entschleunigung und Entkommerzialisierung des Alltagslebens sowie einer neuen, auf globale Verantwortung orientierten Alltags- und Konsumethik.

In diesem Beitrag soll der Frage nachgegangen werden, wie es angesichts der sozial und ökologisch motivierten normativen Anforderungen an das Alltagsleben der einzelnen um die tatsächlichen Umsetzungschancen dieser Forderungen steht. Insbesondere möchte ich mich dabei auf die eingangs angesprochene Mesoebene konzentrieren, also auf den strukturell-organisatorischen Kontext individuellen Verhaltens. Zur Operationalisierung dieser Ebene wird auf das sozialwissenschaftliche Konstrukt der Lebensstile bzw. sozialen Milieus zurückgegriffen. Dabei interessiert mich vor allem die Frage, ob und wie stark sich die alltägliche Lebenspraxis in modernen Gesellschaften (diskutiert hauptsächlich an den Beispielen Deutschland und USA) schon ökologisiert hat. Welche Motiv- und Praxiskomplexe waren dafür maßgebend, welche Hindernisse und Barrieren stehen dagegen? Wie hat sich Ökologie in die modernen Lebensstile und Milieus "eingebettet" - und wo gibt es Widerstände? Welche Strategien für ein realistischerweise umsetzbares Nachhaltiges Deutschland sollte man erwägen, wenn man das Verhältnis von Mikro- und Mesoebene berücksichtigt?

2 Konsum- und Lebensstile in den Sozialwissenschaften

Die Problematisierung des Konsum- und Lebensstils der Industrieländer durch den ökologischen Diskurs operiert mit einem Konsum- und Lebensstilbegriff, der beides als einheitlich faßt: "Der" Konsum- oder Lebensstil wird im wesentlichen im Singular verstanden. Damit wird impliziert, daß es ein landes- oder gar länderklassentypisches Muster des Kaufs, Verbrauchs und der Entsorgung von Produkten gibt und daß dieses Muster in einen Kontext der alltäglichen Lebensführung eingebettet ist, der von einer großen Mehrheit der jeweiligen Bevölkerung in ziemlich gleicher Weise befolgt wird. Der Übergang zur Nachhaltigkeit für diese Länder wird demzufolge ebenfalls als ein einheitlicher Akt oder Prozeß vorgestellt, d.h. als eine Art kollektiver Paradigmenwechsel hin zu weniger Stoff- und Energieverbräuchen. Wenn "wir" "unseren" Lebensstil ändern sollen - wie von Teilen der Umweltbewegung gefordert -, dann verzichten wir alle auf bestimmte Verbräuche oder Verhaltensweisen, entwickeln kollektiv ein neues, ökologisches Bewußtsein.

Diese Verwendungsweise des Lebensstilbegriffs im Rahmen des ökologischen Diskurses entspricht allerdings keineswegs derjenigen, die sich in den Sozialwissenschaften eingebürgert hat. Hier ist es gerade der Plural und die Pluralisierung, die damit bezeichnet werden sollen. Und ganz entsprechend zielen sozialwissenschaftliche Untersuchungen der Veränderung von Lebensstilen nicht auf einen einheitlich-kollektiven sozialen Paradigmenwechsel, sondern auf die differentiell-komplexen Prozesse von Stil- und Milieuverschiebungen, die sich empirisch in modernen Gesellschaften beobachten lassen.

In den Sozialwissenschaften (und in der Marktforschung) hat sich in den letzten 15 bis 20 Jahren neben und quer zu den traditionellen Typen der sozialen Ungleichheit - Klassen und Schichten - das Konzept des Lebensstils als Beschreibungs- und Analysekonzept herauskristallisiert (vgl. als Überblick Müller, 1992; Reusswig, 1994). Hintergrund für diesen konzeptionellen Wandel ist der empirische Befund von der abnehmenden Aussagekraft der klassischen Ungleichheitsdimensionen Einkommen, Berufsprestige und Bildung hinsichtlich der alltäglichen Reproduktion und Demonstration sozialer Ungleichheit, wie sie für die modernen Industriegesellschaften seit den 60er Jahren feststellbar ist. Es wird immer schwieriger, individuelle Einstellungen und Verhaltensweisen vor dem Hintergrund der klassischen sozialen Statusgruppen vorherzusagen. Dafür sind eine Reihe von Prozessen verantwortlich:

- Allgemeine Wohlfahrtssteigerungen ("Fahrstuhleffekt")
- Pluralisierung der Wertvorstellungen
- Bildungsexpansion
- Ausdifferenzierung der Lebensformen und -phasen
- zunehmende Frauenerwerbstätigkeit und -emanzipation
- Ausbau des Wohlfahrtsstaates
- wachsende Freizeit

In modernen Gesellschaften wie den USA, Frankreich oder Deutschland pluralisieren sich die sozialen Milieus, individualisieren sich die Perspektiven und Optionen, entkoppeln sich die Lebenslagen von den Mentalitäten und Einstellungsmustern. Das aus Soziologie und Marktforschung kommende Konzept des Lebensstils ist der Versuch, diese Entwicklungen aufzufangen und das Ungleichheitsgefüge moderner Gesellschaften beschreibbar zu halten. Bislang hat sich noch kein einheitliches Lebensstil-Konzept in der Soziologie durchgesetzt. Angesichts der "notorischen" Schulvielfalt in dieser Disziplin steht dies auch kaum zu erwarten. Die meisten Ansätze lassen sich hinsichtlich der Frage unterscheiden, wie, ob und wie stark sich "Lebensstil" von "Klasse" als herkömmlichem Analysekonzept sozialer Ungleichheiten unterscheidet. Während Bourdieu (1987) etwa Lebensstile im wesentlichen als moderne Ausdrucksformen von kapitalistischen Klassengesellschaften auffaßt, betonen Vester, von Oertzen, Geiling, Hermann und Müller (1993) die milieuspezifische Pluralisierung von im Kern persistenten Klassenunterschieden. Hradil (1987) sieht soziale Lage und alltagsästhetisch gedeutete Lebensstile als gleichgewichtige Einflußgrößen auf die gesellschaftliche Großgruppenbildung, während Schulze (1993) diese nur noch durch alltagsästhetische Vergemeinschaftungsformen geprägt sieht.

Für unsere Zwecke - also im Hinblick auf eine sozial distinkte Beschreibung von alltagsökologischen Verhaltensweisen und -mustern - läßt sich folgende Umschreibung festhalten: Lebensstile sind gruppenspezifische Formen der alltäglichen Lebensführung, -deutung und -symbolisierung von Individuen im Rahmen ökonomischer, politischer und kultureller Kontexte. In ihnen sind die objektive Dimension sozialer Lagen mit der subjektiven Dimension von Mentalitäten und Wertvorstellungen verknüpft.

Einer der bekannteren Lebensstil-Ansätze stammt aus dem Heidelberger *Sinus-Institut*, das Informationen über die soziale Lage mit Informationen über Wertvorstellungen und Lebensziele kombiniert und zu neun Clustern verdichtet (Flaig, Meyer & Ueltzhöffer, 1994; Vester et al., 1993). Die Mitglieder dieser sozialen Milieus (z.B. das traditionelle Arbeitnehmermilieu, das aufstiegsorientierte Milieu oder die Hedonisten) ähneln einander in Lebenslage und Lebensperspektive, während sie sich voneinander deutlich unterscheiden und z.T. stark gegeneinander abgrenzen (z.B. kleinbürgerliches vs. hedonistisches Milieu). Diese gröberen oder auch feineren soziokulturellen Unterschiede schlagen sich nicht nur in den Wertvorstellungen nieder (z.B. Materialismus vs. Postmaterialismus), sondern auch in der alltäglichen Lebensführung, zu der der Konsum von Gütern und Dienstleistungen als wichtiger Bestandteil gehört. Mitglieder des konservativ-gehobenen Milieus konsumieren in der Regel nicht nur quantitativ mehr (z.B. Energie, Urlaubsreisen), sondern auch qualitativ anders bzw. besser (z.B. frisches Gemüse statt Dosen- oder Tiefkühlkost). Diese quantitativen und qualitativen Differenzierungen im Konsumverhalten (als einem wichtigen Teilbereich von Lebensstilen) werden auch von Untersuchungen bestätigt, die kommerzielle Markt- und Konsumforschungsinstitute durchführen (z.B. die Gesellschaft für Konsumforschung in Nürnberg).

Focussiert man die Aufmerksamkeit auf die "Innenseite" der Milieus (z.B. bei Schulze, 1993) oder des Konsums (z.B. Kassarjian & Robertson, 1991), dann kann man zudem feststellen, daß sich der subjektive Stellenwert des Freizeit- und Konsumverhaltens in den meisten OECD-Ländern erhöht und in seiner Bedeutung verändert hat. Dominierte in den 50er und 60er Jahren das Paradigma des "Notwendigkeitskonsums" (Wildt, 1994), so hat die allgemeine Wohlfahrtszunahme in den 70er und 80er Jahren den "Erlebniskonsum" entstehen lassen, bei dem die Elemente Selbstinszenierung, Spannung/Erlebnis und Darstellung sozialer Distinktionen eine zunehmend wichtige Rolle spielen. Das Aufkommen und die Einrichtung großer Einkaufszentren (*Shopping Malls*), in denen Kaufen zum "Erlebnis" werden soll, ist dafür ebenso ein Beispiel wie der - auch in Krisenzeiten - ungebrochene Trend zu Fernreisen (und Kurzurlauben), *Fun- & Action*-Sportarten oder der relativ hohen sozialen Diffusionsrate von (Quasi-) Designermöbeln, -kleidern und -restaurants. Die Veränderung der materiellen Ausstattung von Kinderzimmern sowie der psychischen "Ausstattung" vieler ihrer kleinen Nutzer deuten nicht nur auf diesen historischen Wandel, sondern können auch als eine Art "Zukunftslabor" künftigen Konsumverhaltens betrachtet werden. Die ganze wirtschaftliche, kulturelle und sozialpsychologische Bedeutung dieses jüngsten Wandels der europäischen Konsumgesellschaft kann erst vor dem Hintergrund ihrer langfristigen Geschichte ermessen werden (Siegrist, Kaelble & Kocka, 1997).

An diesen hier nur angedeuteten Befunden der Konsum- und Lebensstilforschung ist im Hinblick auf die ökologische Debatte zunächst zweierlei bemerkenswert:

1. Die Rede von "dem" westlichen Lebensstil (im Singular) ist - zumindest im Hinblick auf die Realität sozialer Lagen in den Industrieländern - sinnlos. Es ist vielmehr ein Charakteristikum moderner Gesellschaften, daß sie plural verfaßt sind und eine Reihe *verschiedener* Lebensstile (und lebensstilspezifischer Konsummuster) aufweisen.
2. Bei der Beschreibung und Bewertung von Konsumprozessen muß verstärkt die *subjektive* oder *Erlebnisdimension* berücksichtigt werden, da nur so die Relevanz von Konsumvorgängen für Konsumentinnen und Konsumenten in den Blick kommt. Eine rein stofflich-energetische Perspektive genügt zumindest dann nicht, wenn man auf eine integrierte Sichtweise abstellt bzw. wenn man Konsummuster *verändern* will.

Genau dies wird im Rahmen des ökologischen Diskurses häufig vernachlässigt. Hier geht es um Tonnen oder Megajoule pro Kopf im Landesdurchschnitt, nicht aber um Produkte mit symbolischer Dimension und Erlebnischarakter in unterschiedlichen Lebensstilgruppen. Vielleicht ist diese ökologische Vernachlässigung der sozialen und symbolischen Dimension des Konsums auch eine Ursache dafür, daß die ökologisch motivierte Konsumkritik bislang noch nicht hinreichend stark auf die Verhaltensebene durchgeschlagen hat.

Aber hat die soziale Differenzierung von Lebensstilen auch eine ökologische Relevanz? Und wie bedeutsam im Weltmaßstab ist die Pluralisierung der Lebensstile in den Industrieländern?

3 Zur ökologischen Relevanz sozialer Differenzierungen

Die Vorstellung sozial-ökologischen Wandels im Sinne eines einfachen Paradigmenwechsels hin zu mehr Nachhaltigkeit geht auch am tatsächlichen ökologischen Profil moderner Gesellschaften vorbei. Es mag so etwas geben wie einen Korridor der industrie-gesellschaftlichen, (post)modernen Lebensweise, eine gewisse Bandbreite des Arbeitens, Wohnens, Konsumierens etc. in den entwickelten Ländern der Welt. Aber selbst hier müssen kulturelle Unterschiede beachtet werden. Ißt "man" in Ländern mit einem Pro-Kopf-Einkommen von 15.000 US-$ aufwärts nun Pferdefleisch oder nicht, Kartoffeln oder Reis, trinkt Coca Cola oder grünen Tee, fährt U-Bahn oder Cadillac, wohnt zu siebt in einer Großfamilie oder als Single? Zu diesen kulturellen Unterschieden zwischen den einzelnen Ländern kommen zudem die oben erwähnten Lebensstildifferenzen, die sich auch zu unterschiedlichen Naturnutzungs- und -belastungsprofilen verdichten. Dieses *fait social* der (post)modernen Ausdifferenzierung von Lebenslagen und Lebensweisen ist zugleich ein *fait ecologique.* Die Führung und Stilisierung des Lebens ist Individuen in sozialen Kontexten überhaupt nicht möglich, ohne Elemente der Natur und Leistungen natürlicher Systeme in Anspruch zu nehmen. Der stilgerechte Besitz eines großen und repräsentativen Hauses in exklusiver Stadtrandlage ist ohne entsprechenden Flächenverbrauch schwer möglich; analoges gilt für Stoff- und Energieverbräuche sowie Abgasemissionen bei einem hochmobilen, autogebundenen Lebensstil. Jede Form der sozialen Distinktion und der expressiven Symbolisierung dieser Distinktion ist zugleich eine Form der Einfädelung der Natur ins soziale Netzwerk - und damit, in freilich wechselndem Ausmaß, ihrer womöglich irreversiblen Bedrohung.

Der Naturverbrauch ist aber nicht für jeden Lebensstil der gleiche. Aus der umweltpsychologischen und der umweltsoziologischen Forschung wissen wir, daß bereits auf der Ebene individueller Akteure in mindestens zwei Hinsichten unterschieden werden muß: Erstens zwischen Umweltbewußtsein und tatsächlichem Verhalten, zweitens zwischen verschiedenen Verhaltensbereichen (vgl. Diekmann & Preisendörfer, 1992; Gardner & Stern, 1996).

Dieser mikrosoziologische Befund gilt auch auf der Mesoebene der Lebensstile. Einer US-amerikanischen Untersuchung zufolge (Lutzenhiser & Hackett, 1993), die den Haushaltsenergieverbrauch - verantwortlich für ca. 23% des Endenergieverbrauchs (Schipper, Haas & Sheinbaum, 1996) - sowie die damit verbundenen CO_2-Emissonen untersucht hat, differieren beide Werte zwischen der untersten und der obersten Lebensstilgruppe um den Faktor 5,33 (Energie) bzw. 5,85 (CO_2). Auf der Ebene nationaler Durchschnittswerte entspricht das der Differenz zwischen den USA und Argentinien. Dabei waren die energetischen Unterschiede zwar schwach mit dem Einkommen gekoppelt, aber durchaus nicht linear. Wer alt ist, sehr wenig verdient und in einem Mehrfamilienhaus in billigen Innenstadtquartieren alleine lebt, liegt am unteren Ende des energiebezogenen Naturverbrauchs; wer einer älteren Familie angehört, reich ist und in einem Einfamilienhaus am attraktiven Stadtrand wohnt, am oberen Ende. Gleichwohl kann man auch relativ arm sein, aber dafür jung, mobil - und vor allem bereit, jeden am

Essen abgesparten Dollar ins Auto zu investieren, was für viele junge Männer der amerikanischen unteren Mittelklasse sehr häufig der Fall ist.

Betrachten wir die Bundesrepublik. Auch hier hängen einzelne Bereiche des alltäglichen Umweltverhaltens in unterschiedlichem Maße von den einzelnen Konstituenten des Lebensstils ab. Dabei kommt dem Faktor Einkommen besonders für den Wohn- und Verkehrsbereich eine hohe Bedeutung zu, während dies für den Textilbereich kaum, für den Ernährungs- und Abfallbereich überhaupt nicht gilt (Bodenstein, Spiller & Elbers, 1997). Wie "wir" in Deutschland wohnen, heizen oder Autofahren - das unterscheidet sich eben erheblich mit Blick auf die soziale Lage, den Lebensstil, der jeweils betrachtet wird.

Eine repräsentative, sowohl die verschiedenen Verhaltensbereiche wie alle Lebensstile umfassende Untersuchung der umweltrelevanten Einstellungen und Verhaltensweisen hierzulande steht meines Wissens noch aus. Erste Versuche in diese Richtung (Brand, Poferl & Schilling, 1998) zeigen aber, daß eine solche Studie wichtige - auch umweltpolitisch wichtige - Einsichten zutage fördern würde. Im hypothetischen Vorgriff auf eine solche Studie skizziere ich im folgenden, wie sich mir der Zusammenhang zwischen Ökologie (als mentales und als Verhaltenskonstrukt) und Lebensstilen derzeit präsentiert. Dieser hypothetische Vorgriff kann sich auf einige empirische Evidenzen stützen, kann aber eine breit angelegte empirische Studie selbstverständlich nicht ersetzen. Ihrer soziologischen Plausibilität sowie ihrer großen empirischen Abstützung halber beziehe ich mich hierbei auf Untersuchungen des Sinus-Instituts zu (west)deutschen sozialen Milieus (Flaig et al., 1994; Vester et al., 1993) und kombiniere sie mit der Beschreibung von Lebensstilen (Haushaltsclustern), wie sie die Psychologen Prose und Wortmann (1991) durchgeführt haben. Die soziologische Plausibilität des Sinus-Ansatzes (aber auch des strukturell verwandten Herangehens von Prose & Wortmann, 1991) besteht darin, daß hier eine sinnvolle Kombination aus sozialen Lagemerkmalen (Einkommen, Bildung, Berufsprestige) mit Merkmalen der subjektiven Lebenswelt und -orientierung (Wertvorstellungen, Freizeitgewohnheiten, Lebensziele) vorgenommen wurde. Dadurch wurde ein Mittelweg in der Sozialstrukturanalyse beschritten, der die Extreme "Lebensstile als subjektiv wählbare Teilnehmer-Konstrukte sind völlig neue Formen der Sozialorganisation" und "Lebensstile als objektive Beobachter-Konstrukte sind nichts anderes als die Fortschreibung der alten Klassen- und Schichtstrukturen in neuem Gewande" vermeidet, dabei aber deskriptiv gehaltvoll und anschlußfähig für eine zeitgemäße Theorie sozialer Ungleichheit bleibt.

Einige Befunde der sozialwissenschaftlichen Umweltforschung lassen sich milieuspezifisch herunterbrechen. Die Diskrepanz zwischen Bewußtsein und Verhalten läßt sich hierbei besonders auch am *alternativen Milieu* sowie bei Teilen des *hedonistischen Milieus* verdeutlichen: Hohe Bildung und postmaterialistische Wertorientierungen machen beide Milieus zu wichtigen Trägergruppen der Umweltbewegung. Daß sich die Umweltbewegung auch aus Mitgliedern des hedonistischen Milieus zusammensetzt, mag angesichts der sozialen Ikonographie der frühen Umweltbewegung - Stichwort: "Bauzaun, Bart & Biogarten" - verwundern. Man muß allerdings bedenken, daß die Umweltbewegung selbst eine Reihe von Wandlungen durchgemacht hat: Erstens kam es zu einer gesellschaftlichen Bedeutungszunahme (einschließlich erhöhter Akzeptanz), zweitens zu einer stärkeren Institutionalisierung und Professionalisierung, drittens zu einer Veränderung der politischen Artikulationsform und viertens zu einer Veränderung in der Mitgliederstruktur. Alle diese Aspekte einer "Normalisierung" der alternativ-ökologischen Bewegung, besonders natürlich der vierte, haben dazu geführt, daß Teile des hedonistischen Milieus zumindest Elemente des ökologischen Weltbilds aufgenommen haben und sich den Zielen der Umweltbewegung verbunden fühlen.

Im alternativen Milieu - gleichsam der historisch überkommene Lebensstil-Kern der Umweltbewegung - sowie im hedonistischen Milieu (zumindest in dessen von der sozialen Lage her besser gestellten Segmenten) werden mit die höchsten Werte für Umweltbewußtsein erreicht. Gleichwohl ist das bereichsspezifische Verhalten hier oft alles andere als wegweisend. Die technische Geräteausstattung etwa oder die Wärmeisolierung der Wohnungen/Häuser lassen sehr zu wünschen übrig; überalterte Geräte und geringe Investitionen in Bau- und Wohnbestand (bei hohem Mietanteil) führen zu geringen Effizienzgraden. Auch ist das Fernreiseverhalten besonders ausgeprägt. Höhere Bildung, teilweise auch höhere Einkommen, sowie die Suche nach dem Neuen, Natürlichen und Unkonventionellen machen dieses Segment - in der Regel wider Willen - zu einem der Trendsettermilieus bei der Erschließung neuer Ziele und Formen des (Massen-) Tourismus.

Betrachten wir umgekehrt das *kleinbürgerliche Milieu*: Aufgrund eher geringerer Bildung sowie der dominanten Wertekultur, die zwischen Strukturkonservatismus und dem Materialismus des Haben-Wollens schwankt, ist hier die Präferenz für ökologische Weltbilder und Bewußtseinsgehalte äußerst schwach. Die Alltagsästhetik und die politische Semantik der Alternativen und Hedonisten werden hier in der Regel klar abgelehnt. Schulze (1993) zufolge markiert die Spannung zwischen kleinbürgerlichem und Selbstverwirklichungsmilieu eine der wichtigsten sozialpsychologischen und alltagsästhetischen Verwerfungslinien hierzulande. Gleichwohl sieht die tatsächliche Performanz des Verhaltens gar nicht so schlecht aus: Hier finden wir einen ordentlichen Gerätepark, an den mittlerweile als selbstverständliche Produktanforderung auch das Energie- oder Wassersparen eingesickert ist. Auch das Eigenheim, das hier eine wichtige alltagskulturelle Rolle spielt, ist oft auch ökologisch gut in Schuß. Bei dem einen oder anderen pensionierten Bossler aus diesem Milieu trifft man sogar Sonnenkollektoren, Regenwasserrecycling und Rindenmulche im Garten - gänzlich ohne jeden Hauch der ökologisch-alternativen Wende versteht sich. Auf dem Wohnzimmertisch liegt hier nicht Öko-Test, der Hess-Natur-Katalog und Konstantin Wecker, sondern die Hörzu, der Otto-Katalog und die letzte Roger Whittacker-Platte. Einer Studie zum Verhältnis von Technikadaption und Lebensstilen zufolge findet man unter den "Öko-Pionieren" - Personen, die sich überdurchschnittlich umweltschonend verhalten, die für Öko-Technik viel Geld ausgeben und sie als wichtig betrachten - überdurchschnittlich häufig ein Cluster, das sich wie folgt beschreiben läßt:

"Nicht ein Syndrom aus jugendlicher Unruhe, Technikkritik oder -skepsis und hoher formaler Bildung - wie man unter dem Eindruck zahlreicher Befunde der "Wertwandelforschung" erwartet hätte - fördert offensichtlich die Wahrscheinlichkeit, nach unserer Definition ein "Öko-Pionier" der Alltagstechnik zu sein, sondern ein Syndrom aus "Reife im Rentenalter", Häuslichkeit, hoher Technikakzeptanz und relativ niedrigem Bildungsgrad, übrigens verbunden mit durchschnittlichen, also durchaus saturierten ökonomischen Ressourcen" (Lüdtke, Matthäi & Ulbrich-Herrmann, 1994, S. 135).

Das *aufstiegsorientierte Milieu*, dem Lebensgefühl und den Wertorientierungen der Alternativen schon aufgeschlossener, fährt zweifellos überdurchschnittlich häufig die neuesten Modelle aus deutscher, schwedischer oder japanischer Automobilproduktion des gehobenen Standards - und benutzt sie auch aus geschäftlichen und Freizeitzwecken intensiv. Gleichzeitig greift dieses Segment in jüngster Zeit verstärkt zu Bioprodukten (noch vor den Alternativen), legt auf Energiesparen Wert und interessiert sich zunehmend auch für globale Umweltveränderungen - die entsprechenden Fernsehberichte können hier auch aufgrund der relativ guten Bildungsausstattung besser als üblich decodiert werden. Dieses Milieu ist von der allgemein beklagten Diskrepanz zwischen Bewußtsein und Verhalten daher besonders betroffen.

Beim *traditionellen Arbeitermilieu*, dessen älteres Segment Prose und Wortmann (1991) "Sparsame Bescheidene" nennen, gibt es zwar oft unfreiwilligen Verzicht, aber die bloß symbolische Öko-Politik ist auch hier nicht unbekannt. Als Ausdruck des traditionellen Sparsamkeitshabitus (also nicht aus ökologischen Gründen) wird hier des öfteren das Licht in unbenutzten Räumen ausgeschaltet, während der Fernseher rund um die Uhr auf Stand by steht und die Wohnung, vor allem bei Älteren, häufig überheizt wird.

Das "Urgestein" des mehr oder weniger konsequent unökologischen Verhaltens haben wir im *traditionslosen Arbeitermilieu* vor uns, von Prose und Wortmann (1991) auch "Uninteressierte Materialisten" genannt. Diese Bevölkerungsgruppe lebt in mehrfacher Hinsicht prekär - Einschnitte ins soziale Netz treffen sie zuerst - und macht sich daher verständlicherweise kaum Sorgen um die Umwelt. Bei den unteren Mittelschichtsangehörigen dieses Milieus kommt aber doch auch "finanziell etwas zusammen", abgesehen von der generell hohen Ausgabe- und Verschuldungsbereitschaft. Relativ geringe Bildung, wenig finanzieller Spielraum, materialistisch-hedonistische Wunschwelten und eine Menge Ressentiments gegen alles "Öko-Zeug" (vor allem im Verkehrsbereich) lassen Appelle an dieser Gruppe abprallen wie Wassertropfen auf einer frisch gewachsten Metallic-Legierung.

Die durchaus meßbaren Stoff- und Energieverbräuche sowie die daran geknüpften Schadstoffemissionen der verschiedenen sozialen Gruppierungen unterscheiden sich relativ deutlich. "Unser" Lebensstil ist eben nicht nur sozial, sondern auch ökologisch betrachtet ein pluralisierter. Dabei lassen sich nicht eindeutig ökologische von eindeutig unökologischen Lebensstilen trennen, sondern es gibt eine Bandbreite von bereichsspezifischen Mischungen mit unterschiedlichen Graden an (In-)Konsistenz zwischen Bewußtsein und Verhalten. Wir können mithin eine Veralltäglichung der einst so charismatisch aufgetretenen Ökologie konstatieren, ihre durchaus widersprüchliche Einfädelung in die alltägliche Lebenswelt der sozialen Milieus. Wichtig ist aber prinzipiell festzuhalten, daß sich das Umweltverhalten von Individuen und Haushalten nicht jenseits ihres alltäglichen Lebenskontextes verstehen und verändern läßt, der durch Lebensstile oder soziale Milieus auf der Mesoebene zu beschreiben ist.

4 Kurzer Exkurs zur Frage der globalen Bedeutung von Lebensstilen

Nun ließe sich einwenden, dies alles gelte nur für einige wenige Industrieländer. In der Mehrzahl der Staaten dieser Welt - also in der ehemaligen Zweiten und Dritten Welt - könne von einer solchen Pluralisierung nicht die Rede sein. Hier dominiere eben doch der geringe Pro-Kopf-Verbrauch, hier werde eher an der globalen Umweltkrise gelitten als an ihr gedreht. Alles "Lifestyle-Gerede" habe nur wenig globale Relevanz. Ist das richtig?

Zwei Gegeneinwände: Erstens ist es auch dann wichtig, sich mit den "Lifestyle-Ländern" zu beschäftigen, wenn deren Zahl gering und ihr Bevölkerungsanteil nicht sehr hoch ist. Denn wenn es richtig ist, daß "wir" in erster Linie für die globale Umweltkrise verantwortlich sind, dann ist es gerade aus globaler Perspektive heraus sehr wichtig, sich mit den internen Differenzen der Hauptverursacherländer zu befassen. Bezogen auf Emissionswerte etwa dürfte das aufstiegsorientierte Milieu in der Summe seines industriegesellschaftlichen Auftretens mehr Bedeutung haben als die Gesamtbevölkerung ganzer Entwicklungsländer auf einem noch undifferenzierten niedrigen Einkommens- und Verbrauchsniveau.

Zweitens ist das Phänomen der Pluralisierung der Lebensstile keineswegs auf die Industrieländer beschränkt. Nimmt man etwa den Gini-Koeffizienten - ein Maß für die Einkommensungleichheit zwischen Einkommensgruppen -, dann wird deutlich, daß es Länder wie Brasilien, Mexiko oder die Elfenbeinküste sind, in denen die sozialen Differenzen groß, ja größer als in den meisten Industrieländern sind. Auch bei letzteren haben wir es mit einem sozial- und kulturgeschichtlichen Prozeß zu tun, der recht grob an die Entwicklung von Produktivitätszuwächsen und des Pro-Kopf-Einkommens in den entsprechenden Ländern gebunden war. Der Blick auf die ökonomische und kulturelle Entwicklung der Welt heute zeigt deutlich, daß sich eine ganze Reihe von ehemaligen Entwicklungsländern auf den gleichen oder doch einen ähnlichen Weg gemacht haben bzw. dabei sind, dies zu tun - man denke hier nur an die Tiger-Länder Ostasiens, an die aufstrebende indische Mittelschicht oder an die Entwicklungen in den stärker urban geprägten Gesellschaften Lateinamerikas.

Damit gibt es einen Trend zur Ausbreitung westlicher Konsum- und Lebensstile, der entweder durch die Diffusion westlicher Wertvorstellungen und Lebensformen (extrinsisch) angetrieben wird, oder aber an den länder- bzw. gruppenspezifischen Wunsch- und Leitbildern (intrinsisch) ansetzt. Coca-Cola, McDonalds und die globalen Markenprodukte der hochentwickelten Industriegesellschaften stehen exemplarisch für die erste Komponente, der Wunsch nach den ortsüblichen Statusymbolen eines guten und gehobenen Lebensstandards (z.B. Fleischkonsum, große Wohnungen in Häusern aus Stein) für die zweite.

Die Ausbuchstabierung der ökologischen Folgen und Implikationen verschiedener Lebensstile ist also auch unter den Auspizien der weltweiten Umwelt- und Entwicklungsproblematik - also des Nachhaltigkeitsparadigmas - eine sinnvolle und notwendige Angelegenheit.

5 Zu einer ökologischen Politik der Lebensstile

Wenn es einerseits richtig ist, daß sich die energie- und ressourcenintensive Lebensweise in den entwickelten Industrieländern allein aus ökologischen Gründen nicht universalisieren läßt (weshalb sie von manchen auch als moralisch nicht zu rechtfertigen angesehen wird), aber gleichzeitig gilt, daß es "die" moderne Lebensweise - gerade auch in ökologischer Hinsicht - nicht gibt, sondern nach Lebensstilen differenziert analysiert und bewertet werden muß - dann kann die Antwort auf die "Herausforderung Nachhaltigkeit" nicht in einer einheitlichen, sondern nur in einer *differentiellen Politik des Verhaltenswandels* bestehen. Sie wird zwar die Individuen und privaten Haushalte als letzte Adressaten und Subjekte haben müssen - schließlich sind die privaten Haushalte Expertenschätzungen zufolge für 25 bis 40% des Umweltverbrauchs und der damit einhergehenden Folgen verantwortlich (Loske & Bleischwitz, 1996). Gleichwohl muß der Verhaltenskontext - also auch die sozioökonomischen Möglichkeiten und Grenzen - der Individuen beachtet werden. Insgesamt schließlich ist die Umsteuerung alltäglicher Verhaltensweisen im Sinne des Nachhaltigkeitsziels ein gesellschaftliches Projekt, zu dem auch die Wissenschaft, die Medien, die Unternehmen und vor allem die Politik ihren Beitrag zu leisten haben werden.

Dies vorausgesetzt, läßt sich nach dem konkreten Beitrag fragen, den die einzelnen Lebensstil-Gruppierungen erbringen könnten, um zu einer insgesamt nachhaltigeren Lebensweise in Deutschland oder vergleichbaren Ländern zu kommen. Wo liegen Hindernisse und Blockaden, die die stärkere Einfädelung des Ökologie-Themas (als Teil des Nachhaltigkeitsparadigmas) behindern? Diese Frage ist deshalb wichtig, weil sich die psychologische Erforschung individuellen Umweltverhaltens oft zu stark "um die Handlungshindernisse innerhalb" und nicht adäquat "um jene außerhalb des Individuums" gekümmert hat (Fuhrer & Wölfing, 1997, S. 182). Im Lichte dieser lebensstilspezifischen Hindernisse kann man dann auch besser angeben, welches die spezifischen Ressourcen und Stärken sind, an die man realistischerweise anschließen könnte, um diese Hindernisse und Blockaden zu beseitigen (vgl. auch den Beitrag von Gessner & Bruppacher in diesem Band).

Auch für diese Aufgabe wäre die bereits geforderte empirische Erhebung zur ökologischen Performanz der deutschen Lebensstil-Gruppierungen notwendig, die es nicht gibt. Um zumindest eine Vorstellung davon zu bekommen, wie die differentielle Ökologisierung der Lebensweise einer Industriegesellschaft im Hinblick auf ihre Lebensstile aussehen könnte, greife ich erneut auf meine Interpretation der Sinus-Milieus zurück (Spalte 1, Angaben für die alten Bundesländer 1992) und frage mich, welches die Barrieren und Blockaden sein könnten, die einer stärker ökologischen Umorientierung des Alltagsverhaltens entgegenstehen (Spalte 3). Dabei orientiere ich mich an einigen sozioökonomischen und Werteinstellungs-Merkmalen dieser Gruppen (nach Sinus), sowie an Untersuchungen zu ökologischem Konsumverhalten privater Haushalte (Bodenstein, Spiller & Elbers, 1997; Prose & Wortmann, 1991) (Spalte 2). Da manche dieser Barrieren von den Akteuren selbst als solche benannt werden, habe ich ihnen das Attribut "T" (für Teilnehmer) gegeben. Hier handelt es sich also um subjektiv wahrgenommene Hindernisse. Andere Hindernisse dagegen resultieren aus der lebensstilspezifischen Situation oder aus sonstigen Restriktionen, die den Akteuren nicht unmittelbar geläufig sind und daher eher dem Beobachter zugeordnet werden müssen ("B"). Darauf aufbauend versuche ich abschließend anzugeben, welche Strategien notwendig wären, um die lebensstilspezifischen Handlungsbarrieren abzubauen und zu einer differentiellen Ökologisierung der Lebensweise in Deutschland zu kommen (Spalte 4) - immer bezogen auf die erwähnten 25 bis 40% an Umweltverbrauch durch Individuen und private Haushalte.

Lebensstil & Anteil	Relevante Merkmale	Barrieren für ökologisches Verhalten	Mögliche Überwindungsstrategie
Konservativ-gehobenes Milieu **8%**	• Hohes Einkommen • Fühlt sich als Elite • Tradition • Qualität/ Distinktion	• Ablehnung des ökologischen Weltbilds (T) • Pfadabhängigkeit von unökologischem Lebensstil (B)	• Höhere Kaufbereitschaft für hochwertige Öko-Produkte • Vorreiter der Verantwortungsübernahme • Ökologie als Bewahren • Suffizienz (Verzicht als "aristokratisches" Kennzeichen)
Kleinbürgerliches Milieu **21%**	• Hohes/mittleres Einkommen • Leistung/ Sparsamkeit • Ordnung/ Sauberkeit • Anti-alternatives Weltbild • Eigenheim • Vereine	• Ablehnung des ökologischen Weltbilds (T) • z.T. Pfadabhängigkeit von unökologischem Lebensstil (B) • z.T. Trittbrettfahrerproblem (B) • z.T. Statuskonsum (Außenorientierung) (B)	• Trendfolger für Öko-Produkte • Sparsamer Umgang mit natürlichen Ressourcen • Ansprechbarkeit für staatliche Vorgaben • Ökologie im Rahmen von Hobbys (Haus und Garten) • "Technik hilft Sparen" • "Natur sauber halten"

		Oft Zeitnot (T)	• Vereinskultur ansprechen • Suffizienz und Effizienz (i.S. von Sparsamkeit)
Traditionelles Arbeitermilieu 5%	• Niedriges bis mittleres Einkommen • Traditionelles Auskommen • Arbeiten, um zu leben • Vereine, Solidarität	• Ökologischer Lebensstil zu teuer (T) • Ablehnung des ökologischen Weltbilds (T) • Umweltschutz kostet Arbeitsplätze (T) • Trittbrettfahrerproblem (B) • z.T. Bildungsprobleme (B)	• "Ökologie schafft Arbeitsplätze und erhöht objektiv die Lebensqualität" • Ökologie als Pragmatik • Trittbrettfahrerproblem lösen • Binnenkommunikation nutzen • Bildungsdefizite beheben • Suffizienz und Effizienz (i.S. von Verbesserung der Lebensqualität)
Technokratisch-liberales Milieu 9%	• Hohes Einkommen • Moderne Trendsetter • Kreativität • Distinktion und Understatement • Leistung und Genuß in Balance	• Pfadabhängigkeit von unökologischem Lebensstil (B) • z.T. Probleme mit Verzicht (T)	• Höhere Kaufbereitschaft für moderne Öko-Produkte • Ökologie als ästhetisch-distinktives Element • Effizienzrevolution als neue Modernität

Aufstiegs-orientiertes Milieu 25%	• Hohes/mittleres Einkommen • Mainstream des modernen Konsumismus • Erfolg/Leistung und Lebensgenuß • Orientierung an Trendsettern	• z.T. Pfadabhängigkeit von unökologischem Lebensstil (B) • Statuskonsum (starke Außenorientierung) (B) • Ablehnung des ökologischen Weltbilds (T) • Zeitnot, Streß, Probleme der Alltagsorganisation (T)	• Verstärken von Öko-Trends als "in" • Anknüpfen an Alltagsprobleme • Ökologie als moderne Normalität • Orientierung an ökologischen *best-practice*-Unternehmen • Effizienz (i.S. rational-moderner Technik und Lebensführung)
Traditionsloses Arbeitermilieu 12%	• Geringes Einkommen • Sozial gefährdet • Symbolisch-kompensatorischer Konsum • Anti-ökologisches Weltbild	• Ablehnung des ökologischen Weltbilds (T) • Trittbrettfahrerproblem (T) • Kompensatorischer Konsum (B) • Ökologie zu teuer (T/B) • Bildungsdefizite (B)	• Staatliche Vorgaben und Unterstützung • Trittbrettfahrerproblem lösen • Ökologie als modernes Leitbild • Ökologie als *Fun und Action* • Bildungsdefizite beheben • Effizienz (i.S. des Spektakulären und der Alltagsentlastung)

Alternatives Milieu 2%	• Hohes/mittleres Einkommen • Ökologisches, anti-kleinbürgerliches Weltbild • Hohe Experimentierbereitschaft • Kommunikative Funktionen • Seit Jahren schrumpfendes Milieu	• z.T. Pfadabhängigkeit von unökologischem Lebensstil (B) • Ablehnung des kleinbürgerlichen Weltbilds und Probleme mit der "Normalisierung" der Ökologie (T/B) • Politik und Wirtschaft blockieren Ökologisierung (Motivationsproblem) (T)	• Kauf von Öko-Produkten stärken • Experimente unterstützen (auch durch Staat und Wirtschaft) • Ökologische Avantgarde akzeptabel machen • Suffizienzrevolution vorleben und kommunizieren • Effizienzdefizite abbauen
Hedonistisches Milieu 12%	• Spontankonsum • Genußorientierung • Kreativität • Hohe Gegenwartspräferenz • Breite Spanne im Sozialstatus	• Verzichtaversion (T) • z.T. Ablehnung des ökologischen Weltbilds (T) • z.T. Pfadabhängigkeit von unökologischem Lebensstil (B) • z.T. Ökologie zu teuer (T/B) • z.T. Kompensatorischer Konsum (B)	• "Ökologie macht Spaß" • Gewinn an subjektiver Lebensqualität • Staatliche Rahmensetzung • Bildungsdefizite abbauen • Effizienz (i.S. von Modernität und Trendiness) • Umdefinition von "Genuß" i.S. von Suffizienz versuchen

		• z.T. Bildungs- defizite (B)	
Neues Arbeit- nehmermilieu **6%**	• Arbeit und Freizeit im Gleichgewicht • Flexibilität • Kommunika- tion und Reflexion • Ablehnung von Übertriebenem (z.B. "Plastik- welt")	• z.T. Zeitnot (T) • Politik und Wirtschaft blockieren Ökologisie- rung (Motiva- tionsproblem) (T)	• Effizienzrevolu- tion (besonders auch durch Staat und Wirtschaft zu unterstützen) • Teilweise Suffizi- enzrevolution ("keine Über- treibung") • Ökologie in der Balance zwischen Selbstverwirk- lichung und Be- rufsanforderungen • Nutzen der kom- munikativen Kompetenzen

Tabelle 1: Ökologie und Lebensstil: Barrieren und Überwindungsmöglichkeiten

Auf diese Liste kann hier nicht detailliert eingegangen werden. Sie soll auch nur deutlich machen, daß es für die Umstellung der Lebensweise eines Landes insgesamt sinnvoller sein kann, die auch ökologisch gegebene Pluralität der Lebensstile zu berücksichtigen und verschiedene Pfade der Ökologisierung einzuschlagen. Das im- oder explizite Modell, das vielen Verfechtern eines ökologischen Umbaus Deutschlands mit dem Ziel der Nachhaltigkeit vorschwebt - die allmähliche, eventuell staatlich gestützte Diffusion eines alternativen Lebensstils-, ist nicht völlig falsch, aber in mehrfacher Hinsicht unzureichend:

1. *Strategische Schwäche*: Die Gesellschaft ist, was ihre Lebensstil-Struktur anbelangt, viel zu komplex, als daß ein (noch dazu in sich selber komplexer) Trend wie der der Ökologisierung des Alltagslebens sich einheitlich durchsetzen könnte.
2. *Deskriptive Schwäche*: Das Diffusionsmodell unterschätzt das Ausmaß, in dem sich (partiale) Ökologisierungen in den verschiedenen Milieus bereits umgesetzt haben - freilich in z.T. gegensätzlichen sozialmoralischen Codierungen und Verknüpfungen.

3. *Politische Schwäche*: Das Modell verkennt, daß seine primäre Trägergruppe - das alternative Milieu - sehr klein und darüber hinaus seit Jahren schrumpft. Auch jenseits der erwähnten gegensätzlichen Codierungen wäre die Diffusion des alternativen Lebensstils nur für einen Teil der Gesellschaft leitbildfähig bzw. realisierbar. Für andere Gesellschaftssegmente müssen andere politische Trägergruppen gefunden werden.

Zweifellos bleibt das "Engagement unbeirrbarer Pioniere" (Gillwald, 1996, S. 92) wichtig und notwendig. Aber die Anzahl der Öko-Pioniere aus dem alternativen Milieu schrumpft, und ihre Leitbildfunktion trifft nicht überall auf offene Augen, Ohren und Herzen. In diesem Zusammenhang kommt m.E. dem neuen Arbeitnehmermilieu eine wichtige Funktion zu, zumal dieses Milieu in Zukunft kräftig wachsen soll. Aufgrund seiner modernen Wertorientierungen sowie seiner sozialen Lage (Herkunftsmilieu häufig traditionelle Arbeiter; "Zielmilieu" manchmal "Aufstieg", aber auch "Hedonisten" oder "Alternative") könnte es eine interessante Ersatzfunktion für die schwindende Kraft der Alternativen darstellen und zudem weitere soziale Milieus ansprechen. Die gesonderte Herunterbrechung des Ökologie-Themas für tendenziell alle Milieus in deren jeweils spezifischem Code bleibt unabhängig davon eine wichtige Aufgabe gesellschaftlicher Selbsttransformation.

Jede halbwegs auf meßbaren Erfolg orientierte ökologische Politik der Lebensstile ist, ähnlich wie eine universalistische Moral, "auf entgegenkommende Lebensformen angewiesen" (Habermas, 1991, S. 25) - setzt also ein gutes Stück weit auf die gesellschaftliche Selbstorganisation der Individuen in ihren sozialen Milieus sowie auf individuelle und kollektive Lernprozesse. Auch sie können freilich der Politik und ihren Rahmensetzungen nicht entraten, schließlich ist die Steuerung über Politik ja ein gewichtiges Selbststeuerungsinstrument moderner Gesellschaften. Selbstverständlich hängt auch die Politik von den - im weitesten Sinne verstanden - "Ressourcen" ab, die ihr die Gesellschaft als Input liefert - vom Wahlverhalten über die Steuermoral bis zu den Erwartungshaltungen. Und selbstverständlich affiziert die Spaltung zwischen Bewußtsein und Verhalten im alltagsökologischen Bereich auch die Erwartungshaltung an die Politik:

"Wir erwarten von der Politik, daß sie weiter die Expansion unserer Freiheitsrechte betreibt, uns zugleich aber vor ihren Negativeffekten schützt, und reagieren mit Unmut, wenn sie ihre Versprechen nicht einhalten kann" (Münch, 1996, S. 125).

Der Umorientierungsprozeß mit dem Ziel einer nachhaltigeren Entwicklung kann nicht von "außen" gesteuert oder von "oben" verordnet werden. Gesellschaft und Politik können ihn nur gemeinsam erreichen. Das von Münch angesprochene Dilemma kann deshalb ebenfalls nur von zwei Seiten gleichzeitig angegangen werden. Die Politik müßte - bei deutlicherer Wahrnehmung ihres "Kerngeschäfts" der Rahmensetzung für ökologisches Umsteuern in der Gesellschaft - subsidiär Entscheidungskompetenzen nach unten abgeben und stärker in die Rolle des Mediators und Kommunikators schlüpfen, während die Gesellschaftsmitglieder verstärkt die Konsequenzen ihrer z.T. intrinsisch gegenläufigen Interessen an und Einstellungen gegenüber der Naturnutzung reflektieren und gemeinsam verantworten müßten (vgl. auch den Beitrag von Renn in diesem Band). Auch in diesem Fall aber wären die Lebensstile, die sich in einer Gesellschaft vorfinden, eine wichtige Vermittlungsgröße zur Überwindung von Handlungsbarrieren auf der

Mesoebene. Daß die dafür notwendigen Lernprozesse keineswegs utopisch sind, zeigt der Blick zurück: So wie "wir" den Übergang in die moderne Konsumgesellschaft in den 50er und 60er Jahren gelernt haben (Andersen, 1995; Wildt, 1994), so können "wir" ihn auch - lebensstilspezifisch versteht sich - wieder verlernen.

Literatur

Andersen, A. (1995). Mentalitäten im Wandel. *Environmental History Newsletter. Special Issue, 2*, 72-88.

Beck, U. (1993). *Die Erfindung des Politischen. Zu einer Theorie reflexiver Modernisierung.* Frankfurt a.M.: Suhrkamp.

Bodenstein, G., Spiller, A. & Elbers, H. (1997). *Strategische Konsumentscheidungen: Langfristige Weichenstellungen für das Umwelthandeln - Ergebnisse einer empirischen Studie* (Diskussionsbeiträge des Fachbereichs Wirtschaftswissenschaften der Gerhard-Mercator-Universität/Gesamthochschule Duisburg, Nr. 234). Duisburg.

Bourdieu, P. (1987). *Die feinen Unterschiede. Kritik der gesellschaftlichen Urteilskraft.* Frankfurt a.M.: Suhrkamp.

Brand, K.-W., Poferl, A. & Schilling, K. (1998). Umweltmentalitäten. Wie wir die Umweltthematik in unser Alltagsleben integrieren. In G. de Haan & U. Kuckartz (Hrsg.), *Umweltbildung und Umweltbewußtsein. Forschungsperspektiven im Kontext nachhaltiger Entwicklung* (S. 39-89). Opladen: Westdeutscher Verlag.

Diekmann, A. & Preisendörfer, P. (1992). Persönliches Umweltverhalten. Diskrepanzen zwischen Anspruch und Wirklichkeit. *Kölner Zeitschrift für Soziologie und Sozialpsychologie, 44* (2), 226-251.

Flaig, B., Meyer, T., Ueltzhöffer, J. (1994). *Alltagsästhetik und politische Kultur. Zur ästhetischen Dimension politischer Bildung und politischer Kommunikation.* Bonn: Dietz.

Fuhrer, U. & Wölfing, S. (1997). *Von den sozialen Grundlagen des Umweltbewußtseins zum verantwortlichen Umwelthandeln. Die sozialpsychologischen Dimensionen globaler Umweltproblematik.* Bern: Huber.

Gardner, G.T. & Stern, P.C. (1996). *Environmental problems and human behavior.* Boston: Allyn & Bacon.

Giddens, A. (1991). *Self-identity and modernity.* London: Polity.

Gillwald, K. (1996). Umweltverträgliche Lebensstile. Chancen und Hindernisse. In *Jahrbuch Ökologie 1997* (S. 83-92). München: Beck.

Habermas, J. (1991). *Erläuterungen zur Diskursethik.* Frankfurt a.M.: Suhrkamp.

Hradil, S. (1987). *Sozialstrukturanalyse in einer fortgeschrittenen Gesellschaft.* Opladen: Westdeutscher Verlag.

Kassarjian, H.H. & Robertson, T.S. (Eds.). (1991). *Perspectives in consumer behavior.* Englewood Cliffs: Prentice Hall.

Loske, R. & Bleischwitz, R. (1996). *Zukunftsfähiges Deutschland. Ein Beitrag zu einer global nachhaltigen Entwicklung.* Herausgegeben von BUND und Misereor. Basel: Birkhäuser.

Lüdtke, H., Matthäi, I. & Ulbrich-Herrmann, M. (1994). *Technik im Alltagsstil. Eine empirische Studie zum Zusammenhang von technischem Verhalten, Lebensstilen und Lebensqualität privater Haushalte* (Marburger Beiträge zur sozialwissenschaftlichen Forschung, Bd. 4). Marburg.

Lutzenhiser, L. & Hackett, B. (1993). Social stratification and environmental degradation: Understanding household CO_2-production. *Social Problems, 40* (1), 50-73.

Müller, H.-P. (1992). *Sozialstruktur und Lebensstile. Der neuere theoretische Diskurs über soziale Ungleichheit.* Frankfurt a.M.: Suhrkamp.

Münch, R. (1996). *Risikopolitik.* Frankfurt a.M.: Suhrkamp.

Prose, F. & Wortmann, K. (1991). *Energiesparen: Verbraucheranalyse und Marktsegmentierung der Kieler Haushalte.* Unveröffentlichtes Typoskript. Kiel.

Reusswig, F. (1994). *Lebensstile und Ökologie. Gesellschaftliche Pluralisierung und alltagsökologische Entwicklung unter besonderer Berücksichtigung des Energiebereichs.* Frankfurt a.M.: Verlag für interkulturelle Kommunikation.

Schipper, L.J., Haas, R. & Sheinbaum, C. (1996). Recent trends in residential energy use in OECD countries and their impact on carbon dioxide emissions: A comparative analysis of the period 1973-1992. *Mitigation and Adaption Strategies for Global Change, 1,* 167-196.

Schulze, G. (1993). *Die Erlebnisgesellschaft. Kultursoziologie der Gegenwart.* Frankfurt: Campus.

Siegrist, H., Kaelble, H. & Kocka, J. (Hrsg.). (1997). *Europäische Konsumgeschichte. Zur Gesellschafts- und Kulturgeschichte des Konsums (18. bis 20. Jahrhundert).* Frankfurt a.M.: Campus.

Vester, M., von Oertzen, P., Geiling, H., Hermann, T. & Müller, D. (1993). *Soziale Milieus im gesellschaftlichen Strukturwandel. Zwischen Integration und Ausgrenzung.* Köln: Bund-Verlag.

WBGU (1994). *Die Gefährdung der Böden. Jahresgutachten des Wissenschaftlichen Beirats der Bundesregierung Globale Umweltveränderungen 1994.* Bonn: Economica.

WBGU (1997). *Wege zu einem nachhaltigen Umgang mit Süßwasser. Jahresgutachten des Wissenschaftlichen Beirats der Bundesregierung Globale Umweltveränderungen 1997.* Heidelberg: Springer.

Wildt, M. (1994). *Am Beginn der "Konsumgesellschaft". Mangelerfahrung, Lebenshaltung, Wohlstandshoffnung in Westdeutschland in den fünfziger Jahren.* Hamburg: Geschichts-WerkStatt.

Umwelt und Gerechtigkeit

Leo Montada

1 Gerechtigkeitsprobleme bei Umweltbelastungen und Umweltschutz

Probleme mit Umweltschädigungen werden in der psychologischen Forschung erst sei kurzem unter Gerechtigkeitsaspekten analysiert (Horwitz, 1994; Kals, 1996a; Montada & Kals, 1995; Opotow & Clayton, 1994). Das ist insofern überraschend, als Forderungen nach Umweltschutz nicht nur mit generellen Risiken und Beeinträchtigungen durch Umweltbelastungen und -verbrauch, sondern mit Gerechtigkeitsargumenten begründet werden können.

Die angelegten Gerechtigkeitsvorstellungen sind unterschiedlich weitreichend. So ist die Forderung nach Achtung vor der Schöpfung, konkretisiert z.B. als Pflicht zur Erhaltung der Artenvielfalt in Flora und Fauna, oder als Verbot gentechnologischer Eingriffe in die Natur, begründbar mit dem Argument, daß die Nutzungsrechte der Menschheit an der Natur begrenzt sind durch die Rechte anderer Geschöpfe (Meyer-Abich, 1990). Opotow (1996) behandelt diese Frage unter den Themen "scope of justice" und "environmental inclusion", womit sie die Frage anspricht, daß alle Lebewesen Rechte haben, die für gerechte Lösungen zu berücksichtigen sind.

Schränkt man die Gerechtigkeitsperspektive auf die Menschheit ein, ist die Frage zu stellen, ob die gegebenen oder erwarteten Verhältnisse zwischen Generationen, Staaten, Teilpopulationen, Institutionen, Individuen usw. gerecht sind. Die Bewertungen können sich beziehen

1. auf die Verteilungen von Nutzen und Lasten, Nachteilen oder Risiken durch Umweltbelastungen und Ressourcenverbrauch (Linneweber, 1995),
2. auf die staatlichen und zwischenstaatlichen Ordnungen, die Auswirkungen auf diese Verteilungen haben (z.B. Standards für den Emissionsschutz, das Umweltstrafrecht, das Haftungsgesetz bei Umweltschäden, Besteuerung von und Abgaben auf Umweltbelastungen),
3. auf Politikbereiche, die Auswirkungen auf diese Verteilungen haben (z.B. Verkehrspolitik, Energiepolitik, Siedlungspolitik, internationale Politik) sowie
4. auf einzelne öffentliche oder private Entscheidungen (z.B. abfallwirtschaftliche, private Konsum- oder industrielle Standortentscheidungen), die Auswirkungen auf die Verteilungen haben.

Nicht nur Umweltverbrauch und -belastungen werfen Gerechtigkeitsprobleme auf, sondern auch Umweltschutz. Es wäre einfach, wenn Umweltbelastungen und

-verbrauch nur schädlich wären. Sie sind aber Nebeneffekte industrieller und landwirtschaftlicher Produktion, Nebeneffekte verschiedener Aktivitäten, die grundsätzlich der Verbesserung der Lebensqualität vieler oder einzelner Menschen dienen, also Nebeneffekte (auch) nützlicher Aktivitäten.

Umweltschutz im Sinne der Reduktion von Umweltbelastungen und des Ressourcenverbrauchs bedeutet nicht nur Gewinn, sondern hat auch Kosten, z.B. Kosten für neue Technologien, Kosten im Sinne von Verzichtleistungen auf angenehme oder nützliche Dinge, Lebensumstände und Aktivitäten, Kosten im Sinne von Einbußen an Wettbewerbsfähigkeit von einzelnen Unternehmen, Branchen oder ganzen Volkswirtschaften und damit verbunden Kosten an Wohlstand, an Arbeitsplätzen usw. Auch die Verteilung dieser Kosten sowie die Verteilung der Vorteile aus umweltschützenden Maßnahmen sind unter Gerechtigkeitsaspekten zu bewerten und damit auch die für Umweltschutz relevanten staatlichen und zwischenstaatlichen Ordnungen, Politikbereiche und öffentlichen und privaten Entscheidungen.

2 Einige gerechtigkeitstheoretische Fragen

Die Suche nach Gerechtigkeit erfordert komplexes Wissen und komplexes Denken: Die *Verteilungen des Nutzens, der Kosten und der Risiken* sind erstens abzuschätzen und zweitens in Relation zueinander zu setzen. Dabei sind drittens nicht nur die mehr oder weniger gut ermittelten aktuellen Gegebenheiten zu bewerten, sondern auch die Verhältnisse in der Vergangenheit, die vielleicht Kompensationen verlangen, und in der Zukunft, die mehr oder weniger unsichere Entwicklungsprognosen erfordern (vgl. auch den Beitrag von Renn in diesem Band).

Zudem sind Nutzen und Kosten nicht objektive Größen, sondern Bewertungsgrößen, die abhängig sind von individuellen und sozialen Präferenzen. Diese Präferenzen unterliegen einem Wandel in der Zeit, da sie soziale Konstruktionen sind. In die Vorstellungen über nachhaltige Entwicklung gehen insofern nicht nur unsichere Prognosen über die verzweigten Wirkungen aktuellen Handelns ein, sondern auch unsichere Prognosen bezüglich der künftigen Bewertungen dieser Wirkungen. Die umweltbelastenden Entwicklungen in Industrie, Verkehr, Landwirtschaft usw. seit 150 Jahren haben zumindest in der Ersten und Zweiten Welt auch große Wohlstandsgewinne erzeugt. Auf welcher theoretischen Basis hätten vor 150 Jahren die subjektiven Bewertungen von Nutzen, Risiken und Kosten dieser Entwicklungen in der heute lebende Generation vorausgesagt werden können?

Diese Frage illustriert, daß Umweltstandards nicht nur aus naturwissenschaftlichen Erkenntnissen und Prognosen abzuleiten sind, sondern soziale Bewertungen darstellen, die als soziale Konstruktionen und normative Setzungen zu verstehen sind.

Dies trifft auch auf Gerechtigkeitsbewertungen und die diesen zugrunde liegenden Gerechtigkeitsprinzipien zu. In unserem Kulturkreis existieren viele konkurrierende Gerechtigkeitsprinzipien, und es gibt divergierende Meinungen, welche Prinzipien in einer spezifischen Entscheidungslage oder für die Bewertung einer spezifischen Verteilung gelten sollen (vgl. Renn, Webler & Wiedemann, 1995).

Gleichheit ist zwar ein Grundprinzip der Gerechtigkeit, aber nur Gleichen werden gleiche Rechte, Lasten und Pflichten zugeschrieben. Werden Ungleichheiten zwischen Individuen, zwischen sozialen Kategorien oder sozialen Systemen als relevant geltend gemacht, sind auch ungleiche Rechte, Lasten und Pflichten zu rechtfertigen, z.B. mit ungleichen Bedürftigkeiten, ungleicher Produktivität, ungleichen Besitzständen, ungleichen bisherigen Leistungen, ungleichen bisherigen Vorteilen oder Nachteilen usw. Welche Kriterien dabei in einem Handlungsfeld von wem angelegt werden, wie konsensuell oder kontrovers diese Prinzipien beurteilt werden, mit welchen Argumenten oder Lösungsvorschlägen Einvernehmlichkeit erreicht werden kann, das sind offene Fragen. Es sind auch Fragen an die empirische Sozialforschung.

Einige Gerechtigkeitsprobleme bezüglich Umweltbelastung und Verbrauch natürlicher Ressourcen und auch bezüglich des Umweltschutzes seien zur Illustration genannt.

2.1 Ungleichheit der Beiträge zur Schädigung der Umwelt

Die Beiträge zu Umweltschädigungen mit Folgen für die Gesundheit von Menschen, Tieren und Pflanzen (Schädigung von Luft, Wasser, Böden, Artenvielfalt, Landschaften, Lärm- und Geruchsbelästigung u.a.m.) sind ungleich verteilt zwischen Individuen, sozialen Kategorien, Unternehmen, Regierungen, Staaten. Kann diese Ungleichheit gerechtfertigt werden?

Es gibt wohl Gerechtigkeitsprinzipien, die Rechtfertigungen hierfür erlauben. Allen voran ist das *Bedarfsprinzip* zu nennen: In kalten Regionen der Erde brauchen die Menschen eine Raumheizung, um zu überleben, in feuchtheißen Regionen brauchen sie eine Klimatisierung, um gesund und arbeitsfähig zu bleiben. Vielleicht brauchen die Menschen in übervölkerten tropischen Regionen landwirtschaftliche Nutzflächen, um überleben zu können, und roden deshalb die Regenwälder.

Was ist unabweisbarer *Bedarf*, was sind disputable *Bedürfnisse*? Die Menschen in den Wohlstandsregionen der Welt haben ein Bedürfnis nach Erhaltung und Mehrung ihres Wohlstandes, dessen Energieverbrauch in der Produktion, im Verkehr, in der Raumklimatisierung, im Tourismus viel zum Treibhauseffekt beiträgt. Hier ist eine Abwägung mit dem Bedarf aller vom Treibhauseffekt bedrohten heute lebenden und künftigen Populationen vorzunehmen.

Kann das Prinzip der "*Besitzstandswahrung*" für die Rechtfertigung der Bedürfnisse in den Wohlstandsländern herangezogen werden? Sicher nicht, um die gegenwärtigen Emissionswerte oder die Relationen der Emissionswerte zwischen Populationen festzuschreiben. Aber das Argument, daß das gesamte Leben, einschließlich des Erwerbslebens und der hierfür geleisteten Kapital- und Bildungsinvestitionen auf die gegenwärtigen Verhältnisse abgestimmt ist, hat Gewicht. Umweltschutz muß zwar von denjenigen gefordert werden, die die Umwelt besonders stark belasten, aber die Forderung, daß die Kosten des Umweltschutzes verhältnismäßig sein sollen zu den möglichen Risiken anderer Populationen durch den Treibhauseffekt ist bedenkenswert.

Ist das *Leistungsprinzip* anwendbar? Zumindest in der Variante, daß eine Proportionalität zwischen den Beiträgen zum allgemeinen Wohlstand und Beiträgen

74

zur Umweltbelastung begründbar wäre? Selbstverständlich ist es angesichts der Varianz individueller Präferenzen umstritten, was ein Beitrag zum allgemeinen Wohlstand ist: Daß auch der Bau eines AKW, landwirtschaftliche Überproduktion, das Tourismusgeschäft, Großveranstaltungen im Sport solche Beiträge wären, wird kontrovers beurteilt.

Man könnte weitere Prinzipien der Verteilungsgerechtigkeit für eine mögliche Rechtfertigung unterschiedlicher Beiträge zur Umweltbelastung diskutieren, aber dieser Begründungsansatz löst nicht das grundsätzliche Gerechtigkeitsproblem, daß umweltbelastendes Handeln immer sowohl Nutzen als auch Kosten verursacht. Das *zentrale Gerechtigkeitsproblem* besteht darin, daß der Nutzen und die Kosten ungleich und unproportional verteilt sind.

2.2 Ungleiches Verhältnis von Nutzen und Kosten und die Externalisierung von Kosten

Eine denkbare Formel für eine gerechte Verteilung wäre *gleiches Verhältnis von Nutzen* (Vorteilen) *und Kosten* (Nachteilen) *für alle.* Es ist gegenwärtig nicht so, daß diejenigen, die die meisten Vorteile haben, auch die größten Nachteile (Belastungen, Gefährdungen) tragen (vgl. Linneweber, 1995; Löfstedt, 1993). Fälle von ökologischem Rassismus für die Lokalisation belastender Industrien und Mülldeponien im Siedlungsgebiet armer Ethnien sind ein drastischer Beleg (Clayton, 1996).

Ein anderer Fall: Wenn die Szenarien des Treibhauseffektes zutreffen, dann wirkt sich der Verbrauch fossiler Energiequellen auch und besonders gefährlich in den flachen Küstenregionen Asiens, Afrikas und Lateinamerikas aus, die gewiß nicht zu den Hauptverursachern zählen.

Im Umweltbereich werden notorisch Kosten externalisiert, wenn die Allgemeinheit für die Beseitigung oder die Kosten von Umweltschäden in Anspruch genommen wird, und wenn Umweltbelastungen über Luft, Flüsse, Meere andere als die Verursacher und andere als diejenigen, die Vorteil nehmen, belasten. Wie ist die *Externalisierung von Kosten* unter Gerechtigkeitsaspekten zu bewerten? Man muß unterscheiden, ob die Kosten innerhalb oder außerhalb des eigenen sozialen Systems anfallen. Innerhalb des eigenen sozialen Systems, z.B. des eigenen Staates, kann der Nutzen für die Population (z.B. die Schaffung von Wohlstand) vielleicht noch mit den Kosten verrechnet werden, sofern Umverteilungssysteme existieren, die einen Ausgleich von Gewinnen und Verlusten herstellen. Das gilt auch über die Generationen hinweg. Wenn kritische umweltbewußte Sozialforscher zu Beginn der Industrialisierung in Mitteleuropa vor den unverantwortlichen Konsequenzen für spätere Generationen - nämlich für uns heute - gewarnt hätten, wären sie bei einer Zeitreise in das Jahr 1997 wahrscheinlich überrascht gewesen zu hören, daß die Mehrheit heute auf die positiven Folgen der Industrialisierung nicht verzichten möchte trotz der Umweltschäden.

Ungerecht sind Externalisierungen von Kosten immer dann, wenn die Kosten nicht ausgeglichen werden. Die Frage ist also: Wohin werden Kosten (im Sinne von Umweltschäden, -beeinträchtigungen, -gefährdungen) externalisiert, d.h. wer ist direkt geschädigt? Juristisch könnte dieses Problem zivilrechtlich über Haftung gelöst werden: Haftung dient der Internalisierung negativer Externalitäten. Es sind schwierige Fragen, wie die Haftung für Umweltschäden gestaltet wird, als Verschuldenshaftung (Haftung nur, wenn Handeln rechtswidrig und schuldhaft war), oder als Gefährdungshaftung, auch wie die Beweis- und Kausalitätsfragen und vor allem auch wie die Schädigungserfassung geregelt wird (Panther, 1991).

Ökosteuern, -abgaben oder -gebühren sind andere Versuche, die Kosten zu internalisieren. Die Benzinsteuern oder die Müllentsorgungsgebühren, die Abwasserentgelte sind Beispiele. Im Unterschied zum Haftungsmodell werden Steuern nicht an die durch ökologische Belastungen Betroffenen entrichtet, sondern an die Öffentliche Hand zu deren freier Verfügung. Steuern reduzieren insofern den individuellen Nutzen von Akteuren, aber sie werden nicht notwendigerweise zur Kompensation der von Nachteilen Betroffenen benutzt. (Abgaben werden demgegenüber zur Deckung der anfallenden Kosten verwendet.)

Wie ist das, wenn die Kosten außerhalb des eigenen Systems anfallen: Emissionen in Luft und Wasser sind häufig grenzüberschreitend. In Trier und Luxembourg argwöhnt man, daß das französische KKW Cattenom nicht zufällig an der französischen Ostgrenze gebaut wurde, sondern deshalb, damit bei einem GAU der dort vorherrschende Westwind den Franzosen günstig wehe. Die Effekte des GAUs eines Atomreaktors betreffen Menschen, die den Reaktor und seine Risiken nicht zu verantworten haben und keinerlei Nutzen aus seinem Betrieb hatten. Der Treibhauseffekt wird globale Auswirkungen haben und nicht auf die Verursacher beschränkt bleiben.

Da viele Umweltbelastungen grenzüberschreitende, wenn nicht globale Wirkungen haben, bedarf es internationaler Regime, um die *Proportionalität von Nutzen und Kosten* annäherungsweise zu realisieren. Diese Regime sind schwierig gerecht zu gestalten, denn es werden Diskrepanzen zwischen den Staaten sichtbar, nicht nur bezüglich der aktuellen Beiträge zur Umweltverschmutzung, sondern auch der über die Jahrzehnte kumulierten Beiträge, die den reichen Staaten des Nordens ein höheres Wohlstandsniveau zu erreichen erlaubt haben. Die Forderung der reichen Länder nach Beendigung der Brandrodung tropischer Wälder führt dann zu einer Gegenrechnung der Tropenstaaten, die gut begründbar ist.

Verteilungsentscheidungen und die Bewertung der Gerechtigkeit von Verteilungen setzen immer Grenzziehungen voraus (Cohen, 1986; Montada, 1997). Die subjektiven Grenzziehungen sind dabei häufig sehr viel enger als ethisch zu fordern ist. Gerade die grenz- und generationsüberschreitenden Externalisierungen ökologischer Kosten rücken den Bedarf nach einer "Weltmoral" und einer globalen Rechtsordnung in das Blickfeld.

Sind ungleiche Verteilungen von Nutzen und Kosten in derselben Population zu rechtfertigen? Allenfalls könnte eine utilitaristische Rechtfertigung versucht werden: Maximierung des allgemeinen Wohlstands. Dieses utilitaristische Prinzip ist allerdings unter Gerechtigkeitsaspekten angreifbar. Die Steigerung des allgemeinen Wohlstandes darf nicht auf Kosten einzelner Personen, Gruppen oder Teilpopulationen erfolgen. Allgemeine Wohlstandsmaximierung ist an die Kette der Gerechtigkeit zu legen, etwa durch die Forderung, daß es niemanden dadurch schlechter gehen darf (Paretos Kriterium), oder daß die allgemeine Wohlstandsmaximierung den größtmöglichen Vorteil für die Gruppe der Bevölkerung bringen muß, die am geringsten privilegiert ist, bzw. der es am schlechtesten geht (Rawls' Maximin Kriterium, Rawls, 1971). Weder Paretos Prinzip noch Rawls' Prinzip können national, international schon gar als realisiert angesehen werden:

Opfer von Umweltschädigungen müßten wenigstens angemessen kompensiert werden für die erlittenen Nachteile an Wohlstand, Gesundheit und Wohlbefinden.

Auch verschärfter Umweltschutz kann Verlierer haben (etwa wenn Arbeitsplätze verloren gehen, deren Verlust nicht angemessen kompensiert wird). Das wäre nur dann unter Gerechtigkeitsaspekten unproblematisch, wenn die Verlierer zuvor zu den Profiteuren durch Umweltschädigungen gehört hätten. Das ist vielleicht für die Eigner umweltbelastender Betriebe der Fall, für die Arbeitnehmer kann das zumindest dann nicht behauptet werden, wenn sie zuvor auch sonstwo Arbeit gefunden hätten.

2.3 Ungerechtigkeit, Verantwortlichkeit und Schuld

Risiken und Nachteile, die Akteuren aus *informierten und freien eigenen Entscheidungen* erwachsen, stellen keine Gerechtigkeitsprobleme dar. Aus freien Stücken eingegangene Risiken (z.B. Sonnenbaden, Verwendung schädlicher Materialien beim Bau eines Eigenheims) führen nicht zu Ungerechtigkeiten (Nozick, 1974). Ungerecht können nur Risiken und Nachteile sein, die nicht von den Betroffenen selbst zu verantworten sind. Mehrere Fälle sind zu unterscheiden:

1. Die Betroffenen sind wissentlich über die bekannten Risiken nicht informiert worden (z.B. Strahlenbelastung, Ozonbelastung, Gesundheitsrisiken am Arbeitsplatz, wachsende Überschwemmungsrisiken durch den Treibhauseffekt).
2. Die Betroffenen sind in einer wirtschaftlichen Notlage und insofern nicht wirklich frei in ihren Entscheidungen (z.B. einen Arbeitsplatz mit Gesundheitsrisiken nicht anzunehmen oder Verbleib in einer durch Gift belasteten Wohnlage, weil das dort befindliche Eigenheim nur mit hohen Verlusten zu veräußern wäre).
3. Die Risiken und Kosten sind durch Handeln und Entscheidungen anderer Akteure (Individuen, Unternehmen, staatliche Institutionen usw.) verursacht und von diesen zu verantworten (z.B. lokales Verkehrsaufkommen, Industrieansiedlungen, Mülldeponien usw.).

Wichtig ist festzuhalten, daß Ungerechtigkeit abhängig ist von der Verantwortlichkeit anderer Akteure, unabhängig vom Grad der Verantwortlichkeit und der Eindeutigkeit der Zurechenbarkeit.

Der *Grad der Verantwortlichkeit* kann variieren mit der Bewußtheit oder mit der Sicherheit des Wissens der Akteure um Risiken und Belastungen. Solange biologische und medizinische Risikoeinschätzungen wenig bekannt oder umstritten sind, haben Akteure Ausreden aus der Verantwortung, die Betroffenen werden jedoch dadurch nicht gehindert, die für erlebte Ungerechtigkeit konstitutiven Verantwortlichkeitszuschreibungen vorzunehmen.

Die *Eindeutigkeit der Zurechenbarkeit* variiert mit dem Wissen über die Verursachung, vor allem auch mit der Zahl verantwortlicher Akteure. Eine Vielzahl von Akteuren bedeutet eine Verantwortlichkeitsdiffusion. Typischerweise ist die Zahl der Akteure bei globalen Umweltrisiken wie dem Treibhauseffekt höher als bei lokalen (Kruse, 1995; Pawlik, 1991), aber auch bei lokalen Belastungen sind häufig viele Akteure beteiligt (bezüglich der Belastungen durch Autoverkehr die

Autobenutzer, die für die Straßenführung und den öffentlichen Verkehr verantwortlichen Parlamente und Administrationen sowie die Verwaltungsgerichte, die
etwa über die Einreden von Bürgern zu entscheiden haben). Dies führt zu unein-
deutigen Zurechnungen, was aber die Verantwortlichkeit der vielen Akteure nicht
aufhebt. Die Betroffenen mögen unsicher sein, wen (alles) sie als Adressaten ihrer
Klagen über Ungerechtigkeit wählen sollen, aber ihr Ungerechtigkeitserleben
bleibt, sofern sie überhaupt Verantwortliche ausmachen und das Geschehen nicht
als unbeeinflußbar wahrnehmen. (Vielleicht ist das der Grund, weshalb "der
Markt", der in seiner Gesamtheit mit der unübersehbar großen Zahl von Akteuren
bezüglich der Gerechtigkeit seiner Effekte mehrheitlich als unproblematisch eingeschätzt wird, während "die Politik", deren Akteure über die Medien bekannt
sind, personifizierte Verantwortung trägt und deshalb Adressat von Vorwürfen der
Ungerechtigkeit wird (Lane, 1986)). Meistens werden im Zweifelsfalle die regie-
renden Politiker verantwortlich gemacht (Shklar, 1990).

Von der *Verantwortlichkeitszuschreibung* ist die *Schuldzuschreibung* zu unterscheiden. Für Verantwortlichkeit ist Freiheit des Anders-Handelns oder der Unterlassung (Adorno, 1973) und Wissen um die Folgen des Handelns oder der Unterlassung (auch bereits eine diesbezüglich zumutbare Möglichkeit des Wis-
senserwerbs) konstitutiv. Für die Schuldzuschreibung ist Verantwortlichkeit notwendige, aber nicht hinreichende Voraussetzung, denn es kann Rechtfertigungen
für das Handeln geben (Montada, 1991; Semin & Manstead, 1983; Tedeschi &
Riess, 1981).

Welche Rechtfertigungen für umweltbelastendes Handeln sind üblich? Auf der
individuellen Ebene unterscheiden Ritterfeld und Linneweber (1997) sowie
Schahn (1993) eine größere Zahl von Strategien, auf politischer Ebene werden am
häufigsten ökonomische "Zwänge" (Schaffung oder Erhalt von Arbeitsplätzen,
internationaler Wettbewerbsdruck) genannt, die letztlich auf Interessen der Bürger
zurückführbar sind (vgl. auch den Beitrag von Gessner & Bruppacher in diesem
Band). Die Rechte und Ansprüche "der" Bürger werden auch direkt formuliert
(z.B. auf "Wohlstand", auf freie und bequeme Mobilität, auf Urlaubstourismus,
auf Energieversorgung für Raumheizung und Licht, auf reichliche Versorgung aus
der Landwirtschaft usw.; vgl. Becker & Kals, 1997; Kals, 1996b). Die Abwägung
konkurrierender Interessen und Ansprüche "der Bürger" sei gesondert erwähnt,
etwa bei Einsatz von Atomenergie als "saubere" emissionsarme Energiequelle
oder bei der Verwendung von Pflanzenschutzmittel und Gentechnologie zur Ver-
hinderung karzinogener Fruchtfäulnis.

Welche Rechtfertigungen für mehr Umweltschutz sind üblich? Es sind die Risiken durch Umweltbelastungen und die genannten Ungerechtigkeiten in den
Verteilungen von Nutzen und Lasten. Unterstellt werden Interessen, die aus Ver-
nunftsgründen universelle Geltung haben und insofern rationale normative Ansprüche "der" Menschen sind: Gesundheit und Gerechtigkeit. Umweltschutz mit
diesen Wertorientierungen und normativen Rechtfertigungen hat seine Grenzen
erst dort, wo mehr Umweltschutz gesundheitsgefährdend wäre oder neue Gerechtigkeitsprobleme aufwerfen würde. Daß beides möglich ist, sei nur pauschal behauptet und mit zwei Beispielen illustriert: Armut ist gesundheitsgefährdend, und
eine plötzliche scharfe Anhebung von Ökosteuern schafft mannigfaltige Ungerechtigkeiten wegen der komplexen Verflechtung von Lebensverhältnissen.

Das Gerechtigkeitsproblem, das sich hier sowohl für den Umweltschutz wie gegen den Umweltschutz stellt, ist das eingangs formulierte Verteilungsproblem. Begründungen mit Ansprüchen "der" (fiktiven) Bürger können nicht verschleiern, daß die Interessen und Betroffenheiten "der" Bürger, ihr Nutzen und ihre Lasten/Kosten und Risiken meist sehr unterschiedlich sind. Es gibt typischerweise bei jeder Veränderung und jeder Maßnahme Gewinner und Verlierer (z.B. durch die Ansiedlung umweltbelastender Produktions- oder Entsorgungsbetriebe, durch veränderte Verkehrstrassenführungen, durch neue gesetzliche Verpackungsordnungen oder neue Grenzwerte für Emissionen usw.). Die Maßnahmen werden üblicherweise mit Gewinnen gerechtfertigt (nicht mit Gewinnern!).

Wie sind die Verluste, die die Verlierer erleiden, zu rechtfertigen? Hier sind verschiedene Möglichkeiten zu unterscheiden:

1. Die Nachteile der Verlierer sind zumutbar, weil sie durch vorausgegangene unverdiente Vorteile kompensiert erscheinen, z.B. strengere Emissionsschutzauflagen für einen existierenden Betrieb, eine höhere Energiebesteuerung in den wohlhabenden Ländern, mit der ein Fond für Schäden durch den Treibhauseffekt geschaffen werden könnte, zu dem die Erste Welt mit ihrem hohen Energieverbrauch den Hauptanteil beiträgt.

2. Die Zumutbarkeit der Nachteile für einzelne oder einzelne Gruppen wird mit dem Prinzip der Maximierung des Gemeinwohls oder der abgeleiteten Regel "Gemeinwohl geht vor Individualwohl" begründet (Paretos und Rawls' Kritik wurden bereits erwähnt).

   Eine generelle Pflicht zur Hinnahme von solchen Risiken (analog dem Wehrdienst) wäre nur zu begründen, wenn eine Gefahr für Leben und Gesundheit der Allgemeinheit (inklusive der Betroffenen selbst) auf andere Weise nicht abzuwehren wäre (z.B. bei einer Klimaveränderung, die ohne Ausweitung der Raumkühlung gesundheitsgefährdend wäre, oder bei Wohlstandsverlusten, die die Morbiditäts- und Mortalitätsraten signifikant ansteigen ließen). (So werden z.B. allgemeine, für einzelne durchaus riskante Schutzimpfungen begründet.) Je mehr die Risiken durch individuelle Vorsichtsmaßnahmen zu vermeiden sind, um so eher ist ihre generelle Hinnahme zu rechtfertigen.

3. Nachteile für einzelne oder einzelne Gruppen werden dann eher zumutbar, wenn zum Ausgleich Entschädigungen geleistet werden. Auf die Problematik der Bestimmung, was eine angemessene Entschädigung ist, sei hingewiesen: Für Tod und gravierende Gesundheitsschäden gibt es keine angemessene Entschädigung.

3 Grundformen der Umweltpolitik und Gerechtigkeit

Wie sind die Gerechtigkeitsprobleme bezüglich der Verteilung von Nutzen und Kosten durch Umweltbelastungen politisch zu lösen? Folgende Grundformen der Umweltpolitik sind unterscheidbar:

1. *Gesetzliche Gebote und Verbote* (ersatzweise bindende Verordnungen) zur Reduzierung von Risiken und Kosten (z.B. Auflagen bezüglich Emissionen, Verbot der Produktion von gefährlichen Stoffen wie Ozonkillern). Bezüglich

Gesetze und Verordnungen strikt durchgeführt werden, stellen sie einen wirksamen Beitrag zum Umweltschutz dar. Insofern reduzieren sie Umweltbelastungen und deren Kosten und reduzieren die entsprechenden Verteilungsgerechtigkeiten. Sie schmälern damit auch den Nutzen aus Umweltbelastungen, etwa durch notwendig werdende Investitionen (z.B. Katalysatoren zur Abgasreinigung). (2) Gesetzliche Normen gelten allgemein und stellen insofern Gleichheit (vor dem Gesetz) her. (3) Gesetzliche Regelungen haben Kosten. Es gibt Verlierer. Umweltschutzgesetze können den wirtschaftlichen Ruin von Unternehmen bedeuten. Sie sind Eingriffe in Besitzstände. Sie sind rechtfertigungsbedürftig bezüglich ihrer Notwendigkeit, auch weil sie die Freiheitsrechte der Bürger einschränken.

2. Eine zweite Grundform der Politik erzwingt nicht Umweltschutz, sondern verteuert Umweltbelastungen durch *Steuern und Gebühren* (s.o.). Dies reduziert den Nutzen der Akteure aus Umweltbelastungen, nicht notwendigerweise diese selbst und die sich daraus ergebenden Risiken und Kosten. Ökosteuern und -abgaben dämpfen die Ungleichheit der Nutzenverteilung und motivieren eine Reduktion der Belastungen aus wirtschaftlichen Gründen. Die Auswirkungen auf die Verteilungen der Risiken und Kosten hängen davon ab, wofür die Steuern und Gebühren verwendet werden. Sie können für den Abbau von wie auch für die Entschädigung für Umweltbelastungen verwendet werden. Auch Ökosteuern und -abgaben bedeuten Verluste bis hin zum wirtschaftlichen Ruin. Auch sie stellen Eingriffe in Besitzstände dar. Sie sind rechtfertigungsbedürftig hinsichtlich ihrer Notwendigkeit, ihrer Folgen und ihrer Verwendung.

3. Gesetzliche *Haftungsnormen* bei auftretenden Umweltbelastungen bzw. Grenzwertüberschreitungen. Haftungsnormen sollen, wie bereits gesagt, die Externalisierung von Kosten eindämmen. Sie sind insofern gerecht(fertigt). Sie lassen zudem eine Spezifikation zu, wer belastet oder gefährdet ist, wem damit eine Anspruchsberechtigung zukommt. Das können natürliche und juristische Personen sein oder die Allgemeinheit. Auf die Probleme wurde oben bereits hingewiesen: Die Beweis- und Verursacherfrage kann schwierig zu beantworten sein; die Schadenserfassung ist problematisch (wie z.B. in Prozessen über Entschädigungen von Krankheitsfolgen PCB-haltiger Holzschutzmittel illustriert wurde).

4. Das *Angebot* und die *Subventionierung umweltfreundlicher Alternativen*, z.B. im öffentlichen Personennahverkehr, bei der Einführung von Abgaskatalysatoren, der Wärmedämmung von Gebäuden, der ökologischen Landwirtschaft. Viele Anwendungsfelder sind denkbar, auch in der internationalen Politik, z.B. die staatliche Subventionierung der Entwicklung umweltfreundlicher Technologien oder Entwicklungshilfe zur Schaffung von Arbeitsplätzen mit dem Ziel der Eindämmung der Brandrodung tropischer Regenwälder. Unter Gerechtigkeitsperspektive kann diese Angebotspolitik insofern positiv bewertet werden, als Eingriffe in die Freiheitsrechte der Bürger unterbleiben. Als ungerecht kann jedoch bewertet werden, daß die Allgemeinheit die Kosten für die Angebote trägt (Gemeinlastprinzip), und daß das Verursachungsprinzip bei der Kostenallokation nicht angewendet wird.

5. Sowohl Steuern und Abgaben wie auch das Angebot und die Subventionierung umweltfreundlicher Alternativen sind als "*marktorientierte Politiken*" zu verstehen. Eine weitere, am Markt orientierte Politik ist die *Vergabe von handel-*

baren Emissionsrechten, wie das in den USA mit dem Clean AIR ACT 1990 versucht wurde (vgl. z.B. Clayton, 1996). Hierdurch wird Akteuren (Industrien) ein gewisses Maß an Emissionen zugestanden, die sie bei Nicht-Ausschöpfung (z.B. wegen umweltfreundlicher Investitionen) weiterverkaufen können. In diesem Modell werden Emissionsrechte zugebilligt, die gleichzeitig als knappes Gut definiert werden, das auf dem Markt gehandelt werden kann. In Kombination mit anderen Politiken kann das Modell Anreizfunktionen zum Umweltschutz erfüllen. Zwei Gerechtigkeitsprobleme seien aber genannt: (1) Was könnte eine gerechte Basis für die Gewährung von Emissionsrechten sein: die bisherigen Emissionen (was einer "Besitzstandswahrung" für Umweltsünder gleichkäme) oder die entwickelte und käufliche Umwelttechnologie (was die kapitalstärkeren Unternehmen begünstigen würde) oder die Zahl der Arbeitsplätze oder was sonst? (2) Die Allgemeinheit könnte wegen der Anreizwirkungen profitieren, das Modell beseitigt aber nicht die Ungerechtigkeiten in der Verteilung der externalisierten Belastungen.

6. *Appelle an die Verantwortlichkeit der Bürger*, umweltbelastendes Handeln und umweltbelastende Entscheidungen zu unterlassen. Unter Gerechtigkeitsgesichtspunkten könnte der Verzicht auf Eingriffe in die Freiheit der Bürger positiv bewertet werden, wenn die Appelle erfolgreich wären. Sind sie es nicht, ändert sich an den bestehenden Verteilungsungerechtigkeiten nichts. Sind sie nur bei einem Teil der Bürger erfolgreich, entstehen neue Ungerechtigkeiten: Diejenigen, die den Appellen folgen, sind gegenüber den Nicht-Befolgern benachteiligt.

7. Eine Argumentations- und Politikrichtung ist die *Institutionalisierung von Rechten*. Im Augenblick arbeitet die UN an einer neuen Menschenrechtskonvention im Sinne eines Menschenrechts oder Grundrechts auf Schutz der Umwelt. Weiter wird an der Zuschreibung von Rechten für künftige Generationen, für subhumane Kategorien (Tiere, Pflanzen - wenn nicht auf Individual- dann auf Artenebene) gearbeitet. Die Etablierung von Rechten und die Berufung auf Rechte ist einflußmächtig, wie aus Untersuchungen von Clayton (1996) und Syme und Nancarrow (1992) hervorgeht. Das Problem ist, daß die Gesamtheit der Rechte alles andere als widerspruchsfrei ist. Es gibt also kein Recht, dem nicht ein anderes Recht entgegengehalten werden könnte. Zur Zeit werden beispielsweise dem Recht auf Umweltschutz Eigentums-und Freiheitsrechte entgegengehalten, nicht nur auf individueller, sondern auch auf Staatsebene. Wem gehören die Urwälder in Brasilien? Dem brasilianischen Staat oder der Menschheit? Wem gehört ein Wald in Deutschland, dem privaten Eigentümer, oder ist der Wald wie anderer Grundbesitz eher als Lehen zu verstehen? Tatsächlich haben wir eine weitgehende Einschränkung von privaten Eigentumsrechten, das sind Verfügungs- und Gestaltungsrechte, nicht zuletzt aus Umweltschutzgründen. Freiheitsrechte im Sinne der Freiheit des Wirtschaftens, Freiheit des Konsumierens, des Reisens, des Bauens usw. konkurrieren mit dem Recht auf gesunde Umwelt. Die Institutionalisierung eines Rechts auf gesunde Umwelt kann allerdings - sofern einklagbar - den Schutz der Umwelt wirksam fördern, weil damit eine Grenze in der Ausübung der etablierten Freiheitsrechte aufgezeigt wird, nämlich die Schädigung der Umwelt und der Mitbürger, die für ihre gute Lebensgestaltung eine unversehrte Umwelt wollen oder benötigen.

8. Alle genannten Politiken, einschließlich der Appelle an die Verantwortlichkeit
wie auch das öffentliche Anprangern von Umweltbelastungen können als Beiträge zur *Umweltbildung und -sozialisation* interpretiert werden. Wir brauchen
eine Kultur der Umweltverantwortlichkeit. Ihre systematische Förderung im
Bildungssystem, in der Öffentlichkeit, durch Gesetze und politische Initiativen
wäre als letzte Grundform der Politik zu nennen (vgl. auch den Beitrag von
Bolscho in diesem Band). Die Sozialiationsfunktion der unter 1. bis 7. genannten Politikformen ist eine zusätzliche Rechtfertigungsmöglichkeit für diese.

4 Empirische Untersuchungen zur ökologischen Gerechtigkeit

Die Psychologie ist keine normative Disziplin, die bestimmen und begründen will,
was gerecht sei. Als empirische Disziplin beschreibt sie und erklärt vielleicht
auch, was Menschen für gerecht und ungerecht halten, wie unterschiedlich das ist,
wie konsistent oder inkonsistent das ist, welche Folgen das hat. Die Verflechtun-
gen zwischen normativen und empirischen Disziplinen sind allerdings wichtiger,
als beide Disziplingruppen meinen. Nur ein Stichwort hierzu: Recht und Ordnungen müssen breit akzeptiert sein, wenn sie denn gelten sollen in einer Demokratie.
Was die Bürger denken und wohin ihr Denken geführt werden soll, ist ebenso sehr
eine Frage für empirische wie für normative Disziplinen.

Auch Gerechtigkeitskonflikte, die Konfliktbearbeitung und die Erarbeitung von
Lösungen sind Gegenstände der empirischen Psychologie. In der Umweltmedia-
tion (Fietkau, 1993) ist eine Ermittlung der konfligierenden Ansichten und deren
Begründung notwendig, bevor eine Vermittlung versucht werden kann. Die Ge-
rechtigkeitspsychologie hat dazu nicht nur die empirisch validierten Regeln der
Verfahrensgerechtigkeit (Bierbrauer, Gottwald & Birnbreier-Stahlberger, 1995;
Lind & Tyler, 1988) anzubieten, sondern Artikulations- und Verständnishilfen zu
leisten, wenn - wie oft - Gefühle der Ungerechtigkeit und Ansprüche unvollständig expliziert und begründet werden. Dazu benötigt man das konzeptuelle Reper-
toire zur Gerechtigkeit.

Zurecht beklagten Opotow und Clayton (1994), daß die empirischen Beiträge
aus den Sozialwissenschaften zu Problemen der ökologischen Gerechtigkeit "have
remained minimal and unorganized" (p. 3). Auch heute kann noch kein empirisch
ermitteltes Gesamtbild darüber gezeichnet werden, wie Gerechtigkeitsüberzeu-
gungen und -bewertungen bezüglich Umweltproblemen in der Population verteilt
sind und welche Rolle Gerechtigkeitsbewertungen in umweltrelevantem Handeln
spielen. Auch aus den Studien unserer eigenen Arbeitsgruppe können gegenwärtig
erst einige der Fragen beantwortet werden. Ich werde im folgenden diese Fragen
sozusagen punktuell und illustrativ für eine ökologische Gerechtigkeitsforschung
formulieren und einige Ergebnislinien kurz skizzieren.

1.   Wie wird die Gerechtigkeit der Umweltpolitik in Deutschland bewertet?

In einer Fragebogenstudie zur Ermittlung von Determinanten umweltrelevanter
Engagementbereitschaft (Kals, 1996b, im folgenden Studie 1 genannt) wurde an

In einer Fragebogenstudie zur Ermittlung von Determinanten umweltrelevanter Engagementbereitschaft (Kals, 1996b, im folgenden Studie 1 genannt) wurde an einer heterogenen Erwachsenenstichprobe[1] ein Durchschnittswert von 3.74 auf einer 6-stufigen Skala von *1 = sehr gerecht* bis *6 = sehr ungerecht* ermittelt. Die Teilstichprobe der Mitglieder von Umweltgruppen (N = 85) beurteilte die Umweltpolitik signifikant schlechter (M = 4.50), eine Teilstichprobe von Mitgliedern in Motorsportclubs (N = 97) signifikant besser (M = 3.12). Die Bewertungen lagen durchschnittlich etwas über dem Skalenmittelpunkt in Richtung auf den Pol "ungerecht".

2. *Wie wird die Gerechtigkeit der Verteilungen von Nutzen und Kosten bewertet?*

In einer Studie zu Determinanten der Bereitschaft zum globalen Klimaschutz (Russell, 1997, im folgenden Studie 2 genannt)[2] wurde nach der Gerechtigkeit der globalen Verteilung von Nutzen aus und Kosten/Risiken durch Umweltbelastungen gefragt, und zwar in mehreren Spezifikationen, von denen drei in Tabelle 1 dargestellt sind. Die Gerechtigkeit der globalen Verteilung von Nutzen und Kosten/Risiken bezogen auf den Treibhauseffekt wird durchschnittlich niedrig bewertet (M = 2.20), die wahrgenommene Ungerechtigkeit der globalen Verteilung des Nutzens aus Emissionen als hoch (M = 4.45) eingeschätzt, und die Aussage, daß Deutschland weniger Nutzen hat aus der Emission als andere reiche Staaten wird durchschnittlich zurückgewiesen (M = 2.37).

	AM	SD
Gerechtigkeit der Verteilung von Nutzen und Kosten/Risiken durch Umweltbelastungen weltweit	2.20	.95
Wahrgenommene Ungerechtigkeit der Nutzenverteilung zwischen Staaten weltweit	4.45	1.10
Deutschland hat ungerechterweise weniger Nutzen durch Umweltbelastungen als andere Länder	2.37	1.23

Tabelle 1: Mittelwerte und Standardabweichungen verschiedener Bewertungen der Gerechtigkeit der Verteilungen von Nutzen und Kosten durch Umweltbelastungen (Items waren als Aussagen formuliert. Bewertungen wurden auf 6-stufigen Skalen von 1 = stimmt überhaupt nicht bis 6 = trifft voll und ganz zu gegeben.)

---

[1] N = 518, höhere Bildungsabschlüsse etwas überrepräsentiert, Durchschnittsalter 32.9 Jahre, etwas mehr Männer als Frauen.

[2] N = 231, darunter 20.3% Mitglieder in Motorsportclubs, 17.7% Mitglieder in Umweltschutzgruppen, höhere Bildungsabschlüsse deutlich überrepräsentiert (55% haben Abitur), Durchschnittsalter 37.6 Jahre, etwas mehr Männer als Frauen.

3. Wie ist der Zusammenhang zwischen der Bewertung der Gerechtigkeit der aktuellen Politik (Studie 1) und der aktuellen Verteilungen von Nutzen und Kosten/Risiken (Studie 2) der Bereitschaft, zum Umweltschutz beizutragen?

Bewertungen der Umweltpolitik und der gegebenen Verteilungen von Nutzen und Kosten als gerecht, sind negativ korreliert mit Bereitschaften zu umweltschützendem Handeln. Zwei exemplarische Korrelationen seien genannt:

In Studie 1 ist die Korrelation der Gerechtigkeitsbewertung mit der Bereitschaft, umweltschützende Maßnahmen zu unterstützen, die die einzelnen Bürger tangieren, $r = -.34$.

In Studie 2 ist die Korrelation zwischen der Bewertung der Gerechtigkeit der globalen Verteilung von Nutzen aus Treibhausgasemissionen und Kosten durch den Treibhauseffekt und der Bereitschaft, zum Klimaschutz durch persönliche Verzichte beizutragen, $r = -.37$. Die Korrelationen mit der Bereitschaft zum Werben um Klimaschutz bei anderen ist $r = -.31$, zur Beteiligung an einer Unterschriftenaktion für gesetzliche Verbote und Ökosteueranhebung ist $r = -.46$ (vgl. Tab. 2). Erwähnt werden sollte, daß in multiplen Regressionsanalysen diese Gerechtigkeitsbewertung im Konzert mit unterschiedlichen anderen Variablen ein signifikanter Prädiktor der Bereitschaftsmaße bleibt (Russell, 1997).

Das könnte man dahingehend interpretieren, daß perzipierte ökologische Gerechtigkeit bzw. perzipierte Gerechtigkeit der Ökopolitik die Bereitschaft zum Umweltschutz hemmt. Im Umkehrschluß heißt das: wahrgenommene Ungerechtigkeit motiviert zu umweltschützendem Handeln. Daß weitere Faktoren hinzu kommen, insbesondere Verantwortlichkeitswahrnehmungen (vgl. Kals, 1996b; Russell 1997), steht auf einem anderen Blatt.

Wahrgenommene Gerechtigkeit kann deshalb als eine Ausrede aus dem Umweltschutz angesehen werden. Das wird auch gestützt durch die in Tabelle 2 dargestellten negativen Korrelationen sowohl mit eigener als auch mit der Verantwortlichkeit anderer Akteure für den Umweltschutz. Schließlich passen die Korrelationen mit Ärger über zuviel Klimaschutz ($r = .49$) sowie die negativen Korrelationen mit Empörung über zuwenig Klimaschutz ($r = -.33$) und Schuldgefühlen wegen eigenen Handelns ($r = -.21$) ins Bild.

Dieser Befund steht im Einklang mit der Theorie des Glaubens an die gerechte Welt. Ein ausgeprägter Glaube an die gerechte Welt reduziert die Bereitschaft, Gerechtigkeitsprobleme als solche wahrzunehmen und zu beheben (Montada, 1998) und interferiert insofern auch mit sozialen Engagements (Moschner, 1998).

Interessant sind auch die Befunde, die zeigen daß eine relative Benachteiligung (besser Zurückhaltung) des eigenen Staates bezüglich des Nutzens aus Emissionen (konkret: die geringeren relativen Emissionsmengen in Deutschland im Vergleich zu den USA) die Bereitschaften zum Umweltschutz mindern, also wohl als Ausreden aus der Verantwortung benutzt werden.

Korrelate	Gerechtigkeit der Verteilung von Nutzen aus Emissionen und Belastungen/Risiken durch den Treibhauseffekt
Andere Gerechtigkeitsvariablen	
Gerechtigkeit der Verteilung des Nutzens weltweit	.38
Ungerechte Verteilung des Nutzens zwischen den Ländern	-.50
Deutschland hat im Vergleich zu anderen Industrieländern ungerecht wenig Nutzen	.18
Emotionale Bewertungen des Klimaschutzes	
Ärger über zuviel Klimaschutz	.49
Empörung über zuwenig Klimaschutz	-.33
Schuldgefühle wegen eigenen Handelns	-.21
Verantwortungszuschreibungen	
Verantw. für direkten Klimaschutz: internal	-.36
Verantw. für direkten Klimaschutz: external	-.52
Verantw. für Motivierung anderer zum Klimaschutz: internal	-.38
Verantw. für Motivierung anderer zum Klimaschutz: external	-.40
Verantw. für Gesetzesforderung zum Klimaschutz: internal	-.18
Verantw. für Gesetzesforderung zum Klimaschutz: external	-.37
Bereitschaftsvariablen	
Bereitschaft zum direkten Klimaschutz (Verzichtleistungen)	-.37
Bereitschaft zur Werbung um Klimaschutz (Multiplikatorenfunktion)	-.31
Bereitschaft zur Beteiligung an einer Unterschriftenaktion für gesetzliche Verbote und Ökosteueranhebung	-.46

Tabelle 2: Korrelationen (p < .01) zwischen der Gerechtigkeit der globalen Verteilung von Nutzen und Kosten und ausgewählten Variablen (nach Russell, 1997)

4. Wie wird die Gerechtigkeit von spezifischen Grundformen der Umweltpolitik bewertet?

In Studie 1 wurde nach der Gerechtigkeit von vier Grundformen der Umweltschutzpolitik gefragt. Das waren:

1. Appelle zur Reduktion oder Vermeidung von Umweltbelastungen,
2. Subventionierung umweltentlastender Alternativen,
3. Besteuerung von Umweltbelastungen und
4. Verbote umweltbelastender Aktivitäten, Produkte oder Prozesse.

Diese Maßnahmen wurden für zwei Kategorien von Akteuren spezifiziert: (1) private Bürger (z.B. deren Energieverbrauch) und (2) die Industrie (und deren Energieverbrauch).

Die Gerechtigkeitsbewertungen sind aus Tabelle 3 (nach Montada & Kals, 1995) zu ersehen: Verbote bekommen die besten Noten, gefolgt von Steuern und Subventionen. Die Politik der Appelle wird als ungerecht abgelehnt. (Lediglich von Motorsportlern werden auch Verbote (für private Bürger) im Mittel als ungerecht bewertet, mutmaßlich aus dem Motiv, daß sie ohne Verbotsdrohungen ihren Sport weiter betreiben möchten.)

Ergänzend sei angemerkt, daß die Bewertungen von Verboten und Steuern positiv miteinander korrelieren, schwach positiv auch mit der Bewertung von Subventionen, aber negativ mit der Bewertung von Appellen.

Um Gründe für die Bewertungen zu ermitteln, wurden Korrelationen mit postulierten Rechten berechnet. Und zwar wurden die persönlichen Einstellungen zu drei Kategorien von Rechten/Ansprüchen erfaßt:

1. Recht aller Menschen auf eine intakte, gesunde Umwelt,
2. Freiheitsrechte privater Bürger, die mit umweltgerechtem Verhalten konfligieren können: Recht auf Energiekonsum, auf unbeschränkte Mobilität, auf unbeschränkten Konsum,
3. Rechte der Wirtschaft, die mit umweltgerechtem Verhalten konfligieren können: Freiheit des Wirtschaftens, Rentabilitätsstreben, Arbeitsplatzsicherung.

Außerdem wurden die Korrelationen mit dem wahrgenommenen allgemeinen Risiko durch Umweltbelastungen sowie persönlich erfahrene Umweltbelastungen erhoben.

Die in Tabelle 4 dargestellten Ergebnisse zeigen, daß gesetzliche Verbote und Ökosteuern von jenen als gerecht bewertet werden, die die Situation der Umwelt als Risiko einschätzen, die ein "Grundrecht" auf gesunde Ökologie fordern und privaten Freiheitsrechten und Freiheiten des Wirtschaftens keine hohe Priorität einräumen. Das Korrelationsmuster mit der Bewertung von Appellen hat umgekehrte Vorzeichen, die Höhe der Korrelationen ist aber niedriger. Wem die Umwelt also wichtig ist, der hält nichts von einer Politik der Appelle, sondern präferiert Verbote und Ökosteuern. Persönliche Belastungen durch Umweltverschmutzung sind mit den Politikbewertungen nicht hoch korreliert.

Die Gerechtigkeitsbewertungen der vier Politikkategorien sind also sehr unterschiedlich. Die Argumente, weshalb das so ist, wurden in zwei weiteren Studien erfaßt (Scheuthle, 1996, im folgenden Studie 3 genannt[3], und Bomm, 1996, im folgenden Studie 4 genannt[4]). Sowohl für die Gerechtigkeit wie für die Ungerechtigkeit jeder der vier Politikformen lassen sich Argumente formulieren.

Variable	Heterogene Gelegenheitsstichprobe		Mitglieder von Motorsport-clubs		Mitglieder von Umweltschutz-gruppen	
	(N = 331)		(N = 97)		(N = 90)	
	AM	SD	AM	SD	AM	SD
Bewertungen der Gerechtigkeit von						
...gesetzlichen Verboten für die Wirtschaft	1.54	.75	2.15	1.14	1.27	.43
...gesetzlichen Verboten für die Bürger	2.39	1.00	3.80	1.31	1.61	.72
...Öko-Besteuerung der Wirtschaft	1.67	.87	2.18	1.04	1.40	.63
...Öko-Besteuerung für die Bürger	2.00	1.15	3.10	1.56	1.42	.64
...Subventionierung der Wirtschaft	2.64	1.49	2.84	1.51	2.68	1.42
...Subventionierung der Bürger	2.02	1.14	2.24	1.40	2.18	1.48
...Appellen an die Wirtschaft	4.86	1.43	4.63	1.7	4.90	1.47
...Appellen an die Bürger	4.58	1.61	4.48	1.63	4.73	1.58

Tabelle 3: Bewertungen der Gerechtigkeit von vier Grundformen der Umweltpolitik: Mittelwerte dreier Teilstichproben (heterogene Gelegenheitsstichprobe, Mitglieder von Motorsportclubs, Mitglieder von Umweltschutzgruppen) (Rating-Skalen von 1 = sehr gerecht bis 6 = sehr ungerecht)

---

[3] N = 121, 56% Arbeiter, Durchschnittsalter 39.5 Jahre, etwas mehr Frauen.
[4] N = 106, höhere Bildungsabschlüsse leicht überrepräsentiert, Durchschnittsalter 30.7 Jahre, gleich viel Männer und Frauen.

Gerechtigkeitsbewertungen	Recht auf gesunde Umwelt	Rechte, die mit privatem umweltgerechten Verhalten konfligieren	Rechte, die mit umweltgerechten Maßnahmen der Wirtschaft konfligieren	Bewertung des Risikos für die Umwelt	Persönlich erfahrene Umweltbelastung
Gesetzliche Verbote für die Wirtschaft	.53**	-.46**	-.44**	.46**	.15**
Gesetzliche Verbote für die Bürger	.48**	-.66**	-.52**	.56**	.19**
Öko-Besteuerung für die Wirtschaft	.38**	-.37**	-.41**	.40**	.03
Öko-Besteuerung für die Bürger	.40**	-.57**	-.47**	.51**	.09*
Appelle an die Wirtschaft	-.28**	.12**	.11**	-.19**	.06
Appelle an die Bürger	-.26**	.12**	.09*	-.19**	.00

* .01 < p < .05
** p < .01

Tabelle 4: Korrelationen zwischen Rechten, Bewertung des Risikos für die Umwelt, persönlich erfahrener Umweltbelastung und Gerechtigkeitsbewertungen von vier Grundformen der Umweltpolitik (nach Montada & Kals, 1995)

Appelle sind gerecht,	weil sie ökonomische Risiken vermeiden.	3.63
Appelle sind gerecht,	weil sie Eigenverantwortlichkeit respektieren.	3.17
Appelle sind ungerecht,	weil sie ökologische Belastungen nicht vermeiden.	4.82
	weil sie die Verursacher nicht belangen.	5.06
	weil sie zu mehr Ungleichheit führen.	4.81
→ **Effizienz der Appelle**	(1 = völlig ineffizient bis 6 = sehr effizient)	**2.66**
Subventionen sind gerecht,	weil sie ökonomische Risiken vermeiden.	4.80
Subventionen sind gerecht,	... auch für ökonomisch Schwächere.	5.18
Subventionen sind ungerecht,	weil sie ökologische Belastungen nicht vermeiden.	4.45
	weil sie die Verursacher schonen.	4.83
	weil sie die Allgemeinheit belasten.	3.73
→ **Effizienz der Subventionen**		**4.03**
Steuern sind gerecht,	weil sie die Verursacher belasten.	4.90
Steuern sind ungerecht,	weil sie ökonomische Risiken bedeuten.	3.71
	weil sie ökologische Belastungen nicht sicher vermeiden.	4.15
→ **Effizienz der Steuern**		**4.56**
Verbote sind gerecht,	weil sie verbindliche, strafbewehrte Normen setzen.	3.73
	weil sie Gleichheit durchsetzen.	5.13
Verbote sind ungerecht,	weil sie ökonomische Risiken bergen.	4.00
	weil der Staat die Freiheit beschneidet.	3.23
→ **Effizienz der Verbote**		**4.73**

Tabelle 5: Durchschnittliche Beurteilung von Argumenten (Auswahl) für und gegen die Gerechtigkeit von Maßnahmen zur Verringerung des Energieverbrauchs in Unternehmen und zur Verringerung des Güterferntransports durch LKW (nach Scheuthle, 1996) (Skala von 1 = strikte Ablehnung der Aussage bis 6 = volle Zustimmung zur Aussage)

In Tabelle 5 finden sich die durchschnittlichen Bewertungen einer Auswahl von Argumenten für die vier Politikformen zum Zweck der Reduzierung des Energieverbrauchs in Wirtschaftsunternehmen und zum Zwecke der Reduzierung des Güterfernverkehrs mit LKWs (Studie 3).

Das Ergebnisbild belegt, daß die Argumente, die für die Gerechtigkeit von Subventionen, Steuern und Verboten sprechen, höhere Zustimmung erfahren als die Argumente, die für die Gerechtigkeit von Appellen sprechen. Korrespondierend hierzu wird die Gerechtigkeit von Appellen insgesamt geringer bewertet als für die drei anderen Politikformen, was in Übereinstimmung mit Studie 1 ist.

Interessant sind sodann die Gerechtigkeitsbewertungen einzelner Argumente. Appelle und Subventionen werden positiv bewertet, weil sie wirtschaftliche Risiken vermeiden und die Eigenverantwortlichkeit (die Freiheit) nicht antasten. Steuern werden als gerecht angesehen, weil sie die Verursacher von Umweltschädigungen belasten ("Verursacherprinzip"), Verbote, weil sie verbindliche Normen setzen und Gleichheit durchsetzen. Schon in einer vorher durchgeführten Studie (Kals, 1991) mit einer heterogenen Stichprobe (N = 244) fand das Verursacherprinzip deutlich mehr Zustimmung als das Gemeinlastprinzip.

Appelle und Subventionen werden als ungerecht angesehen, weil sie die Verursacher von Umweltschädigungen schonen, außerdem weil sie ökologische Belastungen nicht reduzieren. Appelle werden darüber hinaus als ungerecht angesehen, weil sie zu mehr Ungleichheit führen (die Befolger von Appellen sind gegenüber Nicht-Befolgern im Nachteil), Subventionen, weil sie die Allgemeinheit belasten.

Ökosteuern und Verbote werden als ungerecht angesehen, weil sie ökonomische Risiken bergen (z.B. den Ruin von Unternehmen und den Verlust von Arbeitsplätzen), Steuern zudem, weil sie ökologische Belastungen nicht sicher vermeiden. In anderen Bereichen (z.B. Reduzierung des privaten PKW-Verkehrs in Innenstädten - Studie 4 - kommt das Ungleichheitsargument hinzu: Die Wohlhabenden können sich hohe Parkgebühren leisten). Verbote werden, wenn auch durchschnittlich nicht mit hoher Zustimmung (M = 3.23), auch als ungerecht angesehen, weil der Staat die Freiheit der Bürger beschneidet.

Die Ergebnisse werden durch Studie 4, die die konkreten Probleme der Einschränkung des privaten PKW-Verkehrs in Innenstädten sowie eine Einschränkung des alpinen Skilaufs (mit seinen Konsequenzen für die alpine Natur) behandelt, bestätigt, d.h. dieselben Argumentkategorien für die Bewertung der Gerechtigkeit bzw. Ungerechtigkeit der vier prototypischen Politikformen wurden vorgegeben und recht ähnlich bewertet.

In beiden Studien wurde die Effizienz einer Politik der Appelle deutlich niedriger bewertet wie die der übrigen Politikformen. Gesetzliche Verbote und Besteuerung von Umweltbelastungen wurden als die wirkungsvollste Politik angesehen.

Erwähnt werden sollte noch, daß Engagementbereitschaften (eine Petition unterzeichnen, Mitarbeit in einer Bürgerinitiative) für den Umweltschutz in den angesprochen Bereichen (Reduzierung des LKW-Verkehrs, des privaten Energieverbrauchs, des PKW-Verkehrs in Innenstädten und des alpinen Skisports) mit der Bewertung der Gerechtigkeit der Verbote, Besteuerung und Subventionierung deutlich höher korrelierte als mit der Bewertung der Gerechtigkeit der Appelle. Dies kann so gesehen werden, daß viele Befürworter von Appellen eher Lippenbekenntnisse zum Umweltschutz leisten als sich ernsthaft zu engagieren.

5 Schlußfolgerungen

Aus diesen Befunden läßt sich ersehen, daß sich die Menschen Meinungen bezüglich der Gerechtigkeit der Umweltpolitik und bezüglich der Verteilungen von Nutzen und Kosten/Risiken bilden, die sinnvoll zu interpretierende Zusammenhangsmuster mit einer Vielzahl von Variablen bilden.

In mehreren heterogenen Stichproben überwog die Meinung, die Politik und die Verhältnisse seien nicht gerecht, sondern verbesserungsbedürftig. In Umweltschutzgruppen herrschte diese Meinung erwartungsgemäß vor, aber auch in heterogenen Gelegenheitsstichproben war dies die Mehrheitsmeinung.

Bezüglich der Frage nach Ausreden aus dem Umweltschutz sind die konsistenten Korrelationen mit (bzw. Effekte auf) Bereitschaften zu umweltschützendem Handeln interessant. Wahrgenommene Gerechtigkeit der Umweltpolitik und der sozialen Verhältnisse bezüglich der Vor- und Nachteile durch Umweltbelastungen interferiert mit der Bereitschaft zu Umweltschutz, wahrgenommene Ungerechtigkeit motiviert zu Umweltschutz.

Folglich ist Umweltschutz auch eine Bemühung um Reduzierung von Ungerechtigkeiten und somit ein soziales und moralisches Anliegen (vgl. auch den Beitrag von Eckensberger, Breit & Döring in diesem Band). Dies bestätigt die These, daß Umweltschutz meist nicht durch Eigeninteressen motiviert ist (vgl. auch den entsprechenden Befund in Tab. 4), sondern durch soziale/moralische Verantwortung (Becker, 1998; Kals, 1996b; Montada & Kals, 1995).

Von besonderem politischen Interesse sind die Bewertungen der Grundformen der Umweltschutzpolitik mit der eindeutigen Bevorzugung gesetzlicher Verbote und höherer Besteuerung von Umweltbelastungen vor Subventionen und unverbindlichen Appellen: Sie werden nicht nur als wirkungsvoller, sondern auch als gerechter angesehen. Die empirisch bewerteten Gerechtigkeitsargumente korrespondieren mit theoretischen Analysen.

Eine theoretische Pointe stellt das Ergebnis dar, daß die politisch so beliebten Appelle von der breiten Mehrheit der Teilnehmer dreier Studien als ungerecht gesehen werden. Sie sind nicht nur ungerecht, weil sie keinen wirksamen Umweltschutz darstellen, sondern weil sie neue Ungerechtigkeiten schaffen. Wer den Appellen folgt, ist benachteiligt, wer sie mißachtet, profitiert noch dadurch, daß andere sie befolgen. Wer das erkennt, wird schon aus Gründen der Gerechtigkeit zögern, Appellen zu folgen, selbst Nachteile in Kauf zu nehmen (z.B. nicht mit dem eigenen PKW in die Innenstadt fahren), die den Nicht-Kooperativen Vorteile verschaffen (freie Straßen und Parkplätze).

Andererseits bergen auch die mehrheitlich präferierten Politikformen Probleme. Sie schränken Freiheitsrechte ein und können wirtschaftliche Risiken bedeuten.

Ein im Hinblick auf eine diskursive Klärung politischer Maßnahmen erfreuliches Ergebnis der hier erwähnten Studien ist, daß offensichtlich die meisten Teilnehmer nicht apodiktisch urteilen, sondern offen sind, auch gegensätzliche Argumente aufzunehmen und differenziert zu bewerten. Dies ist notwendig, wenn es um Gerechtigkeit geht und gerechte Lösungen zu suchen sind, denn es gibt nicht die eine, wahre Gerechtigkeit. Statt dessen gibt es immer konfligierende Prinzipien, die alle Geltung beanspruchen dürfen, aber nicht zu einer Lösung konvergieren.

Um einen akzeptablen Lösungskonsens zu finden, ist es gut, wenn alle am Diskurs Beteiligten die Dilemmastruktur von Gerechtigkeitskonflikten erkennen und anerkennen. Auf diesem Konsens über die Dilemmastruktur von Gerechtigkeitskonflikten läßt sich dann ein konkreter Lösungskonsens friedlich finden.

Literatur

Adorno, T.W. (1973). *Gesammelte Schriften. 6. Negative Dialektik. Jargon der Eigentlichkeit.* Frankfurt: Suhrkamp.

Becker, R. (1998). Verantwortlichkeits- und Wertekonflikte bei der Verkehrsmittelwahl. In B. Reichle & M. Schmitt (Hrsg.), *Verantwortung, Gerechtigkeit und Moral* (S. 133-146). Weinheim: Juventa.

Becker, R. & Kals, E. (1997). Verkehrsbezogene Entscheidungen und Urteile: Über die Vorhersage von umwelt- und gesundheitsbezogenen Verbotsforderungen und Verkehrsmittelwahlen. *Zeitschrift für Sozialpsychologie, 28,* 197-209.

Bierbrauer, G., Gottwald, W. & Birnbreier-Stahlberger, B. (Hrsg.). (1995). *Verfahrensgerechtigkeit.* Köln: Dr. Otto Schmidt Verlag.

Bomm, M. (1996). *Wahrgenommene Gerechtigkeit von staatlichen Maßnahmen im Umweltschutz (Privater Bereich).* Unveröffentlichte Diplomarbeit. Trier: Universität Trier, Fachbereich I - Psychologie.

Clayton, S. (1996). What is fair in the environmental debate? In L. Montada & M.J. Lerner (Ed.), *Current societal concerns about justice* (pp. 195-212). New York: Plenum Press.

Cohen, R.L. (1986). Membership, intergroup relations, and justice. In M.J. Lerner & R. Vermunt (Eds.), *Social justice in human relations I* (pp. 239-258). New York: Plenum Press.

Fietkau, H.-J. (1993). Mediationsverfahren im Umweltschutz: Psychologische Ansätze in Forschung und Praxis. *Umweltpsychologische Mitteilungen, 1,* 61-76.

Horwitz, W.A. (1994). Characteristics of environmental ethics: environmental activists' accounts. *Ethics and Behavior, 4,* 345-467.

Kals, E. (1991). *Engagementbereitschaft und Verzichtleistungen zum Schutz der Luftqualität.* Unveröffentlichte Diplomarbeit. Trier: Universität Trier, Fachbereich I - Psychologie.

Kals, E. (1996a). Are proenvironmental commitments motivated by health concerns or by perceived justice? In L. Montada & M.J. Lerner (Eds.), *Current societal concerns about justice* (pp. 231-258). New York: Plenum Press.

Kals, E. (1996b). *Verantwortliches Umweltverhalten.* Weinheim: Psychologie Verlags Union.

Kruse, L. (1995). Globale Umweltveränderungen: Eine Herausforderung an die Psychologie. *Psychologische Rundschau, 46,* 81-92.

Lane, R.E. (1986). Market justice, political justice. *American Political Science Review, 80,* 383-402.

Lind, E.A. & Tyler, T.R. (1988). *The social psychology of procedural justice.* New York: Plenum Press.

Linneweber, V. (1995). Nutzung globaler Ressourcen als Konfliktpotential. *Hamburger Beiträge zur Friedensforschung und Sicherheitspolitik, 92* (4), 37-74.

Löfstedt, R.E. (1993). Lay perspectives concerning global climate change in Vienna, Austria. *Energy and Environment, 4,* 140-154.

Meyer-Abich, K.M. (1990). *Aufstand für die Natur: von der Umwelt zur Mitwelt.* München: Hanser.

Montada, L. (1991). Life stress, injustice, and the question "Who is responsible?". In H. Steensma & R. Vermunt (Eds.), *Social justice in human relations* (Vol. 2, pp. 9-30). New York: Plenum Press.

Montada, L. (1997). Psychologische Grenzziehungen als Begrenzung der subjektiven und sozialen Geltung von Moral und Gerechtigkeit. In W. Lütterfelds & T. Mohrs (Hrsg.), *Eine Welt - eine Moral?* (S. 36-59). Darmstadt: Wissenschaftliche Buchgesellschaft.

Montada, L. (1998). Justice: Just a rational choice. *Social Justice Research, 11,* 81-101.

Montada, L. & Kals, E. (1995). Perceived justice of ecological policy and proenvironmental commitments. *Social Justice Research, 8,* 305-327.

Moschner, B. (1998). Ehrenamtliches Engagement und soziale Verantwortung. In B. Reichle & M. Schmitt (Hrsg.), *Verantwortung, Gerechtigkeit und Moral* (S. 73-86). Weinheim: Juventa.

Nozick, R. (1974). *Anarchy, state, and utopia*. New York: Basic Books.

Opotow, S. (1996). Is justice finite? The case of environmental inclusion. In L. Montada & M.J. Lerner (Eds.), *Current societal concerns about justice* (pp. 213-230). New York: Plenum Press.

Opotow, S. & Clayton, S. (Eds.). (1994). Green justice: Conceptions of fairness and the natural world. *Journal of Social Issues, 50*, No. 3.

Panther, S. (1991). Zivilrecht und Umweltschutz. In C. Ott & H.-B. Schäfer (Hrsg.), *Ökonomische Probleme des Zivilrechts* (S. 267-282). Berlin: Springer.

Pawlik, K. (1991). The psychology of global environmental change: Some basic data and an agenda for cooperative international research. *International Journal of Psychology, 26*, 547-563.

Rawls, J. (1971). *A theory of justice*. Cambridge: Belknap.

Renn, O., Webler, T. & Wiedemann, P. (Eds.). (1995). *Fairness and competence in citizen participation. Evaluating new models for environmental discourse*. Dordrecht: Kluwer.

Ritterfeld, U. & Linneweber, V. (1997). *Rechtfertigungen im sozialen Kontext: Ökologische versus diskursive Normverstöße*. Unveröffentlichtes Manuskript. Magdeburg: Universität Magdeburg, Fakultät für Geistes-, Sozial- und Erziehungswissenschaften, Institut für Psychologie.

Russell, Y. (1997). *Verantwortungs- und Gerechtigkeitsmotive von Handlungsbereitschaften zur Risikominderung des Treibhauseffektes*. Unveröffentlichte Diplomarbeit. Trier: Universität Trier, Fachbereich I - Psychologie.

Schahn, J. (1993). Die Rolle von Entschuldigungen und Rechtfertigungen für umweltschädigendes Verhalten. In J. Schahn & T. Giesinger (Hrsg.), *Psychologie für den Umweltschutz* (S. 51-61). Weinheim: Psychologie Verlags Union.

Scheuthle, H. (1996). *Wahrgenommene Gerechtigkeit von staatlichen Umweltschutzmaßnahmen im wirtschaftlichen Bereich*. Unveröffentlichte Diplomarbeit. Trier: Universität Trier, Fachbereich I - Psychologie.

Semin, G.R. & Manstead, A.S.R. (1983). *The accountability of conduct. A social psychological analysis*. New York: Academic Press.

Shklar, J. (1990). *The faces of injustice*. New Haven: Yale University Press.

Syme, G. & Nancarrow, B. (1992). Perceptions of fairness and social justice in the allocation of water rescources in Australia. *CSIRO Consultancy Report*, No. 92/38. Perth: CSIRO.

Tedeschi, J.T. & Riess, M. (1981). Verbal strategies in impression management. In C. Antaki (Ed.), *The psychology of ordinary explanations of social behaviour* (pp. 271-309). London: Academic Press.

Fairneß in Partizipationsverfahren zur Umweltgestaltung

Ortwin Renn

1 Einleitung

Eines der wesentlichen Motive, Bürger und Bürgerinnen an kollektiv verbindlichen Entscheidungen über ihre Lebenswelt mitwirken zu lassen, ist der Wunsch nach fairer Repräsentation von Betroffenen. Der Begriff der Fairneß wird dabei in zwei unterschiedlichen Anwendungsformen benutzt: Auf der einen Seite als *prozedurale Fairneß,* die sicherstellen soll, daß alle von einer Entscheidung betroffenen Personen in gerechter Weise an der Entscheidungsfindung beteiligt sind, und auf der anderen Seite als *substantielle Fairneß,* die sicherstellen soll, daß die Aufteilungsregel von Ressourcen und Lasten bzw. Chancen und Risiken, die mit den Entscheidungsfolgen verbunden sind, nach einem nachvollziehbar gerechten Schlüssel erfolgt (vgl. Linnerooth & Fitzgerald, 1996; vgl. auch den Beitrag von Montada in diesem Band). Beide Seiten der Fairneß werden in Partizipationsverfahren manifest: Die prozedurale Fairneß drückt sich in der Auswahl der Teilnehmer sowie in den Regeln der Gesprächsführung und Entscheidungsfindung aus, die substantielle Fairneß in der Wahl der Entscheidungsoptionen und der Begründungslogik für Verteilungsnormen.

In modernen pluralistischen Gesellschaften mit einer Vielzahl konkurrierender Verteilungsnormen steht meist der prozedurale Aspekt der Fairneß im Vordergrund des Interesses. Eine Reihe von Soziologen und Politikwissenschaftlern, vor allem Niklas Luhmann und andere Systemtheoretiker aus der Bielefelder Schule, sehen in der Gewährleistung prozeduraler Fairneß die einzige Chance, allgemeinverbindliche Gerechtigkeitspostulate aufzustellen (vgl. vor allem Luhmann, 1983, S. 32ff. und Vollmer, 1996, S. 149ff.). Die Entscheidungsfindung erfolgt nach Anhörung aller relevanten Standpunkte mit Hilfe formaler Entscheidungsregeln, die von allen als verbindlich akzeptiert werden (etwa Mehrheitswahlrecht). Sind die Regeln alle eingehalten worden, ist eine Entscheidung allgemein verpflichtend und verbindlich, gleichgültig ob der Inhalt der Entscheidung im einzelnen begründet wurde oder ob die betroffenen Bürger die Entscheidung nachvollziehen können. Fairneß wird also nicht mehr auf der Basis substantieller Argumente definiert, sondern wird prozessual als Chancengleichheit bei der Entscheidungsfindung (etwa alle Teilnehmer haben eine Stimme zu vergeben) verstanden. Diese Auffassung von Fairneß wird mit dem Stichwort "Legitimation durch Verfahren" gekennzeichnet (Luhmann, 1983). Legitimation bedeutet in diesem Kontext, daß die kollektiv verbindlichen Vorschriften auch für diejenigen, die nicht am Entscheidungsprozeß teilgenommen haben, nachvollzogen und im Sinne einer Selbstverpflichtung angenommen werden (Münch, 1982, S. 267).

Demgegenüber sind Vertreter der Frankfurter Schule der Überzeugung, daß mit Hilfe der kommunikativen Rationalität argumentative Begründungen für unterschiedliche Verteilungsoptionen intersubjektiv verbindlich abgeleitet und festgelegt werden können (vgl. vor allem Habermas, 1971, S. 101ff., 1991, S. 68ff.; Renn & Webler, 1998, S. 48ff.). Im kommunikativen Austausch der pluralen Rationalitäten, so die These von Habermas (1981, Bd. 1), kann sich eine Meta-Rationalität für die Begründung und inhaltliche Festlegung von gerechter Verteilung herausbilden. Im Prinzip ist die Rechtfertigung von kollektiv verbindlichen Verteilungsnormen an zwei Bedingungen geknüpft: Zustimmung aller Beteiligten und substantielle Begründung der im Diskurs gemachten Aussagen (Habermas, 1981, Bd. 1, S. 369ff.).

Im folgenden möchte ich genauer herausarbeiten, welche Bedingungen und Forderungen partizipative Verfahren erfüllen müssen, um den Postulaten der prozeduralen und substantiellen Fairneß gerecht zu werden. Das nächste Kapitel widmet sich dem Thema der prozeduralen Fairneß. Dabei möchte ich zeigen, daß die Einhaltung der Regeln für prozedurale Fairneß alleine nicht ausreicht, um substantielle Fairneß zu gewährleisten. Der Rückzug auf Legitimation durch Verfahren kann meiner Ansicht nach den mit der substantiellen Fairneß verbundenen Anspruch auf Legitimität nicht einlösen (Renn, Webler & Kastenholz, 1996). Aus diesem Grunde werde ich nach der Behandlung der prozeduralen Fairneß einige Grundprinzipien der substantiellen Fairneß behandeln, um mich dann den diskursiven Verfahren zuzuwenden, mit deren Hilfe die Anforderungen an die prozedurale wie auch substantielle Fairneß eingelöst werden können. Zum Schluß werde ich einige Hinweise zur Struktur geeigneter Diskursverfahren geben und das Modell des kooperativen Diskurses kurz vorstellen.

2 Prozedurale Fairneß

Unter dem Begriff der prozeduralen Fairneß soll hier ein Verfahren der Entscheidungsfindung verstanden werden, das von allen Beteiligten als fair in bezug auf die Mitwirkungsrechte angesehen wird. Nach diesem Verständnis ist prozedurale Fairneß weitgehend von der Geltung formaler Mitwirkungsrechte und der subjektiven Bewertung dieser Rechte abhängig. In Extremfällen kann auch die einsame Entscheidung eines Diktators diesem Kriterium genügen, sofern er das ungeteilte Vertrauen aller seiner Untertanen genießt. In modernen demokratischen Gesellschaften ist prozedurale Fairneß aber an die repräsentative Beschlußfassung im Rahmen rechtlich vorgegebener Entscheidungsstrukturen oder an die direkte Partizipation von den Menschen, die mit den Entscheidungsfolgen leben müssen, gebunden.

Damit ein solches Verfahren das Attribut "fair" erhalten kann, muß es notwendigerweise von allen an der Entscheidung Beteiligten und von ihr Betroffenen als legitim akzeptiert sein. Unter welchen Umständen ist dies der Fall? Wann erscheinen Entscheidungsverfahren in demokratisch-pluralistischen Gesellschaften als legitim, in dem Sinne, daß alle betroffenen Personen dem Verfahren zustimmen können?

Immer wieder wird bei der Beantwortung dieser Frage auf das Mehrheitsprinzip hingewiesen (vgl. dazu Dettling, 1974, S. 74ff.; Mohr, 1996, S. 14ff.; Übersicht in Eckert, 1970). Sind es nicht die gewählten Volksvertreter, die durch eine klare Mehrheitsregel beschließen, welche Optionen verfolgt werden sollen? Ist damit nicht dem Postulat der prozeduralen Fairneß Genüge geleistet? Würde Betroffenheitsdemokratie nicht zu einer Aufweichung der repräsentativen Demokratie führen? Viele sind geneigt, diese beiden Fragen mit "Ja" zu beantworten. Damit sind aber meines Erachtens die Prinzipien demokratischer Willensbildung verkannt, wenn nicht sogar verletzt.

Die beiden Grundprinzipien der liberal-demokratischen Grundordnung sind die Souveränität des Individuums, im Rahmen der politischen Ordnung die eigenen Präferenzen ausleben zu können, und die Gleichstellung aller Individuen bei der Bestimmung kollektiv verbindlichen Handelns auf der Basis konsensfähiger Normen und aushandelbarer kollektiver Präferenzen bzw. Interessen (Dahl, 1989, S. 83ff.; Rosenbaum, 1978; Sclove, 1995; Zilleßen, 1993, S. 18). Sofern Handlungen von Individuen keine Auswirkungen auf andere Individuen haben oder diese direkt den Handlungen zustimmen (etwa durch einen Vertrag oder Tausch), ist es allein die Aufgabe kollektiver Institutionen, die Spielregeln von Vertrag und Tausch zu überwachen und die Chancengleichheit der am Tausch beteiligten Personen sicherzustellen. Weder die Mehrheit des Parlamentes noch die Mehrheit des Volkes hat das Recht, der Minderheit Optionen aufzuzwingen, die von den Vertretern dieser Minderheit nicht gewollt werden (Bacharach, 1967, S. 3; Dahl, 1989, S. 107ff.). Würde man an diesem Prinzip rütteln, dann gäbe es keine Privatautonomie, Gemeindeautonomie, keinen Föderalismus und keinen Minderheitenschutz mehr (Seiler, 1991, S. 5-18).

Anders sieht es bei Handlungen von Individuen oder Gruppen aus, die Auswirkungen auf andere haben. In diesem Falle muß sichergestellt werden, daß die von den Auswirkungen betroffenen Gruppen in ihren eigenen Rechten und Präferenzen nicht eingeschränkt werden. Im Idealfall geschieht dies durch explizite Zustimmung (Fiorino, 1990; Shrader-Frechette, 1990, S. 24). Häufig ist aber der Kreis der Betroffenen nicht eindeutig bestimmbar oder es klafft eine Schere zwischen dem Kreis der Nutznießer und der Risikoträger. Je diffuser die Betroffenheit, desto bedeutsamer sind repräsentative Entscheidungsgremien, die quasi als Ersatz für die fehlende Bestimmbarkeit der Betroffenen Wünschbarkeit beurteilen sollen. Darüber hinaus gibt es noch kollektive Güter, wie Sicherheit und saubere Umwelt, die alle Bürger gleichzeitig betreffen und die von daher kollektiv geregelt werden müssen (vgl. Brooms, 1982).

Politische Entscheidungsoptionen mit Hilfe repräsentativer Gremien zu bewerten und auszuwählen, bedeutet also nicht die Erfüllung demokratischer Grundsätze, sondern stellt vielmehr eine pragmatische Lösung dar, die sich aufgrund unübersichtlicher Betroffenheitsverhältnisse, zeitlicher und örtlicher Grenzen direkter Mitwirkung und konkurrierender Aufgaben, die Mitglieder einer Sozialgemeinschaft zu erfüllen haben, ergibt. Dennoch ist gerade in Situationen, in denen Entscheidungen weitreichende Folgen für die Gestaltung der eigenen Lebenswelt in abgrenzbaren Regionen haben, das Repräsentationssystem oft überfordert. Die von den Entscheidungen betroffenen Menschen sehen weder ihre eigenen Interessen in den Entscheidungsgremien widergespiegelt, noch erkennen oder anerkennen sie die Gründe, die zu der Wahl der einmal getroffenen Entscheidungsoption geführt haben. Die vielfach beschworene Politikverdrossenheit ist dabei zweifach motiviert: zum einen durch den fehlenden Nachvollzug der Begründungen für die einmal getroffene Wahl aus dem Kranz der möglichen Optionen; zum anderen durch die wahrgenommene Distanz zwischen den Polen Expertentum und Politik auf der einen sowie dem eigenen Wissen und dem vorherrschenden Wertegefühl auf der anderen Seite. Die Verdrossenheit drückt sich vor allem bei Standortentscheidungen in vehementen Protesten gegen repräsentativ getroffene Beschlüsse aus (Frey & Oberholzer-Gee, 1996). Warum gerade ihr Ort für eine "unerwünschte" Anlage ausgewählt wurde, ist den meisten Menschen in dem jeweiligen Ort schwer plausibel zu machen und gibt Anlaß für mancherlei ad hoc Erklärungen, die meist in Verschwörungstheorien enden.

In dieser Situation sind neue Verfahren, die auch von den betroffenen Bürgern als legitim und fair angesehen werden, gefordert (vgl. dazu auch den Beitrag von Lehwald & Billig in diesem Band). Dabei sind beide Komponenten, die Einbindung von betroffenen Personen in den Prozeß der Entscheidungsfindung und die Legitimierung der Entscheidungen vor den Nichtbeteiligten, untrennbar miteinander verbunden (Burns & Überhorst, 1988). Eine nur auf nachträgliche Legitimation hin ausgerichtete Politik, bei der die Optionen allein durch repräsentative Gremien festgelegt und dann der Öffentlichkeit durch PR-Programme zur Akzeptanzbeschaffung nahegelegt werden, verfehlt ebenso ihr Ziel wie eine Politik, die ganz auf partizipativ zustandegekommene Entscheidungen setzt, ohne aber auf eine Breitenwirkung dieser Verfahren in die Bevölkerung hinein zu achten. Gleichzeitig gilt es, den bestmöglichen Sachverstand über zu erwartende Folgen und Nebenfolgen in die Beratungen einzubeziehen und dies in einer Form, die eine effektive und effiziente Problemlösung erwarten läßt. Wie diese Forderungen im einzelnen umgesetzt werden können, wird später noch ausführlich dargelegt werden.

Wann sind direkte partizipative Verfahren besonders gefragt? In Situationen, in denen Entscheidungen zu fühlbaren Ungleichgewichten zwischen Nutznießern und Risikoträgern führen (also eine Abweichung vom Prinzip der Gleichverteilung), in denen die Folgen der Entscheidungen auch unter Experten umstritten sind und in denen zentrale Werte oder Präferenzen von Betroffenen verletzt werden, ist die Legitimation durch Repräsentanz unzureichend (Fiorino, 1989). Diese Voraussetzungen sind vor allem bei umweltpolitischen Entscheidungen häufig gegeben. Treffen die Voraussetzungen zu, dann ist es notwendig und sinnvoll, die betroffene Bevölkerung direkt an der Entscheidung zu beteiligen. Dadurch kann nämlich sichergestellt werden, daß kollektive Entscheidungen die Präferenzen der Bürger adäquat widerspiegeln und eine Rückkopplung zwischen staatlichem Handeln und Bürgerwillen stattfindet (Reagan & Fedor-Thurman, 1987, S. 108). Vor allem im kommunalen und regionalen Bereich ist es notwendig, zwischen den Interessen der Allgemeinheit und den besonderen Interessen einer Gemeinde einen Ausgleich durch Partizipation zu schaffen (Rosenbaum, 1978, S. 45; allgemein Pateman, 1970). Damit werden repräsentative Verfahren der Beschlußfassung über kollektiv verbindliche Maßnahmen nicht überflüssig. Sie sind vielmehr als Endpunkte eines mehrstufigen Entscheidungsprozesses sinnvoll, um im Anschluß an die Erörterung und Abwägung aller Argumente durch die betroffenen Bürger die verbleibenden Dissense aufzulösen und im Sinne der Mehrheit der Bevölkerung diejenige Option zu wählen, mit der die Mehrheit am ehesten leben kann (Renn, 1996; Webler, 1995). Diesen letzten Schritt der Legitimation kann man, wie etwa in der Schweiz üblich, auch durch Referenden vollziehen. Problematisch sind dagegen Lösungsansätze, die allein auf Referenden oder Volksbegehren setzen, weil dann die Argumente für die eine oder andere Lösung unerkannt bleiben und sich das Abstimmungsverhalten meist nach den wahrgenommenen Urteilen von sozialen Referenzgruppen oder emotionalen Grundbefindlichkeiten richtet (Lindner, 1990, S. 154ff.).

Die Quintessenz dieser - zugegebenermaßen nur kursorischen - Überlegungen zu den Grundlagen demokratischer Gesellschaftsordnungen lautet: Moderne Gesellschaften brauchen mehr denn je partizipativ angelegte Verfahren der Entscheidungsfindung, in denen betroffene Bürger die Gelegenheit erhalten, in einem Klima gegenseitiger Gleichberechtigung, der Anerkennung von Sachwissen sowie des Respekts vor der Legitimität unterschiedlicher Wertesysteme und Präferenzen, Handlungsoptionen zu diskutieren, die damit verbundenen Folgen und Implikationen zu bewerten und auf dieser Basis Empfehlungen für repräsentative Gremien und/oder für ihre Mitbürger zu formulieren. Die moderne Gesellschaft braucht demnach keinen Ersatz für ihre repräsentativen Gremien, sondern sie benötigt vielmehr eine Funktionsbereicherung durch direkte Bürgerbeteiligung, die den repräsentativen Gremien wiederum Legitimation verschafft (vgl. auch Weidner, 1995).

Betroffene in den Prozeß der Entscheidungsfindung einzubeziehen, ist also eine Bedingung für prozedurale Fairneß in modernen pluralistischen Demokratien. Sind die betroffenen Menschen nicht mehr davon überzeugt, daß die bestehenden Verfahren dem Anspruch auf prozedurale Fairneß gerecht werden, ist nicht nur mit Akzeptanzverweigerung zu rechnen, die mangelnde prozedurale Fairneß wird sich auch in der Ablehnung der im Prozeß gefundenen Lösungen zur Erfüllung der substantiellen Fairneß niederschlagen (Renn & Zwick, 1997, S. 127ff.).

3 Der Zusammenhang von prozeduraler und substantieller Fairneß

Wenn wir einmal davon ausgehen, daß die Anforderungen an die prozedurale Fairneß erfüllt wären und alle von der Entscheidung betroffenen Menschen das Entscheidungsverfahren im Prinzip als legitim ansähen, dann sollte das Gebot der substantiellen Fairneß kein Problem sein, sofern man der These von der Legitimationskraft des Verfahrens Glauben schenkt. Denn was immer die Teilnehmer an diesem partizipativen Verfahren unter substantieller Fairneß verstehen bzw. untereinander aushandeln, wird sich aufgrund der Legitimität des Verfahrens auch durchsetzen lassen. Gegen diese Vorstellung sprechen aber zwei wichtige Argumente:

1. *Jedes Verfahren zur Verteilung von Ansprüchen oder Belastungen setzt eine ex-ante Bewertung der Ausgangslage voraus:* Die Frage einer fairen Verteilung ist nicht nur von der ausgehandelten Verteilungsregelung abhängig, sondern auch von der Bewertung der Ausgangssituation und der Zahl bzw. der Qualität der verhandlungsfähigen Optionen. Die überwiegende Zahl der auf ökonomische Ansätze zurückgehenden Verteilungsnormen fußt auf der Anwendung des Pareto-

Optimalitätsprinzips: Niemand darf durch eine Veränderung schlechter gestellt sein als vorher. Damit wird die Verteilungssituation des Status quo nicht weiter problematisiert. War die Verteilung in der Vergangenheit grob ungerecht (wie auch immer gemessen), dann wird auch die Verteilung von zusätzlichen Gütern oder Lasten nach dem Pareto-Kriterium wenig zur Behebung dieser Ungerechtigkeit beitragen, denn die Fortschreibung des alten Zustandes, ja selbst die Erweiterung der Kluft zwischen arm und reich könnte dem Pareto-Kriterium entsprechen, sofern niemand einen Verlust erleidet. Würden etwa in einem Land die reichsten Bürger noch reicher werden, ohne daß die Armen ärmer, aber auch nicht reicher würden, dann wäre das Pareto-Kriterium erfüllt (Merkhofer, 1984, S. 188). Dennoch würde eine solche Verteilungspolitik von den meisten als ungerecht empfunden, vor allem dann, wenn die Armen an der Erwirtschaftung des gesellschaftlichen Reichtums, der zur Verteilung ansteht, selbst mitgewirkt haben. In gleicher Weise kann durch die Zahl und Qualität der Entscheidungsoptionen eine bereits bestehende Ungerechtigkeit verstärkt oder fortgeschrieben werden: Da in den meisten Entscheidungsverfahren die Vergangenheit nicht mehr zur Disposition steht bzw. nicht mehr korrigiert werden kann und auch die Zahl und Art der Optionen eingeschränkt sind, werden schon durch die Strukturierung des Entscheidungsprozesses vorab wichtige Festlegungen für substantielle Fairneß getroffen. Die vereinbarte "Fallback"-Position (was geschieht ohne Einigung?) sowie die Auswahl der Optionen sind meist kein Verhandlungsgegenstand in einem partizipativen Diskurs und können bestenfalls retroaktiv bestätigt oder abgelehnt werden.

Diese Problematik läßt sich gut an der Frage erläutern, was geschehen soll, wenn sich die Teilnehmer eines Entscheidungsdiskurses nicht einigen. Über diese Frage können sie selbst im Diskurs kaum entscheiden, sondern sie wird in der Regel durch die Rahmenbedingungen des Partizipationsverfahrens festgelegt. In den meisten Fällen sehen die Rahmenbedingungen vor, daß es beim Status Quo bleibt, wenn es zu keiner Einigung kommt (wie dies das Pareto-Kriterium nahelegt). Begünstigt der Status Quo aber bestimmte Gruppen, werden diese wahrscheinlich alles daransetzen, um eine Einigung zu verhindern. Unter diesen Umständen kann das Entscheidungsverfahren noch so fair in der Vorgehensweise sein, es wird dem Anspruch der substantiellen Fairneß nicht gerecht werden können.

Im Rahmen unserer praktischen Diskursverfahren im Umweltbereich versuchen wir, so weit möglich die Gleichverteilung von Ressourcen als "Fallback-Position" anzustreben (Renn et al., 1996). Beispielsweise haben wir bei einer Deponiesuche im Kanton Aargau den beteiligten Gemeinden mitgeteilt, daß bei einer fehlenden Einigung untereinander jede Gemeinde ihren eigenen Müll auf eigenem Gebiet entsorgen müsse (Webler, 1994). Die Rückkehr zum Status Quo hätte bedeutet, daß zwei bestehende Deponien weiterhin den Abfall der ganzen Region hätten aufnehmen müssen. Weil dies vielen Gemeinden verständlicherweise entgegengekommen wäre, hätten sie alles unternommen, um eine Einigung zu verhindern. Insofern ist bereits die Strukturierung des partizipativen Ansatzes mit einer Vorentscheidung über Inhalte der substantiellen Fairneß verbunden.

2. Da nicht alle betroffenen Menschen an einer Entscheidung über Verteilungsfragen teilnehmen können, muß auch ein konsensual getroffener Beschluß der am

Prozeß teilnehmenden Personen nach außen hin inhaltlich begründet werden. Die Tatsache der konsensualen Entscheidungsfindung reicht zur Legitimation nicht aus. In dem Ansatz "Legitimation durch Verfahren" bedeutet Konsens, daß alle Verteilungslösungen gerechtfertigt sind, die von den Betroffenen oder deren Treuhänder gebilligt wurden. Eine explizite Begründung für substantielle Fairneß ist dabei nicht notwendig, sofern alle Beteiligten zustimmen oder sie einem Entscheidungsgremium diese Vollmacht übergeben haben. Eine solche Zustimmung impliziert ja, daß jeder Teilnehmer für sich eine Begründung gefunden hat, die er aber nicht vor anderen rechtfertigen muß.

Was bedeutet die Anwendung einer rein konsensualen Begründung für die Legitimationskraft von Verteilungsnormen? Außenstehende, die am Diskurs nicht teilgenommen haben, erhalten die Botschaft, daß alle relevanten Gruppen der jeweiligen Verteilungsnorm - aus guten, aber unbekannten Gründen - zugestimmt haben. Sofern man sich selbst durch eine der Gruppen in seinen Interessen und Werten vertreten fühlt, ist man bei dieser Vorgehensweise darauf angewiesen, den am Prozeß beteiligten Gruppenvertretern Vertrauen zu schenken und ihnen einfach zu glauben, daß sie wohl gute Gründe gehabt haben müssen, dem gemeinsam gefundenen Verteilungsschlüssel zuzustimmen. Nur über Vertrauen und Delegation kann also in diesem Falle Legitimation erreicht werden.

So elegant diese Lösung auf den ersten Blick erscheint, sie hat weitreichende Probleme. Zum einen bleibt dem Außenstehenden immer verborgen, ob die Zustimmung der jeweiligen Bezugsgruppe wirklich aus Einsicht erfolgt ist oder ob sie durch situativen Gruppendruck oder durch einfache Ermüdungserscheinungen zustande kam (Saretzki, 1996, S. 20ff.). Semantische Ungenauigkeiten und strategisch motivierte Gewichtungen von Bewertungskriterien tun ihr übriges, um den Eindruck zu hinterlassen, daß weniger das bessere Argument als vielmehr die bessere Rhetorik, das bessere strategische Geschick und das forschere Auftreten für die gewählten Verteilungsschlüssel ausschlaggebend waren. Schließlich ist die moderne Gesellschaft nicht nur durch einen Vertrauensentzug in die politischen Eliten, sondern auch in subpolitische Delegationssysteme (etwa Gewerkschaften, Kirchen, Unternehmer, Naturschutzgruppen) gekennzeichnet (Beck, 1991). Eine formale Zustimmung der Bezugsgruppen ohne explizite Begründung wird auf Dauer ähnlich wie bei den Gremien der offiziellen Politik auf Mißtrauen und ein Legitimationsdefizit stoßen. Langfristig akzeptabel erscheint nur eine Lösung, bei der nicht nur die Betroffenen formal eingebunden, sondern die getroffenen Einigungsergebnisse auch für Außenstehende nachvollziehbar begründet werden (Chambers, 1992, S. 172).

Beide Bedingungen gleichzeitig zu erfüllen, setzt eine Form der Beratung voraus, bei der die Teilnehmer gezwungen werden, alle Bewertungen vor den anderen zu begründen und nach allgemein anerkannten Regeln für Geltungsansprüche zu überprüfen. Im Diskurs muß also Verständigung darüber erzielt werden, welche Verteilungsregeln aus welchen Gründen ausgewählt und wie sie auf die verschiedenen Handlungsoptionen bezogen werden. Erst wenn alle Gruppen ihre Gründe dargelegt und verteidigt haben, kann in einem gemeinsamen Diskussionsprozeß (konsensual) entschieden werden, ob und inwieweit der vorgeschlagene Verteilungsschlüssel Eingang in den gemeinsamen Beschluß findet.

Wie ist aber eine Einigung herbeizuführen? Gibt es denn überhaupt Meta-Kriterien, die für alle Gruppen in gleicher Weise verbindlich sein können und die auch von allen als solche akzeptiert werden? Damit ist die Frage nach den Bestandteilen bzw. Elementen der substantiellen Fairneß und den Möglichkeiten ihrer ethischen Begründung angesprochen, die nachfolgend behandelt wird.

4 Substantielle Fairneß: Gerechtigkeitspostulate

Was versteht man unter substantieller Fairneß oder Verteilungsgerechtigkeit? Nach Young (1993) können drei Kategorien von Verteilungsprinzipien nach dem Grad ihrer Allgemeingültigkeit unterschieden werden. In die erste Kategorie fallen normative Prinzipien, die von philosophischen Theorien abstammen und einen universellen Anspruch formulieren, wie Güter verteilt werden sollen. Die zweite Kategorie umfaßt Prinzipien, die auf bestimmte Situationen zugeschnitten sind. Ebenso wie die universellen Prinzipien besitzen diese rein normativen Charakter, sind aber auf spezifische Verteilungsprobleme beschränkt. Der dritten Kategorie werden Prinzipien zugeordnet, die strikt nach empirischen Gesichtspunkten erarbeitet wurden und aus der Untersuchung konkreter Verteilungspraktiken hervorgegangen sind. Diese umfassen oft Aspekte der beiden ersten Prinzipien, sind aber in der Regel komplexer und berücksichtigen Abwägungen zwischen vielen verschiedenen Gesichtspunkten.

Zunächst einige wenige Erklärungen zu den prinzipiellen Gerechtigkeitsprinzipien (Übersicht in Schild & Wilhelm, 1993): Normative Gerechtigkeitsprinzipien mit Universalcharakter sind in der Philosophie weit verbreitet. Im Rahmen dieses Artikels sollen lediglich drei Begründungsmuster kurz vorgestellt werden: die von Aristoteles, Bentham und Rawls. Das älteste und prominenteste Beispiel ist Aristoteles' Proportionalitätsprinzip, das besagt, daß Güter/Lasten dem einzelnen proportional zu dessen Beitrag zugeteilt werden sollen (Aristoteles, 1969). Diese Idee ist von zwei Prämissen abhängig: Erstens muß der Beitrag des einzelnen quantifizierbar und zweitens muß das Gut/die Last teilbar sein. Die Anwendung dieses allgemeinen Grundsatzes liefert beispielsweise bei den meisten Umweltproblemen keine überzeugende Lösung des Problems, da die mit Umweltveränderungen verbundenen Risiken nicht teilbar sind und häufig die Verursacher nicht eindeutig identifiziert werden können. Allerdings hat der Proportionalitätsgedanke von Aristoteles die modernen Gerechtigkeitstheorien stark beeinflußt und auch die Setzung von Rechtsnormen, etwa das Verursacherprinzip im Umweltschutz, inspiriert.

Benthams klassischer Utilitarismus erklärt die Maximierung des Gesamtwohls zum obersten Prinzip des gesellschaftlichen Handelns (Bentham, 1910). Nicht mehr der Beitrag des einzelnen, sondern sein Wohlbefinden, sein Nutzen, den er aus einer bestimmten Problemlösung zieht, ist die entscheidende Größe für die Distribution von Gütern. Wer den größeren Nutzen von einer Regelung hat, soll bevorzugt werden, da auf diese Weise bei der Aggregation der individuellen Gewinne ein höheres Gesamtwohl resultiert. Dieses Prinzip begegnet erstens der Schwierigkeit, individuelles Wohlbefinden intersubjektiv vergleichen zu müssen (Frage nach der Aggregierungsregel für individuellen Nutzen und Schaden), und zweitens ist es auch moralisch wenig überzeugend, einer Minderheit großen Schaden zum Nutzen der Mehrheit zuzufügen. In modernen Versionen des Utilitarismus wird der individuelle Nutzen nicht mehr einfach zu einem Gesamtnutzen zusammengefaßt, sondern jeder einzelne Nutzenempfänger darf durch eine Veränderung der Bedingungen (etwa Umweltveränderung) nicht schlechter gestellt werden als vor der Veränderung (Akademie der Wissenschaften zu Berlin, 1992, S. 368ff.). Damit sind wir wieder bei dem schon erwähnten Pareto-Kriterium (vgl. Abschnitt 3).

Werden dennoch einzelne Menschen schlechter gestellt, so müssen die Nutznießer die Geschädigten so weit kompensieren, daß zumindest eine Indifferenz zwischen der Situation vor und nach der Veränderung eintritt (Kaldor-Hicks-Kriterium). Auch diese Verteilungsformel hat, wie oben bereits angesprochen, ihre Tücken: Denn sie geht davon aus, daß der Status Quo in der Verteilung als Ausgangslage akzeptiert wird. Ist aber die Ausgangsverteilung schon ungerecht, dann kann durch eine pareto-optimale Veränderung dieser Zustand weiter zementiert werden (Renn & Webler, 1996). Einige Ökonomen haben deshalb ein sogenanntes Super-Fairneß-Konzept entwickelt, bei dem nur dann eine Verteilung von Gütern als gerecht empfunden wird, wenn kein Teilnehmer an der Verteilung mit irgend einem anderen Teilnehmer tauschen möchte (Baumol, 1986; empirisch Keller & Sarin, 1988).

Eine Verteilungstheorie, die von der Vertragsseite her dem Super-Fairneß-Gedanken nahekommt, wurde in den 70er Jahren von John Rawls entwickelt (Rawls, 1971). Eine Beschreibung in wenigen Sätzen kann seiner Theory of Justice nicht gerecht werden, trotzdem läßt sich das zentrale verteilungstheoretische Prinzip vereinfachend folgendermaßen darstellen: Alle sozialen Werte sind gleichmäßig zu verteilen, soweit nicht eine ungleiche Verteilung jedermann zum Vorteil gereicht. Ungleichheiten sind nur dann erlaubt, wenn die besseren Aussichten der Begünstigten zur Verbesserung der Aussichten der am wenigsten begünstigten Gesellschaftsmitglieder beitragen (MAXIMIN oder difference principle). Die soziale Stellung von Personen wird gemäß einer Liste von Grundgütern bemessen, die nicht allein finanzieller Art sind, sondern auch Faktoren wie Macht, soziale (Aufstiegs-)Möglichkeiten und Selbstachtung beinhalten (Kersting, 1993). Rawls eliminiert die fragwürdige utilitaristische Benachteiligung einzelner und versucht, die soziale Wohlfahrt mindestens teilweise mittels beobachtbarer Größen zu beschreiben. Seine Lösung des Verteilungsproblems läßt sich in den einfachen Satz kleiden: Wähle die Variante aus, bei der auch die von der Entscheidung am meisten Benachteiligten in einer Gesellschaft zustimmen können (Rawls, 1974).

In den von uns organisierten Diskursverfahren zur Umweltgestaltung haben wir deshalb die Regel aufgestellt, daß eine Gleichverteilung von Ressourcen oder Pflichten (bzw. Lasten) als Ausgangssituation akzeptiert wird und von daher nicht begründungspflichtig ist (Renn et al., 1996). Jede Abweichung von der Gleichverteilung ist dagegen begründungspflichtig, wobei die universellen Prinzipien der Verteilungsgerechtigkeit hier wenig hilfreich sind. Denn viele Fragen, die im Kontext konkreter Verteilungsfragen entstehen, bleiben bei den universellen Theorien sozialer Gerechtigkeit ausgeklammert oder unbeantwortet. Wie sind beispielsweise unterschiedliche Dimensionen von Nutzen und Risiken miteinander zu verrechnen? Wer ist befugt, solche Abwägungen durchzuführen? Wie hoch sind eventuelle Kompensationszahlungen anzusetzen? Was kann man tun, wenn die individuellen Wünsche nach der Höhe der Kompensation auseinanderfallen? Alle diese Fragen lassen Zweifel aufkommen, ob konkrete Verteilungsentscheidungen aufgrund allgemeingültiger Prinzipien getroffen werden können und ob allumfassende Formeln die Vielfalt und Komplexität des Fairneß- bzw. Gerechtigkeitsbegriffs zu fassen vermögen.

5 Die Priorisierungskriterien nach Young: Der erste Schritt zu einer diskursfähigen Klassifikation

Die Kontextabhängigkeit scheint ein wichtiger Faktor zu sein, der bei der Festlegung von Verteilungsregeln beachtet werden muß. Das *Prinzip der situationsspezifischen, multifaktoriellen Bestimmung des Prioritätsanspruchs* trägt der Tatsache Rechnung, daß die Verteilung unteilbarer Güter/Lasten in der Praxis einer detaillierten Abwägung verschiedenster Interessen und Faktoren bedarf (Young, 1993, S. 20ff.). Young zeigt auf, daß in einer modernen Gesellschaft mehrere Verteilungspostulate nebeneinander existieren. Es handelt sich dabei um:
- die Gleichverteilung
- die Verteilung nach Leistung
- die Verteilung nach Bedürfnis
- die Verteilung nach einem von einer Gemeinschaft oder Gesellschaft als gerecht empfundenen Zuordnungsschlüssel, durch den Lasten und Vergünstigungen auf der Basis externer Merkmale (etwa Zugehörigkeit zum Adel, Kastensysteme, religiöse Zuschreibungen) verteilt werden.

Verteilungsgerechtigkeit läßt sich am einfachsten mit der Gleichverteilung erreichen. Bei diesem Grundsatz wird ein Gut gleichmäßig auf alle Berechtigten (wer auch immer dies sein mag) aufgeteilt. Bei der Verteilung nach Leistung erhalten alle Berechtigten einen Anteil an dem Verteilungsgut, der ihrer Vorleistung zur Bereitstellung dieses Gutes entspricht. Wenn beispielsweise ein Berechtigter pro Tag acht Stunden an der Erstellung des jeweiligen Gutes mitgewirkt hat, während ein anderer nur vier Stunden daran gearbeitet hat, dann sollte der eine doppelt so viel von dem Erlös erhalten wie der andere. Verteilungsentscheidungen nach dem Prinzip des Bedürfnisses nehmen den subjektiv geäußerten oder den an objektiven Lebensbedingungen orientierten Bedarf an entsprechenden Gütern als Kriterium für Verteilung. So erhalten vielleicht kinderreiche Familien einen höheren Anteil an dem Verteilungsgut, weil sie mehr "Mäuler stopfen" müssen. Schließlich können Verteilungen auch nach einem gemeinsam vereinbarten Schlüssel vorgenommen werden. Diese Schlüssel beruhen häufig auf Traditionen, etwa, daß der Vater stets das größte Stück Fleisch am Mittagstisch erhält, selbst wenn er gar nicht mehr körperlich arbeitet.

Nach Young lassen sich die klassischen normativen Gerechtigkeitsprinzipien in die vier Grundtypen von Verteilungsmustern integrieren. Diese Grundtypen bezeichnet er als Priorisierungskriterien, weil sie festlegen, welche der Berechtigten primär Anspruch auf die Verteilungsmasse haben. Da es mehrere konkurrierende Priorisierungskriterien gibt, stellt sich den berechtigten Personen stets die Frage: Nach welchem der vier Kriterien sollen wir das zu verteilende Gut unter uns aufteilen? Auf Umweltprobleme bezogen müssen die Diskursteilnehmer etwa entscheiden, ob das Gut sauberes Wasser nach dem Grundsatz der Gleichverteilung (Rationierung nach Kopf der Bevölkerung), nach Leistung (Zahlungsbereitschaft), nach Bedürfnis (Gesundheitszustand des Konsumenten) oder nach einem anderen nachvollziehbaren Schlüssel (etwa alte Brunnenrechte) verteilt werden soll. *Substantielle Fairneß bedeutet somit, daß die an kollektiven Entscheidungen beteiligten Personen unter Einbezug des relevanten Folgewissens eine begründbare Auswahl aus den vier Priorisierungskriterien aufstellen und unter Geltung dieses ausgewählten Kriteriums die möglichen Handlungsoptionen gegeneinander abwägen.* Natürlich können auch mehrere Priorisierungskriterien nebeneinander für unterschiedliche Bevölkerungsgruppen oder Teilgüter festgelegt werden.

6 Priorisierung durch diskursive Verfahren

Auf welche Weise sollte aber die Frage nach der Auswahl der Priorisierungskriterien erfolgen? Wie kann die Wahl des einen gegenüber dem anderen Kriterium so begründet werden, daß auch die Anhänger dieses anderen Kriteriums die Entscheidung akzeptieren können? Meiner Ansicht nach gibt es kein von allen akzeptiertes Meta-Kriterium, nach dem man für alle Verteilungssituationen eine eindeutige Auswahl aus den vier Kriterien treffen kann. Hier ist man auf die Leistungsfähigkeit praktischer Diskurse angewiesen. Dabei sollte der Diskurs aber nicht als ein Diskussionsforum verstanden werden, bei dem irgendwie die Diskursteilnehmer zu einer Einigung kommen. Der Diskurs lebt vielmehr von der kritischen Auseinandersetzung um Begründungen und nicht vom Aushandeln unterschiedlicher Präferenzen. Um dies näher zu erläutern, soll kurz auf einige Kennzeichen des Diskurses eingegangen werden.

Der Diskurs stellt den Ort dar, in dem unterschiedliche Personen, Institutionen oder Interessengruppen Aussagen austauschen. Dabei sind die meisten Diskurstheoretiker der festen Überzeugung, daß Menschen aus unterschiedlichen Gruppen und sozialen Positionen über die prinzipielle Fähigkeit verfügen, Argumente über Normen, Werte und gefühlsmäßige Einschätzungen formulieren und gegenseitig austauschen zu können (Habermas, 1992, S. 260f.). Darüber hinaus kann es im Diskurs gelingen, eine auf Argumenten beruhende Auseinandersetzung zu führen, bei der Normen der Wahrheitsfindung eingehalten werden und empirisches Folgewissen berücksichtigt wird. Verständigungsorientierung im Diskurs bedeutet insofern nicht Werteharmonie, sondern vielmehr begründbare Wertevielfalt. Notwendig ist dabei aber, daß man die eigenen Bewertungsmaßstäbe transparent und nachvollziehbar vor anderen begründen kann, also dem anderen die Möglichkeit gibt, die eigenen Maßstäbe auf der Basis von Vernunft oder Empathie rekonstruieren zu lassen.

Damit eine Verständigung über die innere Logik der Argumente und deren Begründung erfolgen kann, müssen die Teilnehmer am Diskurs die Fähigkeit mitbringen oder darin eingewiesen werden, ihre Vorstellungen, Aussagen und Kritikpunkte so zu formulieren und an andere zu kommunizieren, daß diese die Aussagekraft und die Legitimität im Sinne der Rationalität der jeweils vortragenden Gruppe nachvollziehen können. Die Vertreter der Diskurstheorie, vor allem die Angehörigen der sogenannten Frankfurter Schule, gehen davon aus, daß bei geeigneten Rahmenbedingungen eine Grundlage für systemübergreifende Verständigung geschaffen und in kognitiven wie normativen Fragen konsensuale Einigungen auf der Basis guter Gründe möglich sind (von Schomberg, 1992).

Wie soll dies geschehen? Da eine einvernehmliche Orientierung anhand eines einzigen normativen Bezugsrahmens in einer pluralistischen Gesellschaft nicht zu erwarten ist, muß es in einem praktischen Diskurs den Beteiligten freistehen, ihre Vorschläge für Verteilungsnormen aus unterschiedlichen Schulen der Ethik zu begründen. Habermas, vor allem aber Apel, haben versucht deutlich zu machen, daß keine der klassischen ethischen Schulen eine schlüssige und überzeugende Ableitung von Kriterien zur Bewertung von moralischen Normen vorweisen kann (Apel, 1988, 1992; Habermas, 1991). Erst die Möglichkeit, in einem diskursiven Austausch von Argumenten die Begründungen selbst zur Diskussion zu stellen und ihre jeweilige Angemessenheit darzulegen, gewährleistet letztlich den Nachweis der intersubjektiven Gültigkeit. Die Meßlatte für Verteilungsnormen ist also hoch: Vorschläge dafür müssen im Rahmen der bestehenden philosophischen Traditionen begründet und gleichzeitig von allen Diskursteilnehmern als für den jeweiligen Problembereich angemessen und normativ verbindlich anerkannt werden (vgl. auch Dryzek, 1990, S. 15 und S. 71).

Um in der praktischen Durchführung eines Diskurses normative Kriterien der Angemessenheit von Verteilungsnormen zu diskutieren, ist es notwendig, die Teilnehmer auf bestimmte Regeln für Begründungsformen hinzuweisen. Gefordert werden formale Kriterien wie Kohärenz (Widerspruchsfreiheit) und Konsistenz (logische Folgerichtigkeit). Daneben gelten inhaltliche Kriterien wie das der Reziprozität (Was Du nicht willst, daß man Dir tut, das füg' auch keinem anderen zu) oder das der Subsumption eines zu prüfenden Kriteriums unter einem anderen, bereits als gültig anerkanntes Oberkriterium. Alle diese Vorschriften lassen sich unter das Postulat der Universalisierbarkeit stellen. In der gesellschaftlichen Wirklichkeit kommt dazu noch die Kompatibilität mit den gesetzlichen Bestimmungen, die im Idealfall die vorangegangenen, auf Konsens oder Mehrheitsbeschluß fußenden Vereinbarungen der Gemeinschaft über kollektiv bindende Werte und Ziele widerspiegeln. Im Gegensatz zur häufig geäußerten Meinung, daß normative Aussagen keiner intersubjektiven Überprüfung zugänglich sind, lassen sich diese durchaus mit Hilfe nachvollziehbarer Gütekriterien beurteilen (Andelfinger, 1997).

Aufgrund meiner bisherigen Erfahrungen mit Diskursen habe ich gelernt, daß Menschen aus unterschiedlichen Gruppen und sozialen Positionen die prinzipielle Fähigkeit mitbringen, Argumente über Normen, Werte und gefühlsmäßige Einschätzungen formulieren und gegenseitig austauschen zu können (Renn, 1996; Renn & Webler, 1996). Die Theorie des kommunikativen Handelns von Habermas bietet bei allen kritischen Einwänden gegen ihre impliziten Universalisierungsansprüche (vgl. dazu die Kritik bei Weinrich, 1972 und Schönrich, 1993) einen auch für den pragmatischen Vollzug realer Diskurse brauchbaren Orientierungsrahmen, der den Organisatoren und Moderatoren von diskursiven Entscheidungsverfahren hilft, gemeinsame Regeln der ethischen Beweisführung zu vereinbaren und die Gültigkeit von Geltungsansprüchen zu überprüfen (ausführlicher dazu Webler, 1995).

Der ideale diskursive Ansatz ist zumindest theoretisch in der Lage, erstens eine faire und vollständige Erfassung der Verteilungsnormen in einer pluralen Gesellschaft sicherzustellen, zweitens eine intersubjektive Begründung der in die Bewertung einfließenden normativen Annahmen vorzunehmen und drittens eine nachvollziehbare und transparente Vermittlung der getroffenen Auswahl aus den vier Priorisierungskriterien für die am Diskurs nicht beteiligten Außenstehenden zu gewährleisten. Inwieweit reale Diskurse diese drei Funktionen wirklich ausüben können und ob sich die Teilnehmer an solchen Diskursen aufgrund ihrer Fähigkeiten, Interessen und Zielvorstellungen freiwillig der Disziplin von Begründungsdiskursen stellen (wollen), kann nur anhand der empirischen Beispiele beurteilt werden. Meine bisherigen Erfahrungen mit diskursiven Verfahren berechtigen aber zu einem verhaltenen Optimismus in dieser Frage (vgl. Renn, 1996, 1998).

7 Das Modell des kooperativen Diskurses

Welche Form des Diskurses wäre geeignet, die Auswahl aus den vier substantiellen Gerechtigkeitsprinzipien begründbar vorzunehmen und gleichzeitig die Regeln der prozeduralen Fairneß einzuhalten? Ein einziges Verfahren, das diese beiden Postulate befriedigend erfüllt, ist weder in Sicht noch theoretisch zu erwarten. Aus diesem Grunde ist es sinnvoll, mehrere dialogische Verfahren miteinander zu koppeln. Dazu gibt es eine ganze Reihe von Vorschlägen, wie man verschiedene Elemente von partizipativen Verfahren miteinander kombinieren und dadurch den Erfordernissen des verständigungsorientierten Diskurses entgegenkommen kann (vgl. die umfangreiche Materialsammlung in Burns & Überhorst, 1988; Gaßner, Holznagel & Lahl, 1992; Renn & Oppermann, 1995; Renn, Webler & Wiedemann, 1995).

Aus der Erfahrung der normengenerierenden Kraft von Diskursen haben Thomas Webler und ich ein eigenes Modell entwickelt und ihm den Namen "Kooperativen Diskurs" gegeben (Renn, 1996; Renn, Webler, Rakel, Dienel & Johnson, 1993; Renn & Webler, 1998). Der kooperative Diskurs beruht auf einer akteursbezogenen Organisation des Planungsablaufs in drei Schritten: erstens einem praktischen und evaluativen Diskurs zur Normenfindung und Wertstrukturierung mit Hilfe von Mediationsprozessen unter Einbeziehung von Interessengruppen oder betroffenen Bürgern, zweitens der Klärung von kognitiven Konflikten durch die Methode des Experten-Delphis und drittens der Abwägung von Handlungsoptionen durch Bürgerforen. Das Modell des kooperativen Diskurses ist in seinen Grundzügen in zahlreichen Beispielen von uns in der Abfallplanung, in der Umwelt- und Raumplanung sowie in Fragen der Energiepolitik erprobt worden (Akademie für Technikfolgenabschätzung, 1994, 1995, 1996; Renn, Albrecht, Kotte, Peters & Stegelmann, 1985; Renn, Goble, Levine, Rakel & Webler, 1989; Renn et al., 1996; Webler, 1994). Das Modell folgt einem Aufbau in drei Phasen oder Schritten:

1. Alle in einer Arena vorhandenen Parteien werden gebeten, ihre normativen Grundlagen (Prinzipien, Werte, Kriterien) für die Beurteilung unterschiedlicher Handlungsoptionen (etwa Einführung einer neuen Technologie; Modifikation vor Einführung; Ablehnung einer neuen Technologie) offenzulegen. Dies geschieht in Interviews zwischen den Diskurs-Organisatoren und den Repräsentanten der jeweiligen Parteien. Als methodisches Werkzeug dient dabei die Wertbaum-Analyse, ein in den USA entwickeltes interaktives Verfahren zur Bewußtmachung und Strukturierung von Werten und Attributen (Keeney, Renn

& Winterfeldt, 1987; Keeney, Renn, Winterfeldt & Kotte, 1984). Alle Parteien haben das Recht, ihren Wertbaum solange zu modifizieren, bis sie mit dem Produkt einverstanden sind. Die Wertbäume aller Parteien werden dann additiv zu einem logischen Gesamtbaum verschmolzen, wobei alle nicht-redundanten Eingaben übernommen und in eine hierarchische Struktur überführt werden (Renn, 1998). Im Idealfall wird der gemeinsame Wertbaum in einem diskursiven Prozeß der gegenseitigen Abstimmung zwischen den Vertretern der beteiligten Gruppen zusammengestellt. Im Rahmen dieser Abstimmung werden auch die verschiedenen Vorschläge zur Verteilungspriorisierung gesammelt und den jeweiligen Optionen zugeordnet. Die Einbeziehung aller relevanten Werte in einen logisch kohärenten Bezugsrahmen hilft, potentielle Konflikte über die Angemessenheit von Werten und Beurteilungskriterien zu entschärfen und allen Parteien das Gefühl zu vermitteln, daß ihre Bedenken in den Entscheidungsprozeß eingebunden werden.

2. Die Wertdimensionen werden in einem zweiten Schritt durch ein Forschungsteam, das möglichst von allen Parteien als neutral angesehen wird, in Indikatoren transformiert. Diese Indikatoren sind Meßanweisungen, um die möglichen Folgen einer jeden Handlungsoption zu bestimmen (Evidenz-Nachweise). Da viele der Folgen nicht physisch meßbar sind und manche auch wissenschaftlich umstritten sein mögen, ist es nicht möglich, einen einzigen Wert für jeden Indikator anzugeben (vgl. von Schomberg, 1992). Folgen und Nebenfolgen von Handlungsoptionen liegen oft nicht auf der Hand. Dies gilt vor allem für unsichere Folgen. Gleichzeitig sind die Folgen auch nicht beliebig, sondern ergeben sich als logische Folgerung aus dem jeweiligen Wissen und der Anwendung methodischer Regeln innerhalb verschiedener wissenschaftlicher Disziplinen und Denkschulen. Für den Diskurs ist es entscheidend, die Spannweite wissenschaftlich legitimer Abschätzungen so genau wie möglich zu bestimmen. Dazu haben wir eine Modifikation des klassischen Delphi-Verfahrens entwickelt, bei dem Gruppen von Experten gemeinsam Abschätzungen vornehmen und Diskrepanzen innerhalb der Gruppen in direkter Konfrontation ausdiskutieren (Webler, Levine, Rakel & Renn, 1991). Dieses Verfahren zur kognitiven Konsensfindung bezeichnen wir als Gruppen-Delphi. Der Prozeß des Gruppen-Delphis steht unter dem Zeichen der Einigung oder Nichteinigung über kognitive Aussagen zu einem Problem. Er wird streng nach methodischen Regeln geführt und hat zum Ziel, scheinbare Dissense zu identifizieren und diese in Konsense aufzulösen sowie echte Dissense auf gemeinsam akzeptierte Begründungslogiken zurückzuführen und damit einen Konsens über den Dissens zu schaffen.

3. Hat man die Wertdimensionen bestimmt und die Folgen der jeweiligen Handlungsoptionen im Sinne von Konsensen und begründeten Dissensen abgeschätzt, folgt der schwierige Prozeß der Abwägung. Es geht also um die Wahl einer Option aus vielen möglichen Handlungsoptionen, wobei diese Entscheidung auf der Basis der zu erwartenden Folgen, der persönlichen oder kollektiven Präferenzen über diese Folgen und der diskursiven Auflösung von Zielkonflikten erfolgen sollte. Bei der Komplexität solcher Abwägungen kommt es entscheidend auf die Einhaltung der wesentlichen Strukturmerkmale von ver-

ständigungsorientierten Diskursen an. Denn normative Zielkonflikte können nicht allein durch Rekurs auf die möglichen Folgen von Optionen gelöst werden, sondern schließen die subjektiven Wünschbarkeiten dieser Folgen im Hinblick auf soziale Normen, Werte und Lebensstile ein (vgl. den Beitrag von Reusswig in diesem Band). Hier versagen sowohl Sachwissen als Lösungsinstanz wie auch "Bargaining" als Tauschbörse (vgl. Creighton, 1983). Vielmehr sind die Diskursteilnehmer darauf angewiesen, ihre normativen Vorschläge eingehend zu begründen und den anderen Teilnehmern plausibel zu machen. Dies gilt auch für die Verteilungsnormen. Wichtig ist dabei, daß zwischen der Wahl der Priorisierungskriterien und der eigentlichen Verteilung von Gütern und Lasten differenziert wird. Die Frage, nach welchem Prinzip verteilt werden soll, berührt die grundsätzlich normative Frage nach der Verteilungsgerechtigkeit; die Frage, wieviel jeder bekommt, ist dagegen eine Ausführungsbestimmung, die erst greift, nachdem das Prinzip festgelegt worden ist. Im ersten Falle geht es um den schon beschriebenen Prozeß einer normativ gültigen Begründung, im zweiten Fall um eine eher spieltheoretisch zu erfassende Aushandlung von Verteilungsmasse (vgl. dazu Saretzki, 1996 sowie Renn & Webler, 1998, S. 44ff.). Um in einem solchen Abwägungs- und Priorisierungsdiskurs auch die Postulate der prozeduralen Fairneß einzuhalten, ist es wichtig, die Teilnehmer solcher Diskurse aus der von der Entscheidung betroffenen Bevölkerung nach einem nachvollziehbaren Verteilungsschlüssel auszuwählen (Dienel, 1990). Als Teilnehmer solcher Diskurse könnten z.B. Vertreter organisierter Interessengruppen dienen. Häufig aber sind diese Parteien in ihren Meinungen weitgehend polarisiert und nicht mehr verständigungsbereit, ihnen mangelt es an den beiden wichtigen Voraussetzungen für das Gelingen eines Diskurses: Lernbereitschaft und guter Wille. Gleichzeitig repräsentieren sie nur in eingeschränktem Maße die betroffene Bevölkerung. Aus diesem Grund hat Peter Dienel vorgeschlagen, eine Zufallsstichprobe aus der Bevölkerung zu ziehen, die stellvertretend für alle diese Abwägung vornehmen soll (Dienel, 1997; Dienel & Renn, 1995). Dieses Vorgehen setzt voraus, daß die am Konflikt beteiligten organisierten Interessengruppen einer solchen Lösung zustimmen oder sie zumindest tolerieren. Die ausgesuchten Teilnehmer haben mehrere Tage Zeit, die Profile der jeweiligen Handlungsoptionen zu studieren, Experten zu befragen, Zeugen anzuhören, Besichtigungen vorzunehmen und sich eingehend zu beraten. Am Ende stellen sie eine Handlungsempfehlung aus, die sie eingehend in einem Bürgergutachten begründen müssen. Dafür erhalten sie eine Vergütung. Diesem Verfahren hat Peter Dienel den Namen "Planungszelle" gegeben. Wir bevorzugen inzwischen den Namen "Bürgerforum", da er klarer die Intention des Verfahrens wiedergibt. Bürgerforen haben sich auf kommunaler wie auf regionaler Ebene bereits bewährt und wurden erstmals für einen nationalen Konflikt über Energiepolitik zu Beginn der 80er Jahre eingesetzt (Dienel & Garbe, 1985; Renn et al., 1985).

8 Schlußfolgerungen

Politische Entscheidungen sind im weitesten Sinne kollektive Einigungen über eine ethisch gerechtfertigte und sozial wünschenswerte Zukunft. Dabei sind zwei

Elemente zu unterscheiden: Wissen über die Folgen verschiedener Handlungsoptionen und deren Bewertung mit Hilfe von Maßstäben der Wünschbarkeit. Das erste Element, Wissen um Ursache-Wirkungsketten, ist eine Frage der Expertise oder der Sachkenntnis. Damit verbindet man Personen oder Institutionen, die den für die Entscheidung relevanten Wissensschatz beherrschen. Relevantes Wissen muß nicht unbedingt auf systematischen und theoriegeleiteten Erkenntnissen beruhen. Für bestimmte Fragen sind auch anekdotisches Wissen und die berühmte Spürnase erfahrener Politiker bedeutsam. Aber für Entscheidungen mit erheblichem Risikopotential und der Möglichkeit weitreichender Nebenfolgen ist es geradezu lebenswichtig, die besten Expertisen verfügbar zu haben.

Das zweite Element von Entscheidungen ist dagegen nicht auf Wissen bezogen, sondern auf moralische Normen und soziale Werte, d.h. auf Beurteilungen der ethischen Begründbarkeit von Handlungen (Normen) und der sozialen Wünschbarkeit dieser Handlungen oder Konsequenzen in einer wertepluralistischen Gesellschaft (Habermas, 1989, S. 578ff.; Koller, 1992, S. 63f.). Was ethisch gerechtfertigt ist, sollte im Idealfall durch Konsens aller Mitglieder eines Sozialsystems auf der Basis begründbarer Argumentation festgelegt werden (vgl. hierzu Apel, 1992, S. 35). Dies gilt auch für die Frage nach den gerechten Verteilungsnormen. In einem Diskurs müssen die Beteiligten festlegen, welches Verteilungsprinzip sie im vorliegenden Falle anwenden wollen. Zur Auswahl stehen: Gleichverteilung, Verteilung nach Leistung, Verteilung nach Bedürfnis und Verteilung nach einem konsensual vereinbarten Verteilungsschlüssel. Die Auswahl eines der vier Verteilungsprinzipien bedarf der eingehenden Begründung. Über ihren Einsatz kann nicht nach universellen Gerechtigkeitspostulaten entschieden werden, sondern sie sind je nach Kontext spezifisch auszuwählen und anzupassen. Fehlende allgemeinverbindliche Gerechtigkeitsmaßstäbe bedeuten aber nicht Willkür (Habermas, 1996, S. 339). Ordnungsregeln der Konsistenz, der Kohärenz und der Verallgemeinerungsfähigkeit behalten weiterhin ihre Gültigkeit, es wird aber den Teilnehmern zugestanden, aus der Vielzahl normativ gültiger Begründungslogiken die aus ihrer Sicht passende auszuwählen. Zudem binden Normen in Form von gesetzlichen Vorschriften individuelles und kollektives Handeln. Im Falle von Verteilungsnormen bemißt sich die Gültigkeit von Begründungen zum einen an formalen Kriterien einer kohärenten und konsistenten Beweisführung (Universalisierungsgebot), zum anderen an der Zustimmungsbereitschaft aller an der Verteilung mitwirkenden Diskursteilnehmer. Zustimmung oder Ablehnung von Vorschlägen sind natürlich ebenso begründungspflichtig wie das Einbringen neuer Vorschläge. Ist das Verteilungsprinzip einmal festgelegt und von allen akzeptiert, kann die konkrete Aufteilung von Gütern und Lasten durch Aushandeln vorgenommen werden.

Die Begründungspflicht von Verteilungsnormen ist aber im Sinne der prozeduralen wie auch der substantiellen Fairneß daran gebunden, daß im Prinzip alle von der Entscheidung betroffenen Menschen die gleiche Chance haben, an der Entscheidungsfindung mitzuwirken. Selbstverständlich können sie dieses Recht auch an repräsentative Gremien delegieren. In den Fällen aber, in denen die Struktur der eigenen Lebenswelt unmittelbar berührt wird, empfiehlt sich eine unmittelbare Beteiligung der betroffenen Bürger an der Normenfindung. Da nicht alle betroffenen Personen an dem Diskurs teilnehmen können, muß auch hier eine Auswahl vorgenommen werden. In unserem Modell des kooperativen Diskurses nehmen wir dafür das Instrument der Zufallsstichprobe zur Hilfe, um ein möglichst wirklichkeitsgetreues Abbild der partizipationswilligen Öffentlichkeit zu erhalten. Ein solches Verfahren setzt aber voraus, daß die zufällig gezogenen Diskursteilnehmer über die Optionen, die Ausgangslage und die Folgen ihrer Entscheidung bzw. Nicht-Entscheidung umfassend, verständlich und unparteiisch informiert werden. Konsensorientierte Formen diskursiver Entscheidungsfindung stehen dabei nicht im Gegensatz zu pluralistischen Formen der Konfliktaustragung (Überhorst & de Man, 1990, S. 84). Im Gegenteil, sie basieren auf dem Grundsatz, daß nur der Diskurs zwischen den pluralen Gruppierungen eine akzeptable und gleichzeitig sachgerechte Auswahl aus den möglichen Handlungsoptionen hervorbringen kann. Allerdings ist es nicht ausreichend, alle Teilnehmer um einen Tisch zu versammeln, sondern es gilt, das jeweils relevante Wissen, den Erfahrungsschatz und die Werte der Teilnehmer funktional in den Prozeß der Entscheidungsfindung zu integrieren.

Zu diesem Zweck muß der Diskurs auch intern nach den Regeln der Verständigungsorientierung strukturiert sein. Verständigungsorientierte, auf Argumentation aufbauende Interaktion beruht zunächst einmal auf der Bedingung, daß die am Diskurs beteiligten Parteien gleichberechtigt und ohne äußeren Zwang ihre Interessen und Werte offenlegen und durch Austausch von Argumenten eine gemeinsame Lösung anstreben (Apel, 1992, S. 29ff.; Habermas, 1991, S. 68ff.). Darüber hinaus sind die Gesprächs- und Beweisregeln so zu fassen, daß in Abwägung der vorgetragenen Argumente über die Zumutbarkeit von Risiken und die Realisierbarkeit von Chancen eine für alle Beteiligten tragfähige Lösung entwickelt werden kann. Die Orientierung am Konsens bedeutet dabei nicht Einigung auf den kleinsten möglichen Nenner, sondern bedingt geradezu harte Auseinandersetzungen um Argumente und nachvollziehbare Begründungen sowie eine intensive Suche nach neuen, innovativen Lösungen.

Aus all dem wird deutlich: Die moderne Gesellschaft ist darauf angewiesen, daß neue diskursive Formen in den Prozeß der politischen Urteils- und Entscheidungsfindung integriert werden. Dazu bedarf es keiner grundlegenden Veränderungen der politischen Strukturen, zumindest nicht auf der systemaren Ebene, sondern gezielter Reformen, die eine Anschlußfähigkeit der im Diskurs gewonnenen Ergebnisse in den Strukturrahmen der Politik sicherstellen. Erst jüngst hat die Amerikanische Akademie der Wissenschaften in einem Sachstandsbericht über Risikopolitik die Forderung nach sogenannten "analytic-deliberative processes" erhoben (Stern & Fineberg, 1996). In allen Industrieländern wächst der Wunsch nach neuen diskursiven Verfahren, die in einer Welt voller Wertkonflikte und pluraler Rationalitäten Verständigung über eine gerechte Verteilung von Gütern und Lasten über die rein formale Legitimation durch Abstimmungen hinaus ermöglichen. Eine ethisch motivierte Verständigung über diese Verteilungsfrage ist meines Erachtens zwingend auf einen Diskurs zwischen den pluralen Gestaltungskräften angewiesen.

Literatur

Akademie der Wissenschaften zu Berlin (1992). *Umweltstandards.* Berlin: de Gruyter.

Akademie für Technikfolgenabschätzung (1994). *Bürgergutachten, Bürgerbeteiligung an der Abfallplanung für die Region Nordschwarzwald. Bürgergutachten Teil I: Restabfallmengenprognose, Band 1: Empfehlungen.* Stuttgart: Akademie.

Akademie für Technikfolgenabschätzung (1995). *Bürgergutachten, Bürgerbeteiligung an der Abfallplanung für die Region Nordschwarzwald. Bürgergutachten Teil II: Technik der Restabfallbehandlung, Band 1: Empfehlungen.* Stuttgart: Akademie.

Akademie für Technikfolgenabschätzung (1996). *Bürgergutachten, Bürgerbeteiligung an der Abfallplanung für die Region Nordschwarzwald. Bürgergutachten Teil III: Standortentscheidung durch Bürgerforen.* Stuttgart: Akademie.

Andelfinger, U. (1997). *Diskursive Anforderungsanalyse.* Frankfurt a.M.: Peter Lang.

Apel, K.-O. (1988). *Diskurs und Verantwortung.* Frankfurt a.M.: Suhrkamp.

Apel, K.-O. (1992). Diskursethik vor der Problematik von Recht und Politik: Können die Rationalitätsdifferenzen zwischen Moralität, Recht und Politik selbst noch durch Diskursethik normativ-rational gerechtfertigt werden? In K.-O. Apel & M. Kettner (Hrsg.), *Zur Anwendung der Diskursethik in Politik, Recht und Wissenschaft* (S. 29-61). Frankfurt a.M.: Suhrkamp.

Aristoteles (1969). *Politik.* Stuttgart: Reclam.

Bacharach, P. (1967). *The theory of democratic elitism: A critique.* Boston: Little Brown.

Baumol, W.J. (1986). *Superfairness: Applications and theory.* Cambridge: MIT Press.

Beck, U. (1991). *Politik in der Risikogesellschaft.* Frankfurt a.M.: Suhrkamp.

Bentham, J. (1910). *Fragment on government.* London: New Universal Library.

Brooms, J. (1982). Equity in Risk Bearing. *Operations Research, 30* (2), 412-414.

Burns, T.R. & Überhorst, R. (1988). *Creative democracy: Systematic conflict resolution and policymaking in a world of high science and technology.* New York: Praeger.

Chambers, S. (1992). Zur Politik des Diskurses: Riskieren wir unsere Rechte? In K.-O. Apel & M. Kettner (Hrsg.), *Zur Anwendung der Diskursethik in Politik, Recht und Wissenschaft* (S. 168-186). Frankfurt a.M.: Suhrkamp.

Creighton, J.L. (1983). The use of values: Public participation in the planning process. In G.A. Daneke, M.W. Garcia & J. Delli Priscoli (Eds.), *Public involvement and social impact assessment* (pp. 143-160). Boulder: Westview Press.

Dahl, R.A. (1989). *Democracy and its critics.* New Haven: Yale University Press.

Dettling, W. (1974). *Demokratisierung. Wege und Irrwege.* Köln: Deutscher Instituts-Verlag.

Dienel, P.C. (1990). Alte und neue Arenen politischen Streitens. In U. Sarcinelli (Hrsg.), *Demokratische Streitkultur. Theoretische Grundpositionen und Handlungsalternativen in Politikfeldern* (S. 121-143). Opladen: Westdeutscher Verlag.

Dienel, P.C. (1997). *Die Planungszelle. Eine Alternative zur Establishment-Demokratie.* Opladen: Westdeutscher Verlag.

Dienel, P.C. & Garbe, D. (1985). *Zukünftige Energiepolitik. Ein Bürgergutachten.* München: HTV.

Dienel, P.C. & Renn, O. (1995). Planning cells: A gate to "fractal" mediation. In O. Renn, T. Webler & P. Wiedemann (Eds.), *Fairness and competence in citizen participation. Evaluating new models for environmental discourse* (pp. 117-140). Dordrecht: Kluwer.

Dryzek, J.S. (1990). *Discursive democracy.* Cambridge: Cambridge University Press.

Eckert, R. (1970). Politische Partizipation und Bürgerinitiative. In Bundeszentrale für Politische Bildung (Hrsg.), *Partizipation. Aspekte politischer Kultur* (S. 30-47). Opladen: Westdeutscher Verlag.

Fiorino, D. (1989). Environmental risk and democratic process: A critical review. *Columbia Journal of Environmental Law, 14* (2), 501-547.

Fiorino, D. (1990). Citizen participation and environmental risk: A survey of institutional mechanisms. *Science, Technology & Human Values, 15* (2), 226-243.

Frey, B. & Oberholzer-Gee, F. (1996). Fair siting procedures: An empirical analysis of their importance and characteristics. *Policy Analysis and Management, 15* (3), 353-376.

Gaßner, H., Holznagel, L.M. & Lahl, U. (1992). *Mediation. Verhandlungen als Mittel der Konsensfindung bei Umweltstreitigkeiten.* Bonn: Economica.

Habermas, J. (1971). Vorbereitende Bemerkungen zu einer Theorie der kommunikativen Kompetenz. In J. Habermas & N. Luhmann (Hrsg.), *Theorie der Gesellschaft oder Sozialtechnologie. Was leistet die Systemforschung* (S. 101-141). Frankfurt a.M.: Suhrkamp.

Habermas, J. (1981). *Theorie des kommunikativen Handelns* (Bd. 1 und 2). Frankfurt a.M.: Suhrkamp.

Habermas, J. (1989). Erläuterungen zum Begriff des kommunikativen Handelns. In J. Habermas (Hrsg.), *Vorstudien und Ergänzungen zur Theorie des kommunikativen Handelns* (S. 571-606). Frankfurt a.M.: Suhrkamp.

Habermas, J. (1991). *Moralbewußtsein und kommunikatives Handeln.* Frankfurt a.M.: Suhrkamp.

Habermas, J. (1992). *Faktizität und Geltung. Beiträge zur Diskurstheorie des Rechts und des modernen Rechtsstaates.* Frankfurt a.M.: Suhrkamp.

Habermas, J. (1996). On the cognitive content of morality. *Proceedings of the Aristotelian Society, Vol. XCVI* (3), 335-358.

Keeney, R.L., Renn, O. & Winterfeldt, D. von (1987). Structuring West Germany's energy objectives. *Energy Policy, 15,* 352-362.

Keeney, R.L., Renn, O., Winterfeldt, D. von & Kotte, U. (1984). *Die Wertbaumanalyse.* München: HTV.

Keller, R.L. & Sarin, R.K. (1988). Equity in social risk: Some empirical observations. *Risk Analysis, 8,* 135-146.

Kersting, W. (1993). *John Rawls zur Einführung.* Frankfurt a.M.: Junius.

Koller, P. (1992). Moralischer Diskurs und politische Legitimation. In K.-O. Apel & M. Kettner (Hrsg.), *Zur Anwendung der Diskursethik in Politik, Recht und Wissenschaft* (S. 62-83). Frankfurt a.M.: Suhrkamp.

Lindner, C. (1990). *Kritik der Theorie der partizipatorischen Demokratie.* Opladen: Westdeutscher Verlag.

Linnerooth-Bayer, J. & Fitzgerald, K.B. (1996). Conflicting views on fair siting proceeses: Evidence from Austria and the U.S.. *Risk: Health, Safety & Environment, 7* (2), 119-134.

Luhmann, N. (1983). *Legitimation durch Verfahren.* Frankfurt: Suhrkamp.

Luhmann, N. (1986). *Ökologische Kommunikation.* Opladen: Westdeutscher Verlag.

Merkhofer, M.W. (1984). Comparative analysis of formal decision-making approaches. In V.T. Covello, J. Menkes & J. Mumpower (Eds.), *Risk evaluation and management* (pp. 183-219). New York: Plenum.

Mohr, H. (1996). Das Expertendilemma. In H.-U. Nennen & D. Garbe (Hrsg.), *Das Expertendilemma. Zur Rolle wissenschaftlicher Gutachter in der öffentlichen Meinungsbildung* (S. 3-24). Berlin: Springer.

Münch, R. (1982). *Basale Soziologie: Soziologie der Politik.* Opladen: Westdeutscher Verlag.

Pateman, C. (1970). *Participation and democratic theory.* Cambridge: Cambridge University Press.

Rawls, J. (1971). *A theory of justice.* Cambridge: Harvard University Press.

Rawls, J. (1974). Some reasons for the maximin criterion. *American Economic Review, 1,* 141-146.

Reagan, M. & Fedor-Thurman, V. (1987). Public participation: Reflections on the California energy policy experience. In J. DeSario & S. Langton (Eds.), *Citizen participation in public decision making* (pp. 89-113). Westport: Greenwood.

Renn, O. (1996). Möglichkeiten und Grenzen diskursiver Verfahren bei umweltrelevanten Planungen. In A. Biesecker & K. Grenzdörfer (Hrsg.), *Kooperation, Netzwerk, Selbst-*

organisation. Elemente demokratischen Wirtschaftens (S. 161-197). Pfaffenweiler: Centaurus.

Renn, O. (1998). Die Wertbaumanalyse. Ein diskursives Verfahren zur Bildung und Begründung kollektiv verbindlicher Bewertungskriterien. In A. Holдеregger (Hrsg.), *Ökologische Ethik als Orientierungswissenschaft. Von der Illusion zur Realität* (S. 34-67). Freiburg: Universitätsverlag.

Renn, O., Albrecht, G., Kotte, U., Peters, H.P. & Stegelmann, H.U. (1985). *Sozialverträgliche Energiepolitik. Ein Gutachten für die Bundesregierung.* München: HTV.

Renn, O., Goble, R., Levine, D., Rakel, H., & Webler, T. (1989). *Citizen participation for sludge management* (Final Report to the New Jersey Department of Environmental Protection). Worcester: Clark University.

Renn, O. & Oppermann, B. (1995). "Bottom-up" statt "Top-down" - Die Forderung nach Bürgermitwirkung als (altes und neues) Mittel zur Lösung von Konflikten in der räumlichen Planung. *Zeitschrift für Angewandte Umweltforschung, 6,* 257-276.

Renn, O. & Webler, T. (1996). Der kooperative Diskurs: Theoretische Grundlagen und ein praktisches Fallbeispiel im Kanton Aargau. *Analysen und Kritik, 2* (18), 175-207.

Renn, O. & Webler, T. (1998). Der kooperative Diskurs - Theoretische Grundlagen, Anforderungen, Möglichkeiten. In O. Renn, H. Kastenholz, P. Schild & U. Wilhelm (Hrsg.), *Abfallpolitik im kooperativen Diskurs. Bürgerbeteiligung bei der Standortsuche für eine Deponie im Kanton Aargau* (Polyprojekt Risiko und Sicherheit der Eidgenössischen Technischen Hochschule Zürich, Dokumente Nr. 19) (S. 3-1039). Zürich: Hochschulverlag.

Renn, O., Webler, T. & Kastenholz, H. (1996). Procedural and substantive fairness in landfill siting: A Swiss case study. *Risk: Health, Safety & Environment, 7* (2), 145-168.

Renn, O., Webler, T., Rakel. H., Dienel, P.C. & Johnson, B. (1993). Public participation in decision making: A three-step-procedure. *Policy Sciences, 26,* 189-214.

Renn, O., Webler, T. & Wiedemann, P. (Eds.). (1995). *Fairness and competence in citizen participation. Evaluating new models for environmental discourse.* Dordrecht: Kluwer.

Renn, O. & Zwick, M.M. (1997). *Risiko- und Technikakzeptanz.* Berlin: Springer.

Rosenbaum, N. (1978). Citizen Participation and Democratic Theory. In S. Langton (Ed.), *Citizen participation in America* (pp. 43-54). Lexington: Lexington Books.

Saretzki, T. (1996). Wie unterscheiden sich Argumentieren und Verhandeln? In V. von Prittwitz (Hrsg.), *Verhandeln und Argumentieren. Dialog, Interessen und Macht in der Umweltpolitik* (S. 19-39). Opladen: Westdeutscher Verlag.

Schild, P. & Wilhelm, U. (1993). *Kriterien der Fairneß in partizipativer Entscheidungsfindung am Beispiel einer Deponieplanung im Kanton Aargau.* Zürich: ETH Zürich.

Schönrich, G. (1993). *Bei Gelegenheit Diskurs. Von den Grenzen der Diskursethik und dem Preis der Letztbegründung.* Frankfurt a.M.: Suhrkamp.

Schomberg, R. von (1992). Argumentation im Kontext wissenschaftlicher Kontroversen. In K.-O. Apel & M. Kettener (Hrsg.), *Zur Anwendung der Diskursethik in Politik, Recht, Wissenschaft* (S. 260-277). Frankfurt a.M.: Suhrkamp.

Sclove, R.E. (1995). *Democracy and technology.* New York: Guilford Press.

Seiler, H. (1991). Rechtliche und rechtsethische Aspekte der Risikobewertung. In S. Chakraborty & G. Yardigaroglu (Hrsg.), *Ganzheitliche Risikobetrachtungen* (S. 5-26). Köln: Verlag TÜV Rheinland.

Shrader-Frechette, K. (1990). Scientific method, anti-foundationalism, and public policy. *Risk-Issues in Health and Safety, 1,* 23-41.

Stern, P.C. & Fineberg, V. (1996). *Understanding Risk: Informing decisions in a democratic society.* Washington: National Academy Press.

Überhorst, R. & de Man, R. (1990). Sicherheitsphilosophische Verständigungsaufgaben - Ein Beitrag zur Interpretation der internationalen Risikodiskussion. In M. Schüz (Hrsg.), *Risiko und Wagnis: Die Herausforderung der industriellen Welt* (Bd. 1) (S. 81-106). Neske: Gerling Akademie.

Vollmer, H. (1996). Akzeptanzbeschaffung: Verfahren und Verhandlungen. *Zeitschrift für Soziologie, 25* (2), 147-164.

Webler, T. (1994). *Experimenting with a New Democratic Instrument in Switzerland: Siting a Landfill in the Eastern Part of Canton Aargau* (Arbeitsbericht im Rahmen des Polyprojekts: Risiko und Sicherheit technischer Systeme). Zürich: ETH.

Webler, T. (1995). "Right" discourse in citizen participation. An evaluative yardstick. In O. Renn, T. Webler & P. Wiedemann (Eds.), *Fairness and competence in citizen participation. Evaluating new models for environmental discourse* (pp. 35-86). Dordrecht: Kluwer.

Webler, T., Levine, D., Rakel, H. & Renn, O. (1991). The Group Delphi: A novel attempt at reducing uncertainty. *Technological Forecasting and Social Change, 39*, 253-263.

Weidner, H. (1995). Innovative Konfliktregelung in der Umweltpolitik durch Mediation: Anregungen aus dem Ausland für die Bundesrepublik Deutschland. In P. Knoepfel (Hrsg.), *Lösung von Umweltkonflikten durch Verhandlung. Beispiele aus dem In- und Ausland* (S. 105-125). Basel: Helbing und Lichtenhahn.

Weinrich, H. (1972). System, Diskurs, Didaktik und die Diktatur des Sitzfleisches. *Merkur, 8*, 801-812.

Young, P. (1993). *Equity in theory and practice.* Princeton: Princeton University Press.

Zilleßen, H. (1993). Die Modernisierung der Demokratie im Zeichen der Umweltproblematik. In H. Zilleßen, P.C. Dienel & W. Strubelt (Hrsg.), *Die Modernisierung der Demokratie* (S. 17-39). Opladen: Westdeutscher Verlag.

Nutzung von Umweltressourcen: Facetten des Benachteiligungssyndroms

Volker Linneweber

1 Globaler Wandel als Forschungsaufgabe

Gegen Ende des zwanzigsten Jahrhunderts sieht sich die Menschheit mit Umweltzuständen und -entwicklungen konfrontiert, welche Anlaß zur Sorge hinsichtlich langfristiger Nutzungsmöglichkeiten des Planeten Erde bereiten. Naturwissenschaftliche Analysen belegen, daß die kritischen Veränderungen mit hoher Wahrscheinlichkeit anteilig anthropogen sind (Hasselmann et al., 1995). Ihre Effekte und Merkmale sind:

- zunehmend häufige und folgenreiche Umweltkatastrophen (Münchener Rück, 1997),
- mittel- und langfristige Veränderungen globalen Maßstabes, wie etwa veränderte Niederschlagsmuster oder die Ausdünnung des Stratosphärenozons,
- zunehmende Konzentration von Treibhausgasen in der Atmosphäre sowie
- weltweit rapider Ressourcenabbau - vorwiegend zur Energiegewinnung.

Nachdem zunächst lokale Effekte der Umweltnutzung durch den Menschen deutlich wurden (Verschmutzung von Flüssen, "saurer Regen"), sind spätestens seit den Arbeiten des "Club of Rome" (Meadows, Meadows, Zahn & Milling, 1973) die globalen Dimensionen evident: Offenbar zeigt das "System Erde" Veränderungen, deren Richtung äußerst schwer und nur langfristig zu beeinflussen ist oder die teilweise sogar irreversibel sind.

Aufgabe der in den vergangenen Jahren etablierten "Global-Change-Forschung" ist es,
- diese Entwicklungen näher zu analysieren,
- Merkmale möglicher Szenarien zu erarbeiten,
- Bedingungsanalysen zu Eintretenswahrscheinlichkeiten zu erstellen,
- die Vulnerabilitäten der verschiedenen natürlichen Subsysteme (Hydrosphäre, Pedosphäre, Atmosphäre etc.) zu bestimmen,
- die Vulnerabilitäten der verschiedenen sozialen Subsysteme (Entwicklungs-, Schwellenländer, Industrienationen) zu bestimmen,
- Voraussetzungen, Merkmale und Folgen unterschiedlicher Umweltschutzstrategien zu erforschen ("Erdsystemmanagement") sowie
- deren Durchführbarkeit unter Berücksichtigung von Merkmalen involvierter Akteure abzuschätzen.

Insbesondere die drei letztgenannten Aufgaben verdeutlichen, daß zunehmend auch die Sozialwissenschaften gefordert sind, zur Beschreibung und Erklärung globalen Wandels beizutragen (Kruse, 1995; WBGU, 1993, 1994, 1996). Dies schließt sowohl retrospektive als auch prospektive Perspektiven ein. Letztere sind insofern besonders relevant, als von ihnen Entscheidungshilfen gefordert werden. Hinweise auf wahrscheinliche zukünftige Entwicklungen erwarten insbesondere "Megaakteure"- also solche, die durch ihre Entscheidungen handlungsleitende Strukturen (Brücken oder Barrieren) für Entscheidungen und Handeln einzelner Akteure schaffen, wie etwa Politiker, Funktionäre oder "global players". Nicht nur die Entwicklungspotentiale von Natur und Umwelt interessieren, sondern wesentlich auch Fragen, wie soziale/zivilisatorische/kulturelle Systeme mit Veränderungen umgehen (können). Für daran zu orientierende, notwendigerweise "multikriterielle" Investitions- und andere strukturbildende Entscheidungen ist wesentlich, ob

- erwartete Veränderungen für die Akteure Chancen oder Risiken bedeuten,
- Bedingungen für spezifische Vulnerabilitäten gegeben sind,
- Konflikte um Ressourcen (z.B. Wasser) zu erwarten sind,
- Strategien für den Umgang mit Problemen (Adaptation oder Optimierung) entwickelt werden,
- Gewinne aus lokal gegebenen oder an anderen Orten eintretenden Entwicklungen zu erwarten sind (Linneweber, 1995b).

Fragen nach wahrscheinlichen Orten des Eintretens kritischer Veränderungen, ihren Ausmaßen und Auswirkungen, nach der akteurspezifischen sowie interregionalen Varianz sowie schließlich nach der Sicherheit bzw. Wahrscheinlichkeit ihres Eintretens stellen sich in unmittelbarem Zusammenhang.

1.1 Naturwissenschaftliche Unschärfe

Ausgangspunkt sozialwissenschaftlicher Arbeiten sind Erkenntnisse und Annahmen über das Funktionieren natürlicher Systeme und ihrer Beeinflußbarkeit durch menschliche Aktivitäten. Diese reichen von Mikrosystemen (z.B. Untersuchungen zum Pflanzenwachstum unter Wasserstreß oder bei erhöhter CO_2-Zufuhr; Bodenerosion nach Brandrodungen) über Mesosysteme (z.B. Rückgang von Permafrostgebieten in alpinen Regionen, Stoffflüsse in Wassereinzugsgebieten oder Veränderungen in Küstenregionen) bis hin zu Makrosystemen (globale Stoffzirkulationen, globaler Temperaturhaushalt). Während die Mikrosystemdynamik durch verstärkte Bemühungen der Ökosystemforschung mittlerweile in zahlreichen Details bekannt ist, kennzeichnen nach wie vor erhebliche Unsicherheiten die naturwissenschaftliche Erforschung globaler Veränderungen, welche durch eine Wechselwirkung von Komponenten der Mikro-, Meso- und Makrosysteme zu fassen sind. Immer wieder irritieren überraschende Ergebnisse oder Fehleranalysen.

So stellte Pearce (1992) fest, daß ein wesentlicher Teil der lange unerklärten "CO_2-Senke" auf eine unangemessene, weil ausschließlich nach forstwirtschaftlichen Gesichtspunkten durchgeführte Berechnung der Biomasse des afrikanischen Kontinents zurückzuführen ist. Forstökonomisch zu vernachlässigende, in ihren CO_2-Aufnahmekapazitäten jedoch höchst relevante - und damit einen Teil der "Senke" erklärende - kleinere Grün- und Holzanteile blieben unberücksichtigt.

Auch Klimamodelle sind keineswegs ausgereift. Erst in letzter Zeit ergibt sich durch erweiterte Erkenntnisse (etwa über die Wirkung von Aerosolen) und steigende Rechnerkapazitäten die Möglichkeit für die Klimatologie, die Rolle der Ozeane in ihre Modelle einzubeziehen (Sterr, 1998). Dies hat teilweise gründliche Revisionen, insbesondere bezogen auf Szenarien zur Folge. Während die Wissenschaft an derartigen Überarbeitungen und Weiterentwicklungen höchst interessiert ist, reagiert die Öffentlichkeit eher irritiert. Möglicherweise hängt dies auch damit zusammen, daß sich aus neuen Einsichten nicht selten gravierende Änderungen hinsichtlich der anwendungsbezogenen Konsequenzen ergeben. Im Gegensatz zu medienwirksamen Schreckensszenarien rapide ansteigender Meeresspiegel[1] betont Nordhaus, der sich ausführlich mit den ökonomischen Auswirkungen globaler Erwärmung beschäftigt hat (Nordhaus, 1993), neuerdings die positive Auswirkung weltweiten Temperaturanstiegs für die Wirtschaft der USA. Daß es trotz - oder gerade wegen - einer Erhöhung der Erdmitteltemperatur in Europa zu einer Abkühlung kommen kann (welche auf eine Abschwächung des Golfstromes zurückzuführen wäre) irritiert Laien gleichermaßen. Auch mußten Szenarien bezüglich des zeitlichen Verlaufs der Temperaturveränderungen und des Meeresspiegelanstieges mittlerweile deutlich revidiert werden. Zurück bleibt der Eindruck deutlicher Unreife naturwissenschaftlicher Analysen auf diesem Gebiet.

In Klima- und Umweltschutzverhandlungen können naturwissenschaftliche Unschärfen instrumentalisiert werden. Insbesondere angesichts der erheblichen Schwierigkeiten, Anstrengungen und Konflikte, die mit der Entwicklung und Durchsetzung weltweit abgestimmter Klimaschutzstrategien verbunden sind, verwundert es nicht, daß die Gegner entsprechender Vereinbarungen diese naturwissenschaftlichen Unsicherheiten und Unschärfen mit Vorliebe "selbstdienlich" interpretieren und damit die Notwendigkeit zur Entwicklung von Klimaschutzkonzepten bezweifeln.

1.2 Forschungsaufgaben für die Sozialwissenschaften

Trotz gelegentlicher Irritationen über die anscheinende Unausgereiftheit naturwissenschaftlicher Modelle setzt sich in Politik, Wissenschaft und Medien zögernd die Einsicht durch, daß die Erreichung maximaler naturwissenschaftlicher Schärfe (z.B. in Stoff- und Energiestromanalysen) nicht die Voraussetzung für Untersuchungen der Auswirkungen globalen Wandels auf die Menschen sowie der Verursachung durch sie sein kann. Auch wenn etwa der anthropogene Anteil an globaler Erwärmung ("Signal") in Relation zu natürlichen Schwankungen der mittleren Erdtemperatur ("Rauschen") quantitativ nicht exakt bestimmbar ist, wird die generelle Einschätzung, *daß* menschliche Aktivitäten zum Treibhauseffekt beitragen, kaum noch bezweifelt. Noch weniger bestreitbar sind anthropogene Effekte auf die Biodiversität (etwa durch Hochseefischerei, Brandrodung) oder lokale/regionale Auswirkungen der Landnutzung (Düngung und Bewässerung). Schließlich stellen nach wie vor die Zunahme der Weltbevölkerung, steigender Lebensstandard und damit verbundener Energieverbrauch in den Schwellenländern wesent-

---

[1] So zeigt der Spiegeltitel 33/1986 einen teilweise im Meereswasser stehenden Kölner Dom.

liche Triebkräfte globaler Umweltbelastungen dar (Bossel, 1990; Linneweber, 1997).

Allerdings sieht sich die Global-Change-Forschung zunehmend mit dem Vorwurf konfrontiert, "instrumentell" zu dramatisieren - unter anderem zur Erhöhung der Forschungsförderung. Es fällt schwer, diese Unterstellung zu widerlegen. Denn für die Erforschung des Problembereichs "globaler Wandel" oder "globale Umweltveränderungen" ist treffend eine "Konjunktur des Konjunktivs" (Wolfgang Blum in "Die Zeit" vom 2.11.95) zu konstatieren. Allerdings ist sie als Kompliment aufzufassen, bietet sich doch für involvierte Wissenschaften hier die Gelegenheit, *Kompetenzen im Umgang mit Unschärfe* zu entwickeln. Dies wird als eine wesentliche Zukunftsaufgabe begriffen, der sich sowohl Natur- als auch Sozialwissenschaften stellen müssen, wobei letztere einige - nicht immer selbstsicher erkannte - Vorsprünge aufweisen.

Im Rahmen der Erforschung globalen Wandels begannen daher in den vergangenen Jahren auch die Geistes- und Sozialwissenschaften, Mensch-Umwelt-Wechselwirkungen zu analysieren. Insbesondere zur Erforschung von Vulnerabilitäten sozialer Systeme, Implikationen unterschiedlicher Umweltschutzstrategien und Möglichkeiten ihrer Implementierung sind - dies wird von Naturwissenschaftlern und zunehmend auch von Verantwortlichen in Politik und Wirtschaft betont - sozialwissenschaftliche Forschungsbemühungen notwendig. Die vorgelegten Arbeiten dazu sind sowohl von fachimmanenter als auch anwendungsbezogener Bedeutung: Innerhalb der jeweiligen Disziplin stellt die Komplexität der Thematik eine Herausforderung dar, theoretische Modelle und Einzelbefunde zu integrieren oder zumindest aufeinander zu beziehen. Dies geschieht etwa in Form einer integrierten Modellierung von Mensch-Umwelt-Wechselwirkungen und ist in Zielrichtung, Forschungsdesign und -methode innovativ. Unter Anwendungsgesichtspunkten sehen sich die Sozialwissenschaften mit der auch fachpolitisch relevanten Frage konfrontiert, ob und wie sie zur Lösung gesellschaftlicher Probleme beitragen können.

1.3 Forschungsaufgaben für die Psychologie

Innerhalb der Psychologie kann mittlerweile auf wesentliche Vorarbeiten Bezug genommen werden, um umweltbezogenes Verhalten sowie Reaktionen auf Umwelteinflüsse zu beschreiben und zu erklären (Fuhrer & Wölfing, 1997). So belegen die Arbeiten von Dörner und Mitarbeitern (Dörner, 1995; Dörner, Kreuzig, Reither & Stäudel, 1983), daß Menschen im Umgang mit Komplexität - also auch in der Umweltgestaltung und -nutzung - Fehler machen, welche auf Inkompetenzen zur Komplexitätsbewältigung zurückzuführen sind. Die Verarbeitung umweltbezogener Informationen ist ebenso unvollständig, verzerrt und voreingenommen wie bezüglich anderer komplexer Gegenstände. Dies prädestiniert teils konsequenzenreiche Fehlentscheidungen. So werden Eintretenswahrscheinlichkeiten beeinträchtigender Ereignisse unterschätzt, verfügbare Ursache-Wirkungsrelationen favorisiert oder Potentiale zum Umgang mit Gefährdungen überbewertet (Linneweber, 1997). Auch die "Commons-dilemma-Forschung" (Edney, 1980; Ernst & Spada, 1993; Grzelak, 1994; Hardin, 1968; Linneweber, 1994, 1995a; Martichuski & Bell, 1991; McCay & Acheson, 1987; Meyer, 1995; Ostrom, 1990;

Pawlik & d'Ydewalle, 1996; Spada & Opwis, 1985; Stern, 1978b; Thompson & Stoutemyer, 1991; Tsai, 1993; Wiener, 1993) belegt sowohl in laborexperimentellen Studien als auch in Analysen natürlicher Kontexte, daß sie Beschreibungen und Erklärungen des Verhaltens der Nutzer von (virtuellen oder natürlichen) gemeinsamen Ressourcen liefern kann. In der Regel wird hier allerdings versucht, Zeitreihen individueller Verhaltensakte hinsichtlich der Ressource zu verstehen, also die Dynamik individueller Nutzungsentscheidungen zu untersuchen. Andere Akteure treten zwar als "Mitnutzer" in Erscheinung, jedoch eher in dem Sinne, daß sie den Umfang der Ressource *quantitativ* beeinflussen - ebenso, wie es etwa durch die Regenerations- oder Abnutzungsrate der Ressource geschieht. Überfällig sind dagegen Arbeiten, in denen zeitlich ausgedehnte *Interaktionen interdependenter Akteure* (s.u.) analysiert und neben der Ressourcennutzung auch beispielsweise wechselseitige Beeinflussungen, Verhandlungen oder Konflikte der Akteure studiert werden. Dabei könnten gerade dadurch Erkenntnisse über Argumentationen, Strategien und Taktiken gewonnen werden, welche zur Erhöhung der ökologischen Validität der Commons-dilemma-Forschung beitragen. In eine ähnliche Richtung zielt auch der Ansatz von Mosler und Gutscher (in diesem Band).

Zu Beginn ihrer Beteiligung an der Global-Change-Forschung sah sich die Psychologie ebenso wie ihre benachbarten Disziplinen vor der Aufgabe, Ergebnisse der Grundlagenforschung und Resultate von Studien zu anderen Gegenständen auf die Umweltthematik zu beziehen und zu fragen, welche Konsequenzen sich daraus ergeben, welche Annahmen sich ableiten lassen und wo Forschungsdefizite zu lokalisieren sind. Dabei zeigen zusammenfassende Darstellungen oder Überlegungen zu wesentlichen Aspekten durchaus beachtliche Potentiale (Boniecki, 1977; Halford & Sheehan, 1991; Kagitcibasi, 1995; Kruse, 1995; Lévy-Leboyer & Duron, 1991; Pawlik, 1991; Sloan, 1992; Stern, 1978a, 1992; Stewart, 1991; Takala, 1991).

1.4 Implizite "naiv-psychologische" Annahmen ökonomischer Ansätze

Allerdings hat die wissenschaftliche Psychologie damit zu kämpfen, daß Annahmen - bzw., was schädlicher ist, vermeintliche Erkenntnisse - über psychologische Prozesse von denjenigen Disziplinen, die bereits seit geraumer Zeit in die Erforschung globalen Wandels involviert sind, in die von diesen Disziplinen vorgelegten Modelle Eingang finden. Insbesondere die Bemühungen von Ökonomen, das Funktionieren sozialer Systeme angesichts drohender oder bereits existenter Umweltprobleme zu erklären, ist von derartigen impliziten Annahmen gekennzeichnet. Humane Akteure - und damit, aggregiert, soziale Systeme - funktionieren danach wesentlich "rational-choice" basiert: Akteure wägen Kosten-Nutzen-Relationen ab und entscheiden nach deren Maßgabe.

Umweltschutz wird danach nur dann praktiziert, wenn er Nutzen bringt, und es ist die Aufgabe von Politikern, Nicht-Regierungsorganisationen und Wissenschaftlern, den Akteuren Einsicht in die Nützlichkeit sowie die Machbarkeit und Effizienz von Umweltschutz zu vermitteln. Aus Sicht der psychologischen Global-Change-Forschung sind mit dieser simplen, ausschließlich "homo oeconomicus"-basierten Position drei wesentliche Unzulänglichkeiten verbunden:

- *Erstens* wird "Nützlichkeit" reduziert auf ökonomische Dimensionen, was unterstützt wird von Erfordernissen zur Monetarisierung von Werten in umwelt-ökonomischen Modellen. Sowohl die - außerhalb der Psychologie entstandenen - Überlegungen zu "postmateriellen" Orientierungen (Inglehart, 1981), ferner soziologische Arbeiten im Rahmen der "life-style" Forschung (Reusswig, 1994), der von Bossel (1990) vorgelegte "Orientoren-Ansatz" als auch psychologische Arbeiten über persönliche Normen, Werte und Orientierungen (Stern & Dietz, 1994) lassen jedoch den Alleinvertretungsanspruch materiell orientierter Konzepte fraglich erscheinen.

- *Zweitens* stellen sich aus psychologischer Sicht deutliche Zweifel zu den impliziten "rational-choice" Annahmen neoklassischer ökonomischer Modelle ein. Gegenstandsbezogene (umwelt-)psychologische Arbeiten zur Informationsverarbeitung (Busemeyer & Myung, 1987; Halford & Sheehan, 1991; Pawlik, 1991; Scholz, 1988; Seligman, 1985), zur Risikowahrnehmung (Jungermann, Rohrmann & Wiedemann, 1992) und die Entscheidungsforschung (Busemeyer & Myung, 1987; Kaplan, 1991; Klein, Calderwood & MacGregor, 1989; Lantermann, Döring-Seipel & Schima, 1992; Stewart, 1991; Stokols, 1985; Timmermans, 1991) konnten eindrucksvoll nachweisen bzw. gehen mittlerweile selbstverständlich davon aus, daß Menschen bei der Verarbeitung von Informationen Fehler machen. Diese sind nicht zufällig, sondern systematisch und wesentlich abhängig von der Komplexität der Aufgabenstellung. Das Mißlingen ist also in der Tat einer Logik unterworfen (Dörner, 1995).

- *Drittens* kann das Funktionieren von Aggregaten von Akteuren nicht ohne weiteres mit dem von Einzelindividuen gleichgesetzt werden. Es scheint nicht gerechtfertigt, die (unterstellte) Rationalität einzelner Individuen "hochzurechnen", um das Funktionieren sozialer Systeme ("kollektive Rationalität") zu erklären. Insbesondere die Sozialpsychologie hat zahlreiche Konzepte zu sozialen Einflußprozessen, Interaktionen und Konflikten sowie zu Intergruppenprozessen vorgelegt, welche eher geeignet erscheinen, das Funktionieren sozialer Systeme zu beschreiben und zu erklären, als die Interpolation erkennbar individuumzentrierter Ansätze zweckrationalen Handelns. Auch gegenstandsbezogen (Edney, 1980; Ernst & Spada, 1993; Freeman, 1989; Knapp, 1993; Mosler, 1993; Stokols, 1985) hat die Commons-dilemma-Forschung eindrucksvoll nachgewiesen, daß individuell rationales Handeln dem Gesamtergebnis interdependenter Akteure sogar diametral entgegengesetzt sein kann.

1.5 Implizite "naiv-psychologische" Alltagsannahmen

Auch von involvierten Nichtwissenschaftlern werden "naive", alltagspsychologische Annahmen mit wissenschaftlich keineswegs abgesicherten Erkenntnissen gleichgesetzt. So wird allgemein angenommen, daß ein gesteigertes "Umweltbewußtsein" solche Verhaltensweisen fördere, welche als "umweltfreundlich" verstanden werden. Konsequenterweise fordern entsprechend auch Politiker als *ultima ratio* die Durchführung von Kampagnen zur Steigerung des Umweltbewußtseins[2]. Detaillierte Analysen zeigen allerdings, daß die Zusammenhänge zwischen Einstellung und Verhalten auch bezogen auf den Gegenstand "Umwelt" erheblich vielschichtiger sind, als alltagspsychologisch angenommen wird (vgl. dazu auch den Beitrag Mosler & Gutscher in diesem Band). Wie aus gegenstandsübergreifenden Forschungen zur Relation von Einstellung und Verhalten bekannt und zusammenfassend (Eckes & Six, 1994) sowie auch gegenstandsbezogen konstatiert (Ungar, 1994), erklären Einstellungen solange nur wenig Verhaltensvarianz, wie nicht Moderatorvariablen (Bagozzi, Baumgartner & Yi, 1989; Bagozzi & Yi, 1989) oder differenzierende Aspekte, z.B. Relevanz des Gegenstandbereichs (Kim & Hunter, 1993) einbezogen werden. Auch im breit angelegten "Schweizer Umweltsurvey" (Diekmann, Franzen & Preisendörfer, 1995) ist der pfadanalytisch belegte Zusammenhang zwischen Normen und (selbstberichtetem) Verhalten eher gering ausgeprägt. Wir nehmen diese Diskrepanz zwischen "naiv-psychologischen" Annahmen und empirischen Evidenzen zum Anlaß für eigene Untersuchungen zur Erklärung der Kluft zwischen Einstellung und Verhalten im Umweltbereich und werden weiter unten eine eigene, weiterführende Untersuchung dazu erwähnen. Zunächst erscheint es jedoch angemessen, die hier eingenommene explizit *sozialpsychologische* Perspektive auf den Gegenstand zu erläutern.

1.6 Sozialpsychologische Überlegungen zu Aspekten globalen Wandels

Zur Vorbereitung des Berichtes der Arbeitsgruppe III des "Intergovernmental Panel on Climate Change" (IPCC) an die nationalen Regierungen fand 1994 eine Konferenz zum Thema "equity and social considerations related to climate change" statt (Katama, 1995). Referiert wurde aus Perspektive verschiedener involvierter Geistes-, Sozial- und Humanwissenschaften, unter anderem der Psychologie. Die Tatsache, daß sowohl "equity" als auch - in allgemeiner Form - "social considerations" genuine *sozial*psychologische Forschungsgegenstände sind, indiziert die Bedeutung dieser psychologischen Teildisziplin für eine Beschreibung und Erklärung umweltbezogener Probleme wie Klimawandel, Globaler Wandel sowie regionale/lokale Umweltveränderungen. Denn "Umwelt" ist eine gemeinsame Ressource; sie wird in der Regel von mehreren, ggf. konkurrierenden Akteuren genutzt und beeinflußt und wirkt auf diese als Einflußgröße zurück. In der Tat ist daher, wie auch Lantermann in diesem Band ausführt, ein wesentlicher Teil gegenwärtiger Umweltprobleme als "commons dilemma" zu verstehen.

Ausgehend von dieser interdependenztheoretischen Grundannahme wollen wir im folgenden versuchen, ein zunehmend differenziertes Modell zu entwickeln. Dazu werden wir aufeinander bezogen
a) Merkmale multivariater Mensch-Umwelt-Wechselwirkungen durch die Nutzung von "commons" und

---

[2] beispielsweise Bundesumweltministerin Merkel auf der Klimakonferenz in Berlin im Frühjahr 1995 angesichts eines drohenden Scheiterns verpflichtender zwischenstaatlicher Vereinbarungen und offenbar unter dem Druck, der Veranstaltung zumindest einige Resultate attestieren zu können

124

b) Erkenntnisse über wechselseitige Beurteilungsprozesse in sozialen Systemen stufenweise erarbeiten. Dabei werden sowohl Annahmen über *Strukturen* des umweltbezogenen Funktionierens sozialer Systeme elaboriert als auch *gerichtete Annahmen* über die *Nutzung von "Interpretationsfreiheitsgraden"* durch Akteure in *unscharfen* funktionalen Beziehungen vom Typ *"Ursache (Akteur) → Wirkung (Umwelt) → Betroffenheit (Akteur)"*.

2 Interdependenz durch Umweltnutzung: Ansatz zu einer Systematisierung

Beginnen wir mit einem ersten einfachen Modell (vgl. Abb. 1). Hier wird zunächst eine "umweltmediierte Interdependenzrelation" von (unterschiedlich aggregierbaren) Akteuren eingeführt (Linneweber, 1994), die nachfolgend begründet wird.

Abbildung 1: Skizze der über Umweltmerkmal X mediierten Interdependenzrelation von Akteuren A und B

2.1 Grundmuster umweltnutzungsmediierter Interdependenz zweier Akteure

Grundsätzlich kritisieren wir, daß nicht selten dann, wenn von Mensch-Umwelt Interaktionen gesprochen wird, verkürzend "der" Mensch focussiert wird, welcher mit "der" Umwelt interagiert: "Der" Mensch nimmt "die" Umwelt wahr, bewertet sie, verändert sie, belastet sie und ist ihr - in stresstheoretisch zu analysierender Weise - ausgesetzt. Zweifellos ergibt sich bereits hier enormer Erklärungsbedarf, und es soll nicht die Berechtigung von Arbeiten, welche diese Aspekte analysieren, bezweifelt werden. Sie bedürfen allerdings eines Komplementes. Bezieht man nämlich die Tatsache konzeptuell ein, daß beeinflußbare und beeinflußte Umweltkomponenten *Allgemeingüter* sind, dann müssen schon in ein erstes Grundmodell $N \geq 2$ *interdependente* Akteure in das Wechselwirkungsmodell einbezogen werden (Abb.1). Es wächst also rasch über die P ⟺ U Dyade hinaus.

Angesichts dieser umweltvermittelten wechselseitigen Abhängigkeit involvierter Akteure ziehen die relevanten Sozialwissenschaften Konzepte heran, welche geeignet sind, Merkmale dieser spezifischen Beziehung involvierter Akteure zu beleuchten. Neben anderen Sozialwissenschaften, den Wirtschaftswissenschaften und der Rechtswissenschaft ist innerhalb der Psychologie daher insbesondere die Sozialpsychologie zur Analyse herausgefordert, was auf der Grundlage bereits erarbeiteter oder durch Entwicklung neuer Konzepte erfolgen kann.

Bemerkenswerterweise ist in der Außenwahrnehmung diese Teildisziplin eher untypisch für die Psychologie und wird bislang nur selten zur Entwicklung multidisziplinärer Erklärungsmodelle konsultiert. "Die" Psychologie ist hier eher zuständig für *intra*personale Größen wie Wahrnehmung, Normen, Werte, Einstellungen - auch wenn diese überindividuell, etwa als Gruppen- oder Kulturmerkmale, erfaßt werden. Aus Sicht derjenigen psychologischen Teildisziplin, die sich definitionsgemäß mit Prozessen *zwischen* Akteuren beschäftigt, kann diese Zuweisung von Zuständigkeit nicht befriedigen.

Als Ausgangspunkt geeignet sind Pawliks (Pawlik, 1991) Überlegungen zu psychologischen Dimensionen globaler Umweltveränderungen, welche - aus sozialpsychologischer Sicht - die wesentlichen intrapersonalen (insbesondere die Wahrnehmung betreffenden) Aspekte abdecken, allerdings relationale Merkmale (z.B. Distanz von Akteuren und Betroffenen) nur grob fassen sowie deren Dynamik noch nicht einbeziehen. Daran anschließend haben wir uns verschiedentlich bemüht, mögliche sozialpsychologische Beiträge zu skizzieren. Diese basieren sämtlich auf der sozialpsychologischen Konzeption der oben elaborierten Interdependenzrelation (Linneweber, 1994). Bezogen auf die Klimaänderungsproblematik oder - weiter gefaßt - auf globalen Wandel konnte gezeigt werden, daß "Interdependenz" nicht schlicht "gegeben" ist, sondern von involvierten Akteuren wechselseitig konstruiert wird. Selbstverständlich trifft dies auch auf andere Ursache-Wirkungsrelationen zu, die man eher als "maskiert", denn als "eindeutig" klassifizieren muß.

2.2 Multivariate Interdependenz zweier Akteure

Ein weiteres, zwingend einzubeziehendes Merkmal ist die dem hier gegebenen Gegenstand inhärente Komplexität auf der Umweltseite. Nur in der sprachlichen Vereinfachung interagiert "der" Mensch (= Akteur A oder Akteur B in Abb. 1) mit "der" Umwelt (= Umweltmerkmal X in Abb. 1). Konsequent skizziert Stern (1992) die Berührungsfläche zwischen Menschen und Umwelten als Interaktion zweier Systeme: Soziosysteme interagieren mit Ökosystemen. Beide sind hochgradig komplex; also ist ihre Interaktion nur angemessen als "mehrdimensional", "multi-variat" oder "mehrkanalig"[3] zu fassen.

Bei multivariater Interdependenz, wie sie im Zusammenhang mit der Umweltnutzung gegeben ist, muß das oben skizzierte Ausgangsmodell daher zunächst erweitert werden um mögliche weitere Umweltdimensionen, über welche die Akteure interagieren (Abb. 2). Wichtig ist dabei, (a) daß sich daraus Möglichkeiten für vergleichende Bewertungen ergeben und (b) daß sich X und Y ein- oder wechselseitig beeinflussen. Unter der oben ausgeführten Annahme von Ökosystemkomplexität ergeben sich dadurch auf der Umweltseite Unschärfen in funk-

---

[3] Im folgenden Text synonym verwandt

tionaler (↓f?↑) sowie evaluativ-komparativer Hinsicht (e?↕), mit der wir uns weiter unten noch ausführlicher beschäftigen.

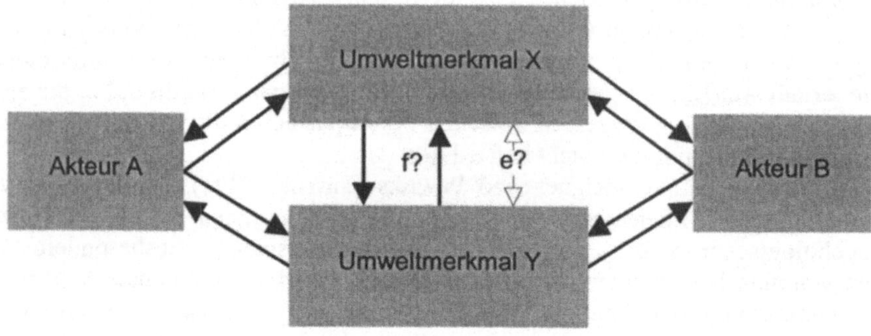

Abbildung 2: Skizze der "multivariat" über Umweltmerkmale X und Y mediierten Interdependenzrelation von Akteuren A und B mit unscharfer funktionaler Wechselwirkung (↓ f? ↑) und unscharfer Größen- und Bedeutungsrelation von X und Y (e?↕)

2.3 Selbstdienliche Interpretation eindimensionaler Interdependenz durch Umweltbelastung

Aus Arbeiten zum *sozialen Urteil* und sozialpsychologischen Konfliktforschung lernen wir, in welcher Weise die Beteiligten ihre Freiheitsgrade nutzen, wenn die jeweils relative Bedeutung von Beurteilungsdimensionen unklar ist (Linneweber, 1995a): "Selbstdienlich", also im Sinne einer positiven Selbst(re)präsentation[4], werden Dimensionen unter- bzw. überbewertet. In umweltökonomischen Bilanzen etwa wird der selbst angerichtete *Umweltschaden* (in Abb. 3 als "Belastung" von Umweltmerkmal X gekennzeichnet) und seine Effekte für andere Akteure im Verhältnis sowohl zum ggf. vermiedenen Schaden oder zum erzeugten Nutzen für andere Akteure systematisch unterbewertet (kleine Pfeilstärken in Abb. 3). Die entgegengesetzte Tendenz ist zu erwarten und - etwa in Umweltschutzverhandlungen - zu beobachten, wenn die Aktivitäten fremder Akteure beurteilt werden (größere Pfeilstärken in Abb. 3). Deren negativer Einfluß sowohl auf das fragliche Umweltmerkmal als auch dessen Einfluß auf den/die beurteilenden Akteur(e) werden stärker gewichtet, u.a. indem die Relevanz des fraglichen Umweltmerkmals betont wird.

---

[4] Die Schreibweise indiziert, daß Akteure Zustände bzw. Entwicklungen sowohl selbst wahrnehmen und bewerten ("repräsentieren") als auch eigene Wahrnehmungen etc. anderen Akteuren gegenüber darstellen ("präsentieren"). Im Falle kollektiver Akteure kann man als "Repräsentation" die Binnenkommunikation, als "Präsentation" die Außendarstellung fassen.

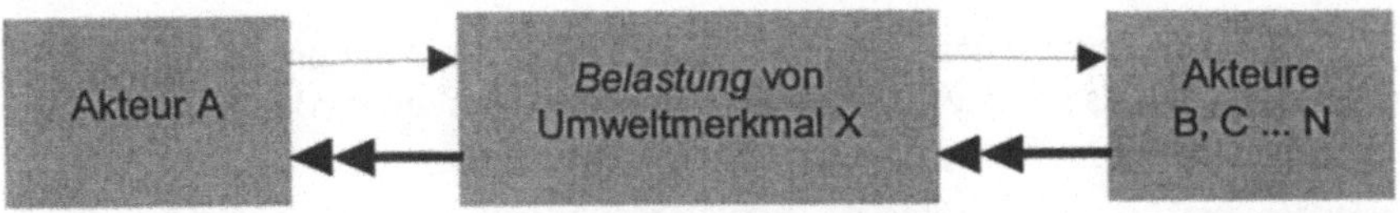

Abbildung 3: Skizze der über die *Belastung* von Umweltmerkmal X mediierten Interdependenz-relation von Akteuren A und B, C ... N aus Perspektive von Akteur A; die Pfeilstärke indiziert die von Akteur A bevorzugt wahrgenommene Stärke und/oder Bedeutsamkeit des Einflusses.

Wir haben an anderer Stelle ausgeführt, daß - und in welcher Weise - Akteure die Opferperspektive zur Selbstpräsentation bevorzugen (Linneweber, 1997). Basiert eine Interdependenzrelation auf der funktionalen Beziehung vom Typ *"Ursache (Akteur)* → *Wirkung (Umwelt)* → *Betroffenheit (Akteur)"* (= umwelt-vermittelte (Inter-)dependenz), dann kann durch die Akzentuierung der als ausge-prägt und bedeutsam repräsentierten Variablen die eigene Opfer- bzw. Betroffen-heitsposition Salienz gewinnen.

2.4 Die Nutzung von Interpretationsfreiheitsgraden in Konfigurationen von N > 2 Akteuren

Die Tatsache, daß ab Abbildung 3 nicht nur die dyadische Interdependenzrelation von Akteuren A und B indiziert ist, sondern Interdependenzrelationen auch zu anderen Akteuren (C ... N) möglich sind, signalisiert einen weiteren Freiheitsgrad für die Konstruktion von Interdependenz: Sind an der Nutzung einer Umweltres-source N > 2 Akteure beteiligt, dann besteht im Falle ungünstigen Vergleichs die Möglichkeit, weitere Akteure im Rahmen der "Konstruktion von Interdependenz" einzubeziehen. Bereits aus frühen Arbeiten zu sozialen Vergleichsprozessen (Fe-stinger, 1954) ist bekannt, daß Bezugsgruppen diese Funktion haben können (Shi-butani, 1955). Auch Arbeiten zu Intergruppenbeziehungen belegen, in welch "kreativer" Weise (z.B. durch Umbewertung, Akzentuierung oder Umbewertung von Vergleichsdimensionen) Akteure selbstdienliche Vergleiche anstreben (Brown, 1990; Doise, 1978; Hendrick, 1987; Messick & Mackie, 1989; Mum-mendey, 1985; Tajfel, 1978; Tajfel, Billig, Bundy & Flament, 1971; van Knip-penberg & Ellemers, 1990).

2.5 Selbstdienliche Interpretation eindimensionaler Interdependenz durch Umweltentlastung

Im Gegensatz zum perspektivenspezifisch voreingenommenen Vergleich von Höhe und Bedeutsamkeit relativer Belastung (Abb. 3) werden Bedeutsamkeit und Größe eigener Anstrengungen zur *Entlastung* von Umwelt - bzw. zum Umweltschutz - *überbewertet*. Dies geschieht systematisch in Relation zu den Aufwendungen anderer, das gleiche Umweltmerkmal strapazierender Akteure (Abb. 4).

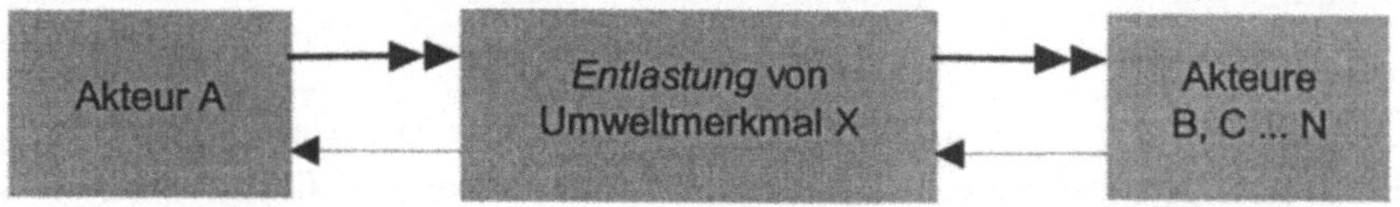

Abbildung 4: Skizze der über die *Entlastung* von Umweltmerkmal X mediierten Interdependenzrelation von Akteuren A und B, C ... N aus Perspektive von Akteur A; die Pfeilstärke indiziert die von Akteur A bevorzugt wahrgenommene Stärke und/oder Bedeutsamkeit des Einflusses.

2.6 Interdependenz von N > 2 Akteuren mit unscharfen Relationen der Umweltmerkmale

Weiterer Interpretationsspielraum resultiert aus der Tatsache, daß Entlastung und Belastung zunächst in Bedeutsamkeit und Effekt aufeinander bezogen sind. Akteure können zugleich zur Belastung einer Umweltressource beitragen und das identische Umweltmerkmal durch andere Maßnahmen entlasten. Zwei auf unterschiedlichen Aggregatebenen lokalisierte Beispiele sollen dies verdeutlichen:

- Eine Person kann ihre jährliche Fahrleistung mit dem privaten Pkw erhöhen und damit sowohl zum Abbau fossiler Energieträger beitragen als auch CO_2 emittieren. Sie kann dies allerdings mit einem neu angeschafften, nach dem Stand der Technik effizient arbeitenden Fahrzeug tun (welches dann bezeichnenderweise als "umweltfreundlich" klassifiziert wird).
- Eine nationale Regierung kann Wirtschaftswachstum fördern (mit entsprechend ansteigendem Ressourcenverbrauch und Umweltbelastung) und zugleich z.B. durch steuerliche Anreize umweltschützende Maßnahmen initiieren.

Ferner besteht die Möglichkeit von zwei "Kreuzvergleichen": Die Entlastung eines Umweltmerkmales kann in Relation zur Belastung eines anderen Merkmals gebracht werden, zunächst "innerhalb" einer Akteursseite. Im Rahmen der Interdependenzrelation kann zudem ein Akteur seine eigenen Umweltbelastungen für Merkmal X (in Höhe und/oder Bedeutsamkeit) in Relation zu den Umweltentlastungen von Merkmal Y durch Akteur B, C ... N setzen. Dies ist gewissermaßen ein "doppelt gekreuzter" Vergleich. Daß auch hier sowohl aus theoretischen Überlegungen angenommen werden muß - und auch im Umweltdiskurs beobachtet werden kann -, daß dies "selbstdienlich" passiert, wird nach den oben ausgeführten Überlegungen kaum noch überraschen.

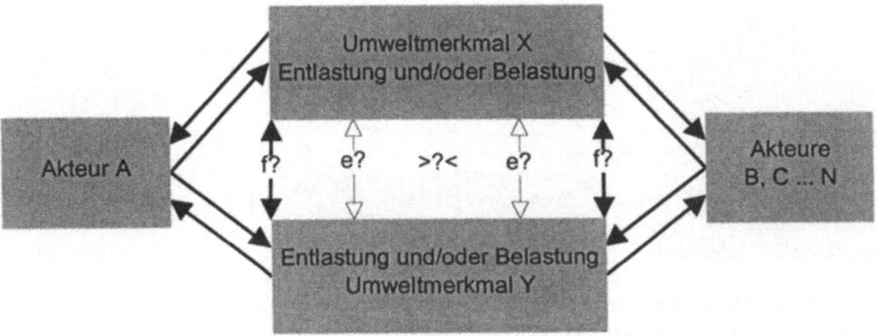

Abbildung 5: Skizze der über die *Ent- und/oder Belastung* von Umweltmerkmalen X und Y mediierten Interdependenzrelation von Akteuren A und B, C ... N mit unscharfen Relationen in Größe und Bedeutsamkeit der Merkmale X und Y sowie unscharfen Relationen von Ent- vs. Belastung.

2.7 Interdependenz von N > 2 Akteuren mit unscharfen Relationen der Umweltmerkmale und der akteurspezifischen Variablen

In der Diskussion über die "gerechte" Verteilung von Lasten für Umweltschutz bzw. die Vergabe von Nutzungsrechten sind in letzter Zeit weitere Überlegungen angestellt worden. Diese betreffen als zusätzliche Variable die relative, also *akteurspezifische* Zumutbarkeit von Umweltschutzmaßnahmen bzw. den relativen, also akteurspezifischen Nutzen sowie die relativen, *akteurspezifischen* Schäden durch die Verschlechterung von Umweltmerkmalen. Abbildung 6 stellt einen Versuch dar, diese schon recht komplizierte Interdependenzkonfiguration zu skizzieren.

Während bislang (Abb. 1 bis 5) in Interdependenzrelationen von N>2 Akteuren durch die *gezielte Auswahl von Referenzakteuren* (a) auf der Umweltseite und (b) auf der Akteurseite Freiheitsgrade für selbstdienliche Akzentuierungen gegeben waren, öffnen sich dafür nun (Abb. 6) zusätzlich auf der Akteurseite weitere Möglichkeiten, indem (c) unter Berücksichtigung spezifischer Merkmale des Akteurs ihn kennzeichnende Variablen Kosten, Nutzen, Schaden differenzierend einbezogen werden. So kann der Schaden, welcher beispielsweise durch das Ausbleiben einer Ernte entsteht, in den Auswirkungen für einen Akteur gravierender sein als für einen anderen, obwohl er, in Zahlen ausgedrückt, in beiden Fällen gleich hoch ist. Grund dafür mögen Unterschiede in der "Vulnerabilität" sein: Ein Akteur kann temporäre Verluste besser verkraften als ein anderer. Auch mag die spezifische Belastung durch Umweltschutzauflagen (z.B. Wärmedämmverordnung oder Emissionsschutz) zwischen den Akteuren ebenso variieren wie der spezifische Nutzen (Verbesserung von Luft- oder Wasserqualität).

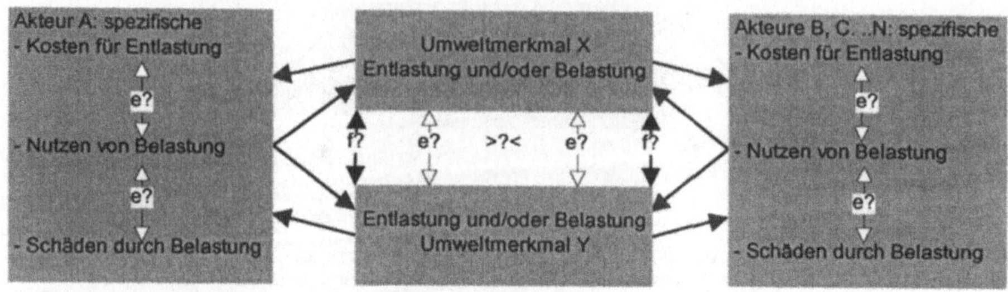

Abbildung 6: Skizze der akteurspezifischen Aufwendungen für Entlastung, akteurspezifischen Nutzen und Schäden durch die Belastung der Umweltmerkmale X und Y. Indiziert ist ferner die über die Umweltnutzung mediierte Interdependenzrelation von Akteuren A und B, C ... N mit unscharfen Relationen (in Größe und Bedeutsamkeit) der Merkmale X und Y, unscharfen Relationen von Ent- vs. Belastung sowie der akteurspezifischen Aspekte Kosten, Nutzen, Schäden.

Eine extreme, unter ökonomischen Gesichtspunkten konsequente, unter ethischen Gesichtspunkten hingegen äußerst heikle Einbeziehung dieser differentiellen Überlegungen ist die Bezifferung des Wertes von Menschenleben. Quantifiziert man, wie es üblicherweise geschieht, nach dem Gesichtspunkt des voraussichtlich pro Person erzielbaren Bruttosozialproduktes, dann ist ein durchschnittliches Menschenleben etwa in Bangladesh nur einen Bruchteil dessen wert, was beispielsweise für einen Europäer oder US-Amerikaner "anzusetzen" ist. Bei gleicher Anzahl von Opfern wäre eine Umweltkatastrophe in Bangladesh also weniger "schlimm" als beispielsweise in Deutschland. Dies ist, wohlgemerkt, unabhängig vom möglicherweise unterschiedlichen materiellen Schaden im Zusammenhang mit einem fraglichen Ereignis. Daß eine Berechnung nur unter Ausklammerung ethischer Gesichtspunkte möglich ist - und glücklicherweise nicht unwidersprochen bleibt -, dürfte deutlich sein.

2.8 Differenzierte Betrachtung akteurspezifischer umweltrelevanter Merkmale

Spezifische Merkmale des Akteurs werden allerdings nicht nur bei der isolierten Betrachtung jeder einzelnen "Schnittstelle" zur Umwelt (Kosten, Nutzen und Schaden), sondern auch bei ihrer vergleichenden Bewertung berücksichtigt. Die Kennzeichnung eines Akteurs ergibt sich somit aus der relativen Bewertung der genannten Aspekte. Auch hier ist aus theoretischen Gründen zu erwarten und empirisch zu belegen, daß in Interdependenzrelationen selbstdienlich akzentuiert wird, indem die akteurspezifischen Relationen von

- Kosten für Entlastung (Umweltschutz),
- Nutzen, welcher aus der Belastung von Umweltmerkmalen und Ressourcen resultiert,

- Schaden durch die Belastung bzw. "Abnutzung" eines Umweltmerkmals entsprechend (re-)präsentiert werden.

Auch die eingeführten Variablen auf der Akteurseite und ihre Relation zueinander sind also "fuzzy".

2.9 Möglichkeiten zur Akzentuierung durch Gewichtung

Die Kennzeichnung als "unscharf" kann sich dabei sowohl auf die Größe der fraglichen Variable als auch ihre relative Bedeutsamkeit beziehen. Unsere bisherigen Überlegungen lassen erwarten, daß die aus der Unschärfe resultierenden Freiheitsgrade in der Interpretation systematisch genutzt werden: Eigene Aufwendungen für Umweltschutz werden akzentuiert, eigene Vorteile durch die Nutzung von Ressourcen ("commons") werden heruntergespielt, selbst erlittene Belastungen durch die fremde Umweltnutzung bzw. fremde "Unterlassungssünden" zum Schutz der Umwelt bzw. Ressourcen hingegen unterstrichen. Dies bezieht sich nicht nur auf die quantifizierbare Höhe von Schaden bzw. Nutzen, sondern auch auf die Bedeutsamkeit. In Übernahme des erwartungs×wert-theoretischen Ansatzes (Ajzen, 1985, 1991; Feather, 1992; Heckhausen, 1989) öffnet damit die Wertbeimessung eines akteurspezifischen Gewinns oder Verlustes weitere Möglichkeiten selbstdienlicher (Re-)Präsentationen. Höhe eines Gewinns bzw. Verlustes und sein Wert werden als *multiplikativ* verknüpft verstanden (vgl. dazu auch die Arbeiten von Anderson, 1981, zur Informationsintegration). Für die hier diskutierten Interpretationsfreiheitsgrade bedeutet dies, daß ein moderater Gewinn oder Verlust durch eine hohe Bedeutungszumessung akzentuiert werden kann bzw. ein hoher Gewinn oder Verlust durch eine Herabstufung seiner Bedeutsamkeit unterbewertet werden kann. Während wir weiter oben diskutiert haben, daß neben Quantifizierungen von Umwelteffekten durch deren Wertbeimessung Möglichkeiten zur Akzentuierung gegeben sind, wird diese spezifisch *evaluative Komponente* hier als Differenzierung auch auf den Akteurseiten eingeführt.

Damit eröffnet sich den Akteuren eine weitere Möglichkeit zur Ausnutzung von Interpretationsfreiheitsgraden, welche in gerechtigkeitstheoretischem Sinne zwei logisch miteinander verknüpfte Ziele haben kann: Vermeiden der (Re-)präsentation eigener relativer Überpriviligierung sowie fremder relativer Unterpriviligierung.

Bezugnehmend auf Akteurspezifika eröffnen sich neben der relativen Beurteilung von Höhe und Bedeutung der genannten Merkmale zwei weitere Optionen für die Akzentuierung, nämlich: (a) bezugnehmend auf umweltunabhängige Merkmale und (b) durch die Wahl des Referenzzeitraumes.

2.10 Akzentuierung durch Bezugnahme auf umweltunabhängige Interdependenzmerkmale

Akteure sind nicht nur über die Umweltnutzung interdependent, sondern über weitere "Kanäle". Besonders deutlich wird dies bei international operierenden Akteuren. Sie treiben miteinander Handel und konkurrieren auf den Weltmärkten um Standortbedingungen, Absatz- und Produktionsmöglichkeiten.

Daraus resultieren Ansprüche und Erwartungen, beispielsweise "Wettbewerbsnachteile" zu kompensieren. Unter Bezugnahme auf diese - durchaus auch umweltunabhängigen - Interdependenzmerkmale können umweltrelevante Merkmale auf der Akteurseite relativiert werden. Die Erwartung anderer Akteure hinsichtlich der zu leistenden Umweltschutzaufwendungen lassen sich so unter Berufung auf - prinzipiell beliebig auswählbare - eigene Nachteile zurückweisen. Allgemein akzeptierte Gerechtigkeitsprinzipien liefern dafür die Grundlage.

So argumentiert gegenwärtig die Regierung von Malaysia, ein Verzicht auf die wirtschaftliche Nutzung eigener Regenwälder sei unzumutbar: Bislang habe man die technischen Voraussetzungen dazu nicht gehabt und infolgedessen entsprechende Nachteile in Kauf nehmen müssen. Nun seien die technischen Voraussetzungen gegeben, und es stehe den bisherigen Übernutzern globaler Umweltressourcen (den Industrienationen) nicht zu, Nutzungsrestriktionen zu verlangen, da Malaysia als Schwellenland einen berechtigten Nachholbedarf in der Nutzung eigener Ressourcen habe.

2.11 Akzentuierung durch die Wahl des Referenzzeitraumes

Ferner ist zu berücksichtigen, daß Interdependenz nicht etwa als "Momentaufnahme", sondern als "über Zeit gestreckte" Relation zu fassen ist. Den involvierten Akteuren ist damit die Möglichkeit gegeben, sowohl *zeitlich zurückliegende* als auch *zukünftig zu erwartende* relative Kosten- und Nutzenvergleiche anzustellen. Wesentlich für eine Beurteilung eigener vs. fremder Vor- vs. Nachteile, eigener vs. fremder Anstrengungen zum Umweltschutz etc. ist dabei die Wahl der Referenzzeiträume, insbesondere bei nichtlinearen Entwicklungen, wie sie im gegebenen Zusammenhang in der Regel vorliegen.

Nehmen wir vereinfachend an, der zeitliche Verlauf der Nutzung einer Ressource durch Akteure A und B lasse sich konsensual retrospektiv (t-10 bis t0) in der in Abbildung 7 dargestellten (loglinearen) Form rekonstruieren. Nehmen wir ferner an, zukunftsbezogene Nutzungsszenarien (t+1 bis t+10) würden - ebenfalls übereinstimmend - von beiden Akteuren in der dargestellten Form angenommen. Nehmen wir schließlich an, die Interdependenzrelation sei nur durch die Nutzung einer Ressource gegeben und externe Kriterien für die Wahl des Referenzzeitraumes bei einer Bilanzierung seien nicht vorhanden.

Bei der Festlegung eines zur Bilanzierung von Nutzungsanteilen relevanten Referenzzeitraumes wird A einen um t0 anzuordnenden engeren, B hingegen einen weiteren Zeitraum anstreben. Wäre hingegen auf der Y-Achse nicht Ressourcennutzung als negativ evaluierte, sondern Umweltschutzaufwendungen als positiv beurteilte Variable eingetragen, verhielte es sich genau umgekehrt: B hätte Interesse an einem eng, A an einem weit um t0 ausgedehnten Referenzzeitraum. B würde auf den gegenwärtigen steilen Anstieg von Aufwendungen verweisen; A hätte Interesse, den aktuell flachen Verlauf der Kurve durch Verweis auf zurückliegende und längerfristig zu erwartende höhere Bemühungen zu relativieren.

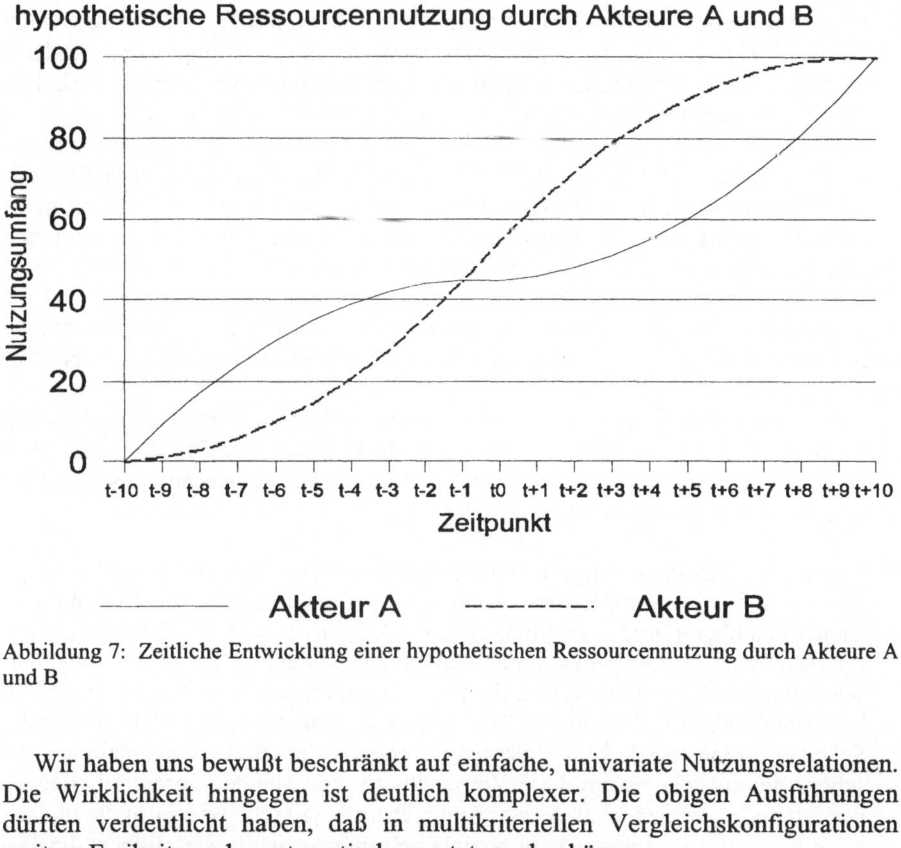

Abbildung 7: Zeitliche Entwicklung einer hypothetischen Ressourcennutzung durch Akteure A und B

Wir haben uns bewußt beschränkt auf einfache, univariate Nutzungsrelationen. Die Wirklichkeit hingegen ist deutlich komplexer. Die obigen Ausführungen dürften verdeutlicht haben, daß in multikriteriellen Vergleichskonfigurationen weitere Freiheitsgrade systematisch genutzt werden können.

3 Resümee und Ausblick

Bemüht man sich um eine zusammenfassende Beurteilung unserer Überlegungen, dann erscheint es angemessen, die diskutierten Optionen, Taktiken und Strategien zur Nutzung von Interpretationsfreiheitsgraden als Facetten eines *Benachteiligungssyndroms* in komparativen Umweltnutzungsbilanzen aufzufassen. Bezogen auf Schädigungen sind involvierte Akteure bestrebt, sich selbst in Relation zu anderen als unterpriviligiert, bezogen auf Nutzungszurückhaltung und konservative Maßnahmen hingegen als überdurchschnittlich engagiert zu (re-)präsentieren.

Wir haben zu zeigen versucht, wie dies gelingen kann und erörtert, daß multikriterielle Vergleichskonfigurationen für das Benachteiligungssyndrom prädestiniert sind.

Unsere Überlegungen waren weitgehend theoriebasiert und gegenstandsbezogen. Sie sind noch nicht empiriegestützt. Allerdings deuten sich empirische Belege in verschiedenen Analysen an. So konnten Linneweber und Haberstroh (1996) in der Analyse von Präferenzen für Rechtfertigungen umweltnutzungsbezogener Einstellungs-Verhaltens-Diskrepanzen zeigen, daß die "Metapher des Hauptbuches" in Form von Verweisen auf eigenen, anderswo praktizierten Umweltschutz (Schahn, 1993) die Spitzenposition einnimmt. Auch die Rangposition anderer bevorzugter Rechtfertigungen können als Bestätigungen der hier entwickelten Annahmen gewertet werden. Weitere Untersuchungen dazu sind in Arbeit.

Was bedeuten die angestellten Überlegungen für Anwendungszusammenhänge? Akteure nutzen die "Commons" nicht individuell; sie entscheiden nicht "autistisch". Vielmehr sehen sie sich in Rechtfertigungs- und Begründungszusammenhängen. Sie verhandeln mit Konkurrenten, konfrontieren diese mit Erwartungen und deren Begründung. Insbesondere bewerten sie eigene Nutzungsanteile sowie Umweltschutzaufwendungen *komparativ*. Höchst hilfreich ist es dabei, sich als benachteiligt zu (re-)präsentieren. Daraus können vortrefflich Nutzungsansprüche oder Begründungen für unterlassene Umweltschutzbemühungen abgeleitet werden.

Sollten uns diese Überlegungen entmutigen? Sollten sie die eher produktiven Vorschläge (z.B. von Mosler & Gutscher in diesem Band) in Frage stellen? Pessimismus dieser Art ist nicht intendiert, vielmehr ergeben sich aus unseren Ausführungen vier Konsequenzen:

1. Positionen, Taktiken, Argumentationsfiguren sowie Verhandlungsschachzüge können auf oben skizziertem Hintergrund transparenter, durchschaubarer, nachvollziehbarer und - möglicherweise - effektiver werden. Denn Umweltschutzverhandlungen leiden unter endlos erscheinenden Debatten über Entscheidungsmodi, einzuschließende bzw. auszuklammernde Gegenstände, zu berücksichtigende Zeiträume, Bewertungen eingetretener oder drohender Schäden sowie möglicher Anpassungs- oder Kompensationsmaßnahmen. Es scheint so, als gehe es um diese Verhandlungsgegenstände. Unsere Überlegungen hingegen zeigen, daß Akteure hier ebenso agieren, wie in anderen Entscheidungszusammenhängen in sozialen Systemen auch. Sie streben die Benachteiligtenperspektive an, da sich dann Ansprüche und Anrechte logisch ergeben. Als Konsequenz kann also zunächst eine theoretisch fundierte "Entmystifizierung" von Verhandlungspositionen erwartet werden (vgl. dazu auch den Beitrag von Renn in diesem Band).

2. Ökonomen, Politikwissenschaftler und Juristen, die als etablierte Politikberater in Zusammenhänge wie das IPCC (s.o.) involviert sind, kann hier aus psychologischer Sicht geraten werden, Umweltnutzung als sozialen Prozeß zu verstehen. Als Prozeß also nicht nur im physikalisch-technischen Sinne, sondern als dynamisches Resultat der Interdependenz zahlreicher Akteure. Die Kriterienvielfalt zur Beschreibung dieser wechselseitigen Abhängigkeit und die daraus resultierenden Freiheitsgrade für Bilanzierung, Formulierung von Anrechten

und Ansprüchen sowie die Tendenzen sozialer Akteure, diese gezielt zu nutzen, lassen zweifelhaft erscheinen, ob "Umweltgerechtigkeit" als verpflichtendes Prinzip in multikriteriellen, insbesondere globalen Zusammenhängen konsensual zu definieren und zu operationalisieren ist, und als tragfähiges Gerüst für Verpflichtungen, Vereinbarungen und Verträge fungieren kann. Es ist möglicherweise sinnvoller, wissenschaftlich abgesicherte "Korridore" oder "Fenster" (vgl. dazu den vom WBGU entwickelten "tolerable window-approach"; WBGU, 1996) zu bestimmen, innerhalb derer involvierte Akteure selbstverantwortlich entscheiden. Detaillierte Vergleiche mit den oben ausgeführten Problemen würden ebenso hinfällig wie feste Vorgaben für Reduktions- oder Umweltschutzziele.

3. Anscheinend kann die Verringerung der Systemgröße eine Einschränkung von Interpretationsfreiheitsgraden bewirken. Entgegen dem Trend zur Globalisierung sollten Entscheidungskompetenzen daher überschaubaren, kleineren Einheiten zugewiesen werden. Dennis Meadows äußerte sich kürzlich in einem ZEIT-Interview in eine ähnliche Richtung: "Schon der Wunsch, die Geschehnisse zu kontrollieren, basiert aber auf einem Irrglauben: darauf nämlich, man könne ein Problem analysieren und dann die richtige Lösung dafür finden... . Die Dinge sind viel zu komplex geworden. Wir sollten deshalb nicht danach streben, fehlerfreie Systeme zu entwickeln."[5] Er plädiert dann - als "Gegenteil von Megainstanzen, die derzeit das Weltgeschehen zu lenken versuchen" - für kleine, unter lokaler Kontrolle stehende Systeme. Meadows argumentiert als hervorragender Kenner der Dynamik des Gesamtsystems. Überlegungen aus der Sozial- und Umweltpsychologie, eher basierend auf Eigenschaften der humanen Systemkomponenten (und damit definitiv Teilen des Erdsystems) lassen Schlußfolgerungen in eine ähnliche Richtung zu.

4. Wir hoffen schließlich, daß sich sozial- und umweltpsychologische Gesichtspunkte künftig mit größerer Selbstverständlichkeit in die Arbeiten zur Umweltnutzung allgemein, zum Globalen Wandel und seinen Auswirkungen integrieren lassen. Dieser Beitrag sollte ein Mosaiksteinchen dazu sein. Vielleicht wird er auch als Anstoß verstanden, in anderen Zusammenhängen Schlüsselmerkmale sozialer Systeme als weitere Facetten des Benachteiligungssyndroms zu analysieren.

---

[5] ZEIT, Nr. 9 vom 19.2.98, S. 25

Literatur

Ajzen, I. (1985). From intentions to action: A theory of planned behavior. In J. Kuhl & J. Beckmann (Hrsg.), *Action-control: from cognition to behavior* (pp. 11-39). Heidelberg: Springer.

Ajzen, I. (1991). The theory of planned behavior. Special Issue: Theories of cognitive self-regulation. *Organizational Behavior and Human Decision Processes, 50* (2), 179-211.

Anderson, N.H. (1981). *Foundations of information integration theory.* New York: Academic Press.

Bagozzi, R.P., Baumgartner, J. & Yi, Y. (1989). An investigation into the role of intentions as mediators of the attitude-behavior relationship. *Journal of Economic Psychology, 10* (1), 35-62.

Bagozzi, R.P. & Yi, Y. (1989). The degree of intention formation as a moderator of the attitude-behavior relationship. *Social Psychology Quarterly, 52* (4), 266-279.

Boniecki, G.J. (1977). Is man interested in his future? The psychological question of our times. *International Journal of Psychology, 12*, 59-64.

Bossel, H. (1990). *Umweltwissen: Daten, Fakten, Zusammenhänge.* Berlin: Springer.

Brown, R. (1990). Beziehungen zwischen Gruppen. In W. Stroebe, M. Hewstone, J.P. Codol & G.M. Stephenson (Hrsg.), *Sozialpsychologie: Eine Einführung* (S. 400-429). Heidelberg: Springer.

Busemeyer, J.R. & Myung, I.J. (1987). Resource allocation decision making in an uncertain environment. *Acta Psychologica, 66*, 1-19.

Diekmann, A., Franzen, A. & Preisendörfer, P. (1995). *Explaining and promoting ecological behavior: the role of attitudes, structural incentives, and social embeddedness.* Paper presented at the 90th Meeting of the Americal Sociological Association, Washington, DC, August 19-23.

Doise, W. (1978). *Groups and individuals. Explanations in Social Psychology.* Cambridge: Cambridge University Press.

Dörner, D. (1995). Logik des Mißlingens. In K.H. Erdmann & H.G. Kastenholz (Hrsg.), *Umwelt- und Naturschutz am Ende des 20. Jahrhunderts: Probleme, Aufgaben und Lösungen* (S. 59-81). Berlin: Springer.

Dörner, D., Kreuzig, H.W., Reither, F. & Stäudel, T. (Hrsg.). (1983). *Lohhausen. Vom Umgang mit Unbestimmbarkeit und Komplexität.* Bern: Huber.

Eckes, T. & Six, B. (1994). Fakten und Fiktionen in der Einstellungs-Verhaltens-Forschung: Eine Meta-Analyse. *Zeitschrift für Sozialpsychologie, 25* (4), 253-271.

Edney, J.J. (1980). The commons problem: Alternative perspectives. *American Psychologist, 35*, 131-150.

Ernst, A.M. & Spada, H. (1993). Bis zum bitteren Ende? In J. Schahn & T. Giesinger (Hrsg.), *Psychologie für den Umweltschutz* (S. 17-27). Weinheim: Beltz.

Feather, N.T. (1992). Values, valences, expectations, and actions. *Journal of Social Issues, 48* (2), 109-124.

Festinger, L. (1954). A theory of social comparison processes. *Human Relations, 7*, 271-282.

Freeman, M.M.R. (1989). Graphs and gaffs: a cautionary tale in the common-property resources debate. In F. Berkes (Hrsg.), *Common property resources: ecology and community-based sustainable development* (pp. 92-109). London: Belhaven.

Fuhrer, U. & Wölfing, S. (1997). *Von den sozialen Grundlagen des Umweltbewußtseins zum verantwortlichen Umwelthandeln.* Bern: Huber.

Grzelak, J. (1994). *An individual and the commons.* Paper presented at the E.A.E.S.P.-small group meeting on social interaction and interdependence; Amsterdam, The Netherlands, April 28 - May 1.

Halford, G.S. & Sheehan, P.W. (1991). Human response to environmental changes. Special Issue: The psychological dimensions of global change. *International Journal of Psychology, 26*, 599-611.

Hardin, G.J. (1968). The tragedy of the commons. *Science, 162*, 1243-1248.

Hasselmann, K., Bengtsson, I., Cubatsch, U., Hegerl, G.C., Rohde, H., Roeckner, E., von Storch, H., Voss, R. & Waskewitz, J. (1995). *Detection of anthropogenic climate change using a fingerprint method* (168). Hamburg: MPI-Report.

Heckhausen, H. (1989). *Motivation und Handeln*. Berlin: Springer.

Hendrick, C. (Hrsg.). (1987). *Group processes and intergroup relations* (Vol. 9). Beverly Hills: Sage.

Inglehart, R. (1981). Post-materialism in an environment of insecurity. *Political Science Review, 75*, 880-900.

Jungermann, H., Rohrmann, B. & Wiedemann, P.M. (Hrsg.). (1992). *Risikokontroversen. Konzepte, Konflikte, Kommunikation*. Berlin: Springer.

Kagitcibasi, C. (1995). Is psychology relevant to global human development issues? *American Psychologist, 50*, 293-300.

Kaplan, S (1991). Beyond rationality; clarity-based decision making. In T. Gärling & G.W. Evans (Hrsg.), *Environment, cognition, and action: an integrated approach* (pp. 171-190). New York: Oxford University Press.

Katama, A. (Ed.). (1995). *Equity and social considerations related to climate change*. Nairobi: ICIPE Science Press.

Kim, M.sun & Hunter, J.E. (1993). Attitude-behavior relations: A meta-analysis of attitudinal relevance and topic. *Journal of Communication, 43* (1), 101-142.

Klein, G.A., Calderwood, R. & MacGregor, D. (1989). Critical decision method for eliciting knowledge. *IEEE Transactions on Systems, Man, and Cybernetics, 19*, 462-472.

Knapp, A. (1993). *Der Umgang mit knappen Ressourcen*. Göttingen: Hogrefe.

Kruse, L. (1995). Globale Umweltveränderungen: Eine Herausforderung für die Psychologie. *Psychologische Rundschau, 46*, 81-92.

Lantermann, E.D., Döring-Seipel, E. & Schima, P. (1992). Werte, Gefühle und Unbestimmtheit: Kognitiv-emotionale Wechselwirkungen im Umgang mit einem ökologischen System. In K. Pawlik & K.H. Stapf (Hrsg.), *Umwelt und Verhalten. Perspektiven und Ergebnisse ökopsychologischer Forschung* (S. 129-144). Bern: Huber.

Lévy-Leboyer, C. & Duron, Y. (1991). Global change: New challenges for psychology. Special Issue: The psychological dimensions of global change. *International Journal of Psychology, 26*, 575-583.

Linneweber, V. (1994). *Interdependence via use of global commons*. Paper presented at the E.A.E.S.P.-small group meeting on social interaction and interdependence; Amsterdam, The Netherlands, April 28 - May 1.

Linneweber, V. (1995a). Evaluating the use of global commons: lessons from research on social judgment. In A. Katama (Hrsg.), *Equity and social considerations related to climate change* (pp. 75-83). Nairobi: ICIPE Science Press.

Linneweber, V. (1995b). Nutzung globaler Ressourcen als Konfliktpotential. *Hamburger Beiträge zur Friedensforschung und Sicherheitspolitik, 92* (4), 37-74.

Linneweber, V. (1997). Psychologische und gesellschaftliche Dimensionen globaler Klimaänderungen. In K.H. Erdmann (Hrsg.), *Internationaler Naturschutz* (S. 117-143). Berlin: Springer.

Linneweber, V. & Haberstroh, S. (1996). *Predicting justifications for environmentally significant attitude-behavior inconsistencies*. Paper presented at the 11th General Meeting of the European Association of Experimental Social Psychology; Gmunden, Austria, July 13-18.

Martichuski, D.K. & Bell, P.A. (1991). Reward, punishment, privatization, and moral suasion in a commons dilemma. *Journal of Applied Social Psychology, 21*, 1356-1369.

McCay, B.J. & Acheson, J.M. (1987). *The question of the commons: the culture and ecology of communal resources*. Tuscon: University of Arizona Press.

Meadows, D., Meadows, D., Zahn, E. & Milling, P. (1973). *Die Grenzen des Wachstums*. Reinbek: Rowohlt.

Messick, D.M. & Mackie, D.M. (1989). Intergroup relations. *Annual Review of Psychology, 40*, 45-81.

Meyer, A. (1995). The unequal use of the global commons. In A. Katama (Hrsg.), *Equity and social considerations related to climate change* (pp. 183-197). Nairobi: ICIPE Science Press.

Mosler, H.J. (1993). Self-dissemination of environmentally-responsible behavior - the influence of trust in a commons dilemma game. *Journal of Environmental Psychology, 13*, 111-123.

Mummendey, A. (1985). Verhalten zwischen sozialen Gruppen: Die Theorie der sozialen Identität. In D. Frey & M. Irle (Hrsg.), *Theorien der Sozialpsychologie* (S. 185-216). Stuttgart: Huber.

Münchener Rück (1997). *Topics: Jahresrückblick Naturkatastrophen 1996*. München: Münchener Rückversicherungs-Gesellschaft.

Nordhaus, W.D. (1993). Reflections on the economics of climate change. *Journal of Economic Perspectives, 7*, 11-25.

Ostrom, E. (1990). *Governing the commons: the evolution of institutions for collective action*. Cambridge: Cambridge University Press.

Pawlik, K. (1991). The psychology of global environmental change: Some basic data and an agenda for cooperative international research. *International Journal of Psychology, 26*, 547-563.

Pawlik, K. & d'Ydewalle, G. (1996). Psychology and the global commons: Perspectives of international psychology. *American Psychologist, 51*, 488-495.

Pearce, F. (1992). *The dammed: rivers, dams, and the coming world water crisis*. London: The Bodley Head.

Reusswig, F. (1994). *Lebensstile und Ökologie. Gesellschaftliche Pluralisierung und alltagsökologische Entwicklung unter besonderer Berücksichtigung des Energiebereichs*. Frankfurt/M.: Verlag für Interkulturelle Kommunikation.

Schahn, J. (1993). Die Rolle von Entschuldigungen für umweltschädigendes Verhalten. In J. Schahn & T. Giesinger (Hrsg.), *Psychologie für den Umweltschutz* (S. 51-61). Weinheim: Beltz.

Scholz, R.W. (1988). *Improving laypersons' and experts' processing of risk information - General considerations and implications from a case-study*. Saarbrücken: Universität, Institut für Didaktik der Mathematik.

Seligman, C. (1985). Information and energy conservation. *Marriage and Family Review, 9*, 135-149.

Shibutani, T. (1955). Reference groups as perspectives. *American Journal of Sociology, 60*, 562-569.

Sloan, T. (1992). Psychologists challenged to grapple with global issues. *Psychology International, 3*, 1,7.

Spada, H. & Opwis, K. (1985). Ökologisches Handeln im Konflikt: Die Allmende Klemme. In P. Day, U. Fuhrer & U. Laucken (Hrsg.), *Umwelt und Handeln* (S. 63-85). Tübingen: Attempto.

Stern, P.C. (1978a). The limits to growth and the limits of psychology. *American Psychologist, 33*, 701-703.

Stern, P.C. (1978b). When do people act to maintain common resources? *International Journal of Psychology, 13*, 149-157.

Stern, P.C. (1992). Psychological dimensions of global environmental change. *Annual Review of Psychology, 43*, 269-302.

Stern, P.C. & Dietz, T. (1994). The value basis of environmental concern. *Journal of Social Issues, 50*, 65-84.

Sterr, H. (1998). Der Klimawandel und seine Folgen: Problematisch für die Küsten, aber hilfreich für die Forschung? In A. Daschkeit & W. Schröder (Hrsg.), *Umweltforschung quergedacht: Perspektiven integrativer Umweltforschung und -lehre* (S. 359-382). Berlin: Springer.

Stewart, T.R. (1991). Scientists' uncertainty and disagreement about global climate change: A psychological perspective. Special Issue: The psychological dimensions of global change. *International Journal of Psychology, 26*, 565-573.

Stokols, D. (1985). Theoretical and policy implications of ecological psychology for the management of environmental crises. In P. Day, U. Fuhrer & U. Laucken (Hrsg.), *Umwelt und Handeln* (S. 1-28). Tübingen: Attempto.

Tajfel, H. (Hrsg.). (1978). *Differentiation between social groups: Studies in the social psychology of intergroup relations*. London: Academic Press.

Tajfel, H., Billig, M., Bundy, R. & Flament, C. (1971). Social categorization and intergroup behaviour. *European Journal of Social Psychology, 1*, 149-178.

Takala, M. (1991). Environmental awareness and human activity. Special Issue: The psychological dimensions of global change. *International Journal of Psychology, 26*, 585-597.

Thompson, S.C. & Stoutemyer, K. (1991). Water use as a commons dilemma: The effects of education that focuses on long-term consequences and individual action. *Environment and Behavior, 23*, 314-333.

Timmermans, H. (1991). Decision making processes, choice behavior, and environmental design: conceptual issues and problems of application. In T. Gärling & G.W. Evans (Eds.), *Environment, cognition, and action: an integrated approach* (pp. 63-77). New York: Oxford University Press.

Tsai, Y.M. (1993). Social conflict and social cooperation - simulating "the tragedy of the commons". *Simulation & Gaming, 24*, 356-362.

Ungar, S. (1994). Apples and oranges: Probing the attitude-behavior relationship for the environment. Special Issue: Environment. *Canadian Review of Sociology and Anthropology, 31* (3), 288-304.

van Knippenberg, A. & Ellemers, N. (1990). Social identity and intergroup differentiation processes. In W. Stroebe & M. Hewstone (Eds.), *European review of social psychology* (Vol. 1, pp. 137-169). Chichester: Wiley.

WBGU, Wissenschaftlicher Beirat der Bundesregierung Globale Umweltveränderungen (Hrsg.). (1993). *Welt im Wandel: Grundstruktur globaler Mensch-Umwelt-Beziehungen*. Bonn: Economica.

WBGU, Wissenschaftlicher Beirat der Bundesregierung Globale Umweltveränderungen (Hrsg.). (1994). *Welt im Wandel: die Gefährdung der Böden*. Bonn: Economica.

WBGU, Wissenschaftlicher Beirat der Bundesregierung Globale Umweltveränderungen (Hrsg.). (1996). *Welt im Wandel: Wege zur Lösung globaler Umweltprobleme*. Berlin: Springer.

Wiener, J.L. (1993). What makes people sacrifice their freedom for the good of their community? *Journal of Public Policy & Marketing, 12*, 244-251.

Wege zur Deblockierung kollektiven Umwelthandelns

Hans-Joachim Mosler und Heinz Gutscher[1]

1 Einleitung: Umweltprobleme aus sozialpsychologischer Sicht

Obwohl in den meisten reichen und wirtschaftlich hoch entwickelten Ländern die technischen und ökonomischen Voraussetzungen für eine zurückhaltendere Nutzung von Umweltressourcen gegeben sind, schlägt sich dies bisher kaum wirklich in ökologisch relevanten Kennziffern dieser Gesellschaften nieder. Zwar weisen Befragungen von Individuen den Handlungsbedarf im Umweltbereich seit Jahren - trotz konkurrierender Sorgen wie z.B. Arbeitslosigkeit - regelmäßig in den vorderen Rängen aus: Individuell gehandelt wird dennoch höchstens zeitweise, lediglich in Teilbereichen und am liebsten dort, wo es nicht viel "kostet" (z.B. Diekmann, 1996). Daraus wird allzu oft und unseres Erachtens vorschnell eine durchgängige Diskrepanz zwischen Wissen und Handeln postuliert. Eine genauere, qualitative Analyse der Wertvorstellungen und des Wissens über Natur und Umwelt zeigt jedoch, daß einige der von außen konstatierten Ungereimtheiten und Widersprüchlichkeiten individuellen Handelns subjektiv stimmig erscheinen und im kognitiven System des Individuums vielfältig abgestützt werden (Flury-Kleubler & Gutscher, 1996). Aus den subjektiven Repräsentationen der politischen bzw. der Medienagenda einerseits und dem individuellen und sektoriellen Nicht-Umsetzen umweltverantwortlichen Handelns andererseits eine durchgängige Einstellungs-Handlungskluft abzuleiten, hieße mindestens teilweise einem Methodenartefakt der traditionellen Umfrageforschung aufzusitzen.

Dennoch: Es gibt spezifische Diskrepanzen zwischen Wissen und Handeln. Eine wesentliche Ursache für ökologisch bedenkliches Handeln von Individuen sehen wir - neben verschiedenen anderen Ansätzen - darin begründet, daß aus der Sicht der einzelnen individuelles umweltverantwortliches Handeln nichts oder zuwenig bewirkt (vgl. auch den Beitrag von Gessner & Bruppacher in diesem Band).

---

[1] Diese Arbeit wurde im Rahmen des Projekts "Beiträge zur Nachhaltigkeit in Gemeinden: Simulationsgestützte Erprobung und Diffusion psychologischer Interventionsformen" (Nr. 5001-048830/1) des Schweizerischen Schwerpunktprogrammes Umwelt erstellt.

- Dies mag daran liegen, daß die Mehrheit der jeweils anderen ebenfalls nichts in Richtung Umweltverträglichkeit unternimmt bzw. daß die das umweltschädigende Mehrheitshandeln allenfalls in Frage stellenden, irritierenden, umweltverantwortlichen Minoritäten zu wenig prominent oder gar nicht sichtbar sind. Auf der Grundlage von Gruppenprozessen werden im folgenden neuartige, minoritätsorientierte Interventionsformen konzipiert und im Rahmen von Simulationen "ausprobiert".
- Daß individuelles Handeln nichts zu bewirken verspricht, könnte aber auch bedeuten, daß sich Individuen bei der Handlungsplanung zu stark am Handeln der vielen anderen orientieren und zuwenig am Zustand der bedrohten Ressourcen (vgl. den Beitrag von Linneweber in diesem Band). Dadurch blockieren sich die Individuen gegenseitig in ihren umweltschädigenden Handlungsmustern, nichts ändert sich. Auch auf dieser Grundlage wurde eine Deblockierungsstrategie entwickelt und im Rahmen von Simulationsexperimenten "ausgetestet".

Bevor wir ausführlicher auf diese beiden Deblockierungsstrategien eingehen, soll im folgenden zunächst unsere Sichtweise auf die Entstehung und Aufrechterhaltung von Umweltproblemen dargelegt werden.

Ein wesentlicher Teil der Umweltprobleme erwächst aus einer massenhaften kollektiven Überbeanspruchung allgemein zugänglicher und nutzbarer Ressourcen: Werden Umweltschäden an derartigen Gemeingütern vom größten Teil der Bevölkerung mitverursacht, so fällt es den einzelnen schwer, sich selbst wirklich als Mitverursachende wahrzunehmen (vgl. auch den Beitrag von Lantermann in diesem Band). Dies gilt für die Verschmutzung der Luft über einem Gebiet genauso wie für die Überlastung eines Erholungsgebietes, für die Überdüngung eines Gewässers durch sehr viele Landwirtschaftsbetriebe oder die Übernutzung der Fischbestände der Weltmeere: Das einzelne Individuum mag zwar solche Umweltschäden insgesamt bedauern, verkennt jedoch nicht selten die eigene Beteiligung daran, bagatellisiert sie oder sieht sich (zumindest als einzelnes Individuum) außerstande, das eigene Nutzungshandeln zu ändern (vgl. auch Schahn, 1993). Dem konsequenten Handeln der Beteiligten stehen - trotz des prinzipiell vorhandenen Wissens und der hohen Priorität, die den aus kollektivem Fehlverhalten resultierenden Umweltproblemen eingeräumt werden - wichtige sozio-psychologische Barrieren im Wege. Verantwortlich für diese besondere Art einer Diskrepanz zwischen Wissen und Handeln sind unserer Meinung nach bestimmte, als Dilemmata erlebte Wechselwirkungen zwischen Umwelt-ressourcen, Individuum und Sozialsystem. Auf diesen Wechselwirkungen beruhen die spezifisch sozialpsychologischen Hemmnisse hinsichtlich des umwelt- verantwortlichen Handelns von Individuen (vgl. Abb. 1).

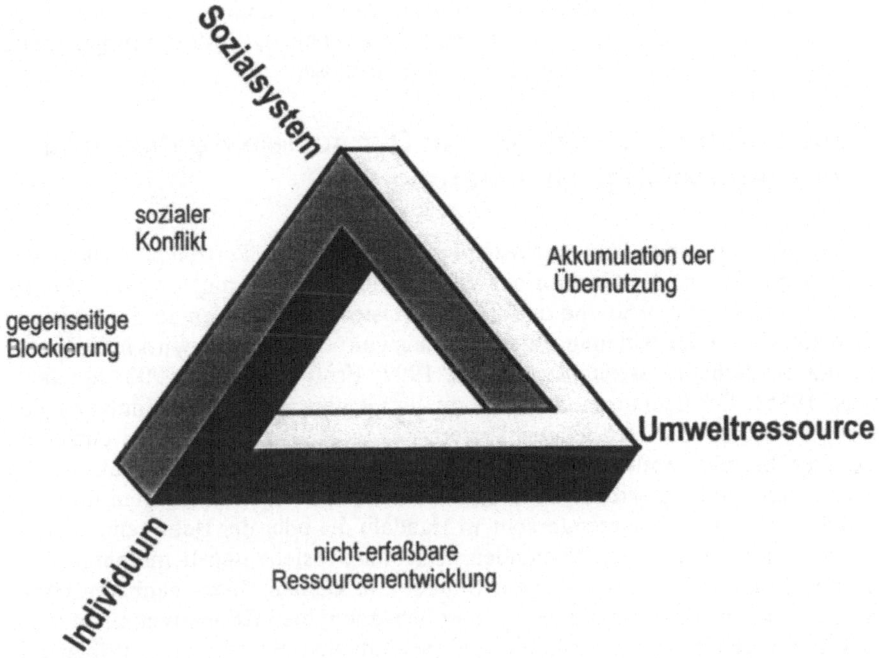

Abbildung 1: Problematische Aspekte der Beziehungen zwischen Individuum, Sozialsystem und Umweltressource

1.1 Individuum - Umweltressource: Die nicht erfaßbare Ressourcenentwicklung

Umweltbezogenem Handeln liegt fast immer eine Nutzung von natürlichen, sich selbst regenerierenden Ressourcen zugrunde. Wildtierpopulationen wie z.B. Wale oder Heringe und Pflanzenbestände wie z.B. der tropische Regenwald oder das Grasland, aber auch Luft, Wasser und Boden sind solche Ressourcen: Sie alle werden in irgendeiner Weise vom Menschen in Anspruch genommen. Häufig sind den Nutzenden die Regenerationsfähigkeit dieser Ressourcen und die zugrunde-liegenden Gesetzmäßigkeiten unbekannt. Die mangelnde Zugänglichkeit und Anschaulichkeit der Entwicklungs- und Regenerationsgesetzmäßigkeiten liegen in der Komplexität der beteiligten Ökosysteme und der Vernetzung verschiedenster Einflußfaktoren begründet. Das Erkennen des jeweiligen Ressourcenzustands und dessen Veränderung wird zusätzlich dadurch erschwert, daß Schäden durch Über-nutzung meist zeitverzögert auftreten und sich in ihrem Ablauf nichtlinear akku-mulieren. Menschen denken aber eher in linearen Verläufen (Dörner 1993; Dörner & Preussler 1990), was sich beim Verständnis der Ressourcendynamik in ökologi-schen Systemen als hinderlich erweist. Außerdem ist für den einzelnen die Versu-

Versuchung groß, zugunsten eines momentanen Gewinns aus der Ressourcenübernutzung den irgendwann einmal eintretenden Verlust infolge meist irreversibler Schädigung der Ressource zu verharmlosen.

1.2 Individuum - Sozialsystem: Der soziale Konflikt und die gegenseitige Blockierung

Bei der Nutzung einer Umweltressource durch mehrere Personen entsteht ein sozialer Konflikt, da der Gewinn aus der individuellen Übernutzung der Einzelperson zugute kommt, während der dadurch entstehende Schaden an der Ressource sich auf alle an der Nutzung Beteiligten auswirkt. Der Nutzen wird individualisiert und der Schaden sozialisiert (Ernst, 1997; Ernst & Spada, 1993; Spada & Opwis, 1985). Oft übersteigt der individuelle Gewinn aus der Übernutzung den auf den einzelnen zurückfallenden längerfristigen Schaden: Für einen einzelnen Beteiligten besteht somit ein Anreiz zur Übernutzung. Einer zurückhaltenderen Nutzung steht die Ungewißheit über das Handeln der übrigen Beteiligten im Weg: z.B. die Angst, mit ressourcengerechtem Handeln die oder der Betrogene zu sein. Die Größe der Gruppe der Nutzenden setzt den Absicherungsbemühungen des einzelnen Grenzen: Im Gegensatz zur Situation in kleinen, überschaubaren Gruppen ist es dem einzelnen Individuum in großen, anonymen Kollektiven nicht mehr möglich, zwecks Vertrauensbildung auf persönlichen Beziehungen aufbauende kollektive Sicherungssysteme zu etablieren, die für alle Nutzenden gleichermaßen bindend wären.

In großen anonymen Sozialsystemen müssen wir somit davon ausgehen, daß sich deren Mitglieder in ihren umweltgefährdenden Handlungen "gegenseitig blockieren" und "gefangen halten". So behindert letztlich jeder einzelne durch umweltgefährdendes Handeln bei allen anderen alternative, umweltgerechte Handlungsweisen (vgl. Gutscher & Mosler, 1992). Die Art der Ressourcennutzung durch ein Sozialsystem beeinflußt das Handeln der Einzelperson wesentlich, denn es ist schließlich die kollektive Nutzungsart, die den potentiellen Gesamtertrag für die individuelle Ressourcennutzung bestimmt: Übernutzen viele eine noch ergiebige Umweltressource, so sieht sich die Einzelperson praktisch gezwungen, sich an der Übernutzung ebenfalls zu beteiligen. Tut sie dies nicht, so nimmt sie neben dem alle gleichermaßen treffenden langfristigen Schaden durch die Übernutzung den geringeren unmittelbaren Ertrag in Kauf. Da diese Sachlage jedoch für sämtliche Individuen einer umweltübernutzenden Gesellschaft zutrifft, halten sich die Individuen gegenseitig in ihren umweltgefährdenden Handlungen gefangen.

Übernutzt das Kollektiv eine Ressource, erscheint individuell übernutzendes Handeln als einzig "rational". Dadurch legitimiert und erhält sich das kollektive Handlungsmuster bis zur endgültigen Erschöpfung der Ressource. Der eigene mögliche Beitrag zur Entlastung einer Ressource durch eine zurückhaltendere Nutzung erscheint dem Individuum - angesichts der massenhaften Umweltschädigung durch die anderen - unerheblich und somit letztlich auch nicht "vernünftig". Dies erklärt, warum Menschen im Extremfall wider besseres Wissen über den Umweltzustand umweltschädigend handeln.

1.3 Sozialsystem - Umweltressource: Die Akkumulation der Übernutzung

Für viele Ressourcen existiert eine optimale Bewirtschaftungsstrategie. Daraus ergeben sich individuelle Nutzungsquoten, die eine ständige Regeneration und somit eine nachhaltige Nutzung der Ressource garantieren. Hielten sich alle Nutzenden an diese Nutzungsgröße, zöge jede(r) der Beteiligten über die Zeit hinweg den größten Gewinn aus der Nutzung. Aufgrund der meistenorts geltenden sozialen Regelsysteme sind jedoch fatale Anreizbedingungen wirksam: Jede Einzelperson verschafft sich einen kurzfristigen Zusatzvorteil, wenn sie die Ressource intensiver nutzt als andere Personen. Übernutzen jedoch viele Personen diese auch nur "geringfügig", wird sie über kurz oder lang zugrunde gerichtet. Erst die vielfache individuelle Übernutzung und deren Akkumulation schafft das Umweltproblem, wobei der schädigende Einflußanteil der Einzelperson auf die gesamte Ressource bezogen minimal ist. Für das Individuum ist es deshalb kaum ersichtlich und noch weniger begreifbar, warum aus seinem geringen Mehrnutzen derart verheerende Folgen erwachsen sollen.

Der eigene mögliche Beitrag zur Schonung der Ressourcen angesichts der massenhaften Umweltschädigung durch die anderen erscheint unerheblich. Grundsätzlich ist deshalb davon auszugehen, daß die im Mittelpunkt unseres Interesses stehenden umweltgefährdenden Handlungsmuster durch das soziale Umfeld bedingt, gestützt und chronifiziert werden. Ein Ausweg aus dieser Dynamik erfordert es, die individuenzentrierte Untersuchung umweltbezogenen Handelns - wie sie bisher in erster Linie praktiziert wurde - durch das gleichzeitige Berücksichtigen des Handelns vieler Individuen zu ergänzen. Die Summe der Nutzungen zahlreicher einzelner führt zu ernsthaften Umweltproblemen. Der "Ausstieg" einzelner aus umweltbelastenden Nutzungsmustern stößt auf psychologische Hindernisse ("... wenn ich alleine verzichte ... bringt das der Umwelt doch gar nichts ...").

Aus diesen Gründen interessieren insbesondere die psychologischen Bedingungen, die einer kollektiven Umorientierung hin zu umweltverträglichen Handlungen zugrunde liegen. Es stellt sich demnach die Frage, welche sozialpsychologischen Bedingungen gegeben sein müssen, damit die Zahl jener Personen, die umweltverantwortlich handeln, soweit zunimmt, bis es schließlich zu einem großräumigen "Umkippen" des bisherigen umweltbelastenden Handlungsmusters des Kollektivs kommt. Die zentrale Frage der vorliegenden Arbeit läßt sich somit wie folgt formulieren: Unter welchen Bedingungen kann sich eine sozial großflächig wirksame Eigendynamik entfalten, welche kollektives umweltübernutzendes Denken und Handeln in kollektives umweltverantwortliches Denken und Handeln überführt? Die Antworten auf diese Frage werden es ermöglichen, die Konzeption und Durchführung wirksamer Umweltaktionen und Kampagnen theoretisch besser abzusichern und in der Umsetzungspraxis zu unterstützen.

Im folgenden stellen wir zwei Computersimulationsmodelle vor, mit denen wir Möglichkeiten der Deblockierung kollektiven Umwelthandelns untersuchen. Mit dem ersten Modell analysieren wir die Möglichkeiten der Veränderung der Einstellungen von Populationen über Gruppenprozesse, mit dem zweiten Modell untersuchen wir die Möglichkeiten der Veränderung der kollektiven Bewirtschaftung einer Umweltressource.

Bei der Darstellung der nachfolgenden simulationsbasierenden Deblockierungsvorschläge gehen wir folgendermaßen vor: Wir präsentieren zunächst sehr kurz die Theorie bzw. die Befunde, mit denen das angesprochene Problemfeld behandelt werden kann und leiten dann die wichtigsten Kernaussagen ab. Hierauf werden diese Kernaussagen in ein systemtheoretisches Modell umgesetzt. Dieses Modell dient als Basis für die programmtechnische Implementation, die wir an dieser Stelle nicht ausführen. Ebenso verzichten wir aus Platzgründen auf den Schritt der Validierung, bei dem die Simulationsmodelle mittels Expertenurteilen und durch Replizierung vorhandener Befunde aus der Umwelt- und Sozialpsychologie validiert werden (vgl. hierzu Mosler, 1997). Sodann werden simulierte Interventionsexperimente zur Deblockierung kollektiver Einstellungs- und Ressourcennutzungsmuster vorgestellt, die für die Konzeption von neuartigen Aktionsprogrammen von Bedeutung sein dürften. Schließlich diskutieren wir Folgerungen für die Umweltforschung und -praxis.

2 Eine Computersimulation für gruppeneinflußorientierte Interventionen zur Deblockierung

2.1 Die Theorie und ihre Kernaussagen

Frey, Dauenheimer, Parge und Haisch (1993, S. 114ff.) entwickelten ein integratives Konzept sozialer Vergleichsprozesse, in dem sie zur Theorie von Festinger (1954) die Theorie der sozialen Identität nach Tajfel (1978 und 1979, zit. in Frey et al., 1993) und die theoretischen Vorstellungen von Thibaut und Kelley zum Vergleichsniveau für Alternativen (1959, zit. in Frey et al., 1993) miteinbezogen. Frey et al. (1993, S. 114ff.) erwarten bei Vorliegen von Meinungsdiskrepanzen in Gruppen die "Wahl" einer Handlungsstrategie: (a) Änderung der eigenen Position/Meinung, (b) Veränderung der Position anderer bzw. Behauptung der eigenen Position, (c) Verlassen der Gruppe bzw. Ausschluß aus der Gruppe als aufgezwungene "Wahl". Wahlkriterien sind: (a) die Möglichkeit der Gruppe, gegenüber einer Person negative Sanktionen zu verhängen - woraus Konformitätsdruck entsteht -, (b) die Attraktivität der Gruppe, (c) die Attraktivität von Alternativgruppen sowie (d) die wahrgenommene Bedrohung des Selbstkonzepts bei Änderung der eigenen Position.

Eine Bedrohung des Selbstkonzepts kann sich folgendermaßen einstellen: Jede Person nimmt in bezug auf zentrale Themen Positionen ein, von denen sie nicht so leicht abrückt, da sie für ihr Selbstkonzept konstituierend sind. Die Person müßte also, um ihre Position zu verändern, auch das Bild über sich selbst verändern. Dies ist dann der Fall, wenn eine Annäherung an eine angesonnene Position ein zu starkes Abrücken von der bisherigen Position mit sich bringen würde. Nach Frey et al. (1993) wird eine Person ihre Position dann ändern, wenn sie einen gewissen Konformitätsdruck verspürt und die Gruppe ihr ausreichend attraktiv erscheint. Wenn der Konformitätsdruck in einer als attraktiv eingestuften Gruppe gering ist und eine Änderung der eigenen Position eine Bedrohung des Selbstkonzepts mit sich bringen würde, wird die Person versuchen, ihre eigene Position zu behaupten bzw. die Position anderer zu verändern. Weitere Kriterien, die hierbei eine Rolle spielen, sind die Bewertung der Erfolgschancen für Veränderungen sowie die subjektive Sicherheit und soziale Absicherung der eigenen Position. Eine Person verläßt die Gruppe, wenn eine Änderung der eigenen Position das Selbstkonzept bedroht, eine äquivalente Alternativgruppe zur Verfügung steht oder wenn eine Änderung der Position anderer nicht möglich erscheint.

Da weder Festinger noch Frey et al. eine Aussage zum Konformitätsdruck in Abhängigkeit der Anzahl vertretener Meinungen machen, benutzen wir hierzu das "Soziale-Einfluß-Modell" von Tanford und Penrod (1984). Es enthält eine S-förmige Gompertz-Wachstumsfunktion, die den Einfluß einer zunehmenden Anzahl von Personen beschreibt. Diese Funktion verläuft zunächst positiv beschleunigend, dann eher linear und schließlich negativ beschleunigend bis hin zu einer Asymptote. Das heißt, daß der Einfluß einer einzigen Person minimal ist, bei einer zweiten Person ansteigt und bei der dritten Person einen Beugepunkt erreicht; bei weiteren Einflußpersonen nimmt der Zuwachs des Einflusses jedoch wieder ab und steigt von einem bestimmten Punkt an überhaupt nicht mehr an.

Für unser Modell des umweltbezogenen Handelns verwenden wir folgende Kernaussagen (K) aus Festinger (1954) mit Erweiterungen von Frey et al. (1993):

K1: Meinungsdiskrepanzen in einer Gruppe führen zu Aktionen mit dem Ziel, diese Diskrepanzen zu beseitigen: entweder wird die eigene Meinung geändert oder versucht, die Meinungen anderer zu ändern. Sind die Diskrepanzen beträchtlich, so wird der soziale Vergleich vermieden (Festinger 1954, S. 128). Nimmt eine Person wahr, daß durch den Vergleich eine massive Bedrohung ihres Selbstkonzepts entsteht, so ist die Wahrscheinlichkeit hoch, daß sie den Vergleich meidet (Frey et al., 1993, S. 101).

K2: Die Bemühungen einer Person, Diskrepanzen zu anderen Gruppenmitgliedern zu reduzieren, wachsen mit der Attraktivität der Gruppe und dem Uniformitätsdruck (Frey et al., 1993, S. 94 und entsprechend Festinger 1954, S. 131). Die Abhängigkeit des Konformitätsdrucks von der Anzahl vertretener Meinungen in einer Gruppe wird durch das "Soziale-Einfluß-Modell" von Tanford und Penrod (1984) realisiert.

2.2 Modellierung

Relevant für das Modell des umweltbezogenen Handelns ist die Handlungsstrategie bei Meinungsdiskrepanzen (Abb. 2): Die "Änderung der eigenen Position" von Frey et al. (1993) wird im Modell in Form einer Einstellungsänderung konzipiert. Alle Variablen sind aus Gründen der Vergleichbarkeit intervallskaliert und mit einer Ausprägung von 0 bis 100 versehen. Für Variablen mit Umweltorientierung bedeutet 100 "maximal umweltgerecht" und 0 "maximal nicht umweltgerecht", bei 50 liegt der "weder/noch"-Punkt.

148

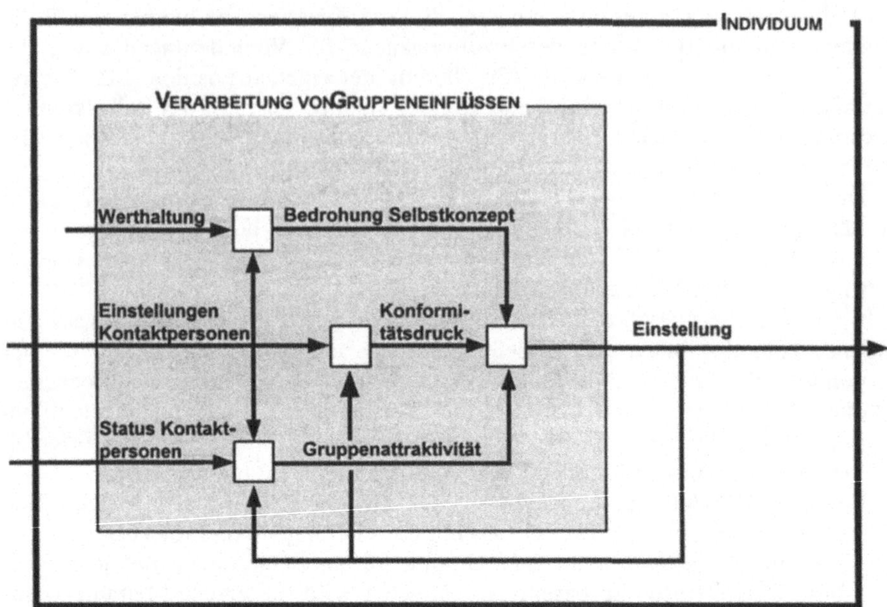

Abbildung 2: Systemtheoretische Darstellung der implementierten Prozesse im Modell "Verarbeitung von Gruppeneinflüssen"

Eine Einstellungsänderung resultiert aus einem Konformitätsdruck, gewichtet mit der Gruppenattraktivität (K2). Liegt aber eine Bedrohung des Selbstkonzepts vor, so wird die Einstellungsänderung ausgesetzt (K1). Eine Bedrohung des Selbstkonzepts besteht für eine Person im Rahmen unserer Simulation dann, wenn ihre Werthaltung sich von der durchschnittlichen Einstellung der übrigen Gruppenmitglieder um einen gewissen Betrag (Wert 30) unterscheidet, denn die Werthaltungen werden als Referenz für das Selbstkonzept betrachtet. Eine zu große Diskrepanz zwischen den eigenen Werthaltungen und der Gruppeneinstellung wird von der einzelnen Person als Bedrohlichkeit empfunden: Die Person müßte zu sehr von ihren eigenen Werten abweichen, um sich der Gruppe anpassen zu können; sie müßte sich unter sozialem Druck sozusagen "untreu" werden.

Eine Person ändert ihre Einstellung um so eher, je attraktiver ihre Gruppe und je größer der Konformitätsdruck in der Gruppe ist. Die Einstellung wird in Richtung der durchschnittlichen Gruppeneinstellung verändert. Eine Einstellungsänderung erfolgt jedoch nur, wenn für das Individuum keine Bedrohung seines Selbstkonzepts vorliegt.

Die Attraktivität der Gruppe setzt sich aus zwei Komponenten zusammen: (a) aus dem Unterschied zwischen der eigenen Einstellung und der durchschnittlichen Gruppeneinstellung - eine Gruppe ist um so attraktiver, je ähnlicher die "Wellenlänge" der Person und der Gruppe ist - und (b) aus dem durchschnittlichen Status der Gruppe: ihres Ansehens, ihrer Macht, ihrer sozialen Ressourcen. Den in der Gruppe bestehenden Konformitätsdruck berechnen wir nach der gut belegten Formel von Tanford und Penrod (1984). In einer Potenzfunktion wird der jeweilige Konformitätsdruck, bezogen auf die Gesamtzahl der Gruppenmitglieder, für ein Minoritäts- und ein Majoritätsmitglied getrennt berechnet.

2.3 Simulationsexperimente

Uns interessiert auf der Ebene der Population vor allem die folgende Frage: Läßt sich eine Minderheit von umweltgerecht handelnden Personen in einer Population derart verteilen und kommunikativ vernetzen, daß sie einen deblockierenden Einfluß auf die nicht-umweltgerechte Mehrheit ausübt?

Wir gehen von folgender (vereinfachter) Ausgangslage aus: Die Population ist in Gruppen von 10 Personen strukturiert, wobei jede Gruppe zu zwei anderen Gruppen Kontakt hat. In Hinblick auf eine mögliche Intervention nehmen wir an, daß 10% der Population im Rahmen eines Umweltaktionsprogramms dazu gebracht werden könnte, für eine begrenzte Zeit, z.B. eine Woche, was einem Durchgang in der Simulation entsprechen könnte, eine deutlich umweltfreundlichere Einstellung als bisher zu vertreten (Annahme: um 25 Punkte höher). Diese Personen nennen wir (Einstellungs-)"Pioniere", sie treten als Multiplikatoren auf. Sie werden zudem für Abweichungen von der eigenen Position stärker sensibilisiert, d. h. sie reagieren empfindlicher gegenüber einer potentiellen Bedrohung ihres Selbstkonzepts. Dadurch erwerben sie eine besonders niedrige Nachgiebigkeit gegenüber sozialen Einflußversuchen: Bereits geringe Abweichungen der anderen Individuen aus der Gruppe von der eigenen ("Pionier"-)Position implizieren eine potentielle Selbstkonzeptbedrohung, was zu einer unnachgiebigeren Haltung der "Pioniere" in der Gruppe führt.

Im Rahmen verschiedener Experimentalbedingungen untersuchten wir unterschiedliche Formen der Organisation und Vernetzung der "Pioniere": Nach Abschluß des kurzen Aktionsprogramms
- bleiben sie ohne weitere Verbindungen nach außen in ihren Gruppen (isoliert),
- bleiben sie in ihren Gruppen, haben aber Kontakte zu anderen "Pionieren" (vernetzt),
- oder schließen sie sich in eigenen Gruppen zusammen (Kerngruppen), die wenige oder auch zahlreiche Kontakte zu anderen Gruppen haben.

Die durchgeführten Experimente sowie die Ergebnisse sind in den Abbildungen 3 und 4 dokumentiert. Die Intervention findet lediglich im fünften Durchgang statt. Die nachfolgende Dynamik ist allein Folge dieses kurzzeitigen Eingriffs.

Experimentalbedingungen:
A. In jeder Gruppe gibt es einen isolierten "Pionier", dessen Nachgiebigkeit nicht durch Sensibilisierung heruntergesetzt wurde. Die "Pioniere" haben dieselbe Nachgiebigkeit wie der Rest der Population.
B. In jeder Gruppe gibt es einen isolierten "Pionier", dessen Nachgiebigkeit niedriger ist als die der Mitglieder der Gruppenmehrheit.
C. In jeder Gruppe figuriert ein "Pionier", dessen Nachgiebigkeit gleich hoch ist wie die der Mitglieder der Gruppe; zusätzlich haben die Pioniere Kontakt

zu 10 weiteren "Pionieren" aus anderen Gruppen und erleben sich somit nicht mehr als Minorität.

D. Wie C, aber die "Pioniere" haben eine niedrigere Nachgiebigkeit.

E. Alle "Pioniere" sind in eigenen Kerngruppen konzentriert und haben eine niedrige Nachgiebigkeit. Jeder "Pionier" hat zu einer anderen Person außerhalb der Kerngruppe Kontakt.

F. Wie E, aber die "Pionier"-Gruppenmitglieder haben zu 10 anderen Personen außerhalb der Kerngruppe Kontakt.

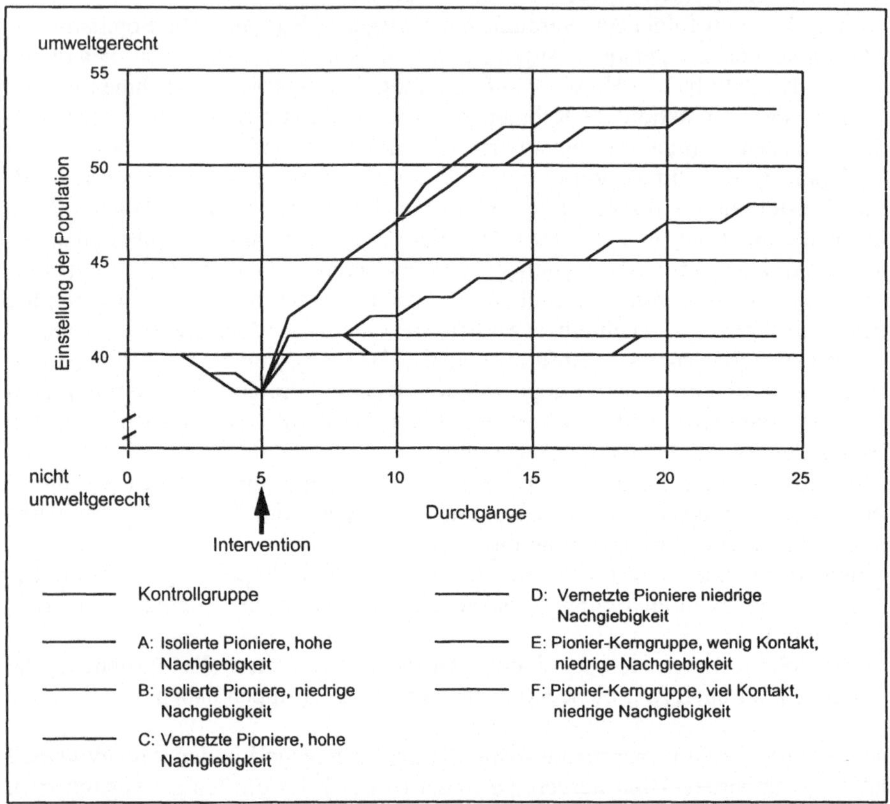

Abbildung 3: Veränderung der mittleren Populationseinstellung mit 10% Pionieren nach verschiedenen gruppenorientierten Interventionsformen, welche im Text beschrieben sind

Der Kurvenverlauf in der Abbildung 3 macht folgendes deutlich:

• Für "Pioniere" ist es außerordentlich wichtig, wenig nachgiebig zu sein, damit sie sich nicht zu früh an die Mehrheitsumgebung anpassen.

• Ohne geringe Nachgiebigkeit nützt es ihnen auch nichts, wenn sie sich vernetzen und sich nicht mehr als Minorität erleben.

• Kerngruppen - auch mit geringer Nachgiebigkeit - haben nur dann einen Effekt auf die sie umgebenden Gruppen, wenn sie viele Außenkontakte haben. Die

Kurve F in Abbildung 3 steigt in weiteren Durchgängen noch an, aber nicht so hoch wie die Kurven B und D.

Der Sachverhalt liegt anders, sobald wir nicht mehr 10%, sondern nur noch 3% der Population als "Pioniere" gewinnen können (Abb. 4). Hier zeigt sich, daß isolierte "Pioniere" einen wesentlich schlechteren Effekt auf die Population haben, als "Pioniere", die untereinander vernetzt sind oder eigene Gruppen bilden (alle "Pioniere" haben eine geringe Nachgiebigkeit).

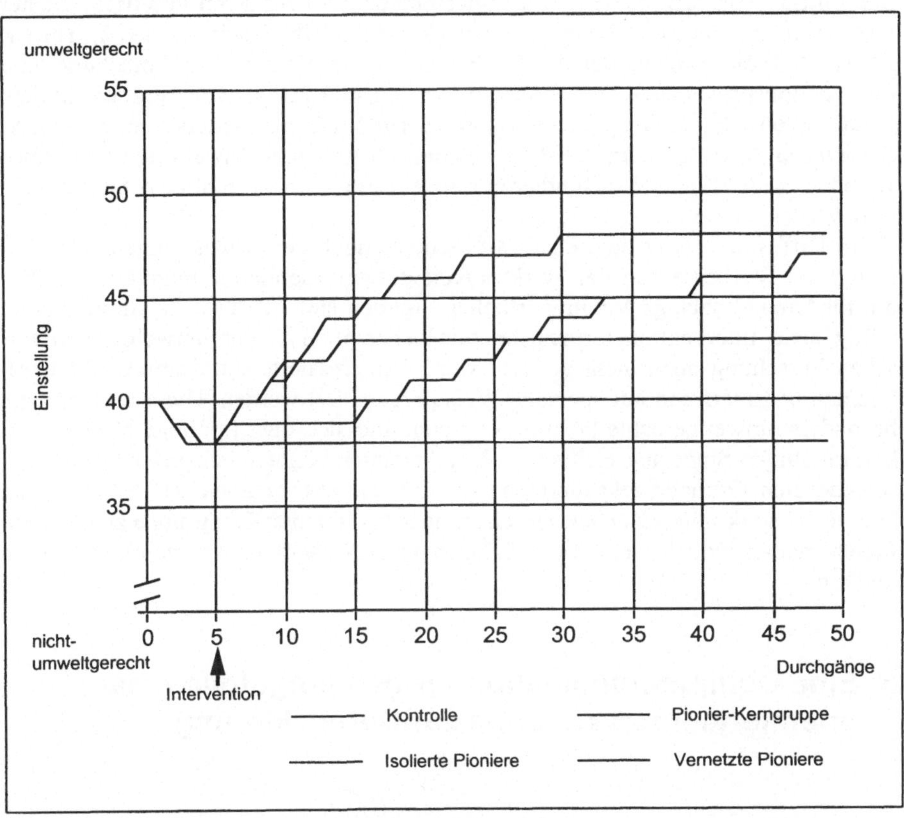

Abbildung 4: Veränderung der mittleren Populationseinstellung mit 3% Pionieren nach verschiedenen gruppenorientierten Interventionsformen, welche im Text beschrieben sind

Zusammenfassend ist folgendes festzuhalten:

1. "Pioniere" müssen eine verstärkt umweltgerechte Einstellung vertreten, und man muß sie auf eine niedrige Nachgiebigkeit trainieren, was u.a. durch Sensibilisierung und Rechtfertigung für die eigene Position geschehen könnte.
2. Können relativ viele "Pioniere" gewonnen werden, so sollte man sie in möglichst vielen Gruppen aktivieren oder wirken lassen und nicht nur auf wenige Gruppen konzentrieren. Weitere besondere organisatorische Maßnahmen sind nicht notwendig.

3. Können nur wenige "Pioniere" gewonnen werden, so muß man sie organisieren. Sie sollten beispielsweise viel Kontakt untereinander haben oder sich als eigene Gruppen erleben, die jedoch nicht nach außen abgeschottet sind.

2.4 Folgerungen

Der Einfluß von Minoritäten wird in der Forschung häufig mit gesellschaftlicher Innovation in Zusammenhang gebracht (Moscovici & Faucheux, 1972; Turner, 1991). Auf die Notwendigkeit, in der umweltpsychologischen Forschung und Interventionspraxis auch Diffusionsaspekte von Innovationen zu berücksichtigen, wurde schon vielfach hingewiesen (Borden, 1984; Dennis, Soderstrom, Koncinski & Cavanaugh, 1990; Stern, 1992). Es ist unbestritten, daß umweltorientierte Innovationen in der Sozietät diffundieren müssen, um im beabsichtigten Sinne wirksam werden zu können.

Im Diffusionsansatz liegt unseres Erachtens noch ein großes, ungenutztes Potential zur Verbesserung der Wirksamkeit umweltorientierter Innovationen. Für die für Umweltbelange Verantwortlichen ergeben sich aus unseren Simulationen völlig neue Interventionsformen, an die bisher auch in der umweltpsychologischen Forschung noch nicht gedacht wurde: Interessierte Innovatoren (Pioniere) könnten instruiert und auf spezielle Weise organisiert werden. Diese müßten eine besonders umweltgerechte Position vertreten und sich durch geringe Nachgiebigkeit im obigen Sinne auszeichnen. Solche Personen könnten beispielsweise in verschiedensten Gruppen rekrutiert und (a) dort isoliert gelassen werden; (b) man könnte sie stark untereinander vernetzen oder (c) in einer Kerngruppe zusammenfassen, wobei jedoch weiterhin möglichst viele Außenkontakte gepflegt werden müßten.

3 Eine Computersimulation für gemeingutdilemma-orientierte Interventionen zur Deblockierung

3.1 Die Befunde und ihre Kernaussagen

Wenn Menschen umweltbezogen handeln, so nutzen sie auch meistens eine Umweltressource. Bei der Nutzung einer Ressource, die allen zugänglich und daher Gemeingut ist, tritt ein interpersoneller Konflikt auf. Während der einzelne ein Interesse daran hat, seinen Nutzen möglichst groß zu halten, muß der entstehende Schaden von allen getragen werden (Spada & Ernst, 1990; siehe auch Kap. 1.2).

Gemeingutdilemmata wurden in der sozialwissenschaftlichen Forschung vor allem im Rahmen experimenteller Spiele untersucht. In kontrollierten Situationen lassen sich die Bedingungen variieren, unter denen Personen miteinander eine Ressource nutzen. In der Folge stellen wir nur mehrfach abgesicherte Ergebnisse vor, die zudem auch in Überblicksarbeiten diskutiert werden (vgl. Dawes, 1980; Diekmann, 1991; Liebrand, Messick & Wilke, 1992; Messick & Brewer, 1983).

Dabei wurden die folgenden Haupteinflußfaktoren mit entsprechenden Befunden zur Ressourcennutzung herausgearbeitet (vgl. auch Mosler, 1995):

1. Die persönliche Orientierung: Ob eine Person in sozialen Situationen nur ihren eigenen Nutzen vor Augen hat - also eine individualistische, "unsoziale" Orientierung zum Ausdruck bringt - oder ob sie auch den Nutzen der übrigen Beteiligten berücksichtigt - also eine kooperative, "soziale" Orientierung zeigt - ist ein wichtiger Faktor der Ressourcennutzung (Dawes, McTavish & Shaklee, 1977; Kramer, McClintock & Messick, 1986; Liebrand, 1984, 1986; Liebrand et al., 1992; McClintock & Liebrand, 1988). Sozial orientierte Personen nutzen eine Ressource angemessener als individualistisch orientierte, insbesondere, wenn die Ressource bereits ziemlich ausgebeutet ist. Außerdem nehmen sozial orientierte Personen eher an, daß andere ebenfalls sozial orientiert sind; individualistisch orientierte Personen gehen auch bei den anderen von individualistisch orientiertem Handeln aus.
2. Die Einschätzung des Ressourcenzustands durch die Nutznießenden ist eine wichtige Komponente (Jorgenson & Papciak, 1981; Kramer et al., 1986; Messick, Wilke, Brewer & Kramer, 1983; Samuelson, Messick, Rutte & Wilke, 1984). Ist ihnen bewußt, daß die Ressource in einem schlechten Zustand ist, nehmen sie ihre Nutzung im allgemeinen zurück. Besteht aber eine (z.B. experimentell ausgelöste) Unsicherheit über den tatsächlichen Bedrohungsstatus, wird die Ressource wiederum vermehrt genutzt (Budescu, Rapoport & Suleiman, 1990). Außerdem nutzen Personen eine Ressource dann stärker, wenn sie davon ausgehen, daß ihre Mitnutzer den Niedergang der Ressource verursacht haben (Rutte, Wilke & Messick, 1987).
3. Der mögliche Nutzungsgewinn ist ein weiterer relevanter Faktor der Ressourcennutzung (Komorita, Sweeney & Kravitz, 1980; Liebrand, Wilke & Wolters, 1986). Der individuelle Nutzen aus der Ausbeutung einer Ressource ist von der Anzahl der Personen abhängig, welche ressourcengerecht bzw. ressourcenunangemessen nutzen. Folgendes konnte nachgewiesen werden: Je größer der Anreiz ist, eine Ressource unangemessen zu nutzen, desto eher übernutzen Personen. Hier spielen Faktoren wie die Kosten für die Ressourcennutzung (Investitionen), der daraus resultierende Gewinn und die Regenerationsrate der Ressource eine Rolle (Diekmann, 1991).
4. Das Wissen um die Nutzung derselben Ressource durch andere ist ein zentraler Faktor (Fox & Guyer, 1978; Jorgenson & Papciak, 1981; Kramer & Brewer, 1984; Liebrand et al., 1986). Wissen Personen, daß andere Beteiligte die Ressource mehrheitlich unangemessen nutzen, so steigern auch sie ihre Nutzung. Dies trifft besonders für individualistisch orientierte Personen zu; sozial orientierte Personen lassen sich dadurch kaum beeinflussen (Liebrand et al., 1986).

Folgende Kernaussagen können aus dieser Befundlage hergeleitet werden:
K1: Ist eine Ressource bedroht, so nutzen sozial orientierte Personen dieses Gemeingut angemessener als individualistisch orientierte.
K2: Sowohl sozial orientierte als auch individualistisch orientierte Personen erwarten von anderen, daß diese ihre eigene Handlungsorientierungen teilen.
K3: Ist eine Ressource akut bedroht, so wird deren Nutzung eingeschränkt.

K4: Personen handeln eher ressourcenunangemessen, wenn sie feststellen, daß sich zur Etablierung einer angemessenen Ressourcennutzung sehr viele der anderen Nutzer umorientieren müßten.

K5: Wissen individualistisch orientierte Personen, daß andere eine Ressource unangemessen nutzen, so übernutzen sie ebenfalls vermehrt. Sozial orientierte Personen hingegen lassen sich von diesem Wissen nicht beeinflussen.

3.2 Modellierung

Unsere Modellierung des Handelns eines Individuums in einem Gemeingutdilemma (Abb. 5) ergibt als Output ein Nachhaltigkeitsmotiv. Dieses ist Ausdruck dafür, ein Gemeingut durch entsprechend zurückhaltende Nutzung ressourcengerecht nutzen zu wollen. Das Nachhaltigkeitsmotiv ergibt sich aus der multiplikativen Verknüpfung der Selbstwirksamkeitserwartung und der individuellen Bewertung der Ressource "Umwelt".

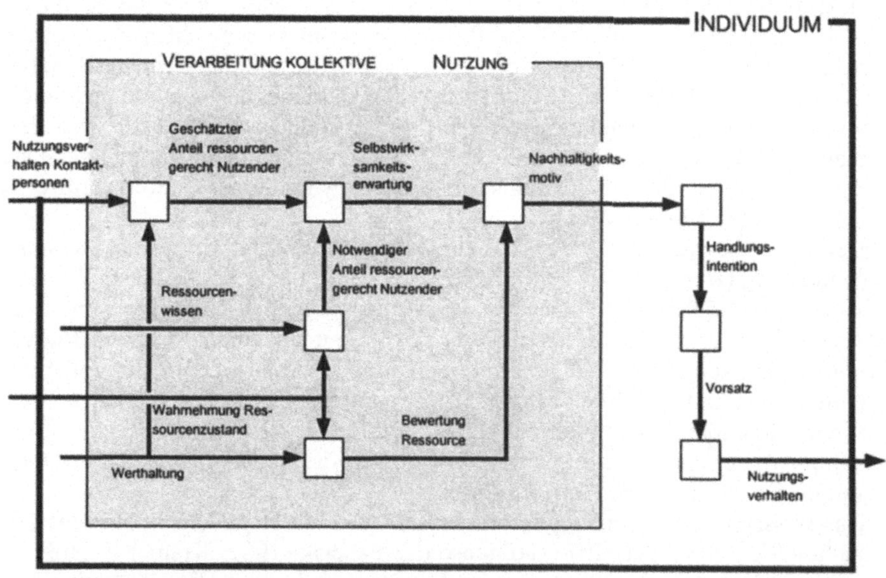

Abbildung 5: Systemtheoretische Darstellung der implementierten Prozesse im "Gemeingutmodell"

Die Bewertung der Ressource "Umwelt" wird aus dem wahrgenommenen Ressourcenzustand (Umweltzustand) und den Werthaltungen bestimmt: Umweltverantwortliche Personen nutzen eine erschöpfte Ressource weniger (K1). Die Gleichsetzung von sozialer Orientierung mit umweltverantwortlichen Werthaltungen wird durch verschiedene Untersuchungen legitimiert (Liebrand, 1986; Liebrand et al., 1986; Mosler, 1990). Der Erschöpfungsgrad einer Ressource wird als prozentuale Abweichung vom Maximalzustand berechnet und mit den Werthaltungen gewichtet: Eine Ressource wird von einer Person um so höher bewertet, je erschöpfter diese Ressource ist und je umweltverantwortlicher die Werthaltung dieser Person ist (K1, K3). Die Wahrnehmung des Ressourcenzustands ist zur Zeit in unserer Modellierung (nicht ganz realistisch) als eine direkte Wahrnehmung konzipiert, d.h. ohne Verzerrungen aufgrund von intrapsychischen Voreinstellungen oder Außeneinflüssen in Form von Medienberichterstattungen, Expertenstreit etc.

Die Erwartung, daß die eigene Art der Nutzung der Umweltressource einen wirksamen Beitrag zur Erhaltung der Ressource darstellt, bildet sich aus dem notwendigen Anteil ressourcengerechter Nutzer in der Population und dem geschätzten Anteil tatsächlich ressourcengerecht Nutzender: Je größer der geschätzte Anteil der nicht ressourcengerecht nutzenden Personen im Vergleich zum notwendigen Anteil ressourcengerecht nutzender Personen in der Population ist, desto geringer ist die Erwartung, selbst wirksam zu einer nachhaltigen Nutzung beitragen zu können (K4). Diese Selbstwirksamkeitserwartung steigt in dem Maße, wie der geschätzte Anteil der ressourcengerecht nutzenden Kontaktpersonen den für Nachhaltigkeit notwendigen Anteil übersteigt. Das Wissen um den für den Ressourcenerhalt notwendigen Anteil nachhaltiger Nutzer beruht auf dem Ressourcenwissen und der Wahrnehmung des Ressourcenzustands. Das als vorhanden vorausgesetzte Ressourcenwissen - eine zur Zeit kaum realistische Annahme - beinhaltet Wissen zur Regenerationsrate, zu Regenerationscharakteristika und zum maximalen Ressourcenzustand. Aus dem Unterschied zwischen dem maximalen und dem aktuellen Ressourcenzustand schätzt die Person den notwendigen Anteil von ressourcengerecht nutzenden Personen ab: Je größer die Diskrepanz zwischen aktuellem und maximalem Ressourcenzustand, desto größer wird jener Anteil der Population, der ressourcengerecht nutzen müßte, damit sich die Ressource wieder erholen könnte. Der geschätzte Anteil ressourcengerecht Nutzender in der Population basiert auf dem von der Person wahrgenommenen Handeln ihrer Kontaktpersonen (Verhältnis von ressourcengerecht bzw. nicht-ressourcengerecht handelnden Kontaktpersonen). Dieser Faktor wird noch mit den Werthaltungen gewichtet: Die Verbreitung der je eigenen Werthaltung wird jeweils überschätzt (K2).

3.3 Simulationsexperimente

Im folgenden wurde die Nutzung einer Ressource mit 10.000.000 "Ressourceneinheiten" durch eine Population von 10.000 Personen simuliert: Jede Person kann pro Zeiteinheit (entspricht einem Durchgang) im Maximum 0.006% der Ressource nutzen. Bei einer Regenerationsrate von 1.5 pro Durchgang entspricht eine optimale (nachhaltige) Nutzung einer individuellen Ressourcenentnahme von 0.003%. In der Kontrollsituation gehen wir von einem Ressourcenzustand von 75% des Maximalzustands aus, die Population zeigt zu Beginn eine durchschnittliche Ressourcennutzung vom Wert 60, mit einer Normalverteilung der Werte bei Standardabweichungen von 20.

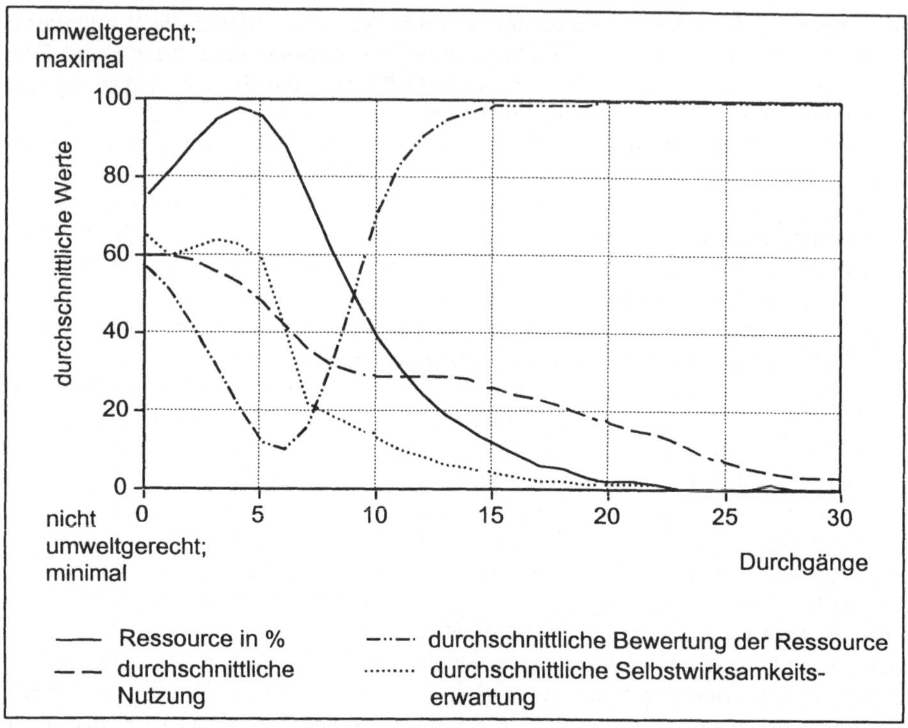

Abbildung 6: Nutzung einer Umweltressource durch eine Population in der Kontrollsituation Abgebildet ist der durchschnittliche Verlauf wichtiger innerer Variablen, die durchschnittliche Nutzung und der Ressourcenzustand in Prozenten. Auf der Ordinate sind die Variablen "Ressourcennutzung" (0 = nicht-umweltgerecht, 100 = umweltgerecht) und "Ressourcenzustand" (0 = minimal, 100 = maximal) abgebildet.

Die in Abbildung 6 dargestellte Dynamik zeigt, daß sich der Zustand der Ressource zunächst einmal verbessert, weil die Population gesamthaft umweltgerecht nutzt. Sobald der Ressourcenzustand sehr gut ist, sinkt die Bewertung der Ressource und die Population beginnt vermehrt zu nutzen. Bereits ab dem fünften Durchgang übernutzt die Population; hierdurch sinkt die durchschnittliche Erwartung für wirksame eigene Beiträge zu einer gesamthaft nachhaltigen Nutzung (Selbstwirksamkeit). Ebenso verschlechtert sich der Ressourcenzustand. Dadurch steigt zwar die durchschnittliche Bewertung der Ressource, was das nicht-ressourcengerechte Handeln der Population insgesamt jedoch nicht markant zu verbessern vermag. Fazit: Die Ressource wird in einer negativen Abwärtsdynamik unaufhaltsam zugrundegerichtet.

Um dieser negativen Dynamik entgegenzuwirken, führen wir nun in einem simulierten Experiment bei derselben Population im fünften Durchgang folgende Intervention durch: Mit einer Kampagne erreichen wir, daß die Personen weniger darauf achten, wie andere die Ressource nutzen und daß sie die Wichtigkeit der Ressource höher einschätzen. Die Variablen "Selbstwirksamkeit" und "Bewertung Ressource" bestimmen nun nicht mehr gleichgewichtig die Variable "Nachhaltigkeitsmotiv", sondern die Variable "Bewertung Ressource" erhält mehr Gewicht. Das bewirkt, daß die Ansprüche an die eigene Selbstwirksamkeit bescheidener sind.

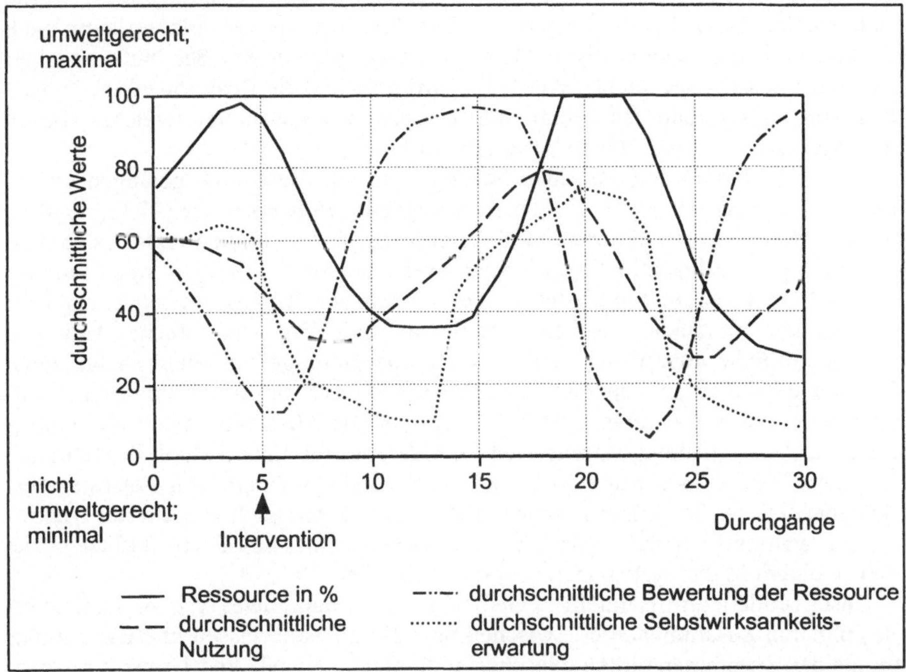

Abbildung 7: Nutzung einer Umweltressource durch eine Population mit einer Intervention im 5. Durchgang Abgebildet sind der durchschnittliche Verlauf wichtiger innerer Variablen, die durchschnittliche Nutzung und der Ressourcenzustand in Prozent. Auf der Ordinate sind die Variablen "Ressourcennutzung" (0 = nicht-umweltgerecht, 100 = umweltgerecht) und "Ressourcenzustand" (0 = minimal, 100 = maximal) abgebildet.

Durch unsere Intervention steigt die Bewertung der Ressource in der Niedergangsphase schneller als in der Kontrollsituation (vgl. Abb. 6). Als Folge davon wird auch die Nutzung der Population umweltgerechter bevor die negative Abwärtsdynamik einsetzt. Nutzt die Population wieder umwelt- bzw. ressourcengerecht, so verbessert sich der Ressourcenzustand; die Bewertung der betreffenden Ressource in der Population sinkt und die Ressource wird wieder stärker genutzt. Nun kommt abermals die Abwärtsdynamik in Gang, doch wird sie diesmal an den entscheidenden Punkten aufgefangen: Es ist ein dynamisch-stabiles Gleichgewicht entstanden.

3.4 Folgerungen

Im Gegensatz zu klassischen Experimenten im Gemeingutparadigma ist es mit der Simulation möglich, das Zusammenwirken verschiedener Einflußfaktoren auf innerpsychische Faktoren dynamisch zu verfolgen. Dadurch können genauere Hypothesen über das resultierende Handeln von Individuen aufgestellt werden. Bei Experimenten sollte man künftig vermehrt während ihres Ablaufs auch Daten zu "inneren" Variablen erheben, was bisher erst vereinzelt durchgeführt wurde (vgl. Mosler, 1993; Spada & Opwis, 1985). Mit Hilfe der Simulation kann auch die Dynamik des gegenseitigen Mikro-Makro-Einflusses bei der Nutzung einer Ressource besser untersucht werden: Es wird möglich, die Reaktionen von Individuen auf das Handeln des gesamten Sozialsystems festzustellen, welches seinerseits wiederum von Individuen bestimmt wird.

Durch die Interaktion zwischen Sozialsystem und Ressource gelangen wir zu einem Systemverhalten mit großen Ausschlägen. Nach Forrester (1972, S. 48ff) erhält man ein derart flukturierendes Systemverhalten, wenn in einem System von gekoppelten nichtlinearen Regelkreisen zwei oder mehr Verzögerungen vorhanden sind. In unserem Simulationsmodell finden wir Verzögerungen sowohl im Sozialsystem als auch zwischen dem Sozial- und dem Ressourcensystem: Die durchschnittliche Erwartung, eigene wirksame Beiträge zu einer nachhaltigen Nutzung erbringen zu können, reagiert verzögert auf die durchschnittliche Nutzung der sozialen Umgebung. Der Anstieg und das Absinken des durchschnittlichen Werts des Gemeinguts reagieren verzögert auf die Entwicklung der Ressource. Unser Simulationsansatz ist jedoch nicht direkt mit dem von Forrester vergleichbar. Dieser betrachtet immer nur ein zuvor theoretisch postuliertes Makrosystem, während wir auf zahlreichen Mikrosystemen (Individuen) aufbauen, die sich zu einem Makrosystem (Sozialsystem) vereinen.

Unser Modell zum Handeln in Gemeingutdilemmata bietet sich zu einer interdisziplinären Zusammenarbeit zwischen Sozial- und Naturwissenschaften insofern an, als das Zusammenwirken zwischen Individual-, Sozial- und Umwelt(ressourcen)system thematisiert wird. Die vielfältigen Faktoren und Wirkungen des Umweltsystems, das in unserer Simulation sehr einfach konzipiert war, beeinflussen Faktoren des Individualsystems. Diese schlagen sich auf der Ebene des Sozialsystems nieder, was wiederum auf das Umweltsystem zurückwirkt. Mit diesem Ansatz läßt sich ein echtes Zusammenspiel der beteiligten Faktoren in allen Systemen konzipieren (vgl. auch Mosler, 1995).

Ansätze zum Gemeingutdilemma wurden schon vielfach zur Lösung von Umweltproblemen in den verschiedensten Bereichen vorgeschlagen und auch verwirklicht:

- Thompson und Stoutemyer (1991) konnten in einem Feldexperiment Personen zu vermehrtem Wassersparen veranlassen, indem sie den Gemeingutaspekt des Wassers stark hervorhoben.
- Gifford (1987) betrachtet Luftverschmutzung, Energiesparen und Recycling aus der Perspektive des Gemeingutdilemmas und entwickelt entsprechende Interventionsstrategien. Gifford hält das soziale Verhältnis zwischen den Nutzern für den wichtigsten Ansatzpunkt bei seinen Lösungsstrategien (Gifford, 1987; S. 414-415).
- Samuelson (1990) analysierte Gemeinsamkeiten zwischen Ergebnissen aus feldexperimentellen Interventionen und laborexperimentellen Gemeingutuntersuchungen. Auch er kam zum Schluß, daß Lösungsansätze, die Gruppenprozesse berücksichtigen, am vielversprechendsten sind.

Diese Studien weisen deutliche Parallelen zu den Ergebnissen unserer Simulation auf: Das Verhältnis von sozialem Aspekt zu Umweltaspekt in Gemeingutdilemmata stellt sich als Kernbereich heraus. Es gilt also bei Interventionen dieses Verhältnis zu berücksichtigen.

Das Systemverhalten, das in unserer Simulation aus dem Zusammenwirken von innerpsychischen Individualvariablen, sozialem Handeln und Verhalten der Ressource hervorgeht, läßt sich sehr gut in die Szenarien der "Übergänge zur Nachhaltigkeit" von Meadows einfügen (Meadows, Meadows & Randers, 1992; Kap. 7). In der Simulation des Gemeingutdilemmas wird auch das für die Umwelt verhängnisvolle Zusammenspiel zwischen menschlichem Erleben, Denken und Handeln einerseits und spezifischen Ressourcencharakteristika sowie Gesetzmäßigkeiten des Sozialsystems andererseits sichtbar (vgl. Einleitung; Mosler, 1995): Richten die Personen ihr Handeln zu sehr nach dem Tun der anderen, so bleiben sie allzu lange in einem umweltübernutzenden Handeln gefangen. Nur wenn die Bedeutung des Handelns der sozialen Umgebung abgeschwächt und die bedrohte Ressource innerpsychisch stärker gewichtet wird - was sich in ihrer Bewertung niederschlägt -, wächst das Nachhaltigkeitsmotiv, was die Personen wieder zu umweltadäquatem Handeln führt.

4 Folgerungen für die Deblockierung kollektiven Umwelthandelns

Sozialwissenschaftliche Simulation alleine daran zu messen, wie genau ihr die Abbildung der komplexen Prozesse sozialen Handelns gelingt, wäre wenig fruchtbar. Bei einem Vergleich der Vorzüge und Nachteile dieser Vorgehensweise mit anderen sozialwissenschaftlichen Methoden stechen vor allem die außerordentlichen Qualitäten der Simulation als Denk-Werkzeug hervor.

Im Quervergleich zu anderen sozialwissenschaftlichen Methoden bietet die Simulation den unschätzbaren Vorteil, daß vielfältige Experimente mit relativ großen Populationen durchgeführt werden können, und zwar ohne direkte Folgen für reale Populationen, wie dies bei den übrigen Methoden der Fall ist. Simulation kann jedoch - dies sei hier explizit betont - keineswegs reale Feldexperimente ersetzen, ist sie doch zur Validierung der mit ihrer Hilfe abgeleiteten Hypothesen auf empirische Methoden angewiesen. Computersimulation zwecks Interventionen in Populationen haben zum Ziel, die Interventionen im Vergleich zu untersuchen, d.h. unter den speziellen Bedingungen der hergestellten Ausgangssituationen. Dies führt zu theoretisch begründeten Hypothesen darüber, welche Interventionsform in einer gegebenen Ausgangssituation die bessere sein könnte. Hier ist ein besonderer Vorteil der Simulationsmethode anzuführen: Die Ausgangssituationen können so komplex wie nötig gestaltet, systematisch variiert oder für die Untersuchung verschiedener Interventionsformen konstant gehalten werden. Vor allem letzteres ist nur in einem "künstlichen Experimentierraum" möglich, wie dies die Simulationsmethode bietet.

Die Anlage unserer Experimente mit den verschiedensten Interventionsformen sowie die Verwendung umsetzungsnaher Begriffe könnten den Eindruck erwekken, daß wir die Probleme der Implementierung der untersuchten Interventionsformen in der Realität unterschätzen. Wir sind uns jedoch bewußt, daß zwischen unseren, auf simuliertem individuellen Handeln aufbauenden "Populationssimulationen" und den möglichen Abläufen in realen Populationen große theoretische und empirische Wissenslücken klaffen, ganz abgesehen von den Unwägbarkeiten, welche die viel komplexere Wirklichkeit bietet. Viele realitätsadäquate Faktoren fehlen in unserem Rahmenmodell oder sind noch nicht befriedigend modelliert und validiert.

Dennoch gibt es aus unserer Perspektive keine Alternative: Mit keiner anderen Untersuchungsmethode ist es möglich, die Implementation vielfältigster Interventionsformen in großen Populationen zu analysieren und daraus Empfehlungen abzuleiten. Wir sollten uns der Herausforderung der Komplexität dynamischer Prozesse mit geeigneten Instrumenten stellen. Simulation ist ein tauglicher Ansatz dazu.

Im vorliegenden Artikel standen folgende Forschungsfragen im Vordergrund:
1. Welches sind individuelle und kollektive Faktoren, die Individuen in großen anonymen Kollektiven gegenseitig im umweltübernutzenden Handeln gefangenhalten?
2. Unter welchen Bedingungen kann sich eine sozial großflächig wirksame Eigendynamik entfalten, die kollektives umweltübernutzendes Handeln in kollektives umweltverantwortliches Handeln überführt?

Die *individuellen* Faktoren, die Individuen in ihrem umweltübernutzenden Handeln gefangenhalten, lassen sich unter dem Stichwort "innerpsychische Dynamik" zusammenfassen. Die konsequente iterative Entfaltung der in statischen Theorien konzipierten Wirkkräfte bei Individuen zeigt, daß innerpsychische Variablen aufgrund von innerpsychischen Regelprozessen relativ nahe bei ihren Ausgangswerten "verharren" und nur auf massive, gut konzipierte Interventionen mit namhaften Veränderungen reagieren (vgl. den Beitrag von Lantermann in diesem Band).

Die *kollektiven* Faktoren, welche Individuen in ihrem umweltübernutzenden Handeln gefangenhalten, sind auf gegenseitige soziale Beeinflussung zurückzuführen. Solange jedes Individuum seine Einstellung und sein Handeln nach seiner sozialen Umgebung ausrichtet, sind großflächig wirksame kollektive Veränderungen nicht möglich (vgl. den Beitrag von Linneweber in diesem Band). Nach der Selbstorganisationstheorie von Haken (1986) müssen hier Kristallisationskerne geschaffen bzw. gesucht werden, wie wir sie in den Simulationen in Form von "Pionieren", Multiplikatoren oder Protagonisten konzipiert haben. Es braucht eine bestimmte Anzahl von ausgewählten und instruierten Personen, die dann bestehende kollektive Handlungsmuster "destabilisieren" können. Die darauf folgende Fluktuationsphase äußert sich in einem allmählichen Ausbreitungsprozeß individueller Veränderungen, welche schließlich auch zur kollektiven Veränderung führen; letztere wird von den Individuen wahrgenommen und wirkt wiederum auf sie zurück. Nach einiger Zeit schließlich kommen diese Veränderungsvorgänge auf einem neuen Niveau zum Stillstand, da die "Pioniere" ihrerseits allmählich dem sozialen Umgebungsdruck auch wieder nachgeben müssen.

Aufgrund der Simulationsexperimente konnten begründete Aussagen darüber abgeleitet werden, welche Verbreitungsarten in Kombination mit welchen Interventionsformen bessere Wirkungen erzielen als andere. Daraus ergeben sich Empfehlungen an die Praxis. Die für Umweltbelange Verantwortlichen sollten aufgrund von einschlägigen Simulationsergebnissen fundiertere Entscheidungen darüber treffen können, welche Interventionsformen am besten wirken könnten. Als allgemeine Empfehlung gilt in Anlehnung an die Theorie des Sozialen Einflusses von Latané (1981) folgendes: Die kollektive Umorientierung einer Population zu umweltverträglichen Handlungen erfordert vor allem eine ausreichende Anzahl aktiver, "überzeugender" Personen, die in genügender "Nähe" zu anderen Personen stehen. Kurz: Versuche Leute zu gewinnen, welche andere Leute gewinnen! 3, 5 oder gar 10 Prozent einer Gemeinde zu aktivieren, scheint zunächst ein unmögliches Unterfangen zu sein. Dem Schweizer Umweltsurvey (Diekmann & Franzen, 1995) ist zu entnehmen, daß sich 16% der Bevölkerung in Umweltgruppierungen engagieren. Es geht beispielsweise darum, die in der Bevölkerung zwar vorhandenen, aber dispers und damit unwirksam verteilten Potentiale als Ressourcen zu begreifen und sie im Rahmen konzertierter Aktionen zu aktivieren und zu bündeln. Ohne ausreichende Koordination verpuffen die individuellen Anstrengungen dieses umweltbewußten Bevölkerungsteils (vgl. auch Mosler, Gutscher & Artho, 1996).

Literatur

Borden, R.J. (1984). Psychology and ecology: Beliefs in technology and the diffusion of ecological responsibility. *Journal of Environmental Education, 16,* 14-19.

Budescu, D.V., Rapoport, A. & Suleiman, R. (1990). Resource dilemmas with environmental uncertainty and asymmetric players. *European Journal of Social Psychology, 20,* 475-487.

Dawes, R.M. (1980). Social dilemmas. *Annual Review of Psychology, 31,* 169-193.

Dawes, R.M., McTavish, J. & Shaklee, H. (1977). Behavior, communication, and assumptions about other peoples behavior in a commons dilemma situation. *Journal of Personality and Social Psychology, 35* (1), 1-11.

Dennis, M.L., Soderstrom, E.J., Koncinski, W.S. Jr. & Cavanaugh, B. (1990). Effective dissemination of energy-related information. *American Psychologist, 45* (10), 1109-1117.

Diekmann, A. (1991). Soziale Dilemmata. Modelle, Typisierungen und empirische Resultate. In H. Esser & K.G. Troitzsch (Hrsg.), *Modellierung sozialer Prozesse* (S. 417-456). Bonn: Informationszentrum Sozialwissenschaften.

Diekmann, A. (1996). Homo ÖKOnomicus. Anwendungen und Probleme der Theorie des rationalen Handelns im Umweltbereich. In A. Diekmann & C. Jaeger (Hrsg.), *Umweltsoziologie* (S. 89-118). Sonderheft Nr. 36 der Kölner Zeitschrift für Soziologie und Sozialpsychologie.

Diekmann, A. & Franzen, A. (1995). *Der Schweizer Umweltsurvey 1994. Codebuch.* Bern: Institut für Soziologie.

Dörner, D. (1993). Denken und Handeln in Unbestimmtheit und Komplexität. *Gaia, 2* (3), 128-138.

Dörner, D. & Preussler, W. (1990). Die Kontrolle eines einfachen ökologischen Systems. *Sprache und Kognition, 9,* 205-217.

Ernst, A.M. (1997). *Ökologisch-soziale Dilemmata.* Weinheim: Psychologie Verlags Union.

Ernst, A.M. & Spada, H. (1993). Bis zum bitteren Ende? In J. Schahn & T. Giesinger (Hrsg.), *Psychologie für den Umweltschutz* (S. 17-27). Weinheim: Psychologie Verlags Union.

Festinger, L. (1954). A theory of social comparison processes. *Human Relations, 7,* 117-140.

Flury-Kleubler, P. & Gutscher, H. (1996). *Rote und Blaue Listen im Naturschutz: Wie verändert Information über bedrohte Arten den Umgang mit ökologischen Problemen? Eine sozialpsychologische Evaluation zweier Informationsformen.* Programm TA, Bericht 24/1996. Bern: Schweizerischer Wissenschaftsrat.

Forrester, J.W. (1972). *Grundzüge einer Systemtheorie.* Wiesbaden: Gabler.

Fox, J. & Guyer, M. (1978). "Public" choice and cooperation in N-person prisoner's dilemma. *Journal of Conflict Resolution, 22* (3), 469-481.

Frey, D., Dauenheimer, D., Parge, O. & Haisch, J. (1993). Die Theorie sozialer Vergleichsprozesse. In D. Frey & M. Irle (Hrsg.), *Kognitive Theorien (2)* (S. 81-122). Bern: Hans Huber.

Gifford, R. (1987). *Environmental Psychology.* Boston: Allyn and Bacon.

Gutscher, H. & Mosler, H.-J. (1992). Menschliche Einfalt gegen natürliche Vielfalt? *UniZürich, 3,* 25-27.

Haken, H. (1986). *Erfolgsgeheimnisse der Natur (4).* Stuttgart: Deutsche Verlags-Anstalt.

Jorgenson, D.O. & Papciak, A.S. (1981). The effects of communication, resource feedback, and identifiability on behavior in a simulated commons. *Journal of Experimental Social Psychology, 17* (4), 373-385.

Komorita, S.S., Sweeney, J. & Kravitz, D.A. (1980). Cooperative choice in the N-person dilemma situation. *Journal of Personality and Social Psychology, 38* (3), 504-516.

Kramer, R.M. & Brewer, M.B. (1984). Effects of group identity on resource use in a simulated commons dilemma. *Journal of Personality and Social Psychology, 46* (5), 1044-1057.

Kramer, R.M., McClintock, C.G. & Messick, D.M. (1986). Social values and cooperative response to a simulated resource conservation crisis. *Journal of Personality, 54,* 576-592.

Latané, B. (1981). The psychology of social impact. *American Psychologist, 86* (4), 343-356.

Liebrand, W.B.G. (1984). The effect of social motives, communications and group size on behavior in an N-person multi-stage mixed-motive game. *European Journal of Social Psychology, 14,* 239-264.

Liebrand, W.B.G. (1986). The ubiquity of social values in social dilemmas. In H.A.M. Wilke, D.M. Messick & C.G. Rutte (Eds.), *Experimental social dilemmas* (pp. 113-133). Frankfurt am Main: Verlag Peter Lang.

Liebrand, W.B.G., Messick, D.M. & Wilke, H.A. (1992). *Social dilemmas.* Oxford: Pergamon Press.

Liebrand, W.B.G., Wilke, H.A.M. & Wolters, F.J.M. (1986). Value orientation and conformity. A study using three types of social dilemma games. *Journal of Conflict Resolution, 30* (1), 77-97.

McClintock, C.G. & Liebrand, W.B.G. (1988). Role of interdependence structure, individual value orientation, and another's strategy in social decision making: A transformal analysis. *Journal of Personality and Social Psychology, 55* (3), 396-409.

Meadows, D.H., Meadows, D.L. & Randers, J. (1992). *Die neuen Grenzen des Wachstums (2).* Stuttgart: Deutsche Verlags-Anstalt.

Messick, D.M. & Brewer, M.B. (1983). Solving social dilemmas: A review. In L. Wheeler & P. Shaver (Eds.), *Review of Personality and Social Psychology* (pp. 11-44). Beverly Hills: Sage.

Messick, D.M., Wilke, H., Brewer, M.B. & Kramer, R.M. (1983). Individual adaptations and structural change as solutions to social dilemmas. *Journal of Personality and Social Psychology, 44* (2), 294-309.

Moscovici, S. & Faucheux, C. (1972). Social influence, conformity bias and the study of active minorities. In L. Berkowitz (Ed.), *Advances in experimental social psychology* (pp. 149-202). London: Academic Press.

Mosler, H.-J. (1990). *Selbstorganisation von umweltgerechtem Handeln: Der Einfluß von Vertrauensbildung auf die Ressourcennutzung in einem Umweltspiel.* Zürich: Zentralstelle der Studentenschaft.

Mosler, H.-J. (1993). Self-dissemination of environmentally-responsible behavior: The influence of trust in a commons dilemma game. *Journal of Environmental Psychology, 13,* 111-123.

Mosler, H.-J. (1995). Umweltprobleme: Eine sozialwissenschaftliche Perspektive mit naturwissenschaftlichem Bezug. In U. Fuhrer (Hrsg.), *Ökologisches Handeln als sozialer Prozeß* (S. 77-86). Basel: Birkhäuser.

Mosler, H.-J. (1997). *Die Simulation sozialpsychologischer Theorien zur Gewinnung von grundlagen- und anwendungsorientierten Erkenntnissen.* Unveröffentlichte Habilitationsschrift.

Mosler, H.-J., Gutscher, H. & Artho, J. (1996). Kollektive Veränderungen zu umweltverantwortlichem Handeln. In R. Kaufmann-Hayoz & A. Di Giulio (Hrsg.), *Umweltproblem Mensch? Humanwissenschaftliche Zugänge zu umweltverantwortlichem Handeln* (S. 237-260). Bern: Haupt.

Rutte, C.G., Wilke, H.A.M. & Messick, D.M. (1987). Scarcity or abundance caused by people or the environment as determinants of behavior in the resource dilemma. *Journal of Experimental Social Psychology, 23,* 208-216.

Samuelson, C.D. (1990). Energy conservation: A social dilemma approach. *Social Behaviour, 5,* 207-230.

Samuelson, C.D., Messick, D.M., Rutte, C.G. & Wilke, H. (1984). Individual and structural solutions to resource dilemmas in two cultures. *Journal of Personality and Social Psychology, 47* (1), 94-104.

Schahn, J. (1993). Die Rolle von Entschuldigungen und Rechtfertigungen für umweltschädigendes Verhalten. In J. Schahn & T. Giesinger (Hrsg.), *Psychologie für den Umweltschutz* (S. 51-61). Weinheim: Psychologie Verlags Union.

Spada, H. & Ernst, A.M. (1990). *Wissen, Ziele und Verhalten in einem ökologisch-sozialen Dilemma. Forschungsbericht.* Psychologisches Institut der Universität Freiburg.

Spada, H. & Opwis, K. (1985). Ökologisches Handeln im Konflikt: Die Allmende Klemme. In P. Day, U. Fuhrer & U. Laucken (Hrsg.), *Umwelt und Handeln - Ökologische Anforderungen und Handeln im Alltag* (S. 63-85). Tübingen: Attempto Verlag.

Stern, P.C. (1992). What psychology knows about energy conservation. *American Psychologist, 47* (10), 1224-1232.

Tanford, S. & Penrod, S. (1984). Social influence model: A formal integration of research on majority and minority influence process. *Psychological Bulletin, 95* (2), 189-225.

Thompson, S.C. & Stoutemyer, K. (1991). Water use as a commons dilemma. The effects of education that focuses on long-term consequences and individual action. *Environment and Behavior, 23* (3), 314-333.

Turner, J.C. (1991). *Social influence.* Bristol: Open University Press.

Ethik und Barriere in umweltbezogenen Entscheidungen: Eine entwicklungspsychologische Perspektive

Lutz H. Eckensberger, Heiko Breit und Thomas Döring[1]

There is no such thing as a problem
without a gift for you in its hands.
You seek problems because you need their gifts.

(Richard Bach, Illusions)

1 Barriere, Ethik/Moral und Ökonomie in bezug auf die Bewertung von Umweltproblemen

Jede Analyse von Umweltveränderungen führt zwangsläufig zu der Einsicht, daß die noch so genaue Kenntnis der komplexen naturwissenschaftlich definierbaren Ursache-Wirkungsketten im "System Erde" keineswegs zu seiner Erhaltung ausreicht, sondern daß berücksichtigt werden muß, daß diese Ketten in vielen Fällen vom Menschen ausgelöst, also Folgen menschlicher Handlungen sind. Dieser einfache Sachverhalt bedeutet aber, daß das Auslösen oder Vermeiden der Ursache-Wirkungsketten selbst nicht mehr Teil der gleichen naturwissenschaftlich definierbaren Prozesse ist, sondern als Teil menschlicher *Handlungen* verstanden werden muß. Damit können diese Ketten im Prinzip auf handelnde *Subjekte* zurückgeführt werden, die dadurch eine *Verantwortung* für ihr Handeln oder Unterlassen haben (Eckensberger, 1976, 1997). Über diese geradezu triviale Tatsache hinaus bekommen jedoch *moralisch-ethische Kategorien* sowohl in der *Beurteilung der Fakten* als auch bei technischen, politischen und wirtschaftlichen *Entscheidungen über die Zukunft* eine zentrale Bedeutung. Das Eingehen von *Risiken*, die Inkaufnahme von Schäden, basiert nicht auf Wahrscheinlichkeitskalkulationen allein, sondern diese Prozesse sind unausweichlich mit ethisch-moralischen Aspekten gesättigt. Nicht nur das Risikokonzept (Bayrische Rück, 1993) wird somit unversehens zu einem genuin moralischen Begriff, sondern es treten gleichermaßen *Verantwortungsfragen* wie Fragen der Wahrnehmung und Berücksichtigung unterschiedlichster Interessen auf und damit Fragen der *Solidarität* mit verschiedenen Interessengruppen.

Welche Rolle spielen in diesem (zunächst sehr einfachen) Argument Handlungsbarrieren und welcher Art sind diese?

---

[1] Die im folgenden dargestellten empiriebezogenen Systematisierungen basieren auf Projekten, die dankenswerterweise von der DFG in verschiedenen Schwerpunkten (Psychologische Ökologie, Interdisziplinärer Ethikdiskurs und Globaler Wandel) gefördert wurden.

Wir haben uns bereits früher (Eckensberger & Emminghaus, 1982) auf der Basis einer umfangreichen Literaturanalyse ausführlich mit der Rolle von Barrieren, ihrer Bewertung und "Bearbeitung" im *Handlungs-* bzw. *Entscheidungsablauf* befaßt (vgl. hierzu auch den Beitrag von Gessner & Bruppacher in diesem Band). Wir versuchten zu zeigen, daß (a) durch die Anwesenheit/Abwesenheit von Barrieren, die unerwünscht oder erwünscht[2] sein können, unterschiedliche Motivthemen im Handelnden ausgelöst werden, und (b) moralische Urteile (Bezugssysteme) bereits in vielfältiger Weise sowohl in die Bewertung aber auch in die Bearbeitung von vorhandenen unerwünschten wie von abwesenden, aber erwünschten Barrieren eingehen. Ebenso spielen sie natürlich bei der Bewertung von Regulationsprozessen eine Rolle. Im folgenden wollen wir diese allgemeinpsychologische, auf die Handlungsdynamik gerichtete Perspektive jedoch nicht einnehmen, vielmehr wollen wir weit spezieller untersuchen, welche Rolle Barrieren in kontextualisierten alltagsweltlichen Typen moralischer Urteile speziell für den Bereich der Umweltthematik spielen.

Auch wenn wir uns darüber im klaren sind, daß man das, was man unter Moral und/oder Ethik versteht, keineswegs so einfach definieren und differenzieren kann, wie man sich das vielleicht vorstellt und wünscht (vgl. Ilting, 1994), scheint doch in folgenden Punkten ein Minimalkonsens zu herrschen. (a) Ethik dreht sich um die Fragen des *Guten* und/oder des *Sollens*. Im ersten Fall spricht man von teleologischen, im zweiten Fall von deontologischen Ethiken. (b) Ethik beschreibt nicht die Welt wie sie *ist,* sondern wie sie sein *sollte*. Sie besteht also wesentlich in einer *regulativen Idee*, die es zu erfüllen gilt, und sie ist damit immer in gehörigem Maß *kontrafaktisch* (Durkheim, 1986, S. 45; Kant, 1956). Wenn man zudem eine kognitivistische Auffassung von Moral vertritt, wie wir das tun, dann ist hinzuzufügen, daß das ethische Argument Verbindlichkeit aus seiner Verallgemeinerungsfähigkeit bekommt, *also durch einen Bezug auf die Berücksichtigung aller Perspektiven* (Achtung aller Positionen), die in einem Konflikt eingenommen werden können. Das gilt sowohl für den kategorischen Imperativ von Kant (1956) als auch für das Gerechtigkeitsprinzip von Rawls (1975) sowie für die Diskursethik von Apel (1988) und Habermas (1983).

Der Bereich der sogenannten *Umweltethik* im engeren Sinn ist in den letzten Jahren immens expandiert. Ohne daß wir hier versuchen wollen, diesen auch nur überblicksartig zusammenzufassen (vgl. Birnbacher, 1988; Eckensberger & Kern, 1986; v.d. Pfordten, 1996), seien zwei Aspekte herausgehoben, die uns wichtig erscheinen: (1) *De facto* stehen, wenn es um konkrete umweltbezogene Entscheidungen geht, vor allem *ethische* und *ökonomische* Perspektiven in einem Widerstreit. Wir werden uns deshalb im folgenden besonders dieser Spannung zuwenden.[3] (2) Bei den Interessenabwägungen, die bei solchen Entscheidungen anste-

---

[2] Es mag überraschen, daß man von "erwünschten Barrieren" spricht. Motivationspsychologisch stellt sich jedoch die Aggression systematisch als ein Motiv dar, für einen anderen Barrieren herzustellen, die er nicht hat (Schmerzen, Schwierigkeiten etc.), ebenso kann man die Leistungsmotivation als Motivsystem entwickeln, in dem Barrieren mittlerer Schwierigkeit aufgesucht werden.

[3] Die Polarisierung von Eigennutz (Ökonomie) vs. Rücksicht (Ethik) geschah tatsächlich erst in der Moderne. Oikos bezeichnet ursprünglich die Regeln vom Haus und von der Hauswirtschaft und meint die zweckmäßige und ausdrücklich (!) sittlich gute Führung der Haus- und Familienwirtschaft. Umgekehrt wurde unter Moral das "gute Leben" verstanden, zu der auch

hen, spielt es eine wichtige Rolle, ob man einer *zweipoligen* (Mensch-Mensch-bezogenen) oder einer *dreipoligen* (Mensch-Mensch-Natur-bezogenen) Ethik folgt, ob man also eine anthropozentrische Ethik anwendet, bei der die Umwelt selbst keine genuinen ethischen Rechte hat, sondern diese nur für den Menschen gelten läßt - allerdings inklusive auch der zukünftigen Generationen -, oder ob man versucht, auch der Umwelt (Tieren, Pflanzen, Mineralien, also z.B. Landschaften, ganzen naturnahen Ökosystemen) ein eigenständiges Recht zuzubilligen. Wir werden weitgehend im Rahmen einer zweipoligen Ethik verbleiben, die allerdings durchaus eine Sorge um die Natur (zur Erhaltung der Menschheit) enthält und deshalb z.B. stark aus dem Verantwortungsbegriff und seiner Verallgemeinerung lebt. Beispielsweise konstruiert Jonas (1984) einen "neuen kategorischen Imperativ", der auf die Zukunft der Menschheit gerichtet ist und der sich am "Prinzip Verantwortung" ausrichtet. Die Verantwortung des Menschen leitet Jonas aus der Macht des Menschen ab, die Natur zu schützen und zu bewahren. Gerade deshalb hat er nach Jonas auch die Pflicht dazu.

Umweltethisches Handeln selbst meint also eine gegenseitige Achtung von verschiedenen Interessengruppen und entsprechend eine Rücksichtnahme bei umweltrelevanten Entscheidungen, gegebenenfalls sogar Verzicht auf den eigenen Vorteil.

Eine zentrale Barriere für *umweltethisches* Handeln stellt demgegenüber das dar, was wir mit ökonomischem, nutzenorientiertem Handeln verbinden. Aus der Perspektive der ökonomischen Klassik ist dieses Ausdruck einer individuellen Interessenmaximierung mit dem Ziel, einen möglichst hohen *individuellen* Erfolg mit einem möglichst niedrigen Einsatz zu erzielen. Dazu gehört natürlich nicht nur industrielles Produzieren, sondern auch die Inanspruchnahme alltäglicher Bequemlichkeit bei hoher Ressourcennutzung (Energie, Raum usw.).

Eine solche Gegenüberstellung von Ökonomie und Ethik bezieht sich im Grunde auf die Polarisierung von Pflicht und Neigung, die aus Kants Sicht unüberwindliche Gegenpole bilden. Um seinen kategorischen Imperativ zu begründen, demzufolge nur verallgemeinerbare Handlungen moralisch richtige Handlungen sind, hat Kant eine "reine Moralphilosophie" entworfen und von allem, was zur praktischen Anthropologie, d.h. zur Welt der Erfahrung gehört, gesäubert (vgl. Höffe, 1993). Was sich auf empirische Gründe stützt, ist zwar eine praktische Regel, niemals jedoch ein moralisches Gesetz. "Die Metaphysik der Sitten soll die Idee und die Prinzipien eines möglich reinen Willens untersuchen und nicht die Handlungen und Bedingungen des menschlichen Wollens überhaupt" (Kant, 1956, S. 15).

Was unterscheidet aber die (reine) ökonomische Vernunft von der (reinen) moralischen? Zweifellos ist diese Frage nur *idealtypisch*[4] zu beantworten. Analogisieren wir die Begriffe Aufwand und Pflicht einerseits und Neigung und Nutzen andererseits, so stellt sich deren Beziehung aus der ökonomischen und ethischen

---

eine geschickte Haushaltsführung gehört. Andererseits zeigen historische Analysen, daß sich diese beiden Bewertungsmaßstäbe in der Realität bis in die Gegenwart durchaus wechselseitig durchdringen (Münch, 1994).

[4] Diese Tatsache zu betonen ist wichtig, denn ökonomienahe Kategorien bilden durchaus auch Fundamente ethischer Systeme: z.B. das Reziprozitätsprinzip sowie der überindividuelle Nutzenbegriff in utilitaristischen Ethiken (Kliemt, 1992).

Perspektive spiegelbildlich dar: Während aus der *ökonomischen Perspektive* innerhalb der Ethik der Neigung die Pflicht zu Handeln als Barriere im Wege steht, die es zu überwinden gilt, ist es innerhalb der Ökonomie der Aufwand, der zu betreiben ist, der als Barriere vor dem Erreichen des Nutzens steht. Aus *moralischer Sicht* ist dies umgekehrt: Hier ist nicht die Pflicht die Barriere, sondern die Neigung, und in der Ökonomie ist entsprechend der Nutzen durch den Aufwand begrenzt. Neigung und Nutzen sowie Aufwand und Pflicht können also aus den beiden Perspektiven beide als "Barriere" menschlicher Handlungsorientierungen aufgefaßt werden und lassen sich deshalb über diese Tatsache miteinander in Beziehung setzen. Das folgende begriffliche Vierfelderschema soll die Beziehung solcher Kategorien zueinander veranschaulichen.

	Ökonomische Perspektive	Moralische Perspektive
Aufwand/Pflicht	Barriere	"Ziel"
Nutzen/Neigung	"Ziel"	Barriere

Tabelle 1: Idealtypische Gegenüberstellung der "ökonomischen" und der "moralischen" Vernunft

Wenn auch sehr allgemein, so läßt sich u.E. in diesem Schema das "Wesen" der ökonomischen gegenüber der moralischen Vernunft durchaus skizzieren und unterscheiden. Aus der Sicht eines nutzenmaximierenden Menschen sieht es so aus: Während die ökonomische Vernunft alles daran legt, die Barriere (Aufwand) niedrig zu gestalten und die eigenen Interessen (Nutzen) zu maximieren, tut die moralische Vernunft das Gegenteil: Sie mobilisiert die Barriere (Pflicht) auf Kosten der Selbstinteressen (Neigung).

Moralische Urteile richten sich demgegenüber gerade nicht darauf, ob eine Handlung klug, zweckmäßig, juristisch korrekt oder an gesellschaftlichen Konventionen ausgerichtet ist, sondern ob sie auch richtig in bezug auf die *Achtung der Interessen anderer Menschen* ausgeführt wurde.

Ethik ist also einerseits weltbezogen, transzendiert aber andererseits die Welt wie sie ist. Darüber hinaus abstrahiert sie sogar von konkreten individuellen Interessen. Es ist wohl dieser schwierige Status der Ethik, der ethisch/moralische Argumente im Alltag so verdächtig oder weltfremd macht und der auch ihre wissenschaftliche Analyse so erschwert. Daß aber Kants Überlegungen zur Moral dennoch nicht vollständig an der Wirklichkeit vorbeigehen, haben allerdings psychologische Forschungen seit Piaget (1932), aber vor allem von Kohlberg (z.B. 1986) aufgezeigt. Sie machen nämlich aus der Philosophie insofern ein "empirisches Geschäft", als sie versuchen, die Validität der Begriffe (der Ethik) an ihre Genese zurückzubinden und folgen damit der gleichen erkenntnistheoretischen Logik, wie sie vor allem Kesselring (1981) für Piagets Programm der genetischen Erkenntnistheorie expliziert hat. Sie orientieren sich deshalb u.a. auch an der Fähigkeit des Subjekts, die Perspektiven anderer Personen einzunehmen und damit der Forderung Kants zu entsprechen, nach der Maxime zu handeln, die Grundlage einer allgemeinen Gesetzgebung sein kann.

Nachdem wir nun den Zusammenhang zwischen den *Begriffen* Barriere, Ökonomie und Moral relativ grundsätzlich zu klären versucht haben, wollen wir nun die speziellere Rolle von Barrieren in der Handlungsstruktur und ihrer Genese untersuchen, denn erst dann können wir uns einer empirischen Arbeit zuwenden, in der wir die Verknüpfung dieser Konzepte in den Köpfen sogenannter "naiver Subjekte" untersuchen.

2 Alltagsweltliche Typen moralischer Urteile

2.1 Methodologische und methodische Aspekte der Konstruktion alltagsweltlicher moralischer Urteilsstrukturen

Die später dargestellten *vier Typen alltagsweltlicher moralischer Orientierungen* sind Ergebnis einer mehrjährigen Forschungsarbeit im Rahmen zweier DFG-Projekte.[5] Insgesamt basieren sie auf Interviews von 140 Personen aus sehr unterschiedlichen Samples (z.B. Betroffene, Experten, Entscheidungsträger, Umweltschützer). Um diese Typen selbst sowie ihren methodologischen Status genauer zu bestimmen, müssen wir relativ grundsätzliche Erläuterungen zu unserem Rahmen vornehmen.[6]

In der Anfangsphase war das eher induktive Vorgehen bei der Typenkonstruktion, das zu ersten Kategorisierungen führte, stark an der "grounded theory" von Glaser und Strauss (1979) orientiert. Die berechtigte Kritik eines "naiven Empirismus" und entsprechend einer weitgehenden Theorielosigkeit an diesem Ansatz (z.B. Gerhardt, 1985; Hopf, 1979; Lamnek, 1988) wurde auch uns schnell zum Problem. Wir haben diese Schwierigkeit dadurch zu relativieren versucht, daß wir die Kategorien in einem produktiven Abwechseln induktiver und theorieorientierter deduktiver Schritte entwickelten. Dieses Vorgehen ist von Kohlberg als "boot-strapping" bezeichnet worden. Methodologisch bestand es im Grunde in einer Verknüpfung der "grounded theory" mit der Formulierung von *Idealtypen* im Sinne Webers (1922).

Wenn nach Saegesser (1975) durch die Methode der Idealtypen ein konsequenter Bedeutungszusammenhang gebildet wird, so bezieht sich die Frage der Validität der Idealtypen auf zwei Aspekte: Zum einen geht es um ihre *Konstruktion* (und deren Grundlage), denn ganz im Sinne von Weber geht es bei diesem ersten Aspekt darum, mögliche Beziehungen zwischen Konstrukten herauszuarbeiten, diese explizit zu formulieren und sie wie in einem Gedankenexperiment zu Ende zu denken (Weber, 1922). Zum anderen geht es aber auch um die empirische Bestimmung des *Realitätsgehalts der Typen*. Aus methodologischem Blickwinkel sind unsere Typen deshalb Konstruktionen zweiten Grades. Anders ausge-

---

[5] Zum einen wurden qualitative Interviews zur Ökonomie-Ökologie-Problematik am Beispiel eines Kohlekraftwerkbaus geführt und ausgewertet (Eckensberger, Breit & Döring, 1994; Eckensberger, Sieloff, Kasper, Schirk & Nieder, 1992), zum anderen wurde im Rahmen des DFG-Schwerpunktes "Global Change" der Konflikt zwischen ökonomischem und moralischem Urteil im Hinblick auf die Verwendung von Wasser analysiert.

[6] Wir fassen im folgenden einige Ausführungen zusammen, die wir bereits andernorts gemacht haben (Eckensberger, 1993, 1995, 1996).

drückt: Sie sind Konstruktionen, die sich auf eine vorinterpretierte und -strukturierte Wirklichkeit beziehen.

Die gewählte Strategie führte zu *handlungstheoretisch begründeten Idealtypen*, die einerseits *Ergebnis* dieser Kategorisierung waren, die andererseits als *Auswertungsinstrument* für weitere Interviews genutzt und dabei immer wieder verfeinert und/oder erweitert werden. Im Hinblick auf das Datenmaterial haben wir es immer mit Befragten/Äußerungen zu tun, die einen einzelnen Typus unterschiedlich vollständig abdecken. Es stellt sich somit immer wieder die Frage nach möglichen Mischformen. Dabei spielt natürlich der kontrastierende Vergleich zwischen den Interviews und den Idealtypen hinsichtlich der Passung des Materials eine große Rolle (vgl. auch Gerhardt, 1991).

2.2 Handlungstheoretische Konzeption der alltagsweltlichen Moraltypen

In ihrem *theoretischen Kern* basieren die Typen einerseits auf der handlungstheoretischen Rekonstruktion *moralischer Urteile*, wie sie von Eckensberger (1986), Eckensberger und Reinshagen (1980) und Eckensberger und Burgard (1986) vorgeschlagen wurde, andererseits auf der allgemeineren Konzeption menschlicher Handlungen, an der in Saarbrücken seit vielen Jahren gearbeitet wird (Boesch, 1976, 1991; Eckensberger, 1979, 1990, 1995, 1996; Eckensberger & Burgard, 1983; Eckensberger & Silbereisen, 1980; Krewer, 1992), so daß diese Typen trotz ihres moralischen Schwerpunktes allgemeinere Weltbilder oder Deutungsmuster repräsentieren als die streng strukturbezogenen Stufen moralischer Urteile. An dieser Stelle soll allerdings die Grundstruktur der beiden Theorien nur knapp umrissen werden.

2.2.1 Die handlungstheoretische Rekonstruktion moralischer Urteile

Diese Arbeit ist entwicklungspsychologisch orientiert und schließt an die Theorie der Entwicklung moralischer Urteile an, wie sie bei Piaget (1932) begonnen und von Lawrence Kohlberg (z.B. Kohlberg, Levine & Hewer, 1983) fortgeführt wurde. Hier haben wir zunächst auch mit moralischen Dilemmata gearbeitet und diesen Ansatz später auf *Alltagskontexte* ausgeweitet (Eckensberger, 1993; Eckensberger et al., 1992, 1994).

Wir haben Kohlbergs Theorie handlungstheoretisch (Eckensberger & Burgard, 1986; Eckensberger & Reinshagen, 1980) rekonstruiert, d.h. die *Strukturkriterien* für moralische Urteile/Argumente wurden mit Hilfe der Handlungsstrukturen bestimmt, die in ihnen benutzt werden. Im einzelnen wurde für ein konkretes Argument in einem Dilemma-Interview untersucht:

(a) wie *komplex* der Handlungskonflikt von einem Probanden gesehen wird;
(b) *wo speziell er/sie den Konfliktkern lokalisiert* (in den Zielen, in der Mittelbeschränkung, in der Abwägung von Handlungsfolgen oder in allem);
(c) welchen *Standard* er/sie zur Lösung des Konfliktes vorschlägt/benutzt.

Diese Kriterien sind unterschiedlich komplex und sie folgen ontogenetisch einer Entwicklungssequenz der zunehmenden "Reife". Für unseren Zusammenhang reicht es aus, folgendes festzuhalten:

(a) Wesentlich ist, daß wir trotz aller Kritik an der Theorie Kohlbergs der gleichen Erkenntnistheorie folgen wie Piaget und Kohlberg: einer genetischen Erkenntnistheorie, die davon ausgeht, daß eine vollständige Rekonstruktion der *Bedeutung* von Begriffen (oder Phänomenen) ohne Rekonstruktion ihrer *Genese* nicht möglich ist. Diese Position dürfte in der psychologischen Umweltforschung nicht gerade verbreitet sein, sie erlaubt es jedoch auch - mit der gebotenen Vorsicht - unterschiedliche Begründungsstrukturen nicht als im Prinzip gleichwertige Positionen zu verstehen, sondern sie zumindest nach ihrer Komplexität zu bewerten. So macht es einen Unterschied, auch im Hinblick auf die Erwartbarkeit zukünftigen Handelns, ob man schonend mit Ressourcen umgeht, weil dies mit monetärer Entlastung verbunden ist, weil man damit dem Vorbild der Nachbarn folgt oder weil man das seinem Gewissen schuldig ist oder man gar damit eine generelle Achtung vor der Natur zum Ausdruck bringen möchte (Breit & Eckensberger, 1998). Die Berücksichtigung solch diverser Handlungsmotive bedeutet im Falle der moralischen Argumente gleichzeitig, diese hinsichtlich ihrer Nähe zu verallgemeinernden philosophischen Positionen zu ordnen. Die Argumente bekommen dadurch selbst eine "normative Ordnung".

(b) Im Unterschied zu Kohlberg schlagen wir nicht sechs, sondern elf Stufen vor, die wir hier allerdings nicht im Detail darstellen wollen. Das für unseren Zweck Wesentliche ist jedoch, daß sich diese Stufen sinnvoll in *vier Niveaus* zusammenfassen lassen (vgl. Tab. 2).

(c) Diese Niveaus entstehen, weil die verschiedenen Probanden für ihre Argumente zwei Deutungsräume benutzen, einen *(inter)personalen* und einen *transpersonalen* sozialen Raum. In beiden Räumen wiederholen sich eine heteronome (regelgeleitete) und autonome Orientierung - natürlich mit einem unterschiedlichen Verallgemeinerungsgrad. Im ersteren werden die Konflikte zwischen *konkreten Handelnden* mit konkreten individuellen und kollektiven Wertpräferenzen und Interessen und sozialen Rollen lokalisiert; im zweiten wird in Termini von *funktionalen Rollen und Positionen* (also depersonalisiert) argumentiert, und es wird auf individuelle und kollektive Normen/Wertbezüge reflektiert.

(d) Insbesondere unter dem Blickwinkel der Rolle von Barrieren in der Strukturierung und Transformation dieser Niveaus (Stufen) müssen wir auf einen Prozeß hinweisen, der in unserer Theorie eine wichtige Rolle spielt: die reflektierende Abstraktion (Piaget, 1970). Im Kontrast zu einer Generalisierung vom Einzelnen auf den Allgemeinbegriff (die sog. empirische Abstraktion) ist die reflektierende Abstraktion ein konstruktiver Akt, der zu einer weiteren Differenzierung der Handlungen und Operationen auf neuem Niveau führt. Dieser "Mechanismus" impliziert also nicht nur das Auftauchen neuer Bedeutungen und Aspekte einer Handlung, die vorher so nicht erkannt wurden, sondern er führt auch zu einer neuen Handlungsorganisation und einer anderen moralischen Urteilsstruktur. In diesem Prozeß spielen nun Barrieren eine zentrale Rolle, weil die angewendeten *Strukturen*, die bestimmte

Operationen für eine Problemlösung auf einer Entwicklungsstufe n implizieren, durch das Auftauchen von Barrieren (Widersprüchen) diese reflektiert und zum *Inhalt* der Stufe $n+1$ gemacht werden. Durch diese Reflexion "entsteht" die Stufe $n+1$ (vgl. auch Kesselring, 1981).

Individualentwicklung/Ontogenese				
Deutungsraum	interpersonal		transpersonal	
Moralorientierung	heteronom	autonom	heteronom	autonom
Soziale Perspektive	konkrete Beziehungen	soziale Rolle	funktionale Rolle	idealer Rollentausch
Achtungsbegriff	einseitige Achtung	gegenseitige Achtung	Achtung des Sozial- und Rechtssystems	Achtung des Menschen an sich
Regelverständnis	Rigides Regelbefolgen	gemeinschaftliche Regeln	Recht und Ausnahmen	Moral setzt Rahmen für Recht
Konfliktlösungsvorstellungen	Kompromisse	faktischer Konsens	rechtlicher Kompromiss	idealer Konsens

Tabelle 2: Individualentwicklung/Ontogenese von Moral, Deutungsräumen und sozialer Beziehung

Das Prinzip der reflektierenden Abstraktion, das von Piaget für den Bereich der kognitiven Stufenentwicklung herangezogen wurde, läßt sich u.E. auch auf die moralische Stufenentwicklung übertragen (Eckensberger, 1986; Eckensberger & Burgard, 1986).

2.2.2 Typenrelevante psychologische Konzepte im Rahmen einer handlungstheoretischen Terminologie

Zur Ordnung der wichtigsten psychologischen Prozesse/Strukturen unterscheiden wir *drei Ebenen handlungstheoretischer Konzepte* (vgl. Tab. 3, sowie dazu genauer Eckensberger, 1995, 1996).

(1) Die Ebene der "primären Handlungen"

Das ist die Ebene, die man in der Regel bei Entscheidungstheorien im Blick hat. Hier geht es um Tun/Nicht-Tun oder Unterlassen. Die Handlungen sind *"weltorientiert"*, und wir unterscheiden ontologisch zwei Arten: die *instrumentellen Handlungen* (umwelt-orientiert) und die *verstehensorientierten* bzw. die sozialen Handlungen (mitwelt-orientiert).

Von zentraler Bedeutung ist, daß in diesem Ansatz die Umwelt und die Mitwelt nicht *a priori* gegeben sind, sondern daß diese erst durch den angewendeten "Denk-" oder "Interpretationstypus" zu solchen werden. Erst durch die Annahme des Subjektes, daß Vorgänge *kausal bewirkt* werden, sind dies aus seiner/ihrer

Sicht "physikalisch/materielle" Prozesse, also *"Umwelt"* im engeren Sinn. Ebenso entsteht die "soziale Welt", oder besser die *"Mitwelt",* erst durch die Interpretation, daß ein Vorgang, eine Veränderung in der Welt, durch Rückgriff auf *Intentionen zu verstehen* ist (Eckensberger & Silbereisen, 1980).

Psychologische Konzepte, die hier in den Blick geraten, sind die Zielsysteme (individuelle Präferenzen, Präferenzrelationen), Grundmotive, Primäraffekte (wie Wut, Ekel, Freude), propositionale Wissensbestände, Handlungskompetenzen (für die Mittelwahl), Entscheidungsprozesse, der Handlungsverlauf und *normative* Bewertungen von Handlungen, die sich vor allem auf das *Risiko*konzept beziehen.

Unter dem Gesichtspunkt der Typenbildung werden vor allem wichtig: der Umgang mit den Fakten, der Risikobegriff, die ökonomische Bewertung der Handlung sowie primäre Affekte.

(2) Die Ebene der sekundären Handlungen

Handlungen auf dieser Ebene sind *handlungsorientiert.* Es handelt sich vor allem um *Regulationen* (die selbst die Charakteristika von Handlungen haben, weil es um Ziele der Handlungssteuerung etc. geht). Zentral ist hier vor allem der *Barriere-Begriff,* der ja auch bereits bei Lewin im Zentrum stand. Entsprechend der beiden Handlungstypen unterscheiden wir (hier nur grob) in

Umweltbarrieren, das sind *Probleme,* die *beseitigt* werden mit Hilfe einer *Effektorientierung,* und

soziale Barrieren, das sind *Konflikte,* die *gelöst* werden mit Hilfe einer *Verständigungsorientierung.*[7]

Psychologische Konzepte dieser Ebene sind überdauernde Schemata von Konflikt- und Problemlösungen (Regelsysteme, technische, moralische etc.); hier sind deshalb das Verantwortungskonzept (bewertend) und Kontrollvorstellungen relevant; die auftretenden Emotionen sind komplexe Emotionen, wie Schuld, Neid, Eifersucht und Bewältigung/Abwehrstrategien (Umdeutungen).

Die *typenrelevanten Aspekte* sind hier die Kontrollvorstellungen, Affekte und Auffassungen von Verantwortung.

(3) Die Ebene der tertiären Handlungen

Die tertiären Handlungen sind *"aktororientiert".* Sie beziehen sich vor allem auf Akte der *Selbstreflexion* und *Selbstverwirklichung* (Identitätsarbeit). Ihre *psychologischen Inhalte* betreffen deshalb Konzepte wie Selbstverwirklichung und Selbstdarstellung.

Als Standards entstehen hier Kategorien der Sinnstiftung, u.a. religiöser Vorstellungen. Affekte haben existentielle Bezüge (existentielle Schuld etc.), und die normative Beziehung zu anderen bezieht sich vor allem auf die Solidarität mit anderen (Personen oder Gruppen).

Typenrelevant sind Kategorien der Identität, Solidarität und Affekte/Emotionen.

---

[7]   Zu einer weiteren Differenzierung von Barrieren vgl. Eckensberger (1995, 1996).

Handlungsebenen	Aktivitäten	Inhalte	Typenrelevanz
Tertiäre Handlungen *"aktororientiert"*	Selbstreflexion ♦ Identitätsarbeit ♦ Selbstdarstellung	Selbst-Identitätskonzept Existentielle Konzepte (Religiosität) existentielle Emotionen	Identitätsbezug Solidarität Emotionen
Sekundäre Handlungen *"handlungsorientiert"*	Regulationen ♦ barrierebeseitigend ♦ konfliktlösend (verständigungsorientiert)	Normative Bezugssysteme (logische, technische, moralische, rechtliche, wissenschaftliche usw.) komplexe Emotionen	Kontrolle Verantwortung Emotionen
Primäre Handlungen *"weltorientiert"*	Tun/Nicht-Tun, Unterlassen ♦ instrumentell (Umwelt) ♦ verstehensorientiert (Mitwelt)	Zielsysteme Grundmotive Präferenzen Interessen Propositionales Wissen Primäremotionen	Umgang mit Fakten Risiko Aufwand/ Nutzen Emotionen

Tabelle 3: Handlungsebenen und innere Ordnung der handlungstheoretischen Konzepte

2.2.3 Theoretische Bestimmung der Idealtypen alltagsweltlicher moralischer Niveaus

Um nun zu einer *theorieorientierten Bestimmung der moralischen Niveaus im Kontext umweltpolitischer Diskussionen* zu gelangen, haben wir, wie bereits gesagt, die drei Handlungsebenen mit den vier Niveaus der moralischen Urteile verknüpft.

Auch hierbei spielt das Prinzip der reflektierenden Abstraktion eine wichtige Rolle. Wir haben deshalb nicht nur versucht, im alltagsweltlichen Bereich unterschiedlich komplexe moralische Urteile als Kerne von Deutungsmustern auszumachen, sondern wir haben insbesondere auch auf Barrieren, Widersprüche und Handlungsbegrenzungen geachtet. Vor allem haben wir geprüft, ob explizit auf Begrenzungen (Barrieren) in den Argumenten Bezug genommen wird, die in dem vorausgehenden Typ gerade als Bedingungen des Urteils galten. Auch wenn wir - da wir keinen Längsschnitt untersuchen - nicht nachweisen können, daß es tatsächlich bestimmte Barriere*erfahrungen* sind, die eine neue Deutungsstruktur *entstehen* lassen, wäre es doch äußerst interessant, wenn jedenfalls auf die Begrenzungen der vorausgehenden Typen reflektiert würde.

Insgesamt müssen wir zudem daran erinnern, daß es sich bei den untersuchten Personen um Erwachsene handelt, daß also die von uns unterschiedenen vier Typen zwar auf die vier Entwicklungsniveaus (aus der Ontogenese) bezogen werden, wir aber dennoch nicht behaupten, daß es sich bei diesen Typen um eine Bestimmung unterschiedlich entwickelter kognitiver Kompetenzen handelt. Im Gegenteil, insbesondere bei dem ersten Typus ist es bei Erwachsenen keineswegs ausgeschlossen (vielmehr eher wahrscheinlich), daß bei ihm z.B. aufgrund einer stark restriktiven Situationswahrnehmung oder der psychischen Bewältigung von Notlagen und Zwängen auch funktionale Regressionen eine Rolle spielen (vgl. dazu bereits Kohlberg & Kramer, 1969). Die Typen II bis IV korrespondieren allerdings mit Stufen, die auch in der Kohlberg-Tradition sehr wohl das Erwachsenenurteil repräsentieren.

Ganz grundsätzlich können deshalb die Niveaus der alltagsweltlichen Moraltypen unter diesem Gesichtspunkt sicher nicht direkt mit den Niveaus moralischer Urteile gleichgesetzt werden, die Kinder/Jugendliche erreichen. Ein systematischer Vergleich von Kinder- und Erwachsenenstufen (insbesondere bei kontextualisierten Urteilen) ist allerdings in der Moralforschung noch keineswegs erfolgt.

2.3 Die empirische Bestimmung der Typen

Die Verknüpfung der Handlungsebenen mit den Moralniveaus bedeutet empirisch, daß wir die moralisch relevanten Aspekte auf den drei Handlungsebenen für die vier Moralniveaus (nach ihrer Reife) geordnet haben. In diesem Sinne wurde zwar die moralische Dimension erweitert (durch ihre Bestimmung im allgemeinen Handlungsmodell), aber dennoch als Entwicklungsdimension erhalten. Wurde zu Anfang des Artikels die Ökonomie und die Moral (aus theoretischen Gesichtspunkten) als zwei sich gegenüberstehende Extrempole dargestellt, so läßt sich nun nach Auswertung unseres empirischen Materials feststellen, daß die Befragten in den Interviews diese Trennung so nicht vornahmen. Es zeigen sich aber nicht nur qualitativ unterschiedliche Formen der Beziehung zwischen beiden (idealtypischen) Polen, sondern es ist zudem auch interessant, daß empirisch beispielsweise selbst individuelle Nutzenmaximierung durch Rückgriff auf die moralischen Kategorien des Risikos, der Verantwortung und Solidarität begründet werden kann. Aus unserer Perspektive ist deshalb, wenn man die Kategorien nicht analytisch, sondern im empirischen Zusammenspiel von Regelsystemen in Individuen betrachtet, nicht die Moral auf ökonomische Kategorien (Nutzenmaximierung) zurückzuführen, sondern umgekehrt, ökonomische Kategorien auf moralische.

Wie in Tabelle 3 dargestellt, werden grundsätzlich für alle Handlungsebenen Affektnennungen untersucht; für die Primärhandlungen wird vor allem die Rolle der Fakten relevant, die allerdings durch die moralische Perspektive des Risikos ergänzt wird. Die Kontrollvorstellungen der Sekundärhandlungen werden durch Verantwortungskonzepte erweitert, und die Identitätsvorstellungen der Tertiärhandlungen werden in bezug auf Solidaritätsgrenzen moralisch konzipiert. Zudem wird für jeden Typus (a) die spezifische Barriere benannt und (b) geprüft, in welcher Beziehung sie zu den normativen Orientierungen des vorausgegangenen Typus steht.

Bei der nachfolgenden Darstellung der Typen wird jeweils mit den tertiären Handlungen begonnen, da sie quasi die Folie für die Interpretation der primären und sekundären Handlungen bilden. Erst durch die Bezugnahme auf Identitäts- und Solidaritätsvorstellungen werden letztere verständlich. Danach folgt die Darstellung der weltorientierten (primären) Handlungen und ihre Regulationen (sekundäre Handlung) auf Barrieren. Umgekehrt ist natürlich die Auseinandersetzung mit der Welt (Um- und Mitwelt) und ihre Bewältigung auch wieder ein hochrelevanter Aspekt für die Bildung von Identitäten. Insofern hat man es im Grunde wieder mit einem Kreisprozeß zu tun: tertiäre Handlungen sind Voraussetzung, aber auch Folge primärer und sekundärer Handlungen.

2.3.1 Der interpersonal-heteronome Typ (I)

Tertiäre Handlungen: Im Rahmen tertiärer Handlungen, in denen es um Fragen der Identität und Solidarität geht, also dem Verständnis der Beziehung des Handlungssubjekts zu seiner sozialen Welt, sehen sich die Befragten des interpersonal-heteronomen Typs als individualistische Nutzenmaximierer, die äußeren Zwängen, ökonomischen und sozialen, unterworfen sind. Als Konsequenz entsteht eine in erster Linie instrumentelle Interessenorientierung. Diese wird, weil davon ausgegangen wird, sie sei quasi anthropologisch in der Natur des Menschen verankert, auch anderen unterstellt. Alle Menschen befinden sich in der ähnlichen Ausgangsposition, daß sie von der Notwendigkeit zu überleben diktiert werden und von daher nur ihren eigenen Vorteilen nachgehen können.

Die Unterstellung eines solchen "natürlichen Egoismus" muß jedoch keineswegs zur Annahme eines "Kriegs aller gegen alle" führen, sondern sie bildet auch die Grundlage von Solidaritätsvorstellungen: Die Zugehörigkeit zu sozialen Gruppen und Gemeinschaften wird durch die Wahrnehmung realer und unterstellter Ähnlichkeiten stabilisiert. Eine strikte, äußeren Imperativen folgende Interessenorientierung erscheint den Befragten daher nur dann beklagenswert, wenn es zu Interessenkonflikten kommt, in deren Verlauf sie selbst oder diejenigen, mit denen sie sich solidarisieren, benachteiligt werden.

Primäre Handlungen: Weltorientierte Handlungen, in denen das Handeln weitgehend routinisiert abläuft und die dadurch die Ebene der Alltagserfahrungen bilden, werden aufgrund der beschriebenen strikten Interessenorientierung in Form einer einseitigen Selektion und Rekonstruktion von Fakten und Risiken vorgenommen. Der Blick auf die Welt geschieht aus der Perspektive der Fixierung auf den eigenen Nutzen. Die Wahrnehmung persönlicher Risiken und individueller Betroffenheit ist das ausschlaggebende Kriterium für Besorgnis und Anteilnahme. Entsprechend oszilliert die Faktenwahrnehmung zwischen zwei Polen: Entweder gelten - bei eigenem Vorteil - Fakten als unverrückbar feststehend und nicht bestreitbar (z.B. wird auf Experten verwiesen) oder sie werden bei auftauchenden Widersprüchen als dermaßen verworren und beliebig eingeschätzt, daß kein eigenes Urteil über die Situation für möglich gehalten wird. Diesem Typus fällt es zudem schwer, Glaubwürdigkeitskriterien anzugeben, die über die Akzeptanz von Expertenurteilen bei eigenem Vorteil oder eine nicht weiter erläuterte Intuition hinausweisen.

Im sozialen Handlungsfeld wird zwischen Freund und Feind, Gegner und Verbündeten unterschieden. Man identifiziert diese in erster Linie aufgrund äußerer zugeschriebener Merkmale und achtet auf Ähnlichkeit in Aussehen, Handlungsdramaturgie und Handlungsorientierung.

Barrieren, die die routinisierte Handlungsorientierung unterbrechen, bilden für die *instrumentell-strategische* Umweltbeziehung ein generelles Gefühl der *Machtlosigkeit,* die eigenen Interessen durchzusetzen sowie für die *kommunikativ-soziale* Mitweltbeziehung *Interessenpluralismus* und *Nonkonformismus,* die das Ähnlichkeitspostulat (als Grundlage der Solidarität) durchbrechen.

Charakteristisch für diesen Typ ist weiterhin, daß das Auftreten der Barriere selbst leicht durch *Affekte* wie Ärger, Wut und Zorn begleitet wird.

Sekundäre Handlungen: Die Barriere der Machtlosigkeit führt dazu, daß *Handlungsverantwortung auf den eigenen engen Handlungskontext begrenzt* wird. Dafür schreibt man sich in diesem besondere Kompetenz zu und trennt ihn von jedem gesellschaftlichen oder sozialen Zugriff ab. Außerdem bewältigt man Machtlosigkeit mit einem generalisierten "Fantasmus der Stärke". Das Leben wird als "hart" definiert, und es dominiert die Vorstellung, daß nur die "Realisten" überleben. Folglich besteht der eigentliche individuelle Vorzug darin, *sich den Gegebenheiten anzupassen.* Wer dies nicht einsieht, handelt letztlich unverantwortlich, weil er gegen die Gebote der *natürlichen Vernunft* verstößt.

Da der eigene Verantwortungsbereich eng umgrenzt ist, überläßt man andere Bereiche mit Vorliebe mächtigen anderen und Experten. Diese *Verantwortungsdelegation* wird keineswegs als Kontrollverlust erfahren und stellt daher auch keine externale Kontrollorientierung dar (vgl. Döring, 1994; Hoff, 1995), weil man unter den gegebenen Bedingungen erwarten darf, daß für bestimmte Probleme eben andere zuständig sind.

Die soziale Erfahrung von Non-Konformität und einer breiten Palette von Interessen anderer, die sich mit den eigenen nicht decken, z.B. dem Engagement für Umweltschutz, führt (a) zu einer Leugnung der Glaubwürdigkeit anderer und der Unterstellung, daß hinter vorgegebenen Interessen doch wieder eigene Vorteile stecken; (b) zu einer Abwertung und Diskriminierung solcher abweichender Positionen oder (c) bei keiner direkten Bedrohung zu ihrer toleranten Hinnahme, deren Fundament allerdings eher auf der Gleichgültigkeit denn auf der Achtung anderer beruht ("Die sind halt so, aber die gehören auch nicht zu uns").

Handlungs-ebenen		interpersonal-heteronom	interpersonal-autonom	transpersonal-heteronom	transpersonal-autonom
H III	Identität	Konformität mit der eigenen Gruppe (Ähnlichkeit)	Beziehung, Tradition, Fürsorge, soziale Rolle	funktionale Rolle (Beruf), institutionelles Selbst	"gutes Leben"
	Solidarität	Interessengemeinschaft	Loyalität zur Gemeinschaft, Natur als Mitwelt	rechtlich geregelte Beziehungen	Achtung der Weltgesellschaft und der Natur
	Affekte				Hoffnung
H II	Kontrollvorstellungen	Regelbefolgung, Anpassung	Ko-Kontrolle, normativ	technokratische Machbarkeit	Reflexion von Zielsetzungen
	Verantwortung	Delegation an Machtautorität	individuelle Verantwortung für die Gruppe	legale Verantwortung der Expertenautorität	moralische Verantwortung aller für alle potentiell Betroffenen
	Affekte		Empörung	(Sachlichkeit)	
BARRIERE	instrumentell	Machtlosigkeit	nicht-intendierte Handlungs-folgen	Dysfunktionalität des Systems	normative Kraft des Faktischen
	sozial-kommunikativ	Nonkonformismus	Interessenorientierung	Lebensweltliche Naivität	Verdinglichung
			(Struktur I)	(Struktur II)	(Struktur III)
H I	Faktenwahrnehmung	konkrete individuelle Wahrnehmung	Interessenabhängigkeit	Objektivität	Reflexion auf Erkenntnisgrenzen
	Risiko	individuell, Besitzstand, Existenz	soziale Gemeinschaft, Lebensstil	System, Wohlstand	Weltgesellschaft, Gerechtigkeit
	Verhalten	Klarheit äußerer Handlungsregeln	soziale Erwünschbarkeit, Konventionen	Effizienz inklusive Folgenab-schätzung	auch bei niederer Erfolgserwartung
	Affekte	Zorn/Wut			

Tabelle 4: Überblick über die alltagsweltlichen Typen moralischer Urteile und Zusammenfassung der typenspezifischen Barrieren

Nun kann freilich diese Regulation selbst als schwierig empfunden werden und auf Widerstände stoßen. In diesem Fall wird der Ich-Bezug der tertiären Handlungen aktualisiert. Man steht unter äußeren Handlungszwängen und muß die eigenen Interessen (auch des Kollektivs) durchsetzen.

2.3.2 Der interpersonal-autonome Typ (II)

Ein erster Hinweis auf die von uns unterstellte Entwicklungslogik (durch die reflektierende Abstraktion) ist, daß die zentralen Annahmen des Typs (I) über *Risiko, Verantwortung* und *Solidarität* vom interpersonal autonomen Typ (II) in die Handlungsstruktur integriert und dadurch überwunden (negiert) werden.

Tertiäre Handlungen: Der Interessenpluralismus und Nonkonformismus, der für den personal-heteronomen Typ noch eine Barriere darstellte und der durch gleichgültiges Tolerieren oder Abwertung anderer Positionen bewältigt wurde, wird durch den interpersonal-autonomen Typ in dieser Form überhaupt nicht als ein soziales Problem aufgefaßt. Im Gegenteil: *Egoismus, rigider Konformismus und individualistische Kosten/Nutzen-Orientierungen erscheinen als kritikwürdig, weil sie menschlichen Umgangsformen im Weg stehen.* Verschiedene Interessen schließen sich nun nicht mehr aus, sondern werden dadurch miteinander verträglich gemacht, indem *normativ geregelte intersubjektive Beziehungen in das Zentrum der Identität rücken.* Man versteht sich als Mitglied einer sozialen Gemeinschaft, innerhalb der die Gemeinsamkeit nicht mehr - wie beim Typ I - durch Ähnlichkeit (Interessenkongruenz) definiert, sondern durch *normgerechte Erfüllung einer sozialen Rolle* hergestellt wird. Andere werden ebenso als *gute, gerechte und solidarische Mitglieder einer Gemeinschaft* definiert, es bestehen wechselseitige vertrauensvolle Beziehungen. Man agiert daher nicht mehr als Einzelindividuum unter Ähnlichen, sondern die unterstellte gemeinsame Orientierung am gemeinschaftlichen Wohl und an der Aufrechterhaltung von Beziehungen läßt verschiedene inhaltliche Ausprägungen von Interessen und Lebensformen innerhalb der eigenen Gemeinschaft breiteren Raum.

Wie beim vorhergehenden Typ können allerdings mehr oder weniger scharfe Innen- und Außengrenzen der Gemeinschaft gezogen werden: Freunde und Feinde, Gegner und Verbündete. Wesentlicher Unterschied zwischen den beiden Typen ist jedoch, daß innerhalb der Gemeinschaft Interessenpluralismus und Verschiedenheit von Lebensformen durch die Kraft intersubjektiv geltender Normen koordiniert werden. *Empathie und der Drang nach Harmonie* in der *Affektwelt* dieser Probanden spielen eine bedeutende Rolle, nicht erzwungene Konformität.

Primäre Handlungen: Diese *Identitäts-* und *Solidaritätsvorstellungen* bewirken, daß *Risiken* nicht mehr (wie bei Typ I) individualistisch rekonstruiert, sondern auf die soziale Gemeinschaft bezogen werden. Risiken bestehen auch nicht mehr ausschließlich in der Form materieller Kosten/Nutzen-Abwägungen, sondern ein *potentieller Sinnverlust* wird einbezogen, wie er beim Verlust einer sinnvollen Tätigkeit oder bei der Aufgabe sozialer Beziehungen entstehen kann.

Beziehungen sind denn auch zentral bei der Bewertung widersprüchlicher Fakten- und Interessenlagen. Die Befragten orientieren sich hauptsächlich an den "dahinterstehenden Intentionen", die ihrerseits mit sehr konkreten Positionen und sozialen Rollen verknüpft werden ("Ist der Experte nun Greenpeace verpflichtet oder der Atomindustrie und wem steht der Befragte selbst nahe"?).

Barrieren sind nun alle Situationen, die die Bedeutung von intersubjektiven Normen der Gemeinschaft schmälern. Für die *instrumentell-strategische* Umweltbeziehung sind dies wie bei Typ I objektive Handlungsgrenzen, wobei allerdings weniger generelle Machtlosigkeit beklagt wird, sondern Handlungsgrenzen spezifischer betrachtet werden. Bedeutsamer sind jedoch die sozial-kommunikativen Barrieren, vor allem fällt die Gefährdung sozialer Beziehungen ins Gewicht, also Fälle, in denen Menschen entgegen den sozialen Erwartungen handeln und somit Enttäuschungsreaktionen auslösen.

Sekundäre Handlungen: Diese Barrieren werden durch *Kontrollvorstellungen* reguliert, die Situationen nach *individueller Verantwortung* strukturieren, die Menschen nicht sich selbst (Typ I), sondern ihrer Gemeinschaft gegenüber haben. Die Befragten fühlen sich zudem auch dann in *der Verantwortung für ihre Handlungen, wenn andere anders handeln.* Es geht um wechselseitige und generalisierte Erwartungshaltungen. Die Kontrollvorstellungen dieses Typs basieren demnach auf dem Vertrauen in die *Einsicht und Vernünftigkeit der Menschen* sowie auf der stabilisierenden Stärke emotionaler Beziehungen. Auch objektive Barrieren (Umweltkrisen, strukturelle Arbeitslosigkeit) werden durch die individuelle Verantwortung, die der einzelne für die Gemeinschaft hat, als zukünftig überwindbar gehalten. Individuelle Verantwortung führt zu individueller und kultureller Lernfähigkeit. Diese *Kontrollvorstellungen* bleiben nicht nur gegenüber den Barrieren - der Erfahrung von Normbruch - resistent, ja sie werden durch sie erst induziert. D.h. sie entfalten ihre Funktion, obwohl alltägliche Erfahrungen dem Vertrauen in den guten Willen des Menschen widersprechen. Sie gelten deshalb "kontrafaktisch". Abweichler sind eben schwarze Schafe und Einzelfälle. Erfahrungen im Rahmen der Handlungen können bewältigt werden, indem man eben grundsätzlichere Handlungsorientierungen "heranzieht". Es herrscht also eine Tendenz zur Harmonisierung und dadurch durchaus zur Verniedlichung von Konflikten und Problemen vor, ohne daß man allerdings deren Existenz leugnen würde.[8]

Was die Überwindung objektiver Handlungsgrenzen anbelangt, so setzt auch dieser Typ auf Autoritäten und Experten. Es gibt jedoch einen wesentlichen Unterschied zum vorhergehenden Typ. Da die auch über den eigenen Handlungsbereich hinaus tätigen politischen Entscheidungsträger und Experten als *verantwortungsvolle Mitglieder dieser Gemeinschaft* aufgefaßt werden, wird auch deren Handeln an den gemeinschaftlichen Normen gemessen. Es wird ihnen also nicht per se Interessehandeln unterstellt, das mehr oder weniger zufällig mit den Interessen der Befragten zusammenfällt, sondern man glaubt, daß auch sie sich am gemeinschaftlichen Wohl orientieren. Zudem wird von ihnen erwartet, daß sie die geeigneten Voraussetzungen für richtiges Handeln schaffen, daß sie also z.B. durch Aufklärungs- und Informationskampagnen Rahmenbedingungen herstellen, die es ermöglichen, eigenverantwortliches Handeln in die Tat umzusetzen und die Lernbereitschaft erhöhen. Handeln von Autoritäten und Experten wird weniger direkt empfunden als bei Typ I, sondern läuft über den Umweg der *Handlungsstimulation.*

---

[8] Die Befragten sind also keine klassischen "Defender" (vgl. Eckensberger, Breit & Döring, 1994; Haan, 1977).

Kontrollvorstellungen und *Verantwortungszuschreibung* beziehen sich somit auf eine normative Binnenstruktur, die auf wechselseitigen kontrafaktischen Sollensvorstellungen beruht. Man ist bereit, loyal zu handeln, es wird aber auch im Gegenzug Loyalität erwartet, da jeder einzelne Verantwortung und Handlungskompetenz für den Zusammenhalt der Gruppe, der Gemeinschaft oder für den Erhalt der Natur besitzt. Je nach bestehenden Sympathien wird diese Loyalität auch auf geographisch ferne Gruppen ausgeweitet (Indianer, Menschen in der Dritten Welt etc.).

Affekte werden nicht mehr durch die Handlungsbarriere hervorgerufen wie beim vorhergehenden Typ, sondern spielen nun für die *Handlungsregulierung* eine große Rolle. Sie erleichtern es, kontrafaktisch an den normativen und moralischen Vorstellungen festzuhalten. Man reagiert durch *Enttäuschung,* auch mit *Schuld* und *Scham* im Hinblick auf vergangene Ereignisse, man reagiert aber vor allem mit *Mitleid* und *Fürsorge,* ist offen für Entschuldigungen. Auf der anderen Seite jedoch lassen sich die Befragten aber ebenso leicht zu moralischer *Empörung* verleiten.

Auch hier gilt wieder das beim vorhergehenden Typ Gesagte: Bei Widerständen bei der Regulierung wird der Ich-Bezug der tertiären Handlungen aktiviert, der nochmal die Beziehung des Selbst mit den anderen unterstreicht. Man ist Teil einer Gemeinschaft, Beziehungen sind wichtig, im Grunde handeln alle Menschen nach einem guten Willen.

2.3.3 Der transpersonal-heteronome Typ (III)

Die Befragten des transpersonal-heteronomen, dritten Typs integrieren im Grunde die Perspektiven der beiden ersten Typen. Dadurch machen sie wieder (im Sinne der reflektierenden Abstraktion) die Struktur des zweiten Typs zum Inhalt.

Tertiäre Handlungen: Die Erfahrung eines nur unzulänglich wirksamen "guten Willens" zur Erfüllung der sozialen Rolle, der bei dem vorhergehenden Typ das Herz der sozialen Gemeinschaft bildete (die Geltung intersubjektiver Normen, die Kraft von sozialen Beziehungen), wird beim transpersonal heteronomen Typ unter der Betonung von objektiven äußeren Gefahren für die Gemeinschaft relativiert. Objektive Probleme werden allerdings nicht mehr durch egoistisches individuelles Handeln gelöst (Typ I), sondern durch *den funktionalen Zusammenhang unterschiedlicher Interessen und Perspektiven. Solidaritätsvorstellungen* gelten nicht mehr Gemeinschaftsmitgliedern, sondern einer *Gesellschaft von anonymen Gesellschaftsmitgliedern* und orientieren sich über Lebensstile und Gruppen hinweg am *Allgemeinwohl der größeren Zahl* dieser Mitglieder.

Wie ist dies möglich? Wie kann das Scheitern gemeinschaftlicher Vorstellungen dazu führen, daß man sogar Konfliktlösungsvorstellungen entwickelt, die verschiedene Gemeinschaften bzw. anonyme Personen integrieren? Dies geschieht durch die *Abstrahierung vom konkreten Individuum.* Nicht mehr die Einbindung des Einzelnen in gemeinschaftliche Beziehungen formt in den Augen der Befragten den sozialen Zusammenhalt, sondern dessen Grundlage wird ein Gesellschaftsverständnis, welches durch systemfunktionale Zusammenhänge wie Politik, Recht, Technik und Wissenschaft charakterisiert wird. Diese Institutionen können ihre Funktion allerdings nur dadurch ausüben, indem in ihnen kompetente und problemlösende Menschen handeln, die *effektiv und sachlich in der Lage sein müssen, menschliches Zusammenleben innerhalb eines funktionalen Zusammenspiels institutioneller gesellschaftlicher Kräfte zu gewährleisten.* Als eine solche *kompetent* handelnde Person verstehen sich die Befragten dieses Typs selbst. Die Zugehörigkeit zur lebensweltlichen Gemeinschaft des Typs II auf der Grundlage von sozialen Rollen weicht also im transpersonalen Deutungsraum der Etablierung von funktionalen Berufsrollen oder der Mitgliedschaft in Expertenkreisen. *Identität* wird somit nicht über soziale Gemeinschaftsbezüge, sondern durch ein "institutionelles Selbst" definiert (Kegan, 1986). Auch *Solidarität* läßt sich auf diese Weise funktional konzipieren. Sie gilt denjenigen, denen diese *institutionell zusteht*, z.B. dank verbriefter Rechte.

Primäre Handlungen: Die Voraussetzungen für eine zuverlässige *Risiko*bewertung und *Fakten*rekonstruktion wird entsprechend ihrer funktionalen Grundorientierung nach Ansicht der Befragten erst *durch Bezug auf institutionell verankerte Bewertungssysteme* gewonnen, durch wissenschaftlich anerkannte Methoden, rechtlich niedergelegte Grenzwerte oder technisch machbare Rahmenbedingungen. Diese ermöglichen einen objektiven Zugang zu Fakten, Wahrheit ist methodologisch machbar.

Barrieren bilden jedoch einerseits (instrumentell) die Erfahrung mangelnder Systemfunktionalität wie beispielsweise widersprüchliche Gutachten, und andererseits für die kommunikativ-soziale Mitweltbeziehung die im eigenen Weltbild überwundenen lebensweltlichen Motive, sich am guten Willen und an gelungenen Beziehungen zu orientieren. Hier wird also die "naive Weltsicht" des autonominterpersonalen Typs (II) reflektiert (negiert).

Wie beim interpersonal-heteronomen Typ spielen aber die objektiven Handlungsbarrieren, also die der instrumentell-strategischen Umweltbeziehung eine besonders wichtige Rolle.

Sekundäre Handlungen: Die mangelnde Systemrationalität, die als *soziale Barriere* fungiert, wird durch die zentralen *Kontrollvorstellungen* kompensiert, nach denen das gelingende soziale Zusammenleben in einer Gesellschaft erst gar nicht von Einzelindividuen abhängt. Der funktionale gesellschaftliche Zusammenhalt erfordert Institutionen und Subsysteme wie Recht, Wissenschaft oder Politik, die die beschränkten Perspektiven gemeinschaftlichen und normorientierten Handelns überwinden, denn der bestgemeinte Wille, der liebenswürdigste Vorsatz kann zu negativen Konsequenzen führen. Nur durch Abstand von gemeinschaftlichen Perspektiven können die "Gesetze" von menschlichen Handlungen verstanden werden und damit auch auf die nicht-intendierten Folgen von Handlungen angemessen reagiert werden. Unter einer solchen Perspektive wird auch konsequent Recht von Moral getrennt (vgl. Eckensberger & Breit, 1997, zu einer generellen Diskussion dieses Punktes).

Die soziale Orientierung eines in Gemeinschaft Handelnden des Typs II weicht also einer objektivierenden Beobachterperspektive, die von subjektiven Einstellungen und Emotionen abstrahieren muß. Mit Tönnies (1991, vgl. auch. Snarey & Keljo, 1991) könnte man sagen, die Gemeinschaftsperspektive (des Typs II) wird durch eine Gesellschaftsperspektive ersetzt. Für die Befragten kann nur durch diese Veränderung der Beziehungen - verkürzt ausgedrückt traditionelle versus geschäftliche - das Ideal einer weitgehenden Unabhängigkeit jeglicher personaler Einflüsse garantiert werden (Objektivität). *Emotionen, eigene Interessen* und *Wertungen* gilt es zu *eliminieren*, da sie Ergebnisse verfälschen. Die *Verantwor-*

tung des Einzelnen liegt nun darin, die "lebensweltliche" *Barriere*, also die gemeinschaftliche Perspektive sowie die Orientierung an sozialen Beziehungen zu meistern und an deren Stelle eine "entemotionalisierte" rationale Einsicht in funktionale Zusammenhänge zu setzen.

Objektive Barrieren wie technisches oder politisches Versagen werden hingegen als *Herausforderung* interpretiert, noch besser, noch objektiver, noch weniger emotional und moralisch verstrickt zu handeln und zu entscheiden. Probleme können durch Optimierung gesellschaftlicher Institutionen systemimmanent gelöst werden und verlangen weitere Anstrengungen kompetenter Akteure.

Affekte, die auch hier vor allem im Zusammenhang mit sekundären Handlungen aktiviert werden, versucht man in diesem Typ, wie bereits angedeutet, zu *kontrollieren*, weil diese nicht mit den sachlichen und objektivistischen Einstellungen des "institutionellen Selbst" zu vereinbaren sind. Dies heißt natürlich nicht, daß dies den Befragten auch tatsächlich gelingt. Sie gehören jedoch nicht zu den Idealvorstellungen der Handlungsregulation.

2.3.4 Der transpersonal-autonome Typ (IV)

Genau der eben beschriebene vorherrschende nüchterne, funktionale und objektivierende Blick des Typs III, der in erster Linie interessegeleitetes Handeln auf der Basis rationaler gegenseitiger Zugeständnisse ermöglicht, wird durch den transpersonal-autonomen Typ als "Verdinglichung" des Handelns und Denkens problematisiert. Die Befragten argumentieren wieder in erster Linie moralisch, fallen allerdings nicht wieder in eine gemeinschaftliche Binnenperspektive konkreter Beziehungen zurück (Typ II), sondern verbleiben im transpersonalen Deutungsraum.

Tertiäre Handlungen: Folgen von Handlungen werden zwar vom Willen unabhängig und können nur durch eine Systemperspektive erkannt werden. Gegenüber der technokratischen Überzeugung der Befragten des vorhergehenden Typs gilt es aber nicht nur Folgen *funktional* zu berücksichtigen, sondern auch ihre *moralischen Konsequenzen* einzubeziehen. Die Zwecke (nicht nur die Mittel) sind rational zu definieren, denn nur die Ziele, die keine unkalkulierbaren ernsthaften Folgen für andere einschließlich der Natur hervorrufen, können als *allgemein verbindlich* erachtet werden. Daher werden die Formen der *Achtung* und *Gerechtigkeit* in das Zentrum der *Identitäts-* und *Solidaritätsvorstellungen* gestellt, die sich weder am reinen Eigeninteresse (Typ I), noch an den Gemeinschaftsbeziehungen (Typ II), noch auf Rechtsadressaten (Typ III) beziehen, sondern *alle potentiellen Betroffenen* einschließen. Durch die Einnahme moralischer Perspektiven können gedankenlose Lebensstile beseitigt werden, deren Folgen doch wieder alle zu tragen haben. Damit dies geschieht, ist eine generelle Veränderung kultureller Wert- und Zielvorstellungen notwendig, die gegenseitige Achtung und universalistische Gerechtigkeit konsequent fördern.

Die Frage, die sich an dieser Stelle aufdrängt, lautet: Ist diese Orientierung überhaupt durchzuhalten oder sind Individuen mit einer solchen globalen universalistischen Moralperspektive im Grunde psychologisch überfordert?

In diesem Zusammenhang ist es wichtig zu verstehen, daß die Befragten sich nicht als vereinzelte Individualisten verstehen, die die bessere Moral haben und daher mit Recht den moralischen Zeigefinger erheben können. Die Befragten sehen sich vielmehr als Bestandteil einer generellen Umorientierung, einer sozialen Bewegung, die schlußendlich nicht nur zu einer moralischeren Welt, sondern dadurch auch zu einem "besseren Leben" für alle führt.

Ebenso wichtig ist der zentrale *Affekt "Hoffnung"*, der für die Angehörigen dieses Typs in enger Verbindung mit tertiären Handlungen steht. Die Außenseiterposition, die die Befragten immer wieder als *Barriere* bei primären Handlungen erfahren (s.u.), führt dazu, daß man die eigene Position nur mit der Hoffnung durchhalten kann, es könnte trotz niedriger Erfolgswahrscheinlichkeit dennoch alles zum Guten gewendet werden. Dieser Hoffnung korrespondiert allerdings auch die Angst, womöglich die letzte Chance einer möglichen Änderung verpaßt zu haben.

Primäre Handlungen: Die wissenschaftliche Absicherung (Typ III) *bleibt* zwar eine wichtige Grundlage für die Risiko- und Faktenkonstruktion, aber sie hat ihren Status als quasi archimedischen Punkt der Beurteilung von Fakten verloren. Vor allem werden die *Erkenntnisgrenzen* moderner Wissenschaft, die mangelnde Steuerungsfähigkeit moderner Politik und die Anwendungsprobleme des Rechtes thematisiert. Man betont, daß Wissenschaft und Technik immer mehr an ihre Grenzen geraten und selbst Ursache vieler gegenwärtiger Probleme werden. Die Objektivität des Wissens muß nach Ansicht der Vertreter dieses Typs in ihrer Funktion für die Beurteilung relativiert werden, denn sie leistet allein keinen Hinweis auf die Frage, wie man mit Problemen umgehen bzw. welche Lösung angestrebt werden *sollte.* Institutionen in der gegenwärtigen Form werden zwar als notwendig für Problemlösungen angesehen, aber ihr historischer Zustand ist nicht problemangemessen. So ist z.B. die Nicht-Prognostizierbarkeit vieler Folgeketten menschlichen Handelns als *moralisches Problem* zu thematisieren, indem gesellschaftliche Entwicklungen und Interessen, wie sie sich in Lebensstilen manifestieren, im Hinblick auf Gerechtigkeitsfragen und deren Verallgemeinerbarkeit ins Zentrum rücken. Dies geschieht nicht im Rahmen der etablierten Institutionen, sondern z.B. durch die politische und soziale Auseinandersetzung, in denen verschiedene Gruppierungen um *angemessene Risikodefinitionen* streiten.

Barrieren, die auftauchen, sind die nicht zu leugnenden sozio-historischen Bedingungen der menschlichen Existenz (z.B. Armut, Unwissenheit), die schwer überwindbare *instrumentelle* Handlungsgrenzen bilden: die normative Kraft des Faktischen, die die Durchsetzungskraft der Moral mindert.

Im Bereich der *kommunikativ-sozialen* Mitweltbeziehung wird eine *Barriere* wahrgenommen, die man mit dem Begriff "Verdinglichung" belegen kann. Verdinglichung bedeutet, daß Menschen Opfer ihrer selbst geschaffenen Verhältnisse sind, d. h. einer systeminternen instrumentellen Rationalität folgen, indem sie die Mittel zu den Zielen machen und die Ziele aus der Diskussion ausblenden.

Wie beim interpersonal-autonomen Typ (II) stellen die Befragten in erster Linie auf die *sozialen Barrieren* ab, weil die autonome Perspektive vor allem das soziale Handeln von Menschen thematisiert.

Sekundäre Handlungen: Die Probanden entwickeln die *Kontrollvorstellung,* daß sich Betroffene - allen äußeren Widerständen zum Trotz - engagiert um gesellschaftlich bessere Lebensbedingungen (Ziel!) kümmern und für ihre verallgemeinerbaren Interessen einstehen können, auch wenn dies auf noch so hartnäckige Barrieren fällt. Nur indem durch öffentlichen Diskurs und veränderte Sozialisationsbedingungen Menschen nicht mehr blind Sachzwängen folgen, sondern gemeinschaftlich und gesellschaftlich herzustellende Ziele definieren, können situative Handlungsbedingungen verbessert werden.

Ausschlaggebend für die *Bewertung von Handlungschancen* ist die intersubjektive Reflexion auf die Genese von Institutionen, die die sozialhistorische Bedingtheit und Relativität gesellschaftlicher Handlungssysteme in Betracht zieht. Dies kann nicht aus dem internen Blick verselbständigter Expertensysteme (Bürokratie, Wissenschaft, Wirtschaft) geschehen, sondern allein in demokratischen Einigungsprozessen verantwortungsbewußt Handelnder. Erfolg wird trotz aller Skepsis für möglich gehalten, weil es sich nicht um individualistische, sondern um verallgemeinerbare Interessen handelt, die dank des politischen und sozialen Engagements von aufgeklärten Individuen sich womöglich auch in Institutionen niederschlagen.

3 Fazit

Aus einer entwicklungspsychologischen Perspektive wird es zunächst allgemein möglich, Barrieren nicht primär als Störfaktoren des Handelns zu interpretieren, sondern man kann ihnen ganz im Gegenteil eine *entwicklungsfördernde Funktion* abgewinnen. Zweitens wird aber ebenso deutlich, daß die Barrieren selbst (genauer: ihre Interpretationen) einer Entwicklung unterliegen und daß sie damit auch bei Erwachsenen unterschiedlich komplex sein können. Diese Perspektive ist auch für die Analyse von Umweltproblemen fruchtbar. Auch Umweltprobleme werden unterschiedlich komplex gesehen, unterschiedlich affektiv bewertet und in übergeordnete Deutungssysteme unterschiedlicher Komplexität eingebettet. Schließlich zeigt sich die immense Bedeutung, die gerade den normativen Kategorien wie dem moralischen Urteil bei der Analyse von Barrieren zukommt. Diese Dimension hat u.E. geradezu eine Leitfunktion in der Analyse der Rolle von Barrieren, denn die Realisierung von Handlungen hängt in besonderer Weise auch oder gerade von der Wahrnehmung bzw. Bewertung von Barrieren ab, und diese steht - wie wir gesehen haben - in enger Beziehung zu den unterschiedlich komplexen Strukturen moralischer Urteilsbildung. So ist generell interessant, daß im Falle heteronom moralischer Orientierungen die Barrieren eher im instrumentellen, autonome Orientierungen dagegen eher im sozial-kommunikativen Bezug zur Welt gesehen werden.

Auf die schwierige Beziehung zwischen Einstellung und Verhalten, Denken und Handeln soll zwar an dieser Stelle nicht weiter eingegangen werden, dazu liefert die Sozialpsychologie und die kognitive allgemeine Psychologie unzählige Belege. Zwei Bemerkungen sind aber angebracht: (1) Obgleich Kohlberg von Anfang an viel Mühe aufgewendet hat zu begründen, weshalb ein Zugang zur Moral über das Verhalten weder begrifflich noch empirisch sinnvoll ist, haben doch seine späteren Arbeiten gezeigt, daß - nach der sorgfältigen Analyse der Urteilsstrukturen - diese sehr wohl einen Zusammenhang zum Verhalten aufweisen (Kohlberg & Candee, 1984). (2) Das Menschenbild, das den Handlungstheorien u.E. zugrunde liegt, macht die Verhaltensprognose gar nicht zum Prüfstein von Theorien. Vielmehr muß es darum gehen, Szenarien zu entwerfen, die für unterschiedliche Personen bestimmte Handlungen in unterschiedlichen Situationen nahelegen.

Kontextualisiert man moralische Urteilsstrukturen, dann sieht man, daß sich je nach Wahrnehmung von Barrieren auch unterschiedliche Handlungsbereitschaften ergeben, deren Kenntnis zwar letztlich nicht zu konkreten oder spezifischen Verhaltensprognosen führt, die aber zukünftiges mögliches Handeln plausibel machen kann.

Wie sieht ein möglicher Zusammenhang zwischen moralischem Urteil und Handlungsbereitschaften aus?[9]

Wer im moralischen Urteil vor allem auf seine eigenen Interessen abstellt wie der interpersonal-heteronome Typ (I), der gibt wahrscheinlich schnell auf, wenn das konkrete Handlungsziel in Gefahr ist und er ist auch schwer dafür zu gewinnen, sich für Ziele einzusetzen, die eigene Interessen übersteigen. Allerdings kann die eigene Position auch bei gering erscheinenden Handlungschancen durch hohes emotionales Engagement, das bis zum Fanatismus reicht, durchgehalten werden. Demgegenüber gibt der interpersonal-autonome Typ (II) dank seiner Gemeinschaftsorientierung nicht bei ersten Schwierigkeiten auf, solange die Gemeinschaft zusammenhält. Wieder anders verhält sich vermutlich der transpersonalheteronome Typ (III). Er zieht seine Handlungsbereitschaft weniger aus dem normativen Gefühl einer Verpflichtung, auch nicht aus einer rein egozentrischen Nutzenkalkulation, sondern aus der möglichen Realisierung von gesellschaftspolitischen Zielen wie sie in Institutionen (Recht, Wissenschaft, Technik) verkörpert sind. Er scheint auch bereit, Kompromisse zu schließen und Ziele im Rahmen von Machbarkeit neu zu definieren. Die Handlungsbereitschaft dieses Typs geht einher mit eifriger Aktivität im Hinblick auf Informationssuche und Kompetenzerwerb, die im Falle von möglichen Barrieren und Risiken als Herausforderung verstanden wird. Einen solcher "Machbarkeitsfantasmus" teilen die Vertreter des letzten transpersonal-autonomen Typs (IV) gerade nicht. Im Gegenteil: Sie hegen Zweifel an der Verwirklichungsmöglichkeit ihrer Ziele und wollen in erster Linie eine Bresche schlagen für eine grundsätzliche Richtungsänderung in ihrem Sinne. Aufgeben trotz geringer Erfolgschancen kommt nach ihren Äußerungen nicht in Frage, dazu fühlen sie sich moralisch zu sehr in der Pflicht. Als Regulativ an dieser Stelle wirkt daher die Hoffnung, trotz effektiv niedriger Erfolgschancen das Ziel doch noch zu erreichen.

Diese Hoffnung ist nicht mit dem Fanatismus der Aktiven des ersten Typs zu verwechseln. Der Fanatismus läßt keinen Zweifel an der individuellen Orientierung zu, während die Hoffnung über persönliche Interessen und das konkrete Gebundensein von Raum und Zeit hinausgeht. Sie wird als Ausdruck von Solidarität und Fürsorge mit und für andere begriffen.

---

[9] Diesem Problem haben wir uns eingehender gewidmet (vgl. Breit, Döring & Eckensberger, 1996).

Literatur

Apel, K.-O. (1988). *Diskurs und Verantwortung.* Frankfurt a.M.: Suhrkamp.

Bayrische Rück (Hrsg.). (1993). *Risiko ist ein Konstrukt. Wahrnehmungen zur Risikowahrnehmung.* München: Knesebeck.

Birnbacher, D. (1988). *Verantwortung für zukünftige Generationen.* Stuttgart: Reclam.

Boesch, E.E. (1976). *Psychopathologie des Alltags. Zur Ökopsychologie des Handelns und seiner Störungen.* Bern: Huber.

Boesch, E.E. (1991). *Symbol action theory for cultural psychology.* Berlin: Springer.

Breit, H., Döring, T. & Eckensberger, L.H. (1996). *Ökonomie, Ökologie und Moral.* Schriftliche Form eines Vortrags gehalten zum 18. Workshopkongreß Politische Psychologie im ZIF, Bielefeld.

Breit, H. & Eckensberger, L.H. (1998). Moral, Alltag und Umwelt. In G. De Haan & U. Kuckartz (Hrsg.), *Umweltbildung und Umweltbewußtsein. Forschungsperspektiven im Kontext nachhaltiger Entwicklung* (S. 69-89). Opladen: Leske & Budrich.

Döring, T. (1994). *Selbstbestimmung, soziale Andere und Zufall. Drei kontrolltheoretische Konstrukte aus handlungstheoretischer Sicht und ihre Beziehung zu zwei Erhebungen des moralischen Urteils.* Unveröffentlichte Diplomarbeit. Saarbrücken: Universität des Saarlandes.

Durkheim, E. (1986). Einführung in die Moral. In H. Bertram (Hrsg.), *Gesellschaftlicher Zwang und Autonomie* (S. 33-53). Frankfurt a.M.: Suhrkamp.

Eckensberger, L.H. (1976). Der Beitrag kulturvergleichender Forschung zur Fragestellung der Umweltpsychologie. In G. Kaminski (Hrsg.), *Umweltpsychologie - Perspektiven, Probleme, Praxis* (S. 73-98). Stuttgart: Klett.

Eckensberger, L.H (1979). A metamethodological evaluation of psychological theories from a cross-cultural perspective. In L.H. Eckensberger, W.J. Lonner & Y.H. Poortinga (Eds.), *Cross-cultural contributions to psychology* (pp. 255-275). Amsterdam: Swets and Zeitlinger (deutsch in E.D. Lantermann (Hrsg.), (1982), *Wechselwirkungen. Psychologische Analysen der Mensch-Umwelt-Beziehung* (S. 9-28). Göttingen: Hogrefe.).

Eckensberger, L.H. (1993). Zur Beziehung zwischen den Kategorien des Glaubens und der Religion in der Psychologie. In T.V. Gramkrelidze (Hrsg.), *Brücken. Festgabe für Gert Hummel zum 60. Geburtstag* (S. 49-104). Tbilisi: Verlag der Djawachischwili Staatsuniversität/Universitätsverlag Konstanz.

Eckensberger, L.H. (1995). Auf der Suche nach den (verlorenen?) Universalien hinter den Kulturstandards. In A. Thomas (Hrsg.), *Psychologie interkulturellen Handelns* (S. 165-197). Göttingen: Hogrefe.

Eckensberger, L.H. (1996). Agency, action and culture: Three basic concepts for cross-cultural psychology. In J. Pandey, D. Sinha & D.P.S. Bhawuk (Eds.), *Asian Contributions to Psychology* (pp. 72-102). New Delhi: Sage.

Eckensberger, L.H. (1997). *Die moralische Dimension in der Globalisierung: Konsequenzen für die Aus- und Weiterbildung.* Vortrag auf der Wissenschaftlichen Konferenz zur Jahrestagung der WBL, Köln, 29. Oktober 1997.

Eckensberger, L.H. & Breit, H. (1997). Recht und Moral im Kontext von Kohlbergs Theorie der Entwicklung moralischer Urteile und ihrer handlungstheoretischen Konstruktion. In H.J. Lampe (Hrsg.), *Zur Entwicklung von Rechtsbewußtsein* (S. 253-340). Frankfurt a.M.: Suhrkamp.

Eckensberger, L.H., Breit, H. & Döring, T. (1996). *Typen moralischer Orientierung im Umweltbewußtsein. Arbeiten der Fachrichtung Psychologie Nr. 183.* Saarbrücken: Universität des Saarlandes.

Eckensberger, L.H., Breit, H., Döring, T., Sieloff, U., Wolf, C., Schirk, S., Halter, H. & Wallach, D. (1994). *Aktual- und ontogenetische Bedingungen individueller Lösungsvorstellun-*

gen für einen Konflikt zwischen ökonomischen und ökologischen Interessen. Unveröffentlichter Abschlußbericht an die DFG. Saarbrücken: Universität des Saarlandes.

Eckensberger, L.H. & Burgard, P. (1983). The assessment of normative concepts: Some considerations on the affinity between methodological approaches and preferred theories. In S.H. Irvine & J. Berry (Eds.), *Human assessment and cultural factors* (pp. 459-480). New York: Plenum Press.

Eckensberger, L.H. & Burgard, P. (1986). *Zur Beziehung zwischen Struktur und Inhalt in der Entwicklung des moralischen Urteils aus handlungstheoretischer Sicht. Arbeiten der Fachrichtung Psychologie Nr. 77.* Saarbrücken: Universität des Saarlandes.

Eckensberger, L.H. & Emminghaus, W.B. (1982). Moralisches Urteil und Aggression: Zur Systematisierung und Präzisierung des Aggressionskonzeptes sowie einiger empirischer Befunde. In R. Hilke & W. Kempf (Hrsg.), *Aggression. Naturwissenschaftliche und kulturwissenschaftliche Perspektiven der Aggressionsforschung* (S. 208-280). Bern: Huber.

Eckensberger, L.H. & Kern, E. (1986). *Öko-ethisches Denken: Ein Versuch, aus philosophischen Begründungen Kategorien für eine entwicklungspsychologische Studie zu gewinnen. Arbeiten der Fachrichtung Psychologie Nr. 104.* Saarbrücken: Universität des Saarlandes.

Eckensberger, L.H., & Reinshagen, H. (1980). Kohlbergs Stufentheorie der Entwicklung des Moralischen Urteils: Ein Versuch ihrer Reinterpretation im Bezugsrahmen handlungstheoretischer Konzepte. In L.H. Eckensberger & R.K. Silbereisen (Hrsg.), *Entwicklung sozialer Kognitionen: Modelle, Theorien, Methoden, Anwendung* (S. 65-131). Stuttgart: Klett-Cotta.

Eckensberger, L.H., Sieloff, U., Kasper, E., Schirk, S. & Nieder, A. (1992). Psychologische Analyse eines Ökonomie-Ökologie-Konflikts in einer saarländischen Region: Kohlekraftwerk Bexbach. In K. Pawlik & K. Stapf (Hrsg.), *Umwelt und Verhalten* (S. 145-168). Bern: Huber.

Eckensberger, L.H. & Silbereisen, R.K. (1980). Handlungstheoretische Perspektiven für die Entwicklungspsychologie sozialer Kognitionen. In L.H. Eckensberger & R.K. Silbereisen (Hrsg.), *Entwicklung sozialer Kognitionen: Modelle, Theorien, Methoden, Anwendung* (S. 11-45). Stuttgart: Klett-Cotta.

Gerhardt, U. (1985). Erzähldaten und Hypothesenkonstruktion. Überlegungen zum Gültigkeitsproblem in der biographischen Sozialforschung. *Kölner Zeitschrift für Soziologie und Sozialpsychologie, 37,* 230-256.

Gerhardt, U. (1991). Typenbildung. In U. Flick, E.v. Kardorff, H. Keupp, L.v. Rosenstiel & S. Wolff (Hrsg.), *Qualitative Sozialforschung* (S. 435-439). Weinheim: Psychologie Verlags Union.

Glaser, B.G. & Strauss, A.L. (1979). Die Entdeckung gegenstandsbezogener Theorie: Eine Grundstrategie qualitativer Sozialforschung. In C. Hopf & E. Weingarten (Hrsg.), *Qualitative Sozialforschung* (S. 91-111). Stuttgart: Klett-Cotta.

Haan, N. (1977). *Coping and defending. Processes of self-environment organization.* New York: Academic Press.

Habermas, J. (1983). *Moralbewußtsein und kommunikatives Handeln.* Frankfurt a.M.: Suhrkamp.

Höffe, O. (1993). Empirie und Apriori in Kants Rechtsethik. In L.H. Eckensberger & U. Gähde (Hrsg.), *Ethische Norm und empirische Hypothese* (S. 21-44). Frankfurt a.M.: Suhrkamp.

Hoff, E.-H. (1995). Berufliche Verantwortung. In E.-H. Hoff & L. Lappe (Hrsg.), *Verantwortung im Berufsleben* (S. 46-63). Asanger: Heidelberg.

Hopf, C. (1979). Soziologie und qualitative Sozialforschung. In C. Hopf & E. Weingarten (Hrsg.), *Qualitative Sozialforschung* (S. 11-37). Stuttgart: Klett-Cotta.

Ilting, K.H. (1994). Was heißt eigentlich 'moralisch'? In P. Becchi & H.G. Hoppe (Hrsg.), *Grundfragen der praktischen Philosophie* (S. 339-356). Frankfurt a.M.: Suhrkamp.

Jonas, H. (1984). *Das Prinzip Verantwortung.* Frankfurt a.M.: Suhrkamp.

Kant, I. (1956). *Grundlegung der Metaphysik der Sitten.* Frankfurt a.M.: Suhrkamp.

Kegan, R. (1986). *Die Entwicklungsstufen des Selbst: Fortschritte und Krisen im menschlichen Leben.* München: Kindt.

Kesselring, T. (1981). *Entwicklung und Widerspruch. Ein Vergleich zwischen Piagets genetischer Erkenntnistheorie und Hegels Dialektik.* Frankfurt a.M.: Suhrkamp.

Kohlberg, L. (1986). A current statement on some theoretical issues. In S. Modgil & C. Modgil (Eds.), *Lawrence Kohlberg: Consensus and controversy* (pp. 485-546). London: The Falmer Press.

Kohlberg, L. & Candee, D. (1984). The relationship of moral judgment to moral action. In W.N.M. Kurtines & J.L. Gewirtz (Eds.), *Morality, moral behavior, and moral development* (pp. 52-73). New York: John Wiley & sons (deutsch: Die Beziehung zwischen moralischem Urteil und moralischem Handeln. In W. Althof, G. Noam & F. Oser (Hrsg.), *Lawrence Kohlberg. Die Psychologie der Moralentwicklung* (S. 373-493). Frankfurt a.M.: Suhrkamp.).

Kohlberg, L., Levine, C. & Hewer, A. (1983). *Moral Stages: A current formulation and a response to critics. Contributions to Human Development 10.* Basel: Karger.

Kohlberg, L. & Kramer, R.B. (1969). Continuities and discontinuities in childhood and adult moral development. *Human Development, 12,* 93-120.

Krewer, B. (1992). *Kulturelle Identität und menschliche Selbsterforschung: Die Rolle von Kultur in der positiven und reflexiven Bestimmung des Menschseins.* Saarbrücken: Breitenbach.

Lamnek, S. (1988). Die datenbasierte Theorie (grounded theory) bei Glaser und Strauss. In S. Lamnek (Hrsg.), *Qualitative Sozialforschung, Bd. 1* (S. 106-124). Weinheim: Psychologie Verlags Union.

Pfordten, D.v.d. (1996). *Ökologische Ethik. Zur Rechtfertigung menschlichen Verhaltens gegenüber der Natur.* Reinbek: Rowohlt.

Piaget, J. (1932). *Le jugement moral chez l'enfant.* Paris: Alcan.

Piaget, J. (1970). Piaget's theory. In P.H. Museen (Ed.), *Carmichael's manual of child psychology Vol.1* (pp. 703-732). New York: Wiley.

Rawls, J. (1975). *Eine Theorie der Gerechtigkeit.* Frankfurt a.M.: Suhrkamp.

Saegesser, B. (1975). *Der Idealtypus Max Webers und der naturwissenschaftliche Modellbegriff: Ein begriffskritischer Versuch.* Dissertation. Basel: Universität Basel.

Snarey, J. & Keljo, K. (1991). In a Gemeinschaft voice: The crosscultural expansion of moral development theory. In W.M. Kurtines & J.L. Gewirtz (Eds.), *Handbook of moral behaviour and development theory, Vol. 1* (pp. 395-380). Hillsdale: Erlbaum.

Tönnies, F. (1991). *Gemeinschaft und Gesellschaft: Grundbegriffe der reinen Soziologie.* Darmstadt: Wissenschaftliche Buchgesellschaft.

Weber, M. (1922). *Wirtschaft und Gesellschaft.* Tübingen: Mohr Siebeck.

Förderung umwelt- und naturschützenden Handelns bei Kindern und Jugendlichen

Elisabeth Kals, Ralf Becker und Dietmar Rieder[1]

1 Die notwendige Kooperation von Umweltpsychologie und Umweltpädagogik zur Lösung der Umweltkrise

Es bestehen mittlerweile keine Zweifel mehr darüber, daß sich die anthropogen bedingten Umweltprobleme nicht allein durch naturwissenschaftlich-technische Ansätze lösen lassen, sondern daß auch den Sozialwissenschaften eine Schlüsselrolle beim Verständnis und der Lösung dieser Krise zukommt (vgl. Kruse, 1995; Pawlik, 1991; WBGU, 1996). Denn diese Krise läßt sich nicht allein durch Entwicklung neuer Technologien lösen, sondern es sind darüber hinaus *umweltschonende*[2] Verhaltensveränderungen notwendig: Ein ressourcenschonendes 3-Liter-Auto muß nicht nur durch Ingenieure und Techniker entwickelt, sondern auch zum breiten Einsatz gebracht werden. Umweltschonende Recyclingverfahren nutzen der Umwelt nur etwas, wenn in Haushalten und Industrie Abfall und Reststoffe getrennt und der Wiederverwertung zugeführt werden. Moderne Energiespargeräte müssen nicht nur zur Verfügung gestellt, sondern auch gekauft und genutzt werden usw. Zudem reicht der Einsatz von Umwelttechnologien häufig nicht aus, sondern es sind zudem individuelle Verhaltensverzichte, z.B. auf Klimaanlagen, entbehrliche Elektrogeräte, auf ausgedehntes Duschen oder Baden, notwendig (vgl. Hormuth & Katzenstein, 1990). Daher ist es eine wesentliche Aufgabe der Sozialwissenschaften, sich mit diesen individuellen Bereitschaften und Entscheidungen zum Schutz der Umwelt zu beschäftigen, ihre Motivgrundlagen zu analysieren und Möglichkeiten zur Umsetzung der gewonnenen Erkenntnisse zu erkunden (zur Rolle der Sozialwissenschaften vgl. den Beitrag von Linneweber in diesem Band). Zur Erfüllung dieser Aufgaben sind vor allem die *Umweltpsychologie* und die *Umweltpädagogik* prädestiniert (vgl. Fietkau & Kessel, 1987 sowie Keul, 1995).

Die *Umweltpsychologie* beschäftigt sich seit den frühen siebziger Jahren - und damit parallel zum Erwachen eines ökologischen Bewußtseins in der Bevölkerung (vgl. Bunz, 1973; Matthies, 1998) - mit Fragen zum menschlichen Handeln und

---

[1] Dieser Beitrag ist in Kooperation der Universität Trier und des Projekts "Schulnahe Umwelterziehungseinrichtungen Rheinland-Pfalz (SchUR)" entstanden. Wir danken Herrn OStR Rudolf Schmidt, der diese Kooperation maßgeblich mit aufgebaut hat sowie allen beteiligten Pädagog(inn)en für ihre Unterstützung und ihr Engagement bei der Erhebung der Daten.

[2] Die Begriffe natur- und umweltschonende, -schützende bzw. -gerechte Entscheidungen werden im folgenden synonym für jene Bereitschaften und Verhaltensweisen verwendet, die dem Erhalt der natürlichen Umwelt dienen.

Erleben bezogen auf die natürliche Umwelt. Ökologisches Bewußtsein sowie Forschung wurden vor allem durch die Handlungserfordernisse der Energiekrise in der damaligen Zeit angeregt (vgl. Kushler, 1989). Entsprechend beschäftigt sich die große Mehrzahl früher umweltpsychologischer Arbeiten mit der Erklärung und Veränderbarkeit individuellen Energienutzungs- und Energiesparverhaltens (vgl. Kruse & Arlt, 1984). In der weiteren Entwicklung umweltpsychologischer Forschung, die schließlich zur Entstehung der Umweltpsychologie als wissenschaftlicher Disziplin führte, kam die Untersuchung vieler weiterer ökologisch relevanter Handlungsfelder hinzu, wie Mobilitätsverhalten, Wasserverbrauch und -nutzung, Müllvermeidungs- und Recyclingverhalten oder umweltpolitische Engagements. Gemeinsam ist vielen dieser Ansätze, daß es vor allem um die Erklärung und Förderung umweltschützender Entscheidungen geht. Mittlerweile besteht ein großer Fundus an Wissen über die Motivgrundlagen umweltschützenden Verhaltens (vgl. Kals, 1996a).

Auch auf seiten der *Umweltpädagogik* führte kontinuierliche Forschung zur Entwicklung zahlreicher umweltpolitischer Bildungsprogramme (vgl. Deutsche Gesellschaft für Umwelterziehung e.V., 1990), wie auch Bolscho in diesem Band eindrucksvoll zeigt. Vor allem im Bereich der schulischen Bildung, als Kristallisationspunkt umweltpädagogischer Bildung und klassischem Feld für umweltpädagogische Interventionen, wurden in den letzten beiden Jahrzehnten große Fortschritte erzielt (vgl. Bolscho, Eulenfeld, Rost & Seybold, 1990): Schulische Umweltbildung ist mittlerweile fester Bestandteil von Lehrplänen und wird nicht nur in den naturwissenschaftlich-technischen Fächern, wie Biologie, vermittelt, sondern beispielsweise auch in Deutsch, Erdkunde, Sachkunde oder Religion (vgl. Conein, in Druck).

Trotz dieser fruchtvollen Anstrengungen umweltpsychologischer und -pädagogischer Forschung ist es bislang jedoch weder der Umweltpsychologie noch der Umweltpädagogik in ausreichendem Maße geglückt, umweltpsychologische Erkenntnisse über die *Motivgrundlagen* umweltgerechten Verhaltens zur Grundlage der Umwelterziehung in Kindheit und Jugend zu machen. Statt dessen arbeiten beide Disziplinen noch weitgehend getrennt voneinander, und die Motivgrundlagen des umweltschützenden Verhaltens von Kindern und Jugendlichen werden weitaus seltener untersucht als in der Erwachsenenpopulation (vgl. Kruse & Schwarz, 1988). Daher dominiert gerade bei Bildungsprogrammen, die auf Kinder und Jugendliche abzielen, häufig noch die sogenannte "Handlungs- bzw. Aktionsforschung", bei der unmittelbar mit dem eingreifenden Handeln begonnen wird (vgl. Kaminski, 1990).

Alternativ böte sich eine *systematische Forschungsstrategie* an, in deren Rahmen der Umweltpsychologie zunächst die Aufgabe zufällt, die zugrunde liegenden Motive umweltgerechten Verhaltens zu untersuchen, damit diese anschließend mittels der notwendigen Erfahrung der Umweltpädagogik direkt in Form konkreter Umweltbildungsprogramme umgesetzt werden können. Die Vorteile dieser Strategie liegen vor allem in der höheren inhaltlichen und methodischen Absicherung der Intervention und sind handlungsleitend für das Vorgehen bei der eigenen Studie: Zunächst werden die umwelt- und naturschützenden Bereitschaften und Entscheidungen bei Kindern und Jugendlichen sorgfältig analysiert, um anschließend konkrete Handlungsempfehlungen abzuleiten.

2 Verhaltensbereitschaften für den Umwelt- und Naturschutz[3] bei Kindern und Jugendlichen

Innerhalb der Umweltpsychologie gibt es mittlerweile eine kaum mehr zu überblickende Anzahl von Einzelarbeiten, die sich Fragen zur Überwindung der *Barrieren umweltgerechten Verhaltens* widmen (vgl. Kruse & Schwarz, 1988; Schahn, 1995): Warum sind einige Menschen dazu bereit, das Auto stehen zu lassen und der Umwelt zuliebe auf den Bus umzusteigen, während andere nach wie vor die Vorteile eines Zweitautos nutzen? Wie läßt sich erklären, daß Personen, die bislang umweltpolitisch desinteressiert waren, sich dazu durchringen, in global agierenden Umweltschutzgruppen (wie z.B. Greenpeace) aktiv zu werden und größere Geldsummen zu spenden? Warum organisieren sich einige Personen aus dem nachbarschaftlichen Kreis gegen den Bau einer Müllverbrennungsanlage in der Nähe des eigenen Wohnorts in Form einer Bürgerinitiative, während andere die Bauabsichten zu ignorieren scheinen?

Die eigenen Bemühungen zur Klärung dieser und weiterer Fragen nach den Motivgrundlagen umweltgerechten Verhaltens führten zur Entwicklung eines *Umweltschutzmodells* (vgl. Kals, 1996a), das nachfolgend ausschnittweise vorgestellt wird.

2.1 Das eigene Umweltschutzmodell

Den *theoretischen Hintergrund* des eigenen Umweltschutzmodells bilden die Theorien von Fishbein und Ajzen (Ajzen, 1991; Fishbein & Ajzen, 1975) und das Norm-Aktivationsmodell von Schwartz (Schwartz, 1977; Schwartz & Howard, 1980). Beides sind *allgemeine sozialpsychologische Theorien* zur Erklärung menschlichen Verhaltens und somit nicht auf die spezifische Verhaltensklasse ökologisch relevanten Verhaltens zugeschnitten. Empirisch konnte gezeigt werden, daß sich die Erklärung des Umweltverhaltens signifikant verbessern läßt, wenn die ursprünglichen Modellvariablen um Variablen ergänzt werden, die spezifisch auf den ausgewählten Verhaltenskontext zugeschnitten sind. Dies zeigen sowohl Anwendungen der Theorien von Fishbein und Ajzen (Bamberg & Schmidt, 1993) als auch von Schwartz (Stern, Dietz & Kalof, 1993).

Für die Entwicklung des eigenen Umweltschutzmodells wurden daher folgende Schlüsse gezogen: Die ausgewählten Modellkonstrukte basieren auf den genannten sozialpsychologischen Theorien. Sie wurden jedoch für umweltrelevantes Verhalten spezifiziert und durch bereichsspezifische Variablen, wie umweltbezogene Emotionen, ergänzt. Das komplexe Modell wird andernorts in seiner Gänze vorgestellt (vgl. Kals, 1996a, b; Kals & Montada, 1994), so daß hier nur jene Modellausschnitte beschrieben werden, die nachfolgend auf die Population der Kinder angewendet werden (vgl. Abb. 1).

---

[3] Trotz Unterschieden in den Zielen umwelt- und naturschützenden Verhaltens werden beide Verhaltensklassen gemeinsam betrachtet, da ihre Motivgrundlagen strukturgleich sind.

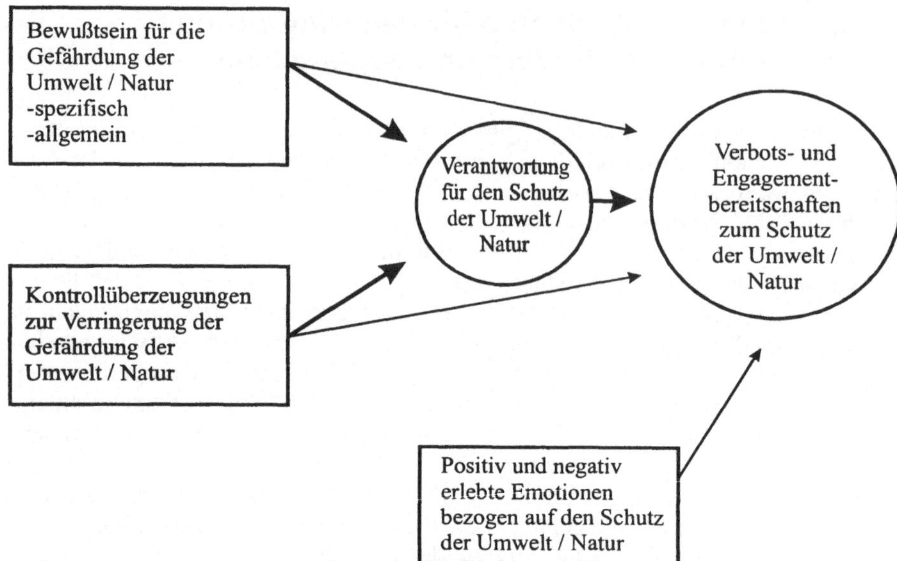

Abbildung 1: Ausschnitt des eigenen Umweltschutzmodells[4]

Im Zentrum des Modells steht die Erklärung *von Verbots- und Engagementbe-reitschaften* zum Schutz von Umwelt und Natur. Diese Bereitschaften decken ein breites Spektrum von umwelt- und naturschützenden Zielen ab, die sich auf unter-schiedliche Umweltkomponenten (z.B. Luftqualität) oder bestimmte Handlungs-felder (z.B. Straßenverkehr) beziehen. Die Bereitschaften repräsentieren nicht singuläre und damit ökologisch wenig bedeutsame Einzelentscheidungen, sondern jeweils Klassen von Bereitschaften, die eine gewisse *Stabilität* über die Zeit auf-weisen und sich aus vielen Einzelentscheidungen zusammensetzen. Es wird bei-spielsweise nicht berücksichtigt, ob jemand bereit ist, sich in einer bestimmten Situation für das Fahrverbot in einem Straßenzug zu engagieren, sondern ob über verschiedene Situationen und über einen längeren Zeitraum hinweg eine Bereit-schaft besteht, sich für die Einschränkung des Autoverkehrs durch verschiedene verkehrspolitische Maßnahmen zu engagieren (vgl. Becker & Kals, 1997).

Der Modellausschnitt ist auf diese Bereitschaften im Sinne grundsätzlicher Einlassungen beschränkt, da sich diese als valide Prädiktoren der tatsächlichen Verhaltensentscheidungen erwiesen haben (Kals, 1996a): So gut wie keine der anderen Modellvariablen aus Abbildung 1 können über die Bereitschaften hinaus die Verhaltensentscheidungen vorhersagen. Lediglich der konkrete situationale und soziale Kontext, der in Abbildung 1 ausgespart ist, aber die Umsetzung der Bereitschaften in konkrete Verhaltensweisen mitbestimmen sollte, kann sinnvol-lerweise zusätzliche Varianz in den Verhaltensentscheidungen erklären (vgl. auch den Beitrag von Gessner & Bruppacher in diesem Band).

Zur Erklärung der Bereitschaften werden ihre *positiven Motivationsquellen*, wie beispielsweise hohes Bewußtsein für ökologische Gefahren, in den Vorder-

---

[4] Die Stärke der Pfeile symbolisiert die erwartete Enge der Zusammenhänge.

grund gestellt und nicht ihre *individuellen Barrieren*, wie beispielsweise der wahrgenommene Aufwand, der mit der Umsetzung der Bereitschaften verbunden ist. Obgleich sich "Barrieren" und "positive Motivationsquellen" wechselseitig ineinander überführen lassen, da sich eine gering ausgeprägte positive Motivation als Barriere und eine im individuellen Urteil abgewertete Barriere als positive Motivationsquelle auffassen ließen, macht es doch aus anwendungsbezogener Sicht Sinn, den Perspektivenwechsel von "Barrieren" zu "Überwindungsmöglichkeiten von Barrieren" zu vollziehen: Denn es ist motivationspsychologisch leichter, eine positive Motivation aufzubauen und zu stabilisieren, als lediglich Hemmnisse ohne positive Zielvermittlung abzubauen.

Als "positive Motivationsquellen" werden vor allem *verantwortungsbezogene* Urteile herangezogen, da umweltschützende Verhaltensweisen in den meisten Fällen Verzichte auf eigene kurzfristige Vorteile zum Wohle der Allgemeinheit bedeuten (vgl. Mosler & Gutscher in diesem Band; Spada & Opwis, 1985). Diese Verzichte sollten nur dann geleistet werden, wenn sie als notwendig und effizient bewertet werden - im Sinne eines hohen *Gefahrenbewußtseins* und *hoher internaler Kontrolle* entsprechend der Selbstwirksamkeitstheorie von Bandura (1978) - und wenn gleichzeitig Verantwortung für den Schutz der Umwelt übernommen wird. Mit diesen drei Konstrukten "ökologisches Gefahrenbewußtsein", "Kontrollüberzeugungen als wahrgenommene Effizienz von Einflußmöglichkeiten zur Verringerung der Umweltprobleme" und "Zuschreibung ökologischer Verantwortung" sind bereits die Eckpfeiler des eigenen Modells beschrieben.

Im Sinne eines *Stufenmodells ökologischer Verantwortung* (vgl. Shaver, 1985) wird davon ausgegangen, daß das ökologische Gefahrenbewußtsein und die wahrgenommenen Einflußmöglichkeiten den Verantwortungszuschreibungen vorgeordnet sind: Nur wenn ein Bewußtsein für die ökologischen Gefahren besteht und gleichzeitig effiziente Möglichkeiten zur Verringerung dieser Gefahren erkannt werden, macht es Sinn, Verantwortung zuzuschreiben (vgl. Kals, 1998). Daher sollten das Gefahrenbewußtsein und die Kontrollüberzeugungen zunächst indirekte Effekte auf die Bereitschaften haben, die über die Verantwortungsurteile vermittelt werden. Darüber hinaus sind jedoch auch direkte Effekte auf die Bereitschaften zu erwarten, denn in den Verantwortungsurteilen wird nur die "moralische" Komponente des Gefahrenbewußtsein und der Kontrollüberzeugungen gebündelt.

Neben diesen kognitiven Urteilen umfaßt das Modell *emotionale* Urteile bezogen auf die Gefährdung und den Schutz der natürlichen Umwelt. Diese emotionalen Urteile werden in der Mehrzahl sozialpsychologischer Verhaltensmodelle - denen ein rationales Menschenbild zugrunde liegt - nicht berücksichtigt. Theoretische Überlegungen und empirische Daten zeigen aber, daß die Bildung von umweltbezogenen Bereitschaften und Verhaltensentscheidungen durch Emotionen flankiert und gefördert wird und mithin kein rein rationaler Prozeß ist (vgl. bereits Amelang, Tepe, Vagt & Wendt, 1977).

Das eigene Modell umfaßt daher eine ganze Reihe von Emotionen, die sich gruppieren lassen in verantwortungsbezogene emotionale Urteile (wie Empörung über zuwenig Umweltschutz anderer, Schuldgefühle über zuwenig eigenen Umweltschutz oder Ablehnung von Ärger über zuviel Umweltschutz), in emotionale Verbundenheit mit der Natur, (z.B. Liebe zur Natur) sowie in spezifische Emotionen, die sich auf das jeweilige Handlungsfeld, auf das das Modell angewendet wird, beziehen (z.B. Freude am Autofahren). Dabei liegt der Schwerpunkt ebenso wie bei den Kognitionen auf den verhaltensfördernden statt -hemmenden Emotionen.

Die Bedeutung aller genannten Variablen konnte bereits für eine große Bandbreite von umwelt- und naturschützenden Bereitschaften und Entscheidungen empirisch bestätigt werden. Diese Bestätigung blieb bislang jedoch auf die Erwachsenenpopulation beschränkt (vgl. Kals, 1996b). Nun steht erstmalig die Anwendung des Modells auf Kinder und Jugendliche an, um so zu überprüfen, ob die umweltbezogenen Verantwortungsurteile bereits in Kindheit und Jugend handlungsrelevant sind.

2.2 Übertragung des Umweltschutzmodells auf umwelt- und naturschützende Bereitschaften von Kindern und Jugendlichen

Die Übertragung des Umweltschutzmodells auf die Bereitschaften von Kindern und Jugendlichen geschah exemplarisch anhand folgender Handlungsfelder: dem Schutz von Fledermäusen als Beispiel für den *Artenschutz* (Fledermäuse zählen zu den am meisten vom Aussterben bedrohten Säugetieren Deutschlands; Richarz & Limbrunner, 1992; Schober & Grimmberger, 1987), und dem Schutz von Wasser und Gewässern als Beispiel für den *Schutz natürlicher Ressourcen*.

Es wurden insgesamt drei Altersstufen untersucht: Schüler(innen) der Primarstufe (Klasse 3 und 4), der Sekundarstufe I (Klasse 5 bis 10) sowie der Sekundarstufe II (Klasse 11 bis 13). Es macht keinen Sinn, beide Themen (Arten- und Gewässerschutz) auf alle drei Schulstufen anzuwenden, da es zwischen den Vorgaben der Lehrpläne in einigen Schulstufen und diesen Themen keinerlei Passung gegeben hätte. Daher wurde die Untersuchung zum jeweiligen Thema nur in jenen Schulklassen durchgeführt, in denen die Befunde direkt und in Einklang mit den engen Vorgaben der Lehrpläne in Form einer schulischen Intervention umgesetzt werden können. Diese Auswahl führte zu folgendem Untersuchungsplan (vgl. Abb. 2).

In allen vier Studien aus Abbildung 2 lautet die zentrale Fragestellung: Läßt sich das dargestellte Modell (vgl. Abb. 1) auf die Erklärung von Bereitschaften zum Schutz von Fledermäusen bzw. Gewässern bei Kindern und Jugendlichen übertragen? Zur Beantwortung dieser Frage wurden alle vier Studien als parallele *Fragebogenstudien* konzipiert und in verschiedenen Schulklassen erhoben.

	Primarstufe	*Sekundarstufe I*	*Sekundarstufe II*
Inhaltsfeld	Fledermausschutz (Studie 1)	Fledermausschutz (Studie 2) Gewässerschutz (Studie 3)	Gewässerschutz (Studie 4)
Stichprobengröße	$N_1 = 175$	$N_2 = 135$; $N_3 = 148$	$N_4 = 105$
Durchschnittsalter	9 Jahre	13 Jahre	17 Jahre
Besonderheiten	eingeschränkter Variablensatz	Aufnahme zusätzlicher Variablen	Aufnahme zusätzlicher Variablen

Abbildung 2: Überblick über das Untersuchungsdesign

In allen Studien wurden die Variablen aus Abbildung 1 auf den Schutz von Fledermäusen bzw. Gewässern spezifisch zugeschnitten. Es gibt lediglich Unterschiede in der Anzahl der Variablen und Detailentscheidungen in der Meßmethodik, die auf die Altersunterschiede in den drei Schultypen zurückgehen: In der Primarstufe ist der Variablensatz am kleinsten und entspricht weitgehend dem in Abbildung 1 dargestellten Modellausschnitt, der lediglich um einige Wissens- und Beschäftigungsvariablen erweitert wurde. Auch die Meßmethodik ist dem geringen Alter der Probanden angepaßt (z.B. vierstufige Antwortskala). In der Sekundarstufe I und II wurde das Variablenset hingegen sowohl auf Prädiktor- als auch auf Kriteriumsebene erweitert, und meßmethodische Entscheidungen wurden dem Alter der Probanden angepaßt (z.B. sechsstufige Antwortskala).

Da es vor allem für kleinere Kinder weitaus weniger Erfahrung mit dem Einsatz von Fragebogen gibt als für Jugendliche oder Erwachsene, wird nachfolgend exemplarisch die erste Studie zur Erklärung der Bereitschaften zum Schutz von Fledermäusen bei Grundschulkindern herausgegriffen.

3 Erklärung der Bereitschaften zum Schutz von Fledermäusen von Grundschulkindern

3.1 Spezifikation der Fragestellung und der Variablenwahl

Um zu überprüfen, ob das dargestellte Umweltschutzmodell (vgl. Abb. 1) auch Bestand für die Erklärung der Bereitschaften von Grundschulkindern zum Fledermausschutz hat, wurden zunächst die verantwortungsbezogenen und emotionalen Modellvariablen auf den Schutz von Fledermäusen übertragen. Darüber hinaus wurde das Modell um jene Variablen ergänzt, die primäres Ziel traditionellen schulischen Umweltunterrichts sind (vgl. Langeheine & Lehmann, 1986): die Vermittlung naturbezogenen Wissens, in diesem Falle also die Vermittlung von abstrakt-biologischem bzw. konkretem Wissen über Fledermäuse, sowie damit zusammenhängend die Anregung der Beschäftigung mit dem Thema, indem die Kinder z.B. Texte über Fledermäuse lesen. Diese Variablenspezifikationen und -ergänzungen führen zu dem in Abbildung 3 dargestellten theoretischen Modell.

Die Engagement- und Verbotsbereitschaften sollten sich zunächst durch die bereits erprobten verantwortungsbezogenen Variablen des Umweltschutzmodells erklären lassen (vgl. Abb. 1). Diese sind wie folgt auf den Schutz von Fledermäusen zugeschnitten:

1. Bewußtsein für die Gefährdung von Fledermäusen ("Es gibt in Deutschland bald nicht mehr genügend Fledermäuse."),
2. wahrgenommene eigene Einflußmöglichkeiten ("Ich selber kann viele wichtige Dinge tun, um Fledermäuse zu schützen.") und Möglichkeiten anderer ("Politiker können viele wichtige Dinge tun, um Fledermäuse zu schützen.") sowie
3. Zuschreibung eigener Verantwortung zum Schutz von Fledermäusen ("Ich selbst sollte Fledermäuse schützen.") und Verantwortung anderer ("Politiker sollten Fledermäuse schützen.").

Die emotionalen Bewertungen bezogen auf Fledermäuse sind:
4. Ekel vor Fledermäusen ("Ich ekele mich vor Fledermäusen."),
5. Interesse an Fledermäusen ("Ich bin interessiert, mehr darüber zu erfahren, wo Fledermäuse leben."),
6. Angst vor Fledermäusen ("Ich habe Angst vor Fledermäusen.") und
7. Freude an Fledermäusen ("Ich freue mich, wenn ich ein Bild von einer Fledermaus sehe.").

Neben diesen bereichsspezifischen Bewertungen wurde auch
8. ein Bewußtsein für die Gefährdung von Umwelt und Natur im allgemeinen erfaßt ("Die Probleme mit Umwelt und Natur werden immer schlimmer.").

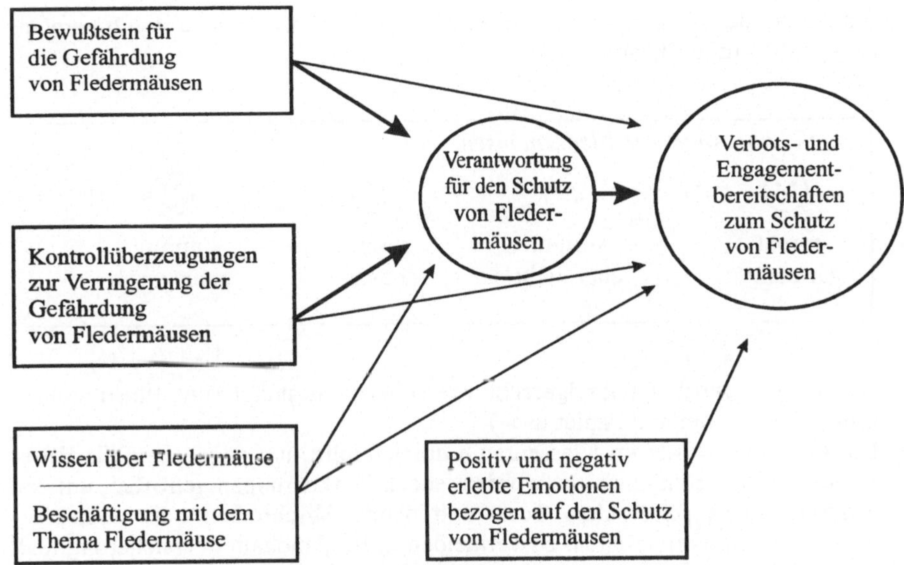

Abbildung 3: Modell zur Erklärung der Bereitschaften zum Fledermausschutz

Kontrastierend zu diesen Modellvariablen wurden folgende Wissens- bzw. Beschäftigungsvariablen erhoben:

9. abstrakt-biologisches Wissen über Fledermäuse ("Ich weiß viel darüber, wie sich Fledermäuse fortbewegen."),
10. konkretes Wissen über Fledermäuse ("Ich weiß, wo in meiner Umgebung Fledermäuse leben.") und
11. die Beschäftigung mit dem Thema Fledermäuse, auch außerhalb des Unterrichts ("Außerhalb der Schule lese ich manchmal etwas über Fledermäuse.").

Mittels dieser Variablen läßt sich die Fragestellung wie folgt präzisieren: Wie bedeutsam sind die verantwortungsbezogenen Urteile (1 bis 3 und 8) bzw. emotionalen Bewertungen (4 bis 7) im Gegensatz zu den Wissens- bzw. Beschäftigungsvariablen (9 bis 11) zur Erklärung der Bereitschaften zum Schutz der Fledermäuse?

3.2 Spezifika der Untersuchungsmethodik

Die Untersuchungsmethodik wurde, wie bereits gesagt, an das geringe Alter der Kinder angepaßt. Entsprechend der Ergebnisse aus Vortests und Gesprächen mit erfahrenen Pädagogen wurden folgende meßtechnische Einzelentscheidungen gefällt:

- Alle Konstrukte wurden jeweils über mehrere Items gemessen. Diese wurden jedoch - wie die obigen Itemsbeispiele zeigen - einfach formuliert.
- Die Antwortskala bestand aus vier Stufen, die statt durch eine für die Erwachsenenpopulation übliche mehrstufige Zahlenskala durch "Smilies" markiert wa-

ren, wobei der Umgang mit dieser kindgerechten Antwortskala vorab gemeinsam geübt wurde. Beispiel:

> *Ich habe Angst vor Fledermäusen.*
>
> ☹   ☹   ☺   ☺
>
> stimmt   stimmt   stimmt   stimmt
> gar nicht   eher nicht   etwas   ganz genau

- Das Layout wurde so kindgerecht wie möglich gestaltet (mit Illustrationen, großer Schrift, buntem Papier usw.).
- Die Erhebung wurde im Klassenraum durchgeführt, um gegebenenfalls Hilfestellung leisten zu können. Es wurden jedoch Vorkehrungen getroffen, um den Eindruck eines schulischen Tests und damit Abschreiben oder sozial erwünschtes Antwortverhalten zu vermeiden (z.B. glaubhafte Versicherung, daß die Fragebogen direkt an die Untersuchungsleiter weitergegeben werden und die Untersuchung anonym bleibt).

3.3 Gütekriterien

Die Gütekriterien der Erhebung wurden auf unterschiedliche Weise überprüft: Zunächst wurden über alle Skalen *Hauptachsenanalysen*[5] mit anschließender orthogonaler Varimaxrotation gerechnet. Die Markieritems eines Faktors wurden anschließend über Mittelwertsbildung zusammengefaßt und entsprechen den in Abschnitt 4.1 genannten Konstrukten. Reliabilitäten (Cronbachs Alpha und Splithalf-Reliabilität nach Guttman und Spearman-Brown) und Itemstatistiken (Trennschärfe, Mittelwerte, Streuung, Schiefe und Exzeß) sprechen dafür, daß die Konstruktion der Skalen gelungen ist, so daß mit ihrer Hilfe reliable Antworten auch bei Respondenten im Grundschulalter erzielt werden konnten. Beispielsweise liegt Cronbachs Alpha bei fast allen Skalen über .70 und steigt für die Skalen "Angst", "Verantwortung" und "Engagementbereitschaft" auf .87 an.

Neben diesen Reliabilitätsmaßen wurde auch die *Validität* der Antworten überprüft, die vor allem durch sozial erwünschtes Antwortverhalten gefährdet sein könnte. Da die gängigen sozialen Erwünschtheitsskalen für Jugendliche und Erwachsene konzipiert sind, macht es keinen Sinn, diese bei Neunjährigen einzusetzen. Um trotzdem die Validität der Antworten überprüfen zu können, wurden zusätzlich zu den standardisierten Antworten nach folgenden drei Satzergänzungen gefragt: (1) "Wenn ich an Fledermäuse denke, dann fällt mir ein, daß Fledermäuse..."; (2) "Wenn ich eine Fledermaus anfassen würde, dann..."; (3) "Wenn ich das Wort 'Fledermaus' höre, dann...". Diese Satzergänzungen und die standardisierten Antworten, vor allem zu den Emotionsitems, sind weitgehend kompatibel.

---

[5] Ein statistisches Dimensionierungs-Verfahren, das prüft, wie gut die gestellten Items das "dahinterstehende" Konstrukt (z.B. abstrakt-biologisches Wissen) abbilden.

Beispielsweise gibt es signifikante Zusammenhänge zwischen der Nennung des Begriffs "Vampir" bei der Satzergänzung und der Äußerung von Angst. Darüber hinaus wurden Lehrerbefragungen zur Validität der Schülerantworten durchgeführt. Insgesamt sprechen sowohl die Satzergänzungen als auch die Lehrerurteile für eine ausreichende Validität der Befragung.

3.4 Regressionsanalytische Befunde zur Erklärung der Bereitschaften

Zur Beantwortung der Untersuchungsfrage nach der relativen Gewichtung der einzelnen Prädiktorgruppen zur Erklärung der Bereitschaften wurden *multiple Regressionsanalysen* durchgeführt. Da die Gesamtprädiktorenzahl relativ klein ist, konnten mit allen Prädiktoren gemeinsam Regressionsanalysen durchgeführt werden. Die Befunde zur Vorhersage der Verbots- und Engagementbereitschaften mit den Zwischenkriterien der Verantwortungsurteile sind in den Abbildungen 4 und 5 zusammengefaßt.

Die Regressionsanalysen zeigen, daß das Umweltschutzmodell auf die Erklärung von Bereitschaften zum Schutz von Fledermäusen bei neunjährigen Grundschulkindern übertragen werden kann. 40 Prozent der Varianz in den *Verantwortungsurteilen* können durch das Bewußtsein für die Gefährdungen von Umwelt und Natur im allgemeinen (Prädiktor 8) und durch spezifische Kontrollüberzeugungen (Prädiktor 2) vorhergesagt werden. Dies zeigt, daß nicht nur die bereichsspezifischen Urteile, sondern interessanterweise auch das allgemeine ökologische Gefahrenbewußtsein Bereitschaften zum Schutz von Fledermäusen erklären. Keinen Einfluß auf die Verantwortungsurteile haben hingegen die Wissens- und Beschäftigungsvariablen (Prädiktoren 9 bis 11).

Entsprechend den Modellaussagen sind auch für die *Bereitschaftsbildung* die verantwortungsbezogenen Urteile weitaus einflußreicher als die Wissens- und Beschäftigungsvariablen. Lediglich das abstrakt-biologische Wissen (Prädiktor 9) qualifiziert sich über die verantwortungsbezogenen Urteile hinaus zur Erklärung der *Verbotsbereitschaften*. Zur Vorhersage der *Engagementbereitschaften* gibt es aus dem konkurrierenden Prädiktorenblock der Wissensvariablen bzw. der Beschäftigung mit dem Thema Fledermäusen keinerlei signifikante Beiträge zur Erklärung der Bereitschaften. Signifikant wird jedoch Freude an Fledermäusen. Die aufgeklärte Varianz liegt bei 35 Prozent (Verbotsbereitschaften) bzw. 42 Prozent (Engagementbereitschaften).

202

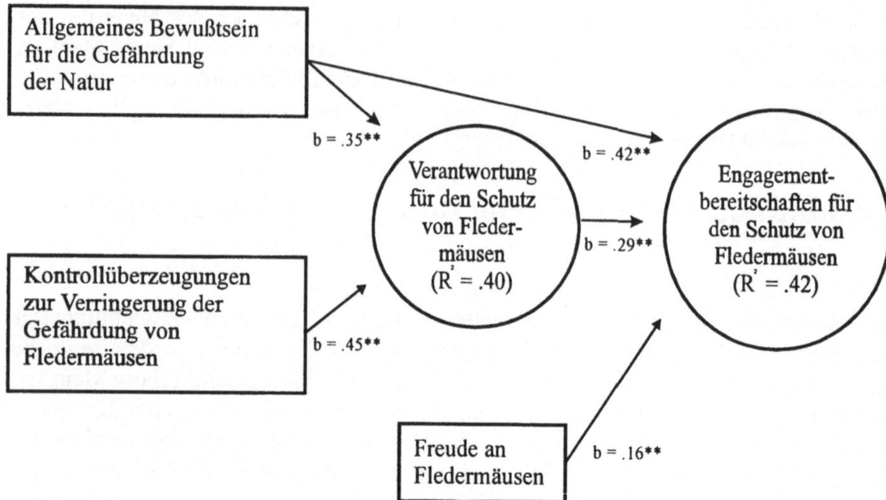

Abbildung 4: Empirisches Modell zur Erklärung der Engagementbereitschaften für den Schutz von Fledermäusen mit dem Zwischenkriterium des Verantwortungsurteils (*.01 < p < .05; ** p < .01)

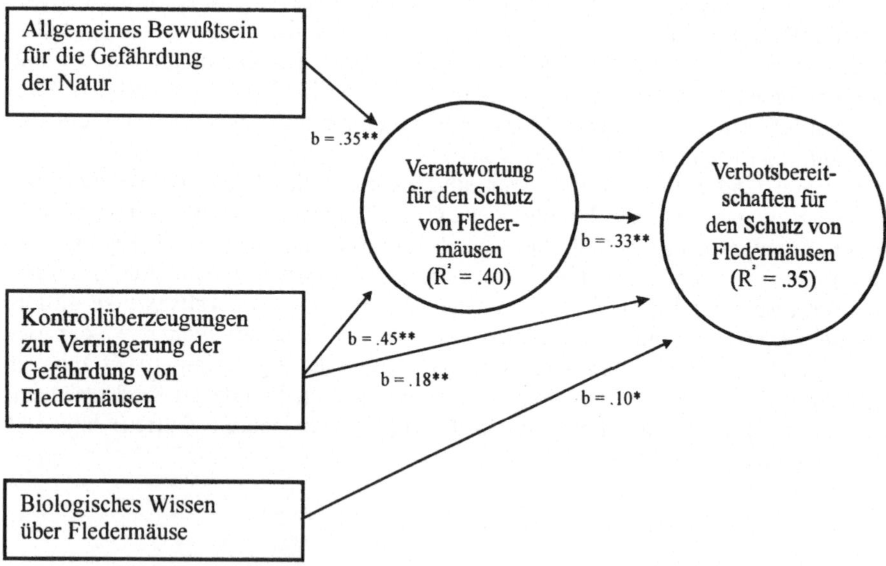

Abbildung 5: Empirisches Modell zur Erklärung der Verbotsbereitschaften für den Schutz von Fledermäusen mit dem Zwischenkriterium des Verantwortungsurteils (*.01 < p < .05; ** p < .01)

Insgesamt zeigen diese Befunde am Beispiel des Fledermausschutzes, daß bereits bei Neunjährigen Bereitschaften zum Artenschutz in entscheidendem Maße von Verantwortungsüberzeugungen und den ihnen zugrunde liegenden Urteilen bestimmt werden. Diese verantwortungsbezogenen Urteile sind weitaus einflußmächtiger als die Wissensvariablen und die alleinige Beschäftigung mit dem Thema. Sie sind auch einflußreicher als die emotionalen Bewertungen, die mit Fledermäusen zusammenhängen. Diese Befunde haben Implikationen für die Bewertung des traditionellen schulischen Umweltunterrichts, doch vor dieser Diskussion sei zunächst die Generalisierbarkeit dieser Befunde auf die anderen Untersuchungsstichproben überprüft.

4 Generalisierbarkeit der Aussagen auf die anderen Untersuchungsstichproben

Gegen die bisherigen Analysen könnte berechtigterweise eingewendet werden, daß erstens die Motivgrundlagen der Bereitschaften bei Neunjährigen nicht ungeprüft auf spätere Altersstufen übertragen werden dürfen und daß zweitens der Schutz von Fledermäusen nicht zu den drängensten Themen von Umwelt- und Naturschutz zählt.

Um dem ersten Argument zu begegnen, wurde eine parallele Untersuchung zum Fledermausschutz mit Schülern der Sekundarstufe I durchgeführt. Als Reaktion auf das zweite Argument wurden die Konstrukte in Sekundarstufe I und II auf den Schutz von Wasser und Gewässern als ein zentrales Thema des Umwelt- und Naturschutzes bezogen. Darüber hinaus wurde auf Kriteriumsebene folgende Ergänzung vorgenommen: Neben den bereichsspezifischen Bereitschaften (Arten- und Gewässerschutz) wurde überprüft, ob sich mit dem Variablenset auch Engagementbereitschaften zum Schutz von Umwelt und Natur erklären lassen, die eine Vielfalt unterschiedlicher Ziele umfassen, wie Schutz von Luftqualität, von Flora und Fauna, Landschaftsschutz, Schutz von Energiereserven usw. (vgl. Abb. 2).

Die regressionsanalytischen Befunde zu diesen bereichsspezifischen und handlungsfeldübergreifenden Kriterien aus allen drei Studien stehen in vollem Einklang mit den dargestellten Befunden zu den Grundschulkindern: In so gut wie allen Regressionsmodellen sind die Verantwortungszuschreibungen und die ihnen zugrunde liegenden Urteile zum Gefahrenbewußtsein und zu den Einflußmöglichkeiten die varianzstärksten Prädiktoren. Sie werden ergänzt durch stabile Effekte der Emotionsvariablen, die jedoch je nach Handlungsfeld und Schulstufe hinsichtlich der Emotionsklasse variieren: In der Tendenz haben positiv erlebte Emotionen, wie Freude an sauberen Gewässern, und verantwortungsbezogene Emotionen, wie Empörung über zuwenig Gewässerschutz, einen stärkeren Einfluß auf die umwelt- und naturschützenden Bereitschaften als Angsterleben. Dies zeigt, daß es Sinn macht, auch auf der Ebene von Emotionen *positive Motivationsquellen* zu nutzen, anstatt hemmende Emotionen (wie z.B. Angst) zu fokussieren.

In allen Untersuchungen wird einheitlich bestätigt, daß die *Wissensvariablen* nur geringen Einfluß auf die Bereitschaftsbildung haben. Lediglich die Beschäftigung mit dem Thema "Fledermaus" bzw. "Gewässerschutz" qualifiziert sich in einigen Regressionsanalysen, wobei jedoch die Bedeutsamkeit dieser Variablengruppe weitaus geringer ist als die der verantwortungsbezogenen Urteile.

Die aufgeklärten Varianzen in den Bereitschaften steigen in der Tendenz mit dem Lebensalter. Sie liegen beispielsweise bei den älteren Schülern in der Sekundarstufe II zum Teil bei 50 Prozent. Dies ist vermutlich Ausdruck einer mit dem Alter steigenden Differenziertheit in der eigenen Urteilsbildung sowie größeren Urteilssicherheit.

5 Zusammenfassung und Diskussion

Die Befunde zeigen, daß umwelt- und naturschützende Bereitschaften bei Kindern und Jugendlichen ebenso wie bei den bereits untersuchten Erwachsenenpopulationen (vgl. Kals, 1996a) auf *einer verantwortungsbezogenen Motivgrundlage* beruhen (Zur Bedeutung von Moral und Ethik vgl. den Beitrag von Eckensberger, Breit & Döring in diesem Band). Bereits bei neunjährigen Grundschulkindern spielen Verantwortungsurteile bei der Bildung umwelt- und naturschützender Bereitschaften eine zentrale Rolle, die weitaus gewichtiger ist als die Funktion von abstrakt-biologischem oder auch konkretem Wissen (zur eingeschränkten Bedeutung von Wissen vgl. auch Eschenhagen, Kattmann & Rodi, 1993). Darüber hinaus bestätigen die Ergebnisse, daß es durchaus möglich und sinnvoll ist, Forschungsfragebogen zu umweltpsychologischen Konstrukten bereits im Grundschulalter erfolgreich einzusetzen - vorausgesetzt, daß diese in Länge und Gestaltung altersgerecht entwickelt werden.

In einem weiteren Schritt gelang der Nachweis, daß sich die Aussagen zur Erklärung der artenschützenden Bereitschaften bei Grundschulkindern auch auf die Bereitschaften zum Arten- und Gewässerschutz von älteren Kindern der Sekundarstufe I sowie von Jugendlichen aus der Oberstufe übertragen lassen: In allen Fällen stehen nicht die Wissens- oder Beschäftigungsvariablen, sondern die verantwortungsbezogenen Urteile im Zentrum der Bereitschaftsbildung. Zudem wird erwartungsgemäß auch bei den älteren Schülern der Prozeß der Bereitschaftsbildung durch emotionale Bewertungen flankiert und gefördert.

Darüber hinaus konnte gezeigt werden, daß die bereichsspezifischen Urteile sowie Bereitschaften zum Schutz von Fledermaus und Gewässern *"prototypische"* Urteile bzw. Bereitschaften sind: Einerseits beruhen die Bereitschaften nicht ausschließlich auf bereichsspezifischen Urteilen, sondern zusätzlich auf einem Bewußtsein für die Gefährdungen von Umwelt und Natur im allgemeinen; andererseits lassen sich durch die bereichsspezifischen Verantwortungsurteile nicht nur Bereitschaften zum gleichen Handlungsfeld, sondern auch zu Engagementbereitschaften zur Förderung breit gestreuter Ziele des Umwelt- und Naturschutzes erklären.

Dies belegt wiederholt (vgl. Kals, 1996; Becker & Kals, 1997), daß es eine ökonomische und probandengerechte Strategie ist, bei der Untersuchung von Motivgrundlagen ein *spezifisches Handlungsfeld* aus dem Themenkanon des Natur- und Umweltschutzes exemplarisch herauszugreifen. Dadurch werden nicht nur das Meßinstrument kürzer und die Beantwortung einfacher, sondern auch Entscheidungsspielräume für die Forscher geschaffen, da die Konkretisierung der umweltpsychologischen Fragestellung den umweltpädagogischen Kontextgegebenheiten (wie z.B. Lehrplanvorgaben) angepaßt werden kann. Diese auf der untersuchungsstrategischen Ebene realisierte Kooperation zwischen Umweltpsychologie und Umweltpädagogik erleichtert die sich anschließende anwendungsbezogene Kooperation, bei der die bedingungsanalytischen Befunde in konkrete Interventionsprogramme umgesetzt werden, die Gegenstand des nachfolgenden, letzten Abschnitts sind.

6 Ableitung von Handlungserfordernissen für die umweltpädagogische Praxis

Aus den dargestellten Befunden lassen sich exemplarische Handlungsempfehlungen für die *umweltpädagogische Praxis* im schulischen Kontext ableiten. Die Einschränkung auf pädagogische Bemühungen in der Schule, die auch den Erhebungskontext der vorgestellten Studie lieferte, erscheint aus mehreren Gründen sinnvoll und soll kurz erläutert werden.

Die Bereitschaften zum Schutz von Umwelt und Natur und die ihnen zugrunde liegenden positiven Motivationsquellen werden bereits in der frühen Kindheit aufgebaut und stabilisiert (z.B. durch Lernen am Modell der Eltern, später der Peers). Vor allem in den Phasen erster Selbstreflexionen eigenen Verhaltens besteht eine gute Chance, positive Motivationsquellen umwelt- und naturschützenden Verhaltens zu vermitteln und aufzubauen, weshalb die Heranführung an den Umwelt- und Naturschutz möglichst frühzeitig erfolgen sollte.

Der schulische Kontext bietet sich aus Gründen der Effizienz und der Untersuchungsmethodik als institutioneller Rahmen für diese psychologisch-pädagogischen Bemühungen an (vgl. Langeheine & Lehmann, 1986). Aufgrund der Schulpflicht findet man hier bezüglich umweltbezogener Urteile und Überzeugungen heterogene und repräsentative Gruppen, während man beispielsweise an außerschulischen Orten der Umweltbildung auf hochselektive Gruppen von Kindern trifft, da die Teilnahme freiwillig erfolgt und vor allem von jenen Kindern genutzt werden, die ohnehin aus einem "umweltsensiblen" Milieu (z.B. mit umweltpolitisch gebildeten Eltern) stammen.

Bevor nun Handlungsempfehlungen für schulische Interventionsprogramme abgeleitet werden, sei zunächst hinterfragt, ob die Befunde überhaupt für den schulischen Alltag von Bedeutung sind oder ob sie lediglich für jene spezifischen außerschulischen umweltpädagogischen Kontexte relevant sind, die explizit als primäres Ziel die Förderung von Verhalten zum Schutz der Umwelt zum Ziel haben (wie z.B. entsprechende Bildungsangebote für Kinder und Jugendliche in Umweltbildungszentren, Nationalparkhäusern oder Umweltzentren, vgl. Eulefeld, 1987). Betrachtet man die Aussagen von Kultusministerkonferenzen (z.B. von 1980) und die konkrete Umsetzung dieser Aussagen in Lehrpläne, so zeigt sich, daß "Umweltbildung" fester Bestandteil schulischer Bildung ist. Erklärtes Ziel dieser schulischen Umweltbildung ist neben der Vermittlung von Wissen auch eine Sensibilisierung für ökologische Probleme und der Aufbau umwelt- und naturschützenden Verhaltens. Darüber bestehen seit der Erklärung der Kultusminister der Länder über die Aufgabe der Schule im Bereich der Umwelterziehung vom 17. Oktober 1980 keine Zweifel mehr.

Interpretiert man die regressionsanalytischen Befunde unter dieser Zielperspektive, so läßt sich zunächst festhalten, daß die Vermittlung von umwelt- bzw. naturbezogenem Wissen unzureichend ist, um Bereitschaften oder Verhalten zum Schutz von Umwelt und Natur aufzubauen. Auch das Bemühen, die Schüler für das jeweilige Thema zu interessieren und sie zur außerschulischen, unspezifischen Beschäftigung mit diesem Thema anzuregen, sollte nur bedingt wirksam sein. Statt dessen ist es sinnvoll und notwendig, auch bereits sehr junge Schüler ohne "Zeigefingerdidaktik" an die kritische Frage *der ökologischen Verantwortlichkeit* heranzuführen und so eine spezifische Beschäftigung mit den Themen des Umwelt- und Naturschutzes aus verantwortungsbezogener Sicht anzuleiten und positive emotionale Bezüge zur Natur aufzubauen. Denn es besteht bereits im Grundschulalter ein Verständnis für das Thema "Verantwortung für den Schutz von Umwelt und Natur", das sich als *positive Motivation* für eigenes umwelt- und naturschützendes Verhalten ausformen und fördern läßt.

Dazu sind die Verantwortungsurteile in allen Altersstufen emotional einzubetten. Bei den jüngeren Kindern bedeutet dies vor allem, daß Freude bezogen auf das jeweilige Umwelt- oder Naturthema vermittelt wird; bei älteren Kindern und Jugendlichen ist es zusätzlich sinnvoll, *verantwortungsbezogene* Emotionen (wie Empörung über zuwenig Umwelt- oder Naturschutz) zu thematisieren. Dies ist insbesondere für die pädagogische Praxis wichtig, weil sich viele Menschen ihrer eigenen Verantwortungskonzepte nicht explizit bewußt sind und gerade Emotionen einen direkteren Weg zur Bewußt-machung eigener Verantwortlichkeiten bieten als Kognitionen (vgl. Montada, 1989).

Bezogen auf die *kognitive* Komponente der Verantwortungsmotivation ist zunächst ein *Bewußtsein* für die Existenz und die Bedrohung von Umwelt und Natur aufzubauen. Unsere Datensätze zeigen, daß in den untersuchten Schulklassen sowohl bei den Urteilen über die Gefährdung von Fledermäusen als auch von Gewässern große Varianz in den Schülerurteilen besteht: Während einige Schüler das jeweilige Problem nicht erkennen oder leugnen, besteht bei anderen Schülern von Anfang an bereits ein hohes Bewußtsein für die jeweiligen Natur- bzw. Umweltgefährdungen (vgl. Bögeholz & Mayer, 1997).

In einem zweiten Schritt kann gemeinsam mit den Schülern überlegt werden, wie sich die jeweiligen Gefährdungen von Umwelt und Natur verringern lassen, um so eigene *spezifische Kontrollüberzeugungen* zu verstärken. Hierbei sollte neben eigenen auch an externale Möglichkeiten - etwa von Staat und Wirtschaft - gedacht werden, zumal der eigene Einflußbereich objektiv beschränkt ist. Sind diese Kontrollüberzeugungen fester Bestandteil des eigenen Denkens, sollte die Zuschreibung von Verantwortung für den Schutz einzelner Umwelt- oder Naturkomponenten leichter fallen. Ebenso wie bei den Einflußmöglichkeiten sollte diese Verantwortung sowohl bei der eigenen Person als auch bei externalen Agenten gesehen werden.

Um das Gefahrenbewußtsein, die Kontrollüberzeugungen und schließlich die Verantwortungsurteile zu fördern, kann auf die reichhaltige Erfahrung der *umweltpädagogischen Praxis* zurückgegriffen werden (vgl. Beer, 1982; Schlehufe, 1995). Es reicht nicht aus, die Schüler nur zu informieren, sondern die Informationen müssen zu *internalisierten Überzeugungen* werden. Dies läßt sich beispielsweise erreichen durch Gruppendiskussionen oder Rollenspiele, die Nutzung des "Kronzeugenprinzips", bei dem besonders angesehene Schüler als Modellpersonen fungieren und sich für die jeweiligen Ziele des Umwelt- und Naturschutzes aussprechen, oder durch Vermittlung von Erfahrungen mit der Natur, z.B. der chemischen Untersuchung der Gewässerqualität eines naheliegenden Baches (vgl. Schlehufe, 1995; Seel, Sichler & Fischerlehner, 1993). Wichtig ist bei allen Formen der Intervention, daß Fragen der Verantwortung thematisiert werden, etwa für den Schutz des untersuchten Baches, denn durch Verantwortungszuschreibungen können Barrieren umwelt- und naturschützenden Verhaltens (wie zeitlicher und finanzieller Aufwand) überwunden werden.

Die jeweiligen Unterrichtstechniken und Interventionsstrategien sind altersgerecht zu gestalten, wobei Anleihen an bereits ausgearbeitete Strategien und Materialien gemacht werden können, die zur Förderung ökologischer Verantwortung in der Erwachsenenbildung eingesetzt werden (vgl. Beer, 1982; Müller, 1993; Sellmann & Conein, in Druck). Dabei ist in allen Altersstufen auf die inhaltliche Ausgewogenheit des Unterrichts und der Darstellung von Inhalten zu achten. So darf der Ansatz der positiven Motivationsquellen von umwelt- und naturschützenden Bereitschaften und Entscheidungen nicht dazu führen, daß die mit Umweltschutz *konkurrierenden Interessen* in der schulischen Diskussion vernachlässigt werden: Hier ausgesparte Befunde zeigen, daß mit steigendem Alter die Bedeutung dieser konkurrierenden Interessen zunimmt. Beispielsweise geht bei den Jugendlichen ein beträchtlicher Varianzanteil in den Bereitschaften zum Gewässerschutz auf ökologische Verantwortungsurteile zurück, ein weiterer Varianzanteil jedoch auch auf die Ablehnung wertbezogener Argumente gegen Maßnahmen zum Gewässerschutz (wie Wirtschaftsförderung oder Arbeitsplatzsicherheit). Daher wird es mit steigendem Alter dysfunktional, ausschließlich positive Motivationsquellen aufzubauen und den Schutz von Umwelt und Natur als konkurrenzfreies Ziel darzustellen. Statt dessen sollte - im Sinne eines *Wertepluralismus* - der Umwelt- und Naturschutz in den Kanon anderer, mit dem Umwelt- und Naturschutz potentiell konkurrierender Ziele gestellt werden, die ebenso Ausdruck einer Verantwortlichkeit für das Gemeinwohl sein können (vgl. Kals, 1996a; Kals & Becker, 1997).

Die Erfolge all diesen pädagogischen Bemühens sollten wissenschaftlich evaluiert werden, indem die gleichen Fragebogen nach den jeweiligen Unterrichtsreihen und einem angemessen Follow-up Zeitraum erneut eingesetzt werden. Zwar ist eine solche Evaluation aufwendig, doch sollte sie sich letztlich lohnen, da den Entscheidungen der heutigen Kinder und Jugendlichen eine immer größere Bedeutung für die Verschärfung oder Lösung der Probleme mit Umwelt und Natur zukommen wird.

Literatur

Ajzen, I. (1991). The Theory of Planned Behavior. Some Unresolved Issues. *Organizational Behavior and Human Decision Processes, 50*, 179-211.

Amelang, M., Tepe, K., Vagt, G. & Wendt, W. (1977). Mitteilung über einige Schritte der Entwicklung einer Skala zum Umweltbewußtsein. *Diagnostica, 23*, 86-88.

Bamberg, S. & Schmidt, P. (1993). Verkehrsmittelwahl - eine Anwendung der Theorie geplantes Verhalten. *Zeitschrift für Sozialpsychologie, 24*, 25-37.

Bandura, A. (1978). Reflections on self-efficacy. *Advances in Behaviour Research and Therapy, 1*, 237-269.

Becker, R. & Kals, E. (1997). Verkehrsbezogene Entscheidungen und Urteile: Über die Vorhersage von umwelt- und gesundheitsbezogenen Verbotsforderungen und Verkehrsmittelwahlen. *Zeitschrift für Sozialpsychologie, 28*, 197-209.

Beer, W. (1982). *Ökologische Aktion und ökologisches Lernen. Erfahrungen und Modelle für die politische Bildung.* Opladen: Westdeutscher Verlag.

Bögeholz, S. & Mayer, J. (1997) "Naturerfahrung" und "naturgerechtes Handeln". *IPN Blätter. Informationen aus dem Institut für Pädagogik und Naturwissenschaften, 3* (14), 1, 3.

Bolscho, D., Eulenfeld, G., Rost, J. & Seybold, H. (1990). Environmental education in practice in the Federal Republic of Germany: an empirical study. *International Journal of Science Education, 12* (2), 133-146.

Bunz, A.R. (1973). *Umweltpolitisches Bewußtsein 1972.* (Eine Untersuchung des Instituts für angewandte Sozialwissenschaft). Berlin: Schmidt.

Conein, S. (in Druck). Vernetztes Lernen als Forderung einer zeitgemäßen Umweltbildung. In M. Sellmann & S. Conein (Hrsg.), *Vernetzen lernen!* Bad Honnef: Katholisch-Soziales Institut der Erzdiözese Köln.

Deutsche Gesellschaft für Umwelterziehung e.V. (Hrsg.). (1990). *Modelle zur Umwelterziehung in der Bundesrepublik Deutschland.* Kiel: Deutsche Gesellschaft für Umwelterziehung.

Eschenhagen, D., Kattmann, U. & Rodi, D. (1993). *Fachdidaktik Biologie.* Köln: Aulis-Verlag.

Eulefeld, G. (1987). Umweltzentren in der Bundesrepublik Deutschland. In J. Calließ & R.E. Lob (Hrsg.), *Handbuch Praxis der Umwelt- und Friedenserziehung* (Bd. 2, S. 636-644). Düsseldorf: Schwann-Bagel.

Fietkau, H.-J. & Kessel, H. (1987). Umweltlernen. In J. Calließ & R.E. Lob (Hrsg.), *Handbuch Praxis der Umwelt- und Friedenserziehung* (Bd. 1, S. 311-315). Düsseldorf: Schwann-Bagel.

Fishbein, M. & Ajzen, I. (1975). *Belief, attitude, intention, and behavior. An introduction to theory and research.* Reading: Addison-Wesley.

Hormuth, S.E. & Katzenstein, H. (1990). *Psychologische Ansätze zur Müllvermeidung und Müllsortierung* (Forschungsbericht für das Ministerium für Umwelt Baden-Württemberg). Heidelberg: Psychologisches Institut der Universität.

Kals, E. (1996a). *Verantwortliches Umweltverhalten.* Weinheim: Psychologie Verlags Union.

Kals, E. (1996b). Are proenvironmental commitments motivated by health concerns or by perceived justice? In L. Montada & M. Lerner (Eds.), *Current societal concerns about justice* (pp. 231-258). New York: Plenum Press.

Kals, E. (1998). Übernahme von Verantwortung für den Schutz von Umwelt und Gesundheit. In E. Kals (Hrsg.), *Umwelt und Gesundheit: Die Verbindung ökologischer und gesundheitlicher Ansätze* (S. 101-118). Weinheim: Psychologie Verlags Union.

Kals, E. & Becker, R. (1997). Umweltschutz im Spannungsfeld konkurrierender Interessen. In E. Giese (Hrsg.), *Verkehr ohne (W)ende* (S. 272-245). Tübingen: dgvt-Verlag.

Kals, E. & Montada, L. (1994). Umweltschutz und die Verantwortung der Bürger. *Zeitschrift für Sozialpsychologie, 25*, 326-337.

Kaminski, G. (1990). Handlungstheorie. In L. Kruse, C.-F. Graumann & E.-D. Lantermann (Hrsg.), *Ökologische Psychologie* (S. 112-118). Weinheim: Psychologie Verlags Union.

Keul, A.G. (Hrsg.). (1995). *Wohlbefinden in der Stadt.* Weinheim: Psychologie Verlags Union.

Kruse, L. (1995). Globale Umweltveränderungen: Eine Herausforderung an die Psychologie. *Psychologische Rundschau, 46,* 81-92.

Kruse, L. & Arlt, R. (1984). *Environment and behavior. An international and multidisciplinary bibliography. 1970-1981.* München: Saur.

Kruse, L. & Schwarz, V. (1988). *Environment and behavior. Part II. An international and multidisciplinary bibliography. 1982-1987.* München: Saur.

Kultusministerkonferenz (Hrsg.). (1980). *Umwelterziehung in der Schule.* Bericht verabschiedet von der Kultusministerkonferenz am 25.5.1982. Neuwied: Ständige Konferenz der Kultusminister der Länder in der Bundesrepublik Deutschland.

Kushler, M.G. (1989). Use of evaluation to improve energy conservation programs: A review and case study. *Journal of Social Issues, 45,* 153-168.

Langeheine, R. & Lehmann, J. (1986). *Die Bedeutung der Erziehung für das Umweltbewußtsein.* Kiel: Institut für die Pädagogik der Naturwissenschaften (IPN).

Matthies, E. (1998). Gesundheitliche Gefährdungen durch Umweltbelastungen: Zur Bedeutung subjektiven Wissens. In E. Kals (Hrsg.), *Umwelt und Gesundheit: Die Verbindung ökologischer und gesundheitlicher Ansätze* (S. 63-82). Weinheim: Psychologie Verlags Union.

Montada, L. (1989). Bildung der Gefühle? *Zeitschrift für Pädagogik, 35,* 294-312.

Müller, U. (1993). *Didaktische Planung ökologischer Erwachsenenbildung.* Frankfurt a.M.: Haag und Herchen.

Pawlik, K. (1991). The psychology of global environmental change: Some basic data and an agenda for cooperative international research. *International Journal of Psychology, 26,* 547-563.

Richarz, K. & Limbrunner, A. (1992). *Fledermäuse: Fliegende Kobolde der Nacht.* Stuttgart: Franckh-Kosmos.

Schahn, J. (1995). *Umweltpsychologische Bibliographie: Gesamtverzeichnis und nach Themengebieten geordnet* (Bericht aus dem psychologischen Institut der Universität Heidelberg. Diskussionspapier Nr. 82, Januar 1995). Heidelberg: Psychologisches Institut der Universität.

Schlehufe, A. (1995). *Erlebnis- und handlungsorientierte Bildung.* München: Projekt Umweltpädagogik des Kreisjugendring München-Land (Hrsg.).

Schober, W. & Grimmberger, E. (1987). *Die Fledermäuse Europas: Kennen - bestimmen - schützen.* Stuttgart: Franckh.

Schwartz, S.H. (1977). Normative influence on altruism. In L. Berkowitz (Ed.), *Advances in experimental social psychology* (Vol. 10, pp. 221-279). New York: Academic Press.

Schwartz, S.H. & Howard, J.A. (1980). Explanations of the moderating effect of responsibility denial on the personal norm-behavior relationship. *Social Psychology Quarterly, 43,* 441-446.

Seel, H.-J., Sichler, R. & Fischerlehner, B. (Hrsg.). (1993). *Mensch - Natur.* Opladen: Westdeutscher Verlag.

Sellmann, M. & Conein, S. (Hrsg.). (in Druck). *Vernetzen lernen!* Bad Honnef: Katholisch-Soziales Institut der Erzdiözese Köln.

Shaver, K.G. (1985). *The attribution of blame. Causality, responsibility, and blameworthiness.* New York: Springer.

Spada, H. & Opwis, K. (1985). Ökologisches Handeln im Konflikt: Die Allmende-Klemme. In P. Day, U. Fuhrer & U. Laucken (Hrsg.), *Umwelt und Handeln* (S. 63-85). Tübingen: Attempto.

Stern, P.C., Dietz, T. & Kalof, L. (1993). Value orientations, gender, and environmental concern. *Environment and Behavior, 25,* 322-348.

WBGU, Wissenschaftlicher Beirat der Bundesregierung Globale Umweltveränderungen. (1996). *Wege zur Lösung globaler Umweltprobleme.* Berlin: Springer.

Möglichkeiten und Grenzen der Umweltbildung zur Grundlegung umweltgerechten Verhaltens

Dietmar Bolscho

Umweltbildung kann auf eine lange Tradition zurückblicken. Ausgewählte Aspekte zur Entwicklung von Umweltbildung werden im Abschnitt 2 dargestellt und mit den Ansprüchen einer zeitgemäßen und kritischen Allgemeinbildung in Verbindung gebracht. Es gibt für verschiedene Bildungsbereiche mittlerweile eine Reihe empirischer Erkenntnisse zur Situation von Umweltbildung. Im Abschnitt 3 stehen Ergebnisse dieser Forschung, vor allem für den schulischen Bereich, im Mittelpunkt (vgl. 3.1). Über andere Bildungsbereiche (Erwachsenenbildung, Umweltzentren und exemplarische Initiativen) werden darüber hinaus Daten zur Charakterisierung der Umweltbildung herangezogen (vgl. 3.2 und 3.3). Zusammenfassend werden im Abschnitt 4 die Möglichkeiten und Grenzen von Umweltbildung erörtert.

1 Einführung

Es ist üblich geworden, der Bildung bei der Grundlegung umweltgerechten Verhaltens eine entscheidende Rolle zuzuweisen. So heißt es im Umweltgutachten von 1994 des Rates von Sachverständigen für Umweltfragen: "Durch Bildungsprozesse können den Menschen Einsichten, Einstellungen und Werthaltungen vermittelt werden, die den Erhalt der Umwelt durch eine dauerhaft-umweltgerechte Entwicklung ermöglichen. Diese pädagogischen Prozesse sind als Umweltbildung zu charakterisieren, wobei Umweltbildung ein alle Bildungsbereiche umfassender Begriff ist ..." (Rat von Sachverständigen, 1994, S. 164). In dieser Position spiegelt sich die Annahme, daß Menschen nicht allein durch ordnungspolitische Maßnahmen und Anreiz- und Belohnungssysteme zu umweltgerechtem Handeln hingeführt werden können, sondern daß Handeln in der Biographie und den Werten eines gebildeten Menschen verankert sein muß. Wohl wissend, daß umweltgerechtes Handeln nicht Ergebnis einer kurzfristig angelegten pädagogischen Intervention sein kann, wird Umweltbildung in allen Bildungsbereichen im Sinne lebenslangen Lernens verstanden. Diese offene Bestimmung des Stellenwertes von Umweltbildung dürfte weitgehend Zustimmung finden.

Fragen tauchen hingegen auf, wenn es um die konzeptionellen und konkreten Ausformungen von Umweltbildung in verschiedenen Bildungsbereichen geht. Dann geht es etwa darum zu klären, ob Umweltbildung sich vorrangig als Naturpädagogik verstehen soll und damit die Wertschätzung und emotionale Zuneigung zur natürlichen Umwelt in den Mittelpunkt pädagogischer Bemühungen zu stellen. Oder ist Umweltbildung auf die Vermittlung (naturwissenschaftlich) ökologischer Kenntnisse und Zusammenhänge auszurichten? Andere Perspektiven kommen in den Blick, wenn man umweltgerechtes Handeln vorrangig als ethisch, sozial und gesellschaftlich bestimmtes Handeln betrachtet; dann wird sich Umweltbildung eher als soziales und politisches Lernen verstehen.

Diese Fragen sind nicht nur für Umweltbildung von Bedeutung. Sie stellen sich in Politik- und Wissenschaftsbereichen, in denen es gleichermaßen als notwendig erkannt worden ist, den Umgang der Menschen mit ihrer natürlichen und sozialen Umwelt in eine andere, als die gegenwärtig dominierende Richtung zu lenken. Das Spezifische und gleichzeitig Schwierige der Umweltbildung besteht aber darin, die Komplexität der Fragen und mögliche Strategien auf eine zentrierende Mitte hin zu bündeln. Nach einem Jahrzehnt, in dem Natur- und Umweltschutzunterricht sowie Umwelterziehung als zu eingegrenzte Konzeptionen verworfen wurden, wird diese Mitte in einem zeitgemäßen Verständnis von *Bildung* gesehen. Ist allerdings der seit Wilhelm von Humboldt durch eine wechselvolle Geschichte geprägte Bildungsbegriff überhaupt geeignet, einen konzeptionellen Bezugsrahmen für umweltgerechtes Handeln abzugeben? Wie sieht eine "zeitgemäße Allgemeinbildung" (Klafki, 1994) aus, die dies leisten könnte?

Kann man Hartmut von Hentig zustimmen, der als Antwort auf "unsere behauptete oder tatsächliche Orientierungslosigkeit" - die für viele Probleme der Umweltsituation zutreffen dürfte - *Bildung* nennt: "Nicht Wissenschaft, nicht Information, nicht die Kommunikationsgesellschaft, nicht moralische Aufrüstung, nicht der Ordnungsstaat" (Hentig, 1996, S. 11).

Umweltbildung kann auf eine Entwicklungsgeschichte zurückblicken, an der sich zeigen läßt, daß Umweltbildung zu weiten Teilen auf die Wahrnehmung der Umweltsituation und den Umgang mit ihr *reagiert* hat und sie nur selten, wie z.B. die Umweltbewegung, *mitgestaltet* hat. Dies ist für die Frage nach Möglichkeiten und Grenzen von Umweltbildung für die Grundlegung umweltgerechten Handelns nicht unerheblich.

Neben diesen entwicklungsgeschichtlichen und konzeptionellen Aspekten ist für die Einschätzung der Chancen von Umweltbildung natürlich von Bedeutung, wie dieser Bildungsbereich in den verschiedenen Praxisfeldern ausgestaltet ist. Dazu gibt es zahlreiche Praxis- und Erfahrungsberichte, aber auch neuere empirische Studien. Vor diesem Hintergrund kann eine Antwort versucht werden, welche Bedeutung der Umweltbildung im Hinblick auf die Grundlegung umweltgerechten Handelns zukommt.

2 Zur Entwicklung von Umweltbildung

Eine systematische Geschichte der Umweltbildung ist noch nicht geschrieben worden. Dennoch lassen sich *historische Eckpunkte* benennen, an denen bis heute gültige Grundprobleme von Umweltbildung deutlich werden.

2.1 Industrialisierung und Heimat- und Naturschutzbewegung

Mit der beginnenden *Industrialisierung* richtet sich die Aufmerksamkeit zwar mehrheitlich auf die für Menschen bedeutsamen Verbesserungen ihres Lebens durch industriellen Fortschritt und die gesellschaftlich gerechte Verteilung der ökonomischen Gewinne, aber gleichzeitig gibt es Stimmen, die vor der Zerstörung der natürlichen Umwelt warnen. Bereits 1815 beklagte Ernst Moritz Arndt (1769-1860), später Mitglied der Frankfurter Nationalversammlung und Vertreter eines nationalliberalen Deutschlands: "In manchen Landschaften Deutschlands hat man in den letzten zwanzig bis dreißig Jahren sehen können, wie der heilloseste und ruchloseste Unfug mit edlen Bäumen und Wäldern getrieben ist und ganze Forsten ausgehauen und ganze Bezirke entblößt sind, weil der einzelne Besitzer mit der Natur auf das willkürlichste schalten und walten kann. Was kümmert es den, der Geld bedarf und in zehn Jahren zu verbrauchen gedenkt, wovon sein Urenkel noch zehren soll, ob er eine öde und Menschen künftig wenig erfreuliche, ja Menschen kaum brauchbare Erde hinterläßt?" (zit. nach Hermand, 1991, S. 44f.). Heute nennen wir dieses Problem "Konflikt zwischen Ökonomie und Ökologie" und sehen im Prinzip der Nachhaltigkeit - nur soviel Ressourcen der Umwelt zu entnehmen, wie auf natürliche Weise nachwachsen kann - ein Leitbild zukünftigen Handelns.

Politisch-gesellschaftlich formiert sich die Skepsis gegenüber einer unkontrollierten Industrialisierung in der *Heimat- und Naturschutzbewegung*. 1904 wurde der "Bund Heimatschutz" begründet, der sich unter anderem des "Schutzes der landschaftlichen Natur" und der "Rettung der einheimischen Tier- und Pflanzenwelt" verpflichtet fühlte (vgl. Linse, 1986, S. 22). 1906 wurde eine "Staatliche Stelle für Naturdenkmalpflege" in Preußen eingerichtet, deren erster Leiter, Hugo Conwentz, den Zwiespalt zwischen Ökonomie und Ökologie in einer Weise formulierte, die bis heute aktuell ist: "Es ist keine Frage, daß die Industrie nicht um einen Schritt zurückgedrängt werden soll, um wissenschaftliche Denkwürdigkeiten und Schönheiten der Natur zu bewahren. Wenn aber die Industrie den Weg fand, so groß zu werden, muß sie auch Mittel finden, allzu nachteilige Einwirkungen von der umgebenden Natur fernzuhalten" (zit. nach Andersen, 1987, S. 147).

Auf der Bildungsebene schlagen sich diese Bemühungen in der *Heimatkunde* nieder, einem schulischen Unterrichtsbereich vor allem für die Volksschule, und in der *Naturschutzpädagogik,* die Schule, außerschulische Bildung und Erwachsenenbildung einschließt. Diese Anlehnung an den Naturschutz macht bis in die Nachkriegszeit die Leitlinien umweltpädagogischer Konzepte aus.

Im Zusammenhang mit Möglichkeiten und Grenzen von Umweltbildung zur Grundlegung umweltgerechten Verhaltens wird an diesem ersten historischen Eckpunkt zweierlei deutlich: Naturschutzpädagogik als Spiegelbild von Naturschutzpolitik bezieht nur Teile der Gesellschaft ein und läßt sich zu weiten Teilen in politikfreie Räume abdrängen. Dadurch gewinnt sie nur wenig Einfluß auf das tatsächliche Handeln gesellschaftlich bestimmender Gruppen.

2.2 Industrialisierung und Umweltschutz nach 1945

Nach einer Phase des Wiederaufbaus, auch als "Wirtschaftswunder" bezeichnet, und einer gesellschaftlichen Öffnung entwickelt sich in breiten Bevölkerungsgruppen eine Sensibilität gegenüber den zunehmend erkennbaren und sichtbaren Eingriffen in die natürliche Umwelt. Der Club of Rome zeigt 1972 "die Grenzen des Wachstums" auf. Die Energiekrise bringt das Thema in das Bewußtsein der Bevölkerung. Die Politik reagiert: Am 29. September 1971 verabschiedete das Bundeskabinett ein Umweltprogramm, in dem die als erforderlich gesehenen umweltpolitischen Maßnahmen aufgeführt wurden.

In diesem Programm sind erstmals Aussagen zum umweltgerechten Handeln der einzelnen Bürger enthalten: "Der Staat allein kann die Umweltkrise nicht bewältigen. Auch jeder einzelne Bürger muß durch umweltfreundliches Verhalten an der Gestaltung und dem Schutz unserer Umwelt mitwirken" (Bundesregierung, 1972, S. 15). Die Grundüberlegung war dabei, daß "aus einem positiven allgemeinen Umweltbewußtsein sich bedeutende Impulse für Wirtschaft und Industrie ergeben (werden)", die dann "nach den Gesetzen des Marktes in steigendem Maße ihr Angebot auf die Nachfrage nach Umweltfreundlichkeit ausrichten". Die Bundesregierung sah es deshalb für Bildung und Ausbildung als erforderlich an, "das zur Abwehr der Umweltgefahren notwendige Wissen in den Schul- und Hochschulunterricht sowie in die Erwachsenenbildung" einzubeziehen. *"Umweltbewußtes Verhalten muß als allgemeines Bildungsziel in die Lehrpläne aller Bildungsstufen aufgenommen werden"* (Bundesregierung, 1972, S. 73; Hervorhebung v. Verf.).

Die im Umweltprogramm formulierte Zielperspektive, das "notwendige Wissen" zur "Abwehr der Umweltgefahren" zu vermitteln, ist kennzeichnend für den sich formierenden *Umweltschutz-Unterricht*. Der 1971 eingerichtete Rat von Sachverständigen für Umweltfragen widmet sich in seinem Hauptgutachten von 1978 erstmals Fragen des Bildungsbereiches. Im Kapitel "Die Einführung von Umweltfragen in den Schulunterricht" wird eine Bestandsaufnahme geleistet, in welchen Fächern, Lehrplänen und Unterrichtsmaterialien Umweltthemen bereits verankert sind. Es zeigte sich, daß zu dieser Zeit Umweltpädagogik noch zu weiten Teilen auf naturwissenschaftliche Themenbereiche ausgerichtet war und insofern also eine Fortführung der Naturschutztradition darstellte. Der Rat schließt mit der Aussage: "Der Rat hofft, daß diese Vorgaben möglichst weitgehend im Unterricht umgesetzt worden sind. Er empfiehlt, daß durch weitere Untersuchungen der Unterrichtsforschung mehr Klarheit über die tatsächliche Behandlung der Umweltfragen in den Schulen und über den Lernerfolg geschaffen wird" (Rat von Sachverständigen, 1978, S. 460).

2.3 Komplexität der Umweltsituation und Öffnung zur Umweltbildung

Obwohl *Umweltschutz-Unterricht* und vor allem *Umwelterziehung* bis in die Gegenwart hinein teilweise synonym verwendet werden, ist *Umweltbildung* zum Theorie und Praxis leitenden Begriff geworden. Nachdem der Bildungsbegriff fast zwanzig Jahre als unkritisch und unpolitisch abgelehnt worden war, kam er Mitte der achtziger Jahre sowohl in der Allgemeinen Didaktik als auch im Zusammenhang mit der Umweltpädagogik wieder in den Blick. So nannte 1986 das damalige Bundesministerium für Bildung und Wissenschaft ein Symposium "Zukunftsaufgabe Umweltbildung" und legte ein Jahr später ein "Arbeitsprogramm Umweltbildung" vor.

Der Hintergrund dieses Begriffswechsels ist in der zunehmenden Komplexität der Umweltsituation zu sehen: Während es zu Zeiten des Umweltschutzes als noch relativ gesichert galt, welche umweltpolitischen und -pädagogischen Maßnahmen und Handlungsstrategien zur "Abwehr der Umweltgefahren" zu ergreifen seien - im wesentlichen lagen sie auf der technisch-naturwissenschaftlichen Ebene, gestaltete sich die Frage nach den richtigen Strategien mit zunehmender Komplexität der Umweltentwicklung als immer schwieriger. Dies war die Stunde eines modernen Bildungsbegriffes, der sich durch aufklärerische und kritische Intentionen auszeichnet.

In den von Wolfgang Klafki (1994) entwickelten *epochaltypischen Schlüsselproblemen* und den von der Bildungskommission in Nordrhein-Westfalen (1995) dargelegten *Zeitsignaturen* liegen zeitgemäße Versuche vor, Bildung angesichts aktueller Herausforderungen inhaltlich zu präzisieren (vgl. Abb. 1).

Epochaltypische Schlüsselprobleme	Zeitsignaturen
Die Friedensfrage	Bevölkerungsentwicklung und Migration Die Internationalisierung der Lebensverhältnisse
Die Umweltfrage	Die Ökologische Frage
Die gesellschaftlich produzierte Ungleichheit	
Die Gefahren und Möglichkeiten der neuen technischen Steuerungs-, Informations- und Kommunikationsmedien	Die Veränderung der Welt durch neue Technologien und Medien
Das Phänomen der Ich-Du-Beziehung	Pluralisierung der Lebensformen und sozialen Beziehungen Der Wandel der Werte

Abbildung 1: Schlüsselprobleme und Zeitsignaturen

Es ist nicht überraschend, daß in beiden Ortsbestimmungen einer zeitgemäßen Bildung der "Umweltfrage" bzw. der "Ökologischen Frage" ein gebührender Stellenwert zugeschrieben wird: Auch aus Bildungssicht wird, wie von Weizsäcker (1992) es für die Politik formuliert hat, der "Aufbruch ins Jahrhundert der Umwelt" zur Zukunftsaufgabe werden. Das für Umweltbildung Bedeutsame von Schlüsselproblemen und Zeitsignaturen ist darüber hinaus darin zu sehen, daß die "Ökologische Frage" nicht isoliert betrachtet werden kann, sondern in vielfältiger Weise mit anderen zeitaktuellen Problembereichen in Beziehung steht.

So ist z.B. Nachhaltigkeit nicht zufällig seit dem "Erdgipfel", der Rio-Konferenz von 1992, zum Leitbild geworden, da die *Internationalisierung der Lebensverhältnisse*, auch in dem Begriff *Globalisierung* zusammengefaßt, zu vielen jener Umweltentwicklungen geführt hat, die nicht mehr auf nationaler, sondern nur noch auf internationaler Ebene einer Lösung nähergebracht werden können. Zweifellos verschärft sich die *gesellschaftlich produzierte Ungleichheit*, wenn ökologische und ökonomische Krisen zunehmen. Unbestritten ist auch, daß die *Friedensfrage* eng mit ökologischen Entwicklungen im Zusammenhang steht: Kriege um natürliche Ressourcen gibt es bereits, und es ist nicht auszuschließen, daß *Bevölkerungsentwicklung und Migration* dieses Problem verschärfen werden. Zudem setzt Nachhaltigkeit, um vom Leitbild zum Realität bestimmenden Konzept zu werden, einen *Wandel der Werte* voraus. Die *Pluralisierung der Lebensformen und sozialen Beziehungen* bietet in Industrieländern einerseits zwar die Chance, Einstiege in nachhaltige Wirtschafts- und Lebensweisen zu finden und auszuformen, andererseits erschwert sie in Zeiten der Individualisierung einen Wertewandel, wie er aus ökologischer Sicht vielleicht schon in mittelfristigen Zeiträumen erforderlich wäre. Über die *Veränderung der Welt durch neue Technologien und Medien* und ihre Auswirkungen auf Umweltentwicklungen kann gegenwärtig eher spekuliert werden: Die einen sehen in neuen Technologien eine Chance, um umweltbelastende Mobilität und unökonomischen Waren- und Informationsaustausch zu reduzieren, die anderen beschwören eine Gefahr, da eine weltweite Expansion dieser Technologien sowohl zu Entsorgungsproblemen des zunehmenden (Elektronik-)Abfalls als auch zur weiteren Entfremdung der Menschen von ihrer natürlichen Umwelt führen könnte.

Die Bedeutung einer komplex gewordenen Umweltentwicklung und die darauf im Sinne eines offenen Bildungsbegriffes antwortende Umweltbildung bringen wesentliche Konsequenzen im Hinblick auf Möglichkeiten und Grenzen der Umweltbildung zur Grundlegung umweltgerechten Handelns mit sich: Handeln ist nicht mehr auf wenige Verhaltensbereiche eingrenzbar, sondern es entspricht in seiner Vielschichtigkeit der Komplexität der Umweltsituation, d.h. umweltgerechtes Handeln vollzieht sich unter Unsicherheit und Offenheit. Mithin muß Umweltbildung die dazu notwendigen Qualifikationen und Fähigkeiten erst schaffen. Kann sie dies in ihren gegenwärtigen Ausprägungen leisten?

3 Ausprägungen und Wirkungen von Umweltbildung

Am gründlichsten ist schulische Umweltbildung empirisch im Hinblick auf Ausprägungen und Wirkungen untersucht worden. Daher legen wir den Schwerpunkt auf diesen Bildungsbereich (vgl. 3.1) und fassen weitere Bildungsbereiche im Überblick zusammen: Erwachsenenbildung (vgl. 3.2) sowie Umweltzentren und exemplarische Initiativen (3.3).

3.1 Schulische Umweltbildung

Es gibt, von Fallstudien und Erfahrungsberichten abgesehen, erstaunlicherweise kaum empirische Studien, in denen der Beitrag schulischer Umweltbildung zur Anbahnung umweltgerechten Handelns untersucht worden ist (vgl. Bolscho, 1986, 1993). Dies mag mit der Zurückhaltung der Pädagogik gegenüber empirischer Forschung zusammenhängen, aber auch damit, daß die Umweltpsychologie erst in jüngerer Zeit Handlungsmodelle anbietet, die zur Erklärung umweltbewußten Handelns geeignet erscheinen (vgl. z.B. Fuhrer, 1995; Kruse, 1995). Dennoch sind umweltpsychologische Forschungen im Zusammenhang mit pädagogischen Fragestellungen bisher auf nur wenig Resonanz gestoßen. Insofern wird mit der im folgenden vorgestellten Studie Neuland betreten.

Die *Zielsetzung* der Studie lautet: Identifizierung derjenigen Bedingungen und Inhalte schulischer Umweltbildung, die bei Jugendlichen in hohem Maße zur Bildung von Motivationen zu umweltverträglichem Handeln beitragen.

Das Design der Studie stellt sich im Überblick wie folgt dar (vgl. Tab. 1):

Beeinflussende Faktoren *Behandlungstypen von Unterricht*	Beeinflußte Faktoren *Motivations- und Handlungsprozesse*
• Befragung von Lehrerinnen und Lehrern (N=467) aus 55 Schulen	• Befragung von Schülerinnen und Schülern aus der 9. Jahrgangsstufe (N=2365) aus 55 Schulen
• davon aus Zufallsstichprobe: N=331; aus ökologisch profilierten Schulen: N=136	• davon aus Zufallsstichprobe: N=1768; aus ökologisch profilierten Schulen: N=597

Tabelle 1: Design der Studie

Bei der Erhebung von Behandlungstypen greifen wir auf Untersuchungsinstrumentarien zurück, die in unseren Studien von 1985 und 1991 verwendet wurden (vgl. Eulefeld et al., 1988, 1993). Wir befragen Lehrerinnen und Lehrer nach dem (im 9. Schuljahr) erteilten Umweltunterricht. Dazu gehören - neben thematischen Schwerpunkten - didaktische Ausprägungen, die wir in den Begriffen Situations-, Handlungs- und Problemorientierung zusammenfassen (vgl. Bolscho & Seybold, 1996). Mit dem Verfahren der Analyse Latenter Klassen (vgl. Rost, 1996) wurden entlang dieser Ausprägungen drei Behandlungstypen von Umweltunterricht ermittelt: den oben genannten didaktischen Kriterien entsprechend, verbalproblemorientierter Unterricht (es fehlen vor allem handlungsorientierte Merkmale) und nicht den didaktischen Kriterien entsprechend. Die davon beeinflußten Faktoren werden unter Rückgriff auf theoretische Ansätze, die in der Umweltbewußtseinsforschung angewendet worden sind, begründet. Das zugrunde gelegte Handlungsmodell (vgl. Rost, 1997) umfaßt folgende Phasen (vgl. Abb. 2):

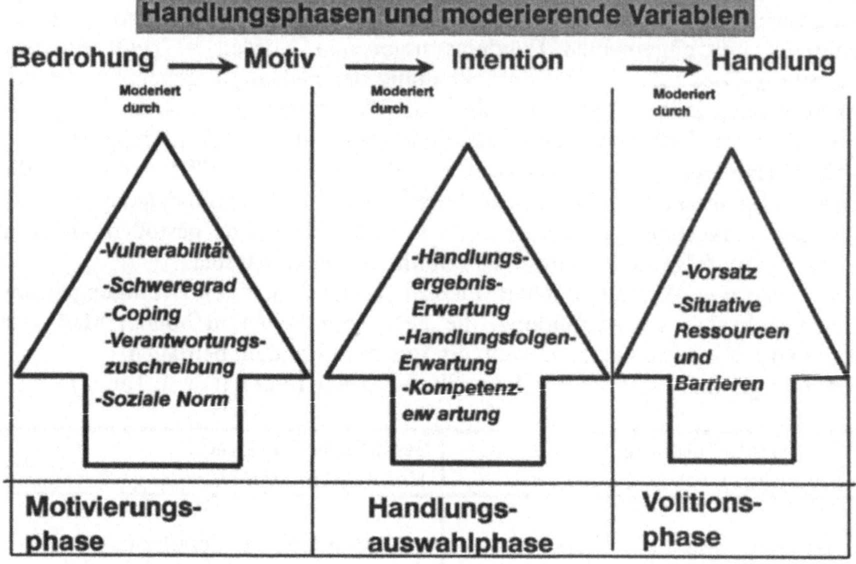

Abbildung 2: Handlungsmodell

Wir halten die Schwerpunktsetzung auf die *Motivierungs- und Handlungsauswahlphase* für vertretbar, weil es im Zusammenhang mit Umweltbildung zunächst um eine genauere Kenntnis der *Bedingungen* umweltgerechten Handelns geht, bevor Strategien zur Anbahnung manifesten Handelns konzipiert werden. Die *Volitionsphase*, aus Heckhausens Motivationstheorie stammend und von Schwarzer (1993) im Rahmen der Gesundheitserziehung in ein Handlungsmodell integriert, wird in unserem Projekt nicht berücksichtigt.

Als Ausgangspunkt der Motivierung wird in dem Handlungsmodell die *Wahrnehmung einer Bedrohung* angenommen. Diese Wahrnehmung wird eher in einem Handlungsmotiv ihren Niederschlag finden, wenn nicht die Tendenz besteht, eine mögliche Bedrohungswahrnehmung zu verdrängen (*Coping-Stil* der "kognitiven Vermeidung"), sondern wenn auf die wahrgenommene Bedrohung gezielte Aufmerksamkeit gerichtet wird (*Vigilanz*). Die Zuschreibung von *Verantwortlichkeit* für die Reduktion einer Gefährdung hat sich in verschiedenen Studien als tragfähige Variable zur Erklärung von Voraussetzungen umweltbewußten Handelns erwiesen (vgl. Kals, 1996; Kals & Montada, 1994): Wer im eigenen Handeln eine Möglichkeit sieht, etwas zu verändern und entsprechende Verantwortung übernimmt (internale Verantwortlichkeit), ist im Vergleich mit der ausschließlich externalen Zuschreibung von Verantwortlichkeit an Dritte eher handlungsbereit (vgl. auch den Beitrag von Kals, Becker & Rieder in diesem Band). Verantwortungszuschreibungen sind im Zusammenhang mit den für Personen relevanten sozialen Bezugsgruppen zu sehen: Wenn jemand meint, seine Bezugspersonen erwarten von ihm, etwas gegen Gefährdungen zu unternehmen, dann kann diese *soziale Norm* dazu beitragen, Wahrnehmungen in Motive umzusetzen.

Handlungs*intentionen* wird mit der Rezeption der Theorie des überlegten und später erweitert zur Theorie des geplanten Handelns von Ajzen und Fishbein verstärkt Aufmerksamkeit geschenkt (vgl. Ajzen, 1985, 1991): Intentionen sind gewissermaßen das Bindeglied zwischen Absicht und manifestem Verhalten. In unserem Modell werden *Handlungsergebnis-Erwartungen* als eine Grundlage zur Herausbildung von Handlungsintentionen gesehen, d.h. ob Menschen in ihrer Wahrnehmung überhaupt bestimmte Handlungen als geeignet betrachten, um zu bestimmten Zielen zu gelangen und ob diesen Handlungen eine konkrete Folge im Hinblick auf das zu lösende Problem zugeschrieben wird (*Handlungsfolgen-Erwartung*). Diese Konstrukte haben sich im Zusammenhang mit der Schutzmotivationstheorie von Rogers (1975) als erklärungsfähige Variablen erwiesen.

Die in unserem Modell berücksichtigte (subjektive) *Kompetenzerwartung* entstammt dem Umfeld der von Bandura entwickelten Konzepte der Selbstwirksamkeit (*self-efficacy*) (vgl. Bandura, 1982), d.h. der Annahme von Personen, für bestimmte Handlungen Möglichkeiten und Fähigkeiten zu haben. Die *soziale Norm* meint die antizipierte Bewertung, ob relevante Bezugspersonen eine entsprechende Handlung gutheißen würden.

Einen Einblick in die Entwicklung schulischer Umweltbildung gibt der Vergleich der angesprochenen Behandlungstypen zwischen den Erhebungen 1985, 1991 und 1996 (vgl. Tab. 2).

Behandlungstypen (in %)	1985	1991	1996
Kriterien entsprechend	15	40,4	44
Verbal-problemorientiert	46,5	30,8	41,2
Kriterien nicht entsprechend	38,5	28,8	14,8

Tabelle 2: Behandlungstypen im Vergleich

Schulische Umweltbildung ist nach einer Expansionsphase bis zum Beginn der neunziger Jahre offenbar in eine Konsolidierungsphase getreten: Die didaktische Qualität des Unterrichts hat sich zwischen 1991 und 1996 nicht entscheidend verändert, wenn man den Umweltunterricht zum Maßstab nimmt, der den geforderten didaktischen Kriterien entspricht. Auch die durchschnittliche Themenzahl sowie der Zeitaufwand für Umweltthemen sind annähernd gleich geblieben: Schülerinnen und Schüler erfahren pro Schuljahr etwas über 20 Umweltthemen, die eine Zeitdauer von 40 Schulstunden umfassen. Man kann diese Daten dahingehend interpretieren, daß angesichts der bestehenden institutionellen Rahmenbedingungen von Schule (vor allem Zeitdeputat, Fächerorganisation) und anderer fächerübergreifender Anliegen (z.B. Friedenspädagogik, Medienerziehung, Konsumerziehung) kaum noch weiterer Spielraum zur Verfügung steht.

Sind Schülerinnen und Schüler aufgeschlossen und motiviert, sich auf Umweltprobleme einzulassen? Entlang des dargelegten Handlungsmodelles ergeben sich vier Gruppen, die sich in ihren Motivationsprofilen unterscheiden (vgl. Abb. 3).

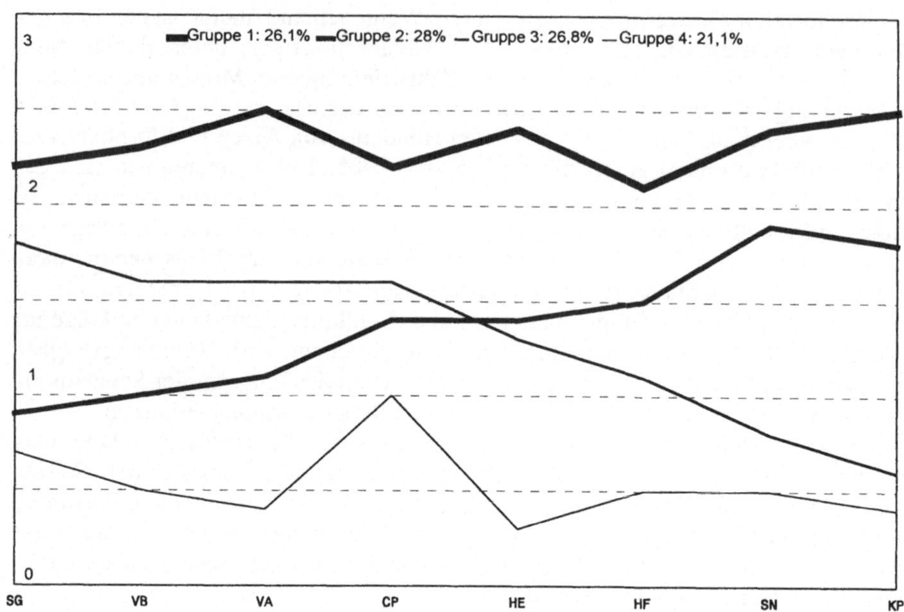

Abbildung 3: Motivationsprofile bei Schülerinnen und Schülern

SG - Schweregrad   VB - Vulnerabilität
VA - Verantwortungszuschreibung   CP - Coping-Stile
HE - Handlungsergebnis-Erwartung   HF - Handlungsfolgen-Erwartung
SN - Soziale Norm   KP - Kompetenzerwartung

Die Werte umfassen eine Rangskala von 0 (stimme nicht zu) bis 3 (stimme zu). Die Profile sind nach dem Verfahren der Analyse Latenter Klassen ermittelt worden (vgl. Rost, 1996).

Die erste Gruppe umfaßt Jugendliche mit hoher Motivation. Sie macht 26,1% der Befragten aus. Den Items zu den Phasen und Komponenten des Handlungsmodells wird in dieser Gruppe in hohem Maße zugestimmt: Die Jugendlichen, die dieser Gruppe zugeordnet werden können, nehmen also die Umweltsituation für sich und andere als bedrohlich wahr (*Schweregrad* und *Vulnerabilität*) und richten ihre Aufmerksamkeit gezielt auf diese Bedrohung (*Coping-Stil*); sie fühlen sich in ihrem Handeln verantwortlich (*Verantwortungszuschreibung*) und betrachten ihr Handeln als geeignet, den Bedrohungen entgegenzuwirken (*Handlungsergebnis-Erwartung* und *Handlungsfolgen-Erwartung*). Sie orientieren ihr Handeln an ihrem sozialen Umfeld (*Soziale Norm*) und schreiben sich die Fähigkeit zu, an der Umweltsituation etwas ändern zu können (*Kompetenzerwartung*). Bei dieser Gruppe spricht insgesamt also vieles dafür, daß in der Motivierungsphase und Handlungsauswahlphase der Grund für die Volitionsphase und konkretes Handeln gelegt wird.

Die zur zweiten Gruppe gehörenden Befragten sind insgesamt durch eine mittlere Motivation gekennzeichnet: Sie nehmen die Umweltsituation im Hinblick auf die persönliche und allgemeine Bedeutung und ihre eigene Verantwortlichkeit zum Handeln eher distanziert wahr, sehen sich aber in ihrem sozialen Umfeld und hinsichtlich ihrer sich zugeschriebenen Kompetenz zum Handeln herausgefordert.

In der dritten Gruppe zeigen die Motivationsstrukturen in eine andere Richtung: Die Befragten nehmen die Umweltsituation als eher bedrohlich für sich und andere wahr, fühlen sich aber aufgrund der sozialen Normen und der Einschätzung eigener Kompetenzen weniger zum Handeln aufgefordert.

Bei der vierten Gruppe sind die Motivationsstrukturen in allen Phasen des Handlungsmodells gering ausgeprägt.

Diese unterschiedlichen Motivationsprofile liefern für Theorie und Praxis der Umweltbildung wertvolle Anregungen. Wir sehen sie vor allem darin, bei Planung und Durchführung von Umweltvorhaben die Motivationsvoraussetzungen der Lernenden differenzierter zu betrachten: Die häufig zu hörende Dichotomisierung - "Schüler sind umweltmüde und nicht für Umweltprobleme zu motivieren" versus "Die Aktualität von Umweltproblemen motiviert Schüler "wie von selbst" - trifft offenbar nicht zu, sondern es ist eine *Pluralisierung der Motivationsstrukturen* zu beobachten. Dies macht die praktische Arbeit nicht einfacher. Die Richtung, in die didaktische Antworten auf die "Pluralisierung" weisen müßten, wäre: Im Rahmen didaktisch offener Umweltvorhaben müßten unterschiedliche Motivationsstrukturen zugelassen werden. Diese Offenheit könnte so weit gehen, daß Umweltvorhaben angeboten würden, aber nicht verpflichtend sind.

Im Hinblick auf die Möglichkeiten und Grenzen von Umweltbildung zur Grundlegung umweltgerechten Handelns deuten die Motivationsprofile darauf hin, daß jene Grundlegung in unterschiedlichen Handlungsdispositionen ihren Niederschlag findet. Wie und ob diese Dispositionen in manifestes Verhalten einmünden, wird von situativen Ressourcen und Barrieren sowie von biographischen Verläufen abhängen. Letztere sind in den von uns befragten Jugendlichen in vielen Fällen noch offen.

Der Studie lag die Hypothese zugrunde, daß zwischen der in den 9. Klassen realisierten Umweltbildung, sofern sie den in der Didaktik geforderten Kriterien entspricht, und den Komponenten des Handlungsmodells statistisch nachweisbare Zusammenhänge bestehen. Die Daten bestätigen diese Annahme nicht in hinreichendem Maße. Man kann daraus schließen, daß der institutionelle Kontext, wie er in einer *Schule* gegeben ist, offenbar nicht ausreicht, die Motivationskomponenten des Handlungsmodells zu erklären.

Diese Erklärung wird dadurch gestützt, daß es Zusammenhänge zwischen der Motivation der Schüler und dem sozialen Kontext einer *Schulklasse* gibt. Die Anzahl der "hochmotivierten Lernenden" (vgl. Abb. 3 erste Gruppe) ist in jenen Klassen höher, in denen Umweltbildung den geforderten didaktischen Kriterien folgt und das thematische Angebot an Umweltthemen breit gestreut ist. Die Zugehörigkeit zu einer bestimmten Schulklasse scheint für die Ausprägung des Motivationsprofils also bedeutsam zu sein.

Daraus folgt für weitere empirische Arbeiten, daß die schulischen Variablen im Hinblick auf diesen Schulklassen-Kontext oder andere soziale Kontexte innerhalb der Schule (z.B. Arbeitsgemeinschaften, Projektvorhaben) operationalisiert werden müssen. Darüber hinaus sollten weitere Studien als Längsschnittuntersuchungen konzipiert werden, da sich im Handlungsmodell enthaltene Wahrnehmungs- und Handlungsauswahlprozesse in Zeiträumen aufgrund unterschiedlicher Anstöße und Anregungen innerhalb und außerhalb der Schule entwickeln.

3.2 Umweltbildung in der Erwachsenenbildung

1990 hat die Pädagogische Arbeitsstelle des Deutschen Volkshochschulverbandes eine Untersuchung zu Umweltbildungsangeboten an Volkshochschulen durchgeführt (vgl. Apel & Reith, 1990). Die Untersuchung zeigt, daß umweltbezogene Angebote an Volkshochschulen zugenommen haben: Die Anteile am Gesamtbildungsangebot liegen zwischen 0,22% und 3,7%, wobei die Hälfte der berücksichtigten Volkshochschulen mehr als 0,8% ihres Angebotes dem Umweltbereich widmet (vgl. Apel & Reith, 1990, S. 10). Auch die inhaltliche Breite hat sich erweitert: Umweltthemen kommen in zwölf Sachgebieten vor. Der Bereich "Mathematik, Naturwissenschaft, Technik" (MNT) dominiert mit 37,6%, gefolgt von "Gesundheitsbildung" (22,3%), "Gesellschaft, Geschichte, Politik" (16,6%) und übergreifenden Themen (10,2%). Auf die übrigen Sachgebiete - von Erziehung, Kunst, Länderkunde über Sprachen, Hauswirtschaft bis hin zur Vorbereitung von Schulabschlüssen - entfallen jeweils geringe Anteile zwischen 0,6% und 7,6%.

Diese Verteilung zeigt, daß sich Volkshochschulen an die sich wandelnden inhaltlichen Schwerpunkte der öffentlichen Umweltdiskussion anpassen. So überwiegt auch im Bereich "Mathematik, Naturwissenschaft, Technik" nicht mehr die Energiethematik, sondern "Haushalt, Müll, umweltgerechtes Bauen", "Biogarten/Pflanzenschutz, Waldsterben" und "Naturschutz (mit Exkursionen)" sowie "Stadtökologie" stehen auf den ersten Rangplätzen (vgl. Apel & Reith, 1990, S. 18). Auch die Veranstaltungsformen sind jetzt vielfältiger: Kurse (an mehreren Tagen) (40%), Vorträge (32%), Blockveranstaltungen (14%), Exkursionen (11%) und Tagesveranstaltungen (3%) (vgl. Apel & Reith, 1990, S. 23).

Die Motive, an ökologischen Veranstaltungen in der Erwachsenenbildung teilzunehmen, haben Michelsen und Siebert (1985) in einer Befragung erhoben. Es zeigt sich, daß Teilnehmer an Veranstaltungen zu Umweltthemen in der Erwachsenenbildung überwiegend Interesse an praktischen Anregungen haben, die für ihren unmittelbaren privaten Erfahrungsraum bedeutsam und nützlich sind. "Ökologische Erwachsenenbildung" hat demnach *teilnehmer- und zielgruppenorientiert* zu sein, d.h. die Lebenswelt der Adressaten wird zur Grundlage und zum Ausgangspunkt von Bildungsarbeit (vgl. Siebert, 1996, S. 97). Die Chancen, diesem Anspruch gerecht zu werden, sind in der Erwachsenenbildung günstig, etwa im Vergleich mit stärker formalisierten und unter institutionellen Normierungen arbeitenden Bildungseinrichtungen, wie z.B. Schule und Hochschule, deren gesellschaftlich zugewiesene Funktionen der Selektion und (formalen) Qualifikation Möglichkeiten des offenen Lernens einschränken.

Es spricht vieles dafür, daß Bildungsangebote dann, wenn sie mit der Lebenswelt der Lernenden im Zusammenhang stehen und deren Motivlage zum Ausgangspunkt von Lernprozessen nehmen, einen Beitrag zur Grundlegung umweltgerechten Handelns leisten können. Einschränkend muß man aber anmerken, daß - ähnlich wie im schulischen Bereich - aufgrund des Umfangs des Bildungsangebotes die Wirkungen eher vorsichtig eingeschätzt werden müssen: Bei den ca. 1.100 Volkshochschulen mit ihren ca. 4.500 Arbeits- und Außenstellen machen Umweltkurse nur ein Prozent aus (vgl. de Haan et al., 1997, S. 22f.).

3.3 Umweltzentren und exemplarische Initiativen

Das Spektrum der Angebote zur Umweltbildung ist über die bisher behandelten Bereiche hinaus sehr breit. Es reicht von Kursen in Akademien der Parteien und Kirchen über Natur- und Umweltzentren bis hin zu Bildungsangeboten von Umweltgruppen. Wir beschränken uns auf Einrichtungen, die wir zusammenfassend als *Umweltzentren* bezeichnen und auf *exemplarische Initiativen* aus verschiedenen Bildungsbereichen, die auf einen in letzter Zeit intensivierten Schwerpunkt ausgerichtet sind: Umweltbildung zu globalen Entwicklungen. Diese Initiativen versuchen das umzusetzen, was unter dem Begriff *Nachhaltige Entwicklung* seit der Rio-Konferenz (1992) zum Leitbild geworden ist.

3.3.1 Umweltzentren

Genaue Daten über die Anzahl von Umweltzentren gibt es nicht. Aus vorliegenden Dokumentationen kann man von mindestens 450 Einrichtungen ausgehen. Andere Schätzungen kommen auf bis zu 700 Umweltzentren (vgl. de Haan et al., 1997, S. 24). Diese Schwankungen sind mit der hohen Fluktuation meist kleinerer, aus Einzelinitiativen entstandenen Umweltzentren erklärbar, die oftmals nur in begrenzten Zeiträumen und lokalen Vorhaben aktiv sind. Man kann die Breite des Angebotes von Umweltzentren in drei Kategorien zusammenfassen.

(1) Umweltzentren mit Schwerpunkt im Bildungsbereich

Die Arbeit dieser Zentren hat ihren Ausgang meist von biologischen Aspekten der Umweltsituation genommen, mittlerweile ist jedoch eine Öffnung zu anderen Akzenten erfolgt. Vor allem die ganzheitliche Naturbegegnung spielt in diesen Einrichtungen eine zentrale Rolle. Schulklassen sind eine wichtige Zielgruppe dieser Einrichtungen.

Obwohl *Umweltzentren mit Schwerpunkt im Bildungsbereich* mehrheitlich ihre Akzente auf naturkundliche Aufklärungsarbeit und ganzheitliche Naturerfahrung ausrichten, kommen andere Arbeitsfelder hinzu. Ökologischer Landbau, Verbraucherberatung, Ernährung und Umwelt oder Müll- und Abfallentsorgung sind einige davon. Häufig verstehen sich Umweltzentren sowohl als Anbieter von Dienstleistungen in einer Kommune und einer Region als auch als außerschulischer Lernort.

(2) Umweltzentren mit Schwerpunkt im Informationsbereich

Einrichtungen dieser Kategorie legen den Schwerpunkt ihrer Tätigkeit auf allgemeine Informationsangebote zu Umweltfragen. Auch werden teilweise wissenschaftliche Untersuchungen zu Natur- und Umweltschutzproblemen durchgeführt. Dies trifft z.B. auf *Naturparkzentren* zu, die zur Information der Besucher eingerichtet werden. Ihr Angebot kann von Schulklassen genutzt werden, ist aber in der Regel nicht auf Umweltbildung allein ausgerichtet. Gartenzentren (oft aus der Arbeit Botanischer Gärten entstanden) und Freilandlabors arbeiten schwerpunktmäßig im botanischen und biologischen Bereich.

(3) Ökozentren

Ökozentren richten ihre Arbeit meist auf die Vermittlung praktischer, umweltverträglicher Aktivitäten aus, z.B. Maßnahmen zum Energiesparen, Bau von Solar- und Windkraftanlagen, Einrichtung von Naturgärten oder ökologisches Bauen. Ökozentren sind häufig im Umfeld der Umweltbewegung entstanden und verstehen sich als praktizierte Alternative zur sie umgebenden Gesellschaft (vgl. auch den Beitrag von Lehwald und Billig in diesem Band). Ökozentren müssen sich in der Regel ökonomisch selbst tragen, so daß sie manchmal zu kleinen Unternehmen geworden sind, die auf Einnahmen für ihre Dienstleistungen angewiesen sind.

Im Programm der Umweltzentren mit Bildungsschwerpunkt und Ökozentren spielt das Angebot an Schulen eine zentrale Rolle. Dies hat auch pragmatische Gründe, da man mit Schulen eine große und auch interessierte Zielgruppe ansprechen kann, die häufig, wenn es sich um Zentren in freier Trägerschaft handelt, auch durch die Gebühren für die in Anspruch genommenen Angebote zur ökonomischen Grundlage der Zentren beiträgt. Hinzu kommt, daß man die Erwartungen auf Kinder und Jugendliche als künftige Generation richtet, die in einer pädagogisch prägsamen Phase ökologisches Gedankengut erfahren sollte. Die Zentren machen ferner den Anspruch geltend, in ihren Angeboten weniger als Schulen institutionellen Einschränkungen unterworfen zu sein, so daß praxisorientierter und anschaulicher gelernt werden kann.

3.3.2 Exemplarische Initiativen

Seit der Rio-Konferenz (1992) sind globale Umweltentwicklungen zunehmend zur Herausforderung für Umweltbildung geworden (vgl. Wissenschaftlicher Beirat, 1996). Es gibt sowohl in Ländern des Nordens als auch des Südens zahlreiche Initiativen zur Umweltbildung auf der Ebene von Nicht-Regierungsorganisationen (NRO), die sich verstärkt diesem Schwerpunkt widmen. Typische Themenbereiche sind "Energie", "Verkehr" und "Klima". Aus der Vielfalt dieser Bildungsangebote greifen wir einige in Deutschland realisierte Beispiele auf, von denen einige speziell auf die Umweltbildungsarbeit mit Kindern und Jugendlichen ausgerichtet sind, während andere über diese Zielgruppe hinausgehen und ihren Auftrag in allgemeiner Aufklärungsarbeit für die Bevölkerung sehen (vgl. Bolscho & Michelsen, 1997, S. 35ff.).

Die Ozon-Kampagne der *Umweltstiftung WWF-Deutschland (WWF-World Wide Fund For Nature)* ist ein Versuch, globale Umweltprobleme zu veranschaulichen und auf den eigenen Erfahrungsbereich zu beziehen. Im Mittelpunkt der Kampagne stand eine Bioindikationsmethode zum Nachweis des bodennahen Ozons. Als Indikatorpflanze wurden zwei Kulturformen des Tabaks verwendet. Die beiden Kulturformen reagieren unterschiedlich empfindlich auf Ozon. In der den Teilnehmern auf Anforderung zugesandten Informationsmappe befand sich neben ausführlichen Informations- und Unterrichtsmaterialien Saatgut von beiden Tabaksorten. Für 1993, 1994 und 1995 liegen Berichte über Aktionen von 145 Schulen, 14 Jugendgruppen und zwei Universitäten vor. Inhaltlich ergaben die durchgeführten Versuche, daß 10% der Tabakpflanzen durch bodennahes Ozon geschädigt waren. Unter pädagogischen Aspekten stellen die Initiatoren fest, daß die Ergebnisse nicht den Eindruck einer sich anbahnenden Umweltkatastrophe nahelegen, sie aber dennoch den Ernst der Lage verdeutlichen und keinen Zweifel an der Notwendigkeit aufkommen lassen, das Problem bekämpfen zu müssen.

Die *Umweltstiftung WWF-Deutschland* führt diese Aktivitäten im Projekt *Verkehrte Welt* fort, das unter den Zielsetzungen steht "*Umweltverträgliche Verkehrsmittel benutzen - Luftschadstoffe einsparen - Natur erhalten*". Auch dieses Projekt ist ein Versuch, Umweltentwicklungen, die im globalen Zusammenhang zu sehen sind, auf die Erfahrungsbereiche von Kindern und Jugendlichen zu beziehen.

Anfang der 90er Jahre hat sich ein *"Bündnis europäischer Städte mit den indigenen Völkern des Regenwaldes zum Erhalt der Erdatmosphäre"* gegründet, dem mittlerweile etwa 350 europäische Städte angehören. Das Klima-Bündnis ist ein Verein, der von seinen Mitgliedern (u.a. Kommunen) getragen wird. Das Ziel dieses Bündnisses ist, daß europäische Städte gemeinsam mit indigenen Völkern einen Weg auf der Grundlage eines Manifestes beschreiten, der dazu führen soll, einen Beitrag zum Schutz der Erdatmosphäre zu leisten. Einerseits wird versucht, in den urbanen Zentren der Länder Europas den verschwenderischen Lebensstil zu verändern und die Emissionen klimagefährdender Gase zum Schutz des Weltklimas zu verringern. Andererseits unterstützen die Kommunen die Völker der Regenwälder bei der Durchsetzung und Verteidigung ihrer Rechte, damit sie durch ihre Lebensweise und die nachhaltige Nutzung der Regenwälder zum Erhalt des Erdklimas beitragen. Das Klima-Bündnis kooperiert daher auch sehr eng mit der COICA (Coordinadora de las Organizaciones Indigenas de la Cuenca Amazonia), einem Zusammenschluß von etwa 400 indigenen Völkern Amazoniens. Ihre Ziele bestehen darin, die indigenen Landrechte zu verteidigen, die indianische Kultur aufzuwerten und anzuerkennen und die Einheit der indigenen Völker Amazoniens zu stärken.

Im Mittelpunkt der Aktivitäten des Klima-Bündnisses steht das Bemühen, globales Denken und lokales Handeln am praktischen Beispiel in Verbindung zu bringen. Das Klima-Bündnis versucht, Kontakte zwischen Menschen herzustellen, die unter sehr verschiedenen Bedingungen in weit voneinander entfernten Kulturen leben, und das Handeln dieser Menschen auf gemeinsame Ziele auszurichten. Mit diesem Vorstoß leisten die Kommunen einen Beitrag zu einer neu definierten umwelt- und entwicklungspolitischen Aufgabe, die jeweils durch sehr unterschiedliche Maßnahmen umgesetzt werden. Eine besondere Rolle spielt dabei die Bildungsarbeit. Eine Bestätigung haben die Kommunen durch den Bericht des Bundesumweltministeriums zu den Ergebnissen der Rio-Konferenz erhalten: "Da viele Probleme und Lösungsansätze, die in der Agenda 21 behandelt werden, auf lokaler Ebene wirksam werden, spielt die Beteiligung und Kooperation lokaler Behörden eine entscheidende Rolle bei deren Umsetzung. . . . Sie spielen ebenfalls eine wichtige Rolle bei der Förderung einer nachhaltigen Entwicklung durch Erziehungs- und Mobilisierungsmaßnahmen" (Bundesminister für Umwelt, Naturschutz und Reaktorsicherheit, 1993, S. 58).

Beachtlich ist - und dies zeigt die größere Flexibilität gegenüber Bildungsarbeit, die in Organisationen eingebunden ist -, daß viele Aktivitäten in Kooperation mit anderen Partnern (Stadtwerke, Volkshochschule, Kindergärten) durchgeführt werden und damit auch sehr unterschiedliche Adressatengruppen angesprochen werden. Grundsätzlich läßt sich feststellen, daß das Klimabündnis die Umsetzung des Gedankens "Nachhaltige Entwicklung" versucht und dabei die Prinzipien von Kooperation und Partizipation konsequent in den Vordergrund stellt.

Greenpeace ist eine international tätige Nicht-Regierungsorganisation (NRO). Das Umweltbildungsverständnis von Greenpeace zielt darauf ab, den Schwerpunkt von Umweltbildung auf die Handlungsorientierung zu legen: Umweltbildung sollte an der Erfahrungswelt der Menschen ansetzen und umfaßt auch soziale, musische, poetische und sinnliche Elemente. Sie ist sehr eng mit Kultur- und Gesellschaftskritik verbunden und ist somit auch politische Bildung. Umweltbildung soll ganzheitliches Denken und Handeln sowie kritisches Bewußtsein fördern und dazu anhalten, selber gemeinsam mit anderen aktiv zu werden.

Für dieses Bildungsverständnis steht exemplarisch die deutsche Initiative *Greenteam*. Dieses Projekt wurde von Greenpeace ins Leben gerufen, um Kindern und Jugendlichen dabei zu helfen, Umweltprobleme weitgehend selbständig aufzugreifen und zu lösen. Hier wird ein neuer Weg von Umweltbildung beschritten: Lernen durch umweltpolitisches Handeln. Dieses Konzept ist ganz offensichtlich auf eine große Resonanz gestoßen, denn es haben sich allein in Deutschland über 1.200 solcher *Greenteams* gegründet.

4 Zusammenfassung

So vielfältig die Kontexte von Umweltbildung allein in den hier skizzierten Bereichen sind, so vielfältig sind die Möglichkeiten und Grenzen innerhalb dieser Kontexte umweltgerechtes Handeln grundzulegen. Beginnt man mit den *Grenzen*, so muß man als erstes einen Blick auf die Strukturen von Bildungseinrichtungen werfen. Von diesen Strukturen, im Sinne Luhmanns (1990) von "Systemen", wird es zu einem erheblichen Maß abhängen, ob umweltgerechtes Handeln grundgelegt werden kann. Am Beispiel der Schule wird dieser Aspekt deutlich, wiewohl er für andere Bildungseinrichtungen tendenziell gleichermaßen gilt.

Die Schule heutiger Prägung ist ein hoch differenziertes und formalisiertes System neben anderen Systemen wie Wirtschaft, Recht, Wissenschaft, Politik und Religion. "Codierung" und "Programme" bestimmen über Systeme und entscheiden darüber, ob Systeme offen oder geschlossen sind (vgl. Luhmann, 1990). Luhmann stellt die Selektionsfunktion von Schule an vorderste Stelle: "Nur hier gibt es jene künstliche Zweiwertigkeit, die einen Code auszeichnet. Man kann gut oder schlecht abschneiden, gelobt oder getadelt werden, bessere oder schlechtere Zensuren erhalten, versetzt werden oder nicht versetzt werden, zu weiterführenden Kursen oder Schulen zugelassen oder nicht zugelassen werden und schließlich Abschlußzeugnisse erhalten oder nicht erhalten" (Luhmann, 1990, S. 195).

Was in der Sprache von Systemtheorien noch abstrakt klingt und sich im Zweifel an der Fähigkeit von "Systemen" zur "ökologischen Kommunikation" (Luhmann, 1990) verdichtet, äußert sich in den Wahrnehmungen und Erfahrungen der in Systemen Handelnden in ganz konkreten, hinlänglich bekannten und berechtigten skeptischen Zweifeln, die auf die Geschlossenheit des Systems Schule zielen: In Schulen gibt es Lehrpläne, in denen inhaltliche Strukturen von Unterricht vorgegeben sind; es gibt feste Organisationsformen für das Zeitbudget von Schule in Form des vielzitierten "45-Minuten-Taktes"; es gibt festgelegte Gruppierungen der Lernenden in Klassen und Kursen; es gibt eine entsprechend der Fächerstruktur der Schule organisierte Ausbildung und Fortbildung der Lehrenden; es gibt rechtliche Rahmenbestimmungen.

Wenn man davon ausgeht, daß die Grundlegung umweltgerechten Handelns Möglichkeiten zum *Probehandeln* erfordert, so stößt das "System Schule" an seine Grenzen: Die angesprochene "Codierung" der Schule ist nicht auf umweltrelevantes Probehandeln ausgerichtet. Daran ändern auch programmatische Willensbekundungen nur wenig. Diese Einschätzung wird durch die dargestellten empirischen Daten zur schulischen Umweltbildung gestützt, denn Umweltbildung ist, gemessen an ihrem Zeitanteil, eher eine "Randerscheinung" und bietet nur wenig Spielraum für Probehandeln. Umso bemerkenswerter sind - und damit eröffnen sich *Möglichkeiten* der Schule - Umweltprojekte zur "Ökologisierung der Schule", in denen gesellschaftlich weitgehend akzeptierte, aber noch nicht in breitem Maße realisierte Verhaltensweisen im Raum und Umfeld der Schule ermöglicht werden. Neben den vielfach beschriebenen Vorhaben zur Abfalltrennung gibt es Energiesparprojekte in Schulen, bei denen die Einsparung zur Hälfte den Schulen gutgeschrieben wird (vgl. Bolscho & Seybold, 1996, S. 189ff.). Solche Projekte umfassen in weitem Maße die Komponenten des in Abbildung 2 dargestellten Handlungsmodells: Lernende erfahren, daß sie einen Beitrag, vielleicht nicht zur Lösung, aber zum konstruktiven Umgang mit relevanten Umweltproblemen leisten können. Dies dürfte Einfluß auf ihre Motivationsprofile haben.

Die anderen dargestellten Bildungsbereiche unterscheiden sich von der Schule durch eine größere systemische Offenheit. Dies gilt zu weiten Teilen für Umweltzentren und in noch höherem Maße für Umweltinitiativen außerhalb von Bildungseinrichtungen. Von daher können sie den Vorteil gegenüber relativ geschlossenen "Systemen" im Sinne des skizzierten Probehandelns nutzen. Ihre Grenzen liegen allerdings in den weniger kontinuierlichen und systematischen Lernprozessen. Immerhin absolvieren im Rahmen ihrer Pflichtschulzeit vom 6. bis zum 15. Lebensjahr alle Kinder und Jugendliche eine Schulausbildung; der Anteil der bis zur Hochschulreife gelangenden Jugendlichen macht mittlerweile 40% aus. Demgegenüber ist der Anteil der an außerschulischer Umweltbildung Partizipierenden erheblich geringer. Man wird hier, wenn man eine kontinuierliche Partizipation zugrunde legt, nicht wesentlich über 10% eines Altersjahrganges kommen.

Vor diesem Hintergrund liegt die Antwort auf die Frage nach dem Beitrag von Umweltbildung auf die Grundlegung umweltgerechten Handelns nahe: Der Beitrag differiert nach Eingebundenheit von Umweltbildung in unterschiedliche Institutionen. Es spricht vieles dafür, daß offene Institutionen auf der Volitions- und Handlungsebene einen größeren Beitrag als geschlossene Institutionen zu leisten vermögen. Allerdings haben letztere die Chance, durch eine partielle Öffnung ihrer Strukturen den Vorteil der zeitlichen Kontinuität zu nutzen. Aus empirischer Sicht bedürfen diese Einschätzungen weiterer, bisher nur für die Schule begonnener Anstrengungen der Umweltbildungsforschung.

Literatur

Ajzen, I. (1985). From intentions to actions: A Theory of Planned Behavior. In J. Kuhl & J. Beckmann (Eds.), *Action Control: From Cognition to Behavior* (pp. 11-39). Berlin: Springer.

Ajzen, I. (1991). The Theory of Planned Behavior. *Organizational, Behavior and Human Decision Processes, 50,* 179-211.

Andersen, A. (1987). Heimatschutz. Die bürgerliche Naturschutzbewegung. In F.J. Brüggemeier & T. Rommelspacher (Hrsg.), *Besiegte Natur. Geschichte der Umwelt im 19. und 20. Jahrhundert* (S. 143-157). München: Beck.

Apel, H. & Reith, E. (1990). *Umweltbildungsangebote an Volkshochschulen.* Frankfurt/Main: Deutscher Volkshochschulverband.

Bandura, A. (1982). Self-efficacy mechanism in Human agency. *American Psychologist, 37,* 122-147.

Bildungskommission Nordrhein-Westfalen (Hrsg.). (1995). *Zukunft der Bildung - Schule der Zukunft.* Neuwied: Luchterhand.

Bolscho, D. (1986). *Umwelterziehung in der Schule. Ergebnisse aus der empirischen Forschung.* Kiel: Institut für die Pädagogik der Naturwissenschaften (IPN).

Bolscho, D. (1993). Forschung zur Umwelterziehung: Entwicklungen und Schwerpunkte. In G. Eulefeld (Hrsg.), *Studien zur Umwelterziehung. Ansätze und Ergebnisse empirischer Forschung* (S. 11-34). Kiel: Institut für die Pädagogik der Naturwissenschaften (IPN).

Bolscho, D. & Michelsen, G. (1997). *Umweltbildung unter globalen Perspektiven.* Bielefeld: Bertelsmann.

Bolscho, D. & Seybold, H. (1996). *Umweltbildung und ökologisches Lernen.* Berlin: Scriptor.

Bundesminister für Umwelt, Naturschutz und Reaktorsicherheit (Hrsg.). (1993). *Bericht der Bundesregierung über die Konferenz der Vereinten Nationen für Umwelt und Entwicklung im Juni 1992 in Rio de Janeiro.* Bonn.

Bundesregierung (Hrsg.). (1972). *Umweltschutz. Das Umweltprogramm der Bundesregierung.* Stuttgart: Kohlhammer.

Eulefeld, G., Bolscho, D., Rode, H., Rost, J. & Seybold, H. (1993). *Entwicklung der Praxis schulischer Umwelterziehung in Deutschland. Ergebnisse empirischer Studien.* Kiel: Institut für die Pädagogik der Naturwissenschaften (IPN).

Eulefeld, G., Bolscho, D., Rost, J. & Seybold, H. (1988). *Praxis der Umwelterziehung in der Bundesrepublik Deutschland.* Kiel: Institut für die Pädagogik der Naturwissenschaften (IPN).

Fuhrer, U. (1995). Sozialpsychologisch fundierter Theorierahmen für eine Umweltbewußtseinsforschung. *Psychologische Rundschau, 46,* 93-103.

de Haan, G., Jungk, D., Kutt, K., Michelsen, G., Nitschke, C., Schnurpel, U. & Seybold, H. (1997). *Umweltbildung als Innovation. Bilanzierungen und Empfehlungen zu Modellversuchen und Forschungsvorhaben.* Berlin: Springer.

Hentig, H. von (1996). *Bildung.* München: Hanser.

Hermand, J. (1991). *Grüne Utopien in Deutschland. Zur Geschichte des ökologischen Bewußtseins.* Frankfurt/Main: Fischer.

Kals, E. (1996). *Verantwortliches Umweltverhalten.* Weinheim: Beltz.

Kals, E. & Montada, L. (1994). Umweltschutz und die Verantwortung der Bürger. *Zeitschrift für Sozialpsychologie, 25,* 326-337.

Klafki, W. (1994). *Neue Studien zur Bildungstheorie und Didaktik.* Weinheim: Beltz.

Kruse, L. (1995). Globale Umweltveränderungen: Eine Herausforderung für die Psychologie. *Psychologische Rundschau, 46,* 81-92.

Linse, U. (1986). *Ökopax und Anarchie. Geschichte der ökologischen Bewegung in Deutschland.* München: DTV.

Luhmann, N. (1990). *Ökologische Kommunikation.* Opladen: Westdeutscher Verlag.

Michelsen, G. & Siebert, H. (1985). *Ökologie lernen. Anleitungen zu einem veränderten Umgang mit der Natur*. Frankfurt/Main: Fischer.

Rat von Sachverständigen für Umweltfragen (1978). *Umweltgutachten 1978*. Stuttgart: Kohlhammer.

Rat von Sachverständigen für Umweltfragen (1994). *Umweltgutachten 1994. Für eine dauerhaft-umweltgerechte Entwicklung*. Stuttgart: Metzler-Poeschel.

Rogers, R.W. (1975). A protection motivation theory of fear appeals and attitude change. *The Journal of Psychology, 91*, 93-114.

Rost, J. (1996). *Testtheorie und Testkonstruktion*. Bern: Huber.

Rost, J. (1997). Theorien menschlichen Umwelthandelns. In G. Michelsen (Hrsg.), *Umweltberatung. Grundlagen und Praxis* (S. 55-62). Bonn: Economica.

Schwarzer, R. (1993). Gesundheitskognitionen als Bedingungen für Gesundheitsverhalten. In L. Montada (Hrsg.), *Bericht über den 38. Kongreß der Deutschen Gesellschaft für Psychologie in Trier 1992* (S. 294-301). Göttingen: Hogrefe.

Siebert, H. (1996). *Didaktisches Handeln in der Erwachsenenbildung* Neuwied: Luchterhand.

WBGU, Wissenschaftlicher Beirat der Bundesregierung Globale Umweltveränderungen (Hrsg.). (1996). *Welt im Wandel. Wege zur Lösung globaler Umweltprobleme. Jahresgutachten 1995*. Berlin: Springer.

Weizsäcker, E.U. von (1992). *Erdpolitik. Ökologische Realpolitik an der Schwelle zum Jahrhundert der Umwelt. 3. aktualisierte Auflage - nach dem Erdgipfel von Rio de Janeiro*. Darmstadt: Wissenschaftliche Buchgesellschaft.

Stadtteilbezogene Umweltberatung: eine Hilfe auf dem langen Weg zum Umwelthandeln?

Gerhard Lehwald und Axel Billig

1 Grundlagen stadtteilbezogener Umweltberatung

1.1 Besonderheiten

Die Idee der stadtteilbezogenen Umweltberatung entstand aus der Erfahrung, daß Methoden herkömmlicher Bildungs- und Beratungsarbeit nur bedingt geeignet sind, ökologische Problemstellungen *lebensweltbezogen* zu vermitteln. Obwohl u.a. durch Massenmedien über zunehmende Umweltbelastungen informiert wird, tun sich einzelne Menschen schwer mit der Integration umweltschonender Verhaltensweisen in ihr alltägliches Leben. Das liegt zum Teil daran, daß die traditionelle Umweltberatung nicht ausreichend individuell Umweltwissen vermittelt, den Bürger(innen) zuwenig Konsequenzen eigenen Handelns vor Augen führt, allzu oft nur globale Verhaltensangebote schafft und die Umweltarbeit zuwenig vernetzt werden kann. Darauf hat bereits Hahn (1993) in seinem Konzept der "räumlichen Handlungsebenen" hingewiesen. Er bezeichnet die Stadtviertel auch als den Ort, an dem ökologische Maßnahmen unter Beteiligung der Bewohner und anderer lokaler Akteure kurz- und mittelfristig am ehesten zu verwirklichen seien. Im Unterschied zu den Makroebenen der Stadt (er nennt hier agglomerierte Stadtregionen, verdichtete Kernstädte und Verwaltungsbezirke) kann erst im Mikrobereich - also auf der Ebene des Quartiers, Straßenblocks, Wohngebäudes und der einzelnen Wohnung - Partizipation und Mitverantwortung erreicht werden (vgl. auch Fischer, 1995). Diese generelle Aussage soll in diesem Beitrag spezifiziert werden: Wie können Menschen in einem umgrenzten Stadtquartier veranlaßt werden, sich in ihren Geschehens- und Handlungsbereichen, d.h. in ihrem Alltag, umweltbewußt zu verhalten? Welche Institutionen des Stadtviertels sind an diesem Veränderungsprozeß beteiligt bzw. können ihn steuern? Welche Bedeutung gewinnt die stadtteilbezogene Umweltberatung?

Zur Klärung dieser Fragen sehen wir vier Zugänge:
1. *ökologische Bewußtseinsbildung:*
Die Bürger(innen) sollen erkennen, daß der Stadtteil, in dem sie leben, ein lebendiges Öko-System ist. Dabei scheint es besonders wichtig, daß der einzelne den zugrunde liegenden Vernetzungsgedanken nachhaltig erlebt, denn daraus folgt die

Einsicht in die Mitverantwortlichkeit für eng miteinander verbundene ökologische Prozesse.

2. *ökologische Aufklärung*:
Eine zentrale Aufgabe stadtteilbezogener Umweltberatung ist es, Bürger(innen) über umweltbewußtes Verhalten aufzuklären (ökologische Wissensvermittlung).

3. *Erlebnis eigener ökologischer Erfahrungen*:
Zielsetzung der stadtteilbezogenen Umweltberatung ist es ferner, im Wohngebiet persönliche Betroffenheit im Hinblick auf ökologische Sachverhalte auszulösen.

4. *Erlebnis eigener Wirksamkeit:*
Umweltberatung in bürgernaher Form zeigt, daß direkter Einfluß auf die ökologischen Lebensbedingungen im Quartier genommen werden kann. Somit wird Tendenzen der Ohnmacht und Hilflosigkeit entgegengewirkt.

Fassen wir die Zugänge in einer Definition zusammen, so ergibt sich:
Stadtteilbezogene Umweltberatung ist im Kern eine *helfende Beziehung*, in der *Umweltberater* durch Vermittlung *relevanter Information* beim *Stadtteilbewohner* einen aktiven *Lernprozeß* in Gang bringen, damit sich dessen Selbsthilfebereitschaft, seine Selbststeuerfähigkeit und seine *ökologische Handlungskompetenz* verbessern (vgl. hierzu besonders Dietrich, 1983, 1987).

Die Bestimmensstücke der Definition sollen nochmals näher erläutert werden:
- *helfende Beziehung*: Stadtteilbezogene Umweltberatung will ein Beratungsklima herstellen, das den Bürger(innen) ermöglicht, sich mit der Umweltproblematik individuell auseinanderzusetzen. Dabei sollen Eigenverantwortlichkeit und Eigeninitiative aktiviert werden.
- *Umweltberater*: Als Umweltberater können nur solche Personen in Betracht gezogen werden, die über fundiertes ökologisches Wissen verfügen, vernetzt denken, hoch sensibel und sozial kompetent sind und sich in Stadtteilprobleme einarbeiten können.
- *relevante Information*: Die wichtigste Aufgabe der Umweltberatung besteht darin, Bürger(innen) Hilfen zur positiven Verhaltensänderung zu geben. Dadurch sollten sie auch in die Lage versetzt werden, selbständig ökologische Probleme im Stadtviertel zu erkennen und diese zu bewältigen.
- *aktiver Lernprozeß*: Wie jegliche psychologische Beratung zielt auch die Umweltberatung darauf ab, durch neue Perspektiven ein verbessertes Selbstwertgefühl und eine höhere Selbststeuerfähigkeit aufzubauen.
- *ökologische Handlungskompetenz*: Handlungskompetenz ist bekanntlich nicht mit Wissen gleichzusetzen. Erst wenn Verhaltensangebote existieren, Handlungsanreize ausreichend sind und Konsequenzen erlebt werden, ist umweltschonendes Handeln zu erwarten. Die stadtteilbezogene Umweltberatung kann diesen Prozeß unterstützen, weil die Bedingungen (Verhaltensangebote, Anreize) durch detaillierte Kenntnis des Umfeldes bekannt sind und Konsequenzen individuell erlebbar werden.

Gegenüber der traditionellen (allgemeinen) Verbraucher- und Produktberatung birgt die stadtteilbezogene Umweltberatung erhebliche Vorteile: Sie kann zielgruppenbezogen und projektbezogen durchgeführt werden (vgl. auch die Beiträge von Reusswig sowie von Bolscho in diesem Band). Außerdem ist die permanente

Verfügbarkeit des Beraters im Stadtteil für die Kontinuität der Beratungstätigkeit von unschätzbarem Vorteil. Die Folgen eigenen (veränderten) ökologischen Handelns sind von großer Relevanz und können unmittelbar erlebt werden. Der soziale Vergleich als wesentlicher Stimulus wird vor allem mit Personen gezogen, deren Urteile einem selbst wichtig erscheinen.

1.2 Formen

Die stadtteilbezogene Umweltberatung kann am besten in "Öko-Foren" stattfinden. Hierunter versteht man bürgernahe Institutionen, die aktive ökologische Arbeit im jeweiligen Stadtviertel koordinieren. In diesen Foren können umweltrelevante Alltagsprobleme des Stadtquartiers behandelt und so die Bürger(innen) zu ökologisch orientiertem Denken und Handeln animiert werden. Diese Art der bürgernahen Umwelterziehung basiert auf der Ansprache "vor Ort" in den Zonen des *alltäglichen Geschehens*. Jedes Stadtviertel hat mehr oder minder Orte des Geschehens, in denen sich die Bevölkerung trifft. Es können Vereine sein, aber auch Supermärkte, Cafés und Restaurants. Nicht selten trifft man sich beim Arzt oder bei einer Behörde. Im einfachsten Fall kann auch eine Haltestelle im Viertel ein Geschehensort sein. Die stadtteilbezogene Umweltberatung greift die alltäglichen öko-sozialen Probleme im unmittelbaren Wohnumfeld auf und versucht, umweltorientierte Verhaltensänderungen zu erreichen (Cramer, Keupp & Stark, 1988).

Eine weitere Besonderheit der Arbeit in Öko-Foren besteht darin, daß sie prinzipiell *zielgruppenorientiert* erfolgt. Die Bevölkerung eines Stadtteils setzt sich aus vielen Teilgruppen zusammen, die sich sowohl durch Bildung, kulturelle Herkunft, Alter u.a. unterscheidet. Natürlich spielt der Beruf, das Einkommen und die Interessenlage eine nicht unerhebliche Rolle. Das Öko-Forum identifiziert Zielgruppen des Stadtviertels und spricht sie mit spezifischen Maßnahmen an. Stadtteilbezogene Umweltarbeit versucht, über die Identifizierung des einzelnen mit seinem unmittelbaren Wohnumfeld umweltorientierte Verhaltensänderungen zu fördern. Das führt letztlich dazu, im einzelnen lokalen Problem generelle Trends zu entdecken. Der Leitsatz auf der Ebene des Stadtviertels heißt demzufolge eher in Umkehrung des sattsam bekannten Ausspruches der Umweltbewegung "Lokal handeln und global denken".

Was bedeutet dies für die Umweltberatung? Welche Typen der Umweltberatung sind in den Öko-Foren durchführbar?

1. Individuelle Beratung "vor Ort": Diese Formen der Beratung finden im Beratungsbüro bzw. direkt am "Ort des Geschehens" statt (z.B. im Haushalt). Hierzu zählen auch telefonische Auskünfte.
2. Gruppenberatung/Öffentlichkeitsarbeit: Hierzu gehören Vorträge, Erstellen und Aushändigen von Materialien über Probleme im Stadtviertel, umwelterzieherische Vorschläge für Kindergärten und Schulen, Feldarbeit direkt im Stadtviertel (Öko-soziales Street-working).
3. Institutionelle Umweltberatung: Dabei ist vor allem an die systematische ökologische Beratung der kommunalen Verwaltung gedacht, ferner an die Weiterbildung von Behörden.

4. Anfertigung stadtteilbezogener Recherchen: Die Durchführung von Recherchen zu speziellen Fragestellungen des Stadtviertels sind so angelegt, um Anfragen von Bürger(innen) und der Stadtverwaltung zu beantworten.
5. Kooperation mit umweltrelevanten Stellen im Stadtviertel: Sie verfolgen das Ziel, im regionalen und überregionalen Rahmen umweltrelevante Aktionen abzustimmen.

2 Zur Praxis stadtteilbezogener Umweltberatung: ein Modellprojekt

2.1 Zum Stand des ökologischen Problembewußtseins im Stadtteil

In den Jahren 1994 bis 1996 fand mit Unterstützung der Deutschen Bundesstiftung Umwelt in zwei Großstädten Deutschlands (Leipzig, Köln) ein Modellversuch statt. Es ging darum, die Praxis der ökologischen Bildungsarbeit zu optimieren und Wege zu suchen, wie auch "bildungsferne Gruppen" anzusprechen seien, um sie zu umweltgerechtem Verhalten anzuleiten. Es war allen Verantwortlichen klar, daß diese Zielgruppen nur erreicht werden können, wenn es gelingt, Auswirkungen eigenen Handelns möglichst lebensnah zu vermitteln. Aus diesem Grund war zunächst eine Statuserhebung nötig, um einerseits den Stand des ökologischen Problembewußtseins in beiden ausgewählten Stadtvierteln (Leipzig-Plagwitz, Köln-Eigelstein) zu ermitteln und andererseits Problemfelder und Stadtteilspezifika aus der Perspektive der Befragten wiederzugeben. Denn erst in der Zusammenschau von objektiven Rahmenbedingungen und subjektiven Einschätzungen ergeben sich wichtige Informationen zur Bestimmung von Arbeitsfeldern des jeweiligen Öko-Forums als Beratungsinstanz.

Konzipiert wurde ein Interviewleitfaden, der sich in fünf Abschnitte gliederte. Im ersten Abschnitt wurde nach allgemeinen Werten und persönlichen Einstellungen als Grundlage des ökologischen Problembewußtseins gefragt. Ein zweiter Abschnitt stellte Fragen nach dem ökologischen Risikobewußtsein, das nach Auffassung der Fragebogenkonstrukteure als zentrales Element des Umweltbewußtseins gelten kann. Nicht faktisches Wissen und objektive Betroffenheit, sondern subjektive Einschätzungen von Umweltrisiken prägen das individuelle Umweltbewußtsein. Im dritten Abschnitt wurde nach der individuellen Zufriedenheit im allgemeinen als auch mit stadtteil- und wohnumfeldbezogenen Lebensbedingungen gefragt. Es wird damit der Tatsache Rechnung getragen, daß individuelle Zufriedenheit als wichtiger Indikator der Risikoschätzung und individuellen Handlungsbereitschaft gilt. Der vierte Abschnitt war ganz den lebensweltnahen Handlungsfeldern im Hinblick auf den Umweltschutz gewidmet. Der abschließende fünfte Abschnitt erfaßte einige Angaben zur Sozialstruktur der Befragten (ausführliche Darstellung des Interviewleitfaden in Billig, Lehwald & Jäger, 1996).

Im folgenden werden einige Befunde aus dieser Studie vorgestellt. Dabei wird sich wegen der Fülle des Materials vornehmlich auf die Leipziger Teilstudie beschränkt und hier jene Ergebnisse mitgeteilt, die für die Bestimmung von Arbeitsfeldern der stadtteilbezogenen Umweltberatung relevant sein können. Insgesamt wurden 224 Interviews durchgeführt. Die ursprünglich ins Auge gefaßte Auswahl nach Quoten mußte leider wieder fallengelassen werden, da einige der Vorausgewählten nicht bereit waren, sich einem einstündigen Interview zur Verfügung zu stellen. Aus diesem Grunde konnten nur Altersblöcke gebildet werden, in denen dann nach dem Zufallsprinzip (Münzwurf) Interviewpartner ausgewählt wurden. Diese Zufallsauswahl wurde danach mit der amtlichen Stadtstatistik verglichen.

Es ergab sich folgende Struktur: Von den 224 Befragten entfallen 57.9% auf Frauen (amtliche Statistik von Leipzig-Plagwitz 53.1%) und 46.9% auf Männer (amtliche Statistik 42.1%). Bezogen auf die Altersgruppen ergeben sich noch vertretbare Unterschiede zur amtlichen Statistik. Es ist aber zu berücksichtigen, daß die Gruppe der über 60jährigen in der Statistik sehr weit gefaßt ist und dem Altersspektrum der Befragungsstichprobe nur annähernd entspricht. Der weitaus größte Anteil der befragten Leipzig-Plagwitzer Stichprobe lebt in einem Zweipersonenhaushalt (37%). Die Single-Haushalte sind in der Minderzahl (15.5%). 17% der Befragten sind ledig, 60% verheiratet, 13% geschieden und 9% verwitwet. Alle weiteren sozialstrukturellen Merkmale der Stichprobe können nicht mit der amtlichen Statistik verglichen werden. Nur soviel: 22% der Befragten haben mit dem Abitur, 32% mit der mittleren Reife und 32% mit der 9. Klasse die Schulzeit abgeschlossen. Nur 0.4% der Befragten geben an, daß sie keinen Schulabschluß haben.

2.2 Werte und Einstellungen

Vergleicht man die Antworthäufigkeiten zu den persönlichen Wertpräferenzen, so fällt auf, daß insbesondere der Möglichkeit zur politischen Einflußnahme auf den Umweltschutz geringe Bedeutung zuerkannt wird (1 = geringe Einflußnahme; 5 = hohe Einflußnahme). Dabei sind die Unterschiede gerade bei diesem Item zwischen der Kölner und Leipziger Stichprobe statistisch bedeutsam.

Die Feinanalyse der Antworten deutet darauf hin, daß Umweltschutz erst dann praktiziert wird, wenn dabei Wohlstand nicht in Gefahr gerät. Darauf hat bereits Keul (1995) hingewiesen. Die Unterschiede in diesem Item sind zwischen beiden Teilstichproben augenfällig. Weitere Gemeinsamkeiten aber auch Unterschiede zeigen sich im Ost-West Vergleich (vgl. Ab.1). Bei beiden Stichproben spielt die religiöse Orientierung zur Lösung von Umweltfragen nur eine untergeordnete Rolle. Familie/Kinder werden dagegen insbesondere von der Leipziger Stichprobe und Wohlstand von der Kölner Stichprobe hoch bewertet. In einer Zusatzbefragung zu den Veränderungsmöglichkeiten der Umweltbedrohung meinen die Leipziger Stadtteilbewohner, daß die beängstigende Lage kaum durch die derzeitigen Politiker zu lösen sei ("viel zu wenig getan" und "praktisch nichts getan" wird von 52% bejaht). Eine Aussage, die sechs Jahre (1995) nach der politischen Wende sehr zu denken geben sollte.

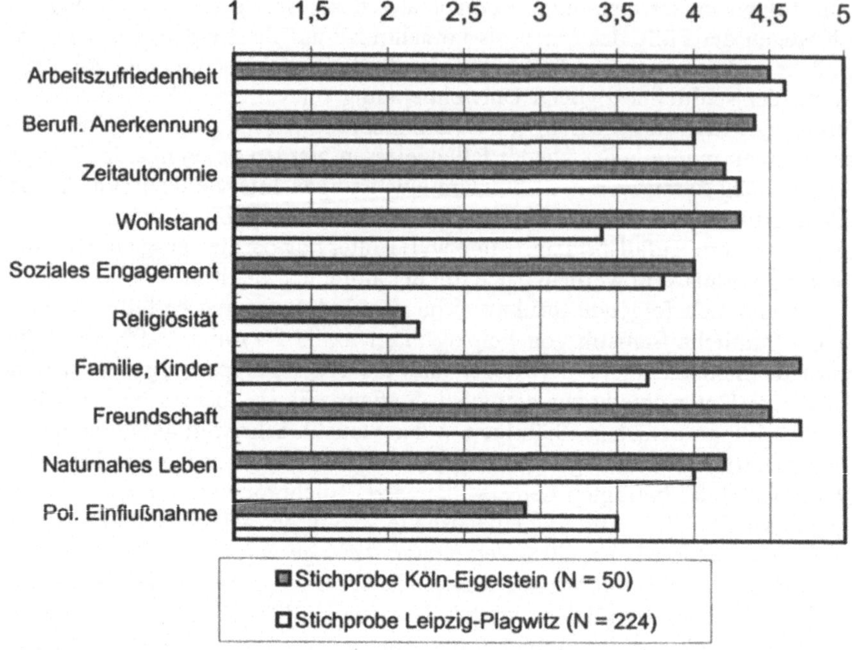

Abbildung 1: Persönliche Wertpräferenzen der Leipziger und Kölner Teilstichpobe im Vergleich (Erläuterung vgl. Text)

2.3 Wohnsituation

Im dritten Abschnitt des Interviewleitfadens wurde u.a. nach der Zufriedenheit mit dem Wohnumfeld und der Wohnung gefragt. 71% der befragten Leipziger Bürger(innen) geben an, daß sie nicht in einem anderen Stadtteil leben wollen. Diese Stadtteiltreue überrascht in der Eindeutigkeit. Obwohl die Hausqualität als sehr schlecht eingeschätzt wird (46%), die Verkehrsbelästigung teilweise unerträglich ist (41%) und die Verschmutzung von außen als hoch bezeichnet wird (56%), ist die Zufriedenheit mit der Wohnung gegeben (41% "zufrieden", 36% "einigermaßen zufrieden"). Walden (1995, S. 82) bezeichnet diesen Sachverhalt als "Zufriedenheits-Paradoxon". Es besagt, daß trotz nach Expertenurteilen schlechter Bedingungen hohe Zufriedenheitsangaben gemacht werden.

In eine etwas andere Richtung gehen die Antworten zum Wohnumfeld (21% "zufrieden", 49% "einigermaßen"). Auf die Frage, ob man "selbst zur Verbesserung der Umweltsituation im Stadtviertel beitragen kann", antworten 47% grundsätzlich mit "Nein". Die individuellen Eingriffsmöglichkeit werden unterschiedlich eingeschätzt. Sie sind im eigenen Haushalt leichter möglich. Hier sehen die Befragten gute Chancen, das Verhalten zu ändern (vgl. Abb. 2). Dagegen werden geringe "Eingriffsmöglichkeiten" und damit geringe Verhaltensänderungen am Arbeitsplatz, im Stadtviertel und in der Freizeit gesehen (0 = geringer individueller Beitrag zur Umweltverbesserung möglich; 5 = hoher individueller Beitrag zur Umweltverbesserung möglich).

Die größten Differenzen im Ost-West Vergleich ergeben sich am Arbeitsplatz. Hier schätzt die Kölner Stichprobe den individuellen Beitrag zur Umweltverbesserung bedeutend höher als die Leipziger Stichprobe ein (p<.05).

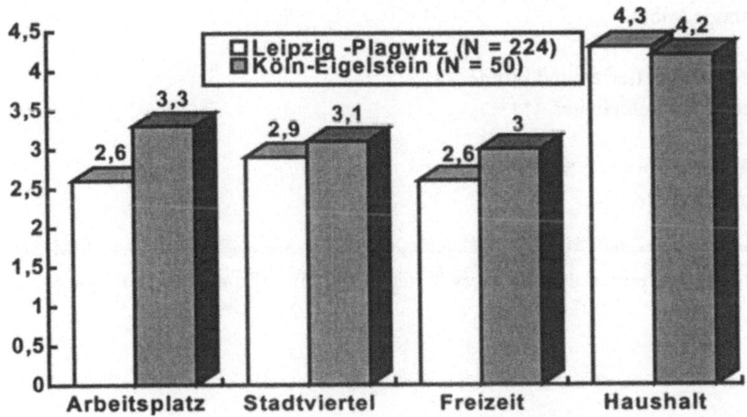

Abbildung 2: Lebensbereiche, in denen Leipziger und Kölner Stadtviertelbewohner eine Umweltverbesserung für möglich halten (Erklärung vgl. Text)

2.4 Bereitschaft zu umweltfreundlichem Handeln

Im vierten Teil des Interviewfragebogens wurden Fragen nach perzipierten Verhaltensänderungen gestellt. Die Fragen waren positiv formuliert. Durch Intensitätsabstufung konnten die Interviewten kundtun, ob sie die Verhaltensänderung bereits erreicht haben oder nicht, wie die Beispiele aus dem Fragebogen belegen (die Zahlen 1 bis 5 geben den subjektiven Grad des erreichten Verhaltens an; vgl. Abb. 3).

Die Stadtteilbewohner teilen im Interview anhand des oben beschriebenen Leitfadens erlebte Verhaltensänderungen in der in Abbildung 4 genannten Rangreihe mit (Medianwerte einer fünfstufigen Skala; vgl. Abb. 4):

Bei der Anschaffung von Haushalts-
geräten achte ich besonders auf den
Energieverbrauch.   1   2   3   4   5

Ich gehe sparsam mit Wasser um.   1   2   3   4   5

Ich kaufe Produkte aus
biologischem Anbau.   1   2   3   4   5

Ich sammle alte Batterien und bringe
sie in einen Sammelbehälter. (*)   1   2   3   4   5

(*) Wie weit ist die nächste Sammelstelle?
     Entfernung in Metern (   )

Abbildung 3: Auszug aus dem Interviewleitfaden zu umweltfreundlichem Handeln

hoher Median	mittlerer Median	niedriger Median
Altpapier sammeln	Wasserverbrauch senken	Medikamenten-entsorgung
Altglas sortieren	Müllvermeidung	Lacke und Farben ent-sorgen
Stromverbrauch reduzieren		Chemikalien sammeln
Allgemein Energiesparen		Bioprodukte kaufen

Abbildung 4: Medianwerte zu erlebten Verhaltensänderungen

Unter dem Aspekt zukünftiger Aktionen des Öko-Forums ist diese Übersicht sicherlich aufschlußreich. Sie zeigt, wo bei den Stadtviertelbewohnern Defizite bestehen, und wo genau Umweltberatung ansetzen sollte.

Im Rahmen der Befragung wurde auch die Verkehrsmittelnutzung bei den Stadtviertelbewohnern erkundet. Die nachfolgende Abbildung gibt Auskunft über die Interviewfragen (vgl. Abb. 5).

Verkehrsmittel (V)	Häufigkeit (H)	Entfernung (E)	Alternative zum Auto (A)
(1) PKW	(1) täglich	(1) bis zu 1 km	(1) ja
(2) Bahn/Bus	(2) 2-3 mal pro Woche	(2) bis zu 2 km	(2) ja, mit Einschränkungen
(3) Fahrrad	(3) 2-3 mal pro Monat	(3) bis zu 3 km	(3) nein, Verbindung zu schlecht
(4) zu Fuß	(4) gelegentlich	(4) ab 4 km	(4) nein, andere Gründe

	(V)	(H)	(E)	(A)
Weg zur Arbeit, Ausbildung, Schule	( )	( )	( )	( )
Einkauf von Lebensmitteln und Artikeln des täglichen Bedarfs	( )	( )	( )	( )
Einkauf von Kleidung und Geräten	( )	( )	( )	( )
Begleitung der Kinder	( )	( )	( )	( )
Sport/Fitneß	( )	( )	( )	( )
Geselligkeit	( )	( )	( )	( )
Verein, Initiative, Partei	( )	( )	( )	( )

Abbildung 5: Auszug aus dem Interviewleitfaden zur Verkehrsmittelnutzung

Eine Auswertung in der Leipziger Stichprobe zeigt deutlich, daß eine Reduzierung des privaten Fahrkonsums möglich und notwendig ist: Von den 60 Befragten, die angeben, das Auto zu nutzen, fahren 86% täglich zur Arbeit/Ausbildung. Dabei dominieren die Kurzfahrten (bis 1 km 11.9%, bis 3 km 17.9%, über 4 km 58.3%, ohne Angaben 38%). Am häufigsten wird der private Pkw nach dem Weg zur Arbeit zum Einkauf genutzt (22.7% der Autofahrer fahren täglich, 49% zwei- bis dreimal wöchentlich). Hoch frequentiert wird der Pkw zur Begleitung von

Kindern in Kindereinrichtungen oder Schule (40.6% täglich). Dabei liegen die Entfernungen in zwei Dritteln der Fälle unter drei Kilometer. Die anderen im Fragebogen angegebenen Fälle, wie Sportveranstaltungen, Geselligkeit und Vereinsarbeit, spielen für die Autonutzer des Stadtviertels eine eher untergeordnete Rolle. Betrüblich ist, daß bei den angeführten Beispielen (Arbeit/Ausbildung, Einkauf, Kinderbegleitung) stets von den Befragten Alternativen angegeben wurden. Die Autonutzer, die zur Arbeit täglich fahren, geben zu 31.5% an, daß sie auch eine Alternative durch Bahn, Bus/Fahrrad oder zu Fuß haben. Die Befragten, die das Auto besonders zum Einkaufen nutzen, hätten das auch zu 40% mit anderen Verkehrsmitteln tun können, und die Autofahrer, die vor allem Kinder zur Betreuung fahren, sahen zu 41% eine ökologische Alternative (das deckt sich mit den Aussagen bei Littig, 1995).

An den hier nur sehr verkürzt dargestellten Befunden sind die Aktionen des Öko-Forums zur Verkehrsberuhigung im Stadtviertel zu orientieren. Es geht nicht darum, daß Auto zu verteufeln, sondern Alternativen attraktiver für die Nutzung darzustellen. Die stadtteilbezogene Umweltberatung kann anhand von "durchgerechneten" Wegebeispielen überzeugen.

2.5 Zukunftshoffnungen

In einer der letzten Fragen des Interviewbogens wurde nach möglichen Veränderungen im Stadtviertel in den nächsten Jahren gefragt. Die Zahlen bedeuten dabei Mittelwerte auf einer fünfstufigen Skala (vgl. Abb. 6).

Ganz oben steht die Verbesserung des Stadtgrüns und eine Lösung der Verkehrsprobleme. Interessant ist hierbei, daß im Trend die gleichen Antworten bei der Kölner Stichprobe festzustellen sind. Im Leipziger Stadtviertel werden jedoch massiv die mangelnden Freizeit- und Erholungsangebote beklagt. Auf eine Frage zur eigenen Beteiligung an Umweltinitiativen antworten zustimmend 57% der Plagwitzer Bürger(innen) mit der Wahl des höchsten Skalenpunktes 5. Viele würden andere auf umweltgerechtes Verhalten hinweisen. Je näher diese Personen der eigenen Familie stehen, desto größer ist die Bereitschaft, korrigierend einzuwirken: eigene Kinder 88%, Lebenspartner 77%, Verwandte 48%, Nachbarn 31%, Freunde 19%. Die Prozentzahlen geben wieder, wie häufig der höchste Skalenwert bei der entsprechenden Frage gewählt wurde.

Für die Arbeit des Öko-Forums ergeben sich damit interessante Perspektiven. Die hier nur ausschnitthaft dargestellten Ergebnisse zeigen, daß die Angebote sich nicht auf die Vermittlung von Umweltwissen beschränken dürfen, sondern Bürger(innen) verlangen Aufklärung, Umweltberatung und konkrete Anleitung zum Handeln. Dabei verschmelzen Fragen der Ökologie im Wohnviertel und Aspekte des sozialen Miteinanders. Es zeigt sich erst dann eine hohe Bereitschaft zu umweltgerechtem Verhalten, wenn die Bedürfnisse zur individuellen und sozialen Lebensplanung damit besser realisiert werden können. Stadtteilbezogene Umweltarbeit und -beratung muß vom Ansatz her sozial-ökologisch sein. Erst dann kann sie zum Erfolg führen.

	Stichprobe Köln-Eigelstein (N=50)	Stichprobe Leipzig-Plagwitz (N=224)
Mehr Begrünung von Straßen und Hausfassaden	4,0 *4,1*	4,4 *4,4*
Bessere Erreichbarkeit von Abfall- und Sondermüllcontainern	2,7 *2,3*	3,8 *3,7*
Mehr Aufklärung und öffentliche Beteiligung bei Maßnahmen im Stadtteil	3,8 *3,9*	4,0 *4,1*
Verringerung des Autoverkehrs im Viertel/Verkehrsberuhigung	3,6 *3,7*	4,1 *4,0*
Mehr Information über umweltgerechte Entsorgung von Hausabfällen	3,6 *3,6*	3,9 *4,0*
Verbesserung der Rad- und Fußwege im Viertel	4,2 *4,3*	4,4 *4,4*
Verbesserung der Trinkwasserqualität	3,6 *3,4*	4,1 *4,1*
Mehr Freizeit- und Erholungsangebote im Viertel	3,2 *3,2*	4,3 *4,4*

Die an zweiter Stelle kursiv gedruckten Zahlen geben die Präferenzen der zur aktiven Mitarbeit bereiten Befragten wieder

Abbildung 6: Präferenzen möglicher Veränderungen im Stadtviertel Leipzig-Plagwitz im Vergleich zur Kölner Teilstichprobe Eigelstein (Erläuterung vgl. Text)

3 Beratungsfelder des Öko-Forums

3.1 Das Beispiel Leipzig-Plagwitz

Aufgrund der Ergebnisse der Befragung (vgl. Kap. 2.1) wurden folgende Arbeits-
und Beratungsfelder benannt:

1. Umweltinformation
2. Umweltbildung
3. Umwelt und Kunst
4. Ökologische Sanierung und Begrünung
5. Abfall und Kompostierung
6. Verkehrsverhalten
7. Ernährung und Gesundheit

Innerhalb dieser Arbeitsfelder wurden Projekte und Maßnahmen entwickelt, die
die Ideen und konzeptionellen Ansätze stadtteilbezogener Umweltarbeit in Verbindung mit sozialen und kulturellen Aspekten umsetzen sollten. Gleichzeitig
wurden die Beratungsmöglichkeiten bestimmt. Die genannten Themenkomplexe
sind inhaltlich und personell miteinander vernetzt, so daß eine gegenseitige Beeinflussung möglich ist.

Arbeits- und Beratungsfeld 1: Umweltinformation
Die Schwerpunkte der Arbeit im Bereich Umweltinformation werden mit den
Teilprojekten Erfassung von Umweltdaten des Stadtviertels, der Informations-
und Beratungsreihe zu ökologischen Themenkomplexen, der offenen Bürgerbe-
ratung im Umweltbüro sowie durch ökologisch ausgerichtete Stadtteilfeste gesetzt.

Arbeits- und Beratungsfeld 2: Umweltbildung
Ein wichtiger Bestandteil der öko-sozialen Arbeit des Öko-Forums Leipzig-
Plagwitz sind die Projekte der Umwelterziehung. Bei diesen Projekten geht es
insbesondere darum, Lernprozesse in Gang zu bringen, die zu einem verantwor-
tungsvollem Umgang mit der Umwelt führen (Lehwald, 1996). Durch den Ver-
bund mit weiteren freien Trägern im Stadtteil ist es gelungen, eine Vernetzung
von Umweltbildungsaktivitäten herzustellen.

Arbeits- und Beratungsfeld 3: Umwelt und Kunst
Zum Arbeitsfeld Umwelt und Kunst gehört das Projekt Kreativwerkstatt und
Druckwerkstatt. Dabei werden unter starker Anteilnahme interessierter Bür-
ger(innen) Arbeitsprozesse unter ökologischem Aspekt betrachtet. Dazu gehören
z.B. die eigene Papierherstellung aus Altpapier oder die Verwendung von Ton als
Naturprodukt. Für Kinder des Stadtviertels wurde das Kinder-Atelier aufgebaut.

Eine langfristige Zielsetzung in diesem Arbeitsbereich ist der Aufbau eines Öko-Modellhinterhofes. Er soll den Bürger(innen) des Stadtviertels und vor allem den Hausbesitzern anschaulich demonstrieren, wie umweltbewußtes Verhalten in der Praxis aussehen und was der einzelne dazu beitragen kann. Dazu gehören ökologische Maßnahmen wie Entsiegelung, Begrünung, Wärmedämmung, Nutzung alternativer Energien, Regenwassernutzung, Kompostierung/Abfallvermeidung, Einsatz umweltfreundlicher Baustoffe, Farben und anderer Materialien. Da der Beratungsbedarf hier besonders hoch ist, wird direkt auf dem Modellhof eine Außenstelle des Öko-Forums Plagwitz eingerichtet.

Arbeits- und Beratungsfeld 5: Abfall und Kompostierung

Aus der Befragung war eine hohe Bereitschaft der Stadtteilbewohner deutlich geworden, bei Abfallvermeidungsmaßnahmen mitzuwirken. In den ensprechenden Verhaltensstatements erhielten Energiesparen, Wassersparen und Müllvermeidung die höchsten Zustimmungen. Die Bürger(innen) von Leipzig-Plagwitz sehen den Haushalt als wichtige Möglichkeit an, selbst zur Verbesserung der Umweltsituation beizutragen (vgl. Abb. 2). Besonderen Beratungsbedarf gab und gibt es bei Methoden der Eigenkompostierung im Stadtviertel.

Arbeits- und Beratungsfeld 6: Verkehrsverhalten

Aus der Befragung wurde deutlich, daß der stadtteilbezogene Autoverkehr (Kurzfahrten) zu den höchsten Störquellen zählt und klar abgelehnt wird. Trotzdem fanden die Mitarbeiter(innen) des Öko-Forums zu diesem Arbeitsfeld keinen Zugang. Das liegt an der mangelnden Bereitschaft der Stadtviertelbewohner, sich in diesem Bereich zu engagieren. So erbrachte eine Zweitbefragung anläßlich eines Stadtteilfestes eine hohe Unzufriedenheit (56% fühlten sich extrem belästigt), jedoch rangiert das Engagement für einen persönlichen Beitrag zur Verringerung des Autoverkehrs weit hinten. So wurde die Frage nach der Bereitschaft, einen höheren Benzinpreis zu zahlen, rundweg abgelehnt (über 60%). "Weniger Autofahren" wird persönlich als "nicht wichtig" erachtet. Um dieser Tendenz entgegenzuwirken, wird beim Öko-Forum nach neuen Ideen gesucht. Ein Weg, neben der Erhöhung der Attraktivität des öffentlichen Nahverkehrs, kann der Ausbau des Radwegenetzes in Leipzig-Plagwitz sein. Die stadtteilbezogene Umweltberatung findet hier ein weites Aufgabenfeld. Mit "durchgerechneten" Wegebeispielen kann eventuell gegengesteuert werden. Eine Zusammenarbeit mit den Geschäftsleuten im Viertel und der Kommune ist unumgänglich.

Arbeits- und Beratungsfeld 7: Ernährung und Gesundheit

Große Potentiale für das Arbeits- und Beratungsfeld "Ernährung und Gesundheit" besitzt das Projekt Öko-Beratungsladen. Neben dem Verkauf von Produkten aus dem ökologischen Anbau der Region sollen hier Ernährungsberatung und Produktinformation einen wichtigen Stellenwert einnehmen. Durch Verarbeitungshinweise können den Stadtteilbewohnern alternative Ernährungsgewohnheiten aufgezeigt werden. Die Befragung hatte gezeigt, daß zum einen ein naturnahes Leben gewünscht wird (vgl. hierzu Abb. 1), zum anderen aber Bioprodukte noch nicht präferiert werden. Aus diesem Grund führte der Biokostladen, der vom Öko-Forum betrieben wird, eine kleine Umfrage bei den Käufer(innen) durch, um deren Wünsche zu erfahren. Die Ergebnisse decken sich weitgehend mit einer bundesweiten Umfrage, die Geschmack, Preis und Natürlichkeit in der Beurteilung zentriert. Verpackung, Herstellermarke, Aussehen/Aufmachung werden beim Kauf von Bioprodukten von der Bevölkerung insgesamt weniger favorisiert. Es zeigen sich darüber hinaus Unterschiede im Ost-West Vergleich. Danach spielen bei den Käufer(innen) aus den alten Bundesländern besonders Aussehen und Aufmachung eine vergleichsweise große Rolle. In den neuen Bundesländern achtet man stärker auf den Preis und den Geschmack (vgl. Abb. 7).

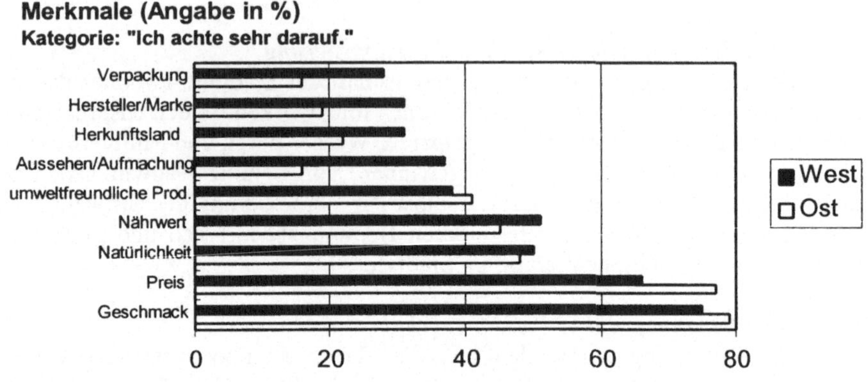

Abbildung 7: Kriterien beim Kauf von Nahrungsmitteln (Umweltbundesamt, 1994)

Mit dem Öko-Beratungsladen ist ein weiteres Umweltzentrum im Stadtviertel entstanden, wo Bürger(innen) Aspekte des ökologischen Geschehens im Stadtviertel diskutieren können. Der Laden schafft ideale Voraussetzungen für das Konzept der individuellen stadtteilbezogenen Umweltberatung. Es ist beabsichtigt, dessen Ausbau zu einem "Profit Center" zu forcieren, um mit dem Gewinn eventuell andere "Non Profit Bereiche" (z.B. Umwelterziehung) sicherer zu finanzieren und gleichfalls die Institutionalisierung des Öko-Forums im Stadtgebiet voranzutreiben.

3.2 Zu einigen Aspekten der Evaluierung von Öko-Foren

Zielsetzung einer wissenschaftlichen Evaluation muß es sein, die Arbeit des Öko-Forums einer systematischen Bewertung zu unterziehen und zu erforschen, ob und in welcher Form diese Institution als Modell stadtteilbezogener Umweltarbeit tragfähig ist (vgl. Dietzel & Troschke, 1988). Letztendlich geht es um eine Wirkungsanalyse und zwar dergestalt, ob die angebotenen Maßnahmen und Aktionen bei der Stadtteilbevölkerung eine Veränderung des ökologischen Problembewußtseins und der Handlungskompetenz bewirken. Solche Analysen sind höchst komplex und methodisch schwer durchführbar. Prä-Posttestvergleiche müssen z.B. mit gleichen Methoden und dem gleichen Sample an Befragten arbeiten. Günstiger schneiden da Untersuchungsdesigns ab, die unterschiedliche Stichproben analysieren (mit Beeinflussung, ohne Beeinflussung). Diese Bedingungen allerdings exakt in Feldforschungen herzustellen (vgl. Westmeyer, 1994) und noch dazu die Ausgangsniveaus konstant zu halten, wer kann das eigentlich garantieren? Aus diesem Grund setzt die Evaluation von Öko-Foren auf qualitativ prozeßorientierte Instrumente (vgl. Lalli & Hormuth, 1990). Dazu gehören im wesentlichen die Auswertung aller realisierten Teilprojekte und Maßnahmen (Zielorientierung, Rahmenbedingungen, Ressourcen), die Bürgerbeteiligung, spezifische Rückmeldungen aus dem Stadtviertel sowie die Resonanz auf die je spezifischen Informations-, Bildungs- und Beratungsangebote (vgl. Fischer, 1995, S. 166ff.). Nicht zuletzt bedarf es der Auswertung der medialen Berichterstattung. Quantitativ lassen sich die Frequentierung des Beratungsbüros, die Rückmeldung auf bestimmte Aktionen, die Teilnahme an Stadtteilfesten und die Akzeptanz und Marktfähigkeit von Produkten und Dienstleistungen des Öko-Forums auswerten.

Für den hier beschriebenen Modellversuch ergeben sich folgende Bewertungskriterien der Evaluation:

- *Zielgruppenspezifik der Angebote:* Die Bestimmung der Zielgruppen im Viertel und der faktische Bedarf an Information, Bildung und Umweltberatung ist eine zentrale Aufgabe des Modellvorhabens. Dabei gilt es zu differenzieren zwischen bildungsnahen und bildungsfernen und an der Umweltproblematik interessierten und nicht interessierten Gruppen sowie die Form der Ansprache (ambulant versus stationär). Die Evaluation hat zu bestimmen, ob die Zielgruppen die Maßnahmenpakete wirklich angenommen haben.

- *Akzeptanz und Bürgerbeteiligung*: Da das Projekt zunächst "von außen" an die Bürger(innen) des Stadtteils herangetragen wurde, ist zu prüfen, ob die brennenden Fragen der Stadtteilbevölkerung durch das Öko-Forum angesprochen wurden. Das kann am besten durch eine Zwischen- und Endbefragung ermittelt werden.

- *Kooperation und Vernetzung*: Die stadtteilbezogene Umweltarbeit konzentriert sich auf einen Stadtteil und versucht, die sozialen Ressourcen des Viertels zu stärken (vgl. hierzu die Vorschläge von Keupp, 1990). Dazu sind Kooperationen und Vernetzungen im Stadtviertel und "nach draußen" eine wichtige Voraussetzung. Sehen die Bewohner in ihren spezifischen Umweltproblemen globale Denk- und Veränderungsmuster?

- *Öffentlichkeitsarbeit*: Die Öffentlichkeitsarbeit darf sich nicht auf "klassische Methoden" beschränken, sondern muß Wege gehen, die auf persönlichen Kontakt und direkte Ansprache vor Ort zielen (verständigungsorientierte Umweltarbeit). Dazu gehören auch Methoden des öko-sozialen "Street-working". Eine wichtige Frage für die Evaluation besteht darin, die Wirkung der angewandten Methoden der Öffentlichkeitsarbeit auf ein bestimmtes Ziel hin abzuschätzen.

- *Ökologische Bilanz des Stadtviertels*: Durch konkretes Handeln in den Bereichen umweltgerechte Mobilität, Abfallvermeidung, Energiesparen, Wasserreduzierung, Begrünung usw. leisten die Stadtviertelbewohner einen Beitrag zur Verbesserung der Öko-Bilanz ihres Stadtviertels. Solche Öko-Bilanzen sind bislang leider eher fiktiv. Sie könnten jedoch bei richtiger Handhabung ein Gradmesser für die Arbeit der jeweiligen Öko-Foren werden.

4 Fazit

Aufgabe ökologischer Stadtentwicklung ist es, die städtischen Strukturen den Erfordernissen der Bewohner und der Umwelt anzupassen und nicht umgekehrt. Dabei ist die ökologische Dimension charakterisiert durch bewußtes Denken in Kreisläufen, durch Minimierung des Ressourcenverbrauchs und der Schadstoffemission sowie durch Erkennen von Vernetzungen und sich daraus ergebenden wechselseitig beeinflussenden Faktoren im städtischen Raum (vgl. Warsewa & Spitzley, 1993). Eklatante Fehler einer "entmenschlichten Stadtentwicklung" haben zur Sensibilisierung der Bürger(innen) geführt, und die Verantwortlichen sind heute gehalten, sich mit unterschiedlichen *Interessenlagen und Wertorientierungen* der Bewohner auseinanderzusetzen. Dabei müssen Stadtviertel im Rahmen der ökologischen Stadtentwicklung die wesentliche Handlungsebene bilden. In diesem Beitrag konnte gezeigt werden, daß nur hier eine sinnvolle *Handlungsorientierung* gegeben werden kann. Das allgemeine Wissen um die Probleme der Umwelt ist zwar eine notwendige, aber keine hinreichende Bedingung für Umweltverhalten. Das tatsächliche Umweltverhalten wird entscheidend durch die Rahmenbedingungen mitbestimmt (vgl. auch die Beiträge von Gessner & Bruppacher sowie von Kals, Becker & Rieder in diesem Band). Damit findet die stadtteilbezogene Umweltberatung in der Bereitstellung von Möglichkeiten für umweltbewußtes Handeln ebenso wie in der Vermittlung von Handlungswissen und dem Aufzeigen von Handlungsalternativen interessante Aufgabenfelder.

Ein weiterer Vorteil der Umweltarbeit und -beratung in einem konkreten Stadtviertel ist die *persönliche Ansprache und die zielgruppenbezogene Kommunikation*. Oftmals tauchen Barrieren für umweltgerechtes Verhalten dadurch auf, daß die Bevölkerung nicht konkret ihren gegenwärtigen Bedürfnissen entsprechend "unterwiesen" wird. Erst wenn die Umweltberatung die Menschen dort persönlich abholt, wo sie sich gerade mit ihren Umwelterfahrungen befinden, kann sie erfolgreich sein. Aus diesem Grund ist die detaillierte Kenntnis der Zielgruppen (ihre Mentalität, Aktivität und Meinungsführerschaft) im jeweiligen Stadtviertel wichtig. Die Angebote einer stadtteilbezogenen Umweltberatung müssen auf diese Teilgruppen konkret bezogen sein. Zugeschnittene Aktionen, thematische Schwerpunkte und gezielte Kommunikation sind das Herzstück jeder stadtteilbezogenen Umweltarbeit.

Ein gewichtiges Element umweltbewußten Handelns sind ferner die *persönlichen Bezüge*, die der einzelne zu seiner Lebenswelt hat. Die überschaubaren Strukturen im Stadtviertel eignen sich für das lokale Handlungsfeld. Im Rahmen der ökologischen Stadtteilarbeit und Umweltberatung gilt es, die Identifikation des einzelnen mit seiner unmittelbaren Umwelt zu stärken und die Mensch-Umwelt-Beziehung in ihrer Vernetzung für jeden verständlich werden zu lassen. *Mitverantwortung und erlebte Einflußnahme* auf die Gestaltung des Stadtviertels sind Voraussetzungen für die Identifikation der Bewohner mit ihrem Stadtviertel. Barrieren für umweltgerechtes Handeln entstehen dort, wo die Menschen erleben, daß ihre Meinung nicht gefragt und Einflußnahme eher unerwünscht ist. Insofern ist stadtteilbezogene Umweltarbeit und die dabei realisierte Beratung "vor Ort" ein Stück weit gelebte Demokratie.

Literatur

Billig, A., Lehwald, G. & Jäger, T. (1996). *Die Arbeit der Öko-Foren Leipzig-Plagwitz und Köln-Eigelstein.* Unveröff. Bericht an die Deutsche Bundesstiftung Umwelt.

Cramer, M., Keupp, H. & Stark, W. (1988). Gemeindepsychologie. In D. Frey, C.D. Hoyos & D. Stahlberg (Hrsg.), *Angewandte Psychologie* (S. 391-404). Weinheim: Psychologie Verlags Union.

Dietrich, G. (1983). *Allgemeine Beratungspsychologie.* Göttingen: Hogrefe.

Dietrich, G. (1987). *Spezielle Beratungspsychologie.* Göttingen: Hogrefe.

Dietzel, G.T.W. & Troschke, J. (1988). *Begleitforschung bei staatlich geförderten Modellprojekten. Strukturelle und methodische Probleme.* Stuttgart: Kohlhammer.

Fischer, M. (1995). *Stadtplanung aus der Sicht der Ökologischen Psychologie.* Weinheim: Psychologie Verlags Union.

Hahn, E. (1993). *Ökologischer Stadtumbau. Theorie und Konzept.* Frankfurt a.M.: Lang.

Keul, A.G. (Hrsg.). (1995). *Wohlbefinden in der Stadt.* Weinheim: Psychologie Verlags Union.

Keupp, H. (1990). Soziale Netzwerke. In L. Kruse, C.F. Graumann & E.-D. Lantermann (Hrsg.), *Ökologische Psychologie. Ein Handbuch in Schlüsselbegriffen* (S. 503-509). München: Psychologie Verlags Union.

Lalli, M. & Hormuth, S.E. (1990). Umweltevaluation. In L. Kruse, C.F. Graumann & E.-D. Lantermann (Hrsg.), *Ökologische Psychologie. Ein Handbuch in Schlüsselbegriffen* (S. 232-239). München: Psychologie Verlags Union.

Lehwald, G. (1996). Können Kinder ihren Stadtteil planen? Über Kinderpartizipation in politischen Handlungsfeldern. In J. Mansel (Hrsg.), *Glückliche Kindheit - Schwierige Zeit?* (S. 243-253). Opladen: Leske und Budrich.

Littig, B. (1995). *Die Bedeutung von Umweltbewußtsein im Alltag.* Frankfurt a.M.: Lang.

Umweltbundesamt (1994). *Ermittlung des ökologischen Problembewußtseins der Bevölkerung.* Berlin: Umweltbundesamt.

Walden, R. (1995). Wohnung und Wohnumgebung. In A.G. Keul (Hrsg.), *Wohlbefinden in der Stadt* (S. 69-98). Weinheim: Psychologie Verlags Union.

Warsewa, G. & Spitzley, H. (1993). *2010. Perspektiven ökologischer Stadtplanung.* Bremen: Edition Temmen.

Westmeyer, H. (1994). Feldforschung. In R. Asanger & G. Wenninger (Hrsg.), *Handwörterbuch Psychologie* (S. 179-184). Weinheim: Psychologie Verlags Union.

Brücken zur Überwindung von Barrieren umweltgerechten Handelns

Elisabeth Kals und Volker Linneweber

Es bestehen keine Zweifel, daß die Lösung der ökologischen Probleme zu einer der drängendsten Aufgaben unserer Zeit gehört. Zwar hat sich der Zustand von Umwelt und Natur in Deutschland insgesamt in den letzten Jahren gebessert und manche pessimistische Prognose hat sich nicht bewahrheitet. Doch die weltweiten globalen Umweltprobleme und -bedrohungen (Gefahren des Treibhauseffekts, Verminderung der Ozonschicht usw.) sind nach wie vor nicht gelöst, und auch auf lokaler Ebene beschneiden Umweltprobleme vielerorts die Lebensqualität des Menschen (vgl. Wissenschaftlicher Beirat der Bundesregierung für Globale Umweltveränderungen, 1995).

Was sind die Ursachen, daß viele lokale und die meisten globalen Umweltprobleme noch nicht gelöst sind? Welche Barrieren stellen sich dem Umweltschutz entgegen? Mit Hilfe welcher Brückenschläge lassen sich diese Barrieren überwinden?

Dies sind die Fragen, die der Konzeption des vorliegenden Buches zugrunde liegen. Dabei wird der Überlegung Rechnung getragen, daß jede Disziplin, die sich mit Fragen des Umweltschutzes auseinandersetzt, einen anderen Schwerpunkt bei der Identifikation und Analyse möglicher Barrieren setzt, die sich der Lösung ökologischer Probleme entgegenstellen (vgl. auch Keul, 1995): Naturwissenschaften und Geographie verweisen auf die Notwendigkeit, mehr Wissen über das Zusammenwirken ökologischer Faktoren, den Verlauf von Stoffströmen oder das Zustandekommen ökologischer Belastungen zu gewinnen. Technik- und Ingenieurwissenschaften analysieren die Potentiale, die in der Bereitstellung besserer Umwelttechnologien stecken. Die Analyse von Barrieren umweltschützenden Entscheidens aus volks- und betriebswirtschaftlicher Sicht bzw. aufgrund rechtlicher Rahmenbedingungen obliegt den Wirtschafts- bzw. Rechtswissenschaften, während sich Politikwissenschaften und Soziologie mit den gesellschaftspolitischen Rahmenbedingungen von Umweltschutz auseinandersetzen. Die Psychologie analysiert umweltbezogenes Handeln und Entscheiden von Individuen und Gruppen mit Hilfe psychologischer Konzepte und stellt dieses bedingungsanalytische Wissen der Umweltpädagogik zur Verfügung, deren primäre Aufgabe in der Entwicklung und Erprobung von Interventionsprogrammen (z.B. Aufklärungskampagnen, Umwelterziehungsprogamme in Schulen und Erwachsenenbildungsstätten) zur Förderung umweltschützenden Handelns liegt (vgl. Pawlik, 1991).

Bereits in den 70er Jahren wurde erkannt, daß sich die Umweltkrise letztlich nur durch Zusammenspiel aller genannten Fächer verstehen und lösen läßt (vgl. Caris, 1978). Entsprechend wird der Ruf nach interdisziplinärer Zusammenarbeit in den einzelnen Fächern immer lauter (vgl. Kruse, 1993). Die Einlösung dieses Rufes ist jedoch sehr schwer: Hinter den unterschiedlichen Schwerpunkten bei der

Analyse möglicher Barrieren verbergen sich unterschiedliche Wissenschaftstheorien, unterschiedliche Konzepte, Methodiken und Sprachen. Die Disziplinen lassen sich anhand dieser unterschiedlichen Ansätze vereinfachend in ein naturwissenschaftlich-technisches und ein sozial- und verhaltenswissenschaftliches Forschungslager unterteilen. Die Stärke der Unterschiedlichkeit zwischen beiden Lagern spiegelt sich in der geringen Anzahl von Projekten, in denen es überzeugend gelingt, diese beiden Zugangsweisen miteinander zu verbinden.

Doch die Anforderungen sind bereits hoch gesteckt, wenn man nur die interdisziplinäre Kooperation und den Austausch innerhalb einer der beiden Gruppen von Disziplinen sucht und anregt. Denn der Facettenreichtum ist bereits innerhalb der beiden Forschungslager bzw. innerhalb jeder einzelnen Disziplin groß.

Um diesem Facettenreichtum ausreichend Rechnung tragen zu können, mußte in diesem Band eine Beschränkung auf den sozial- und verhaltenswissenschaftlichen Zugang zum Verständnis und zur Lösung der Umweltprobleme vorgenommen werden (zur Begründung des Fokus vgl. die Einleitung: Umwelthandeln multidisziplinär betrachtet). Innerhalb dieser Perspektive konnten in den elf Beiträgen dieses Buches facettenreiche Antworten aus Sicht der Psychologie, Pädagogik, Soziologie und Wirtschaftswissenschaften auf folgende gemeinsame Fragen gegeben werden, die anschließend - quasi als Bilanz des Buches - zusammenfassend beantwortet werden:

1. Auf welcher Ebene kann Handeln zum Schutz der Umwelt angesiedelt sein? Welche Akteure sind von Relevanz? Welche Umweltkomponenten sind betroffen?
2. Welche Formen von Barrieren stellen sich umweltschützendem Handeln und Entscheiden von Bürgern, Institutionen oder Staaten aus Sicht der in diesem Band repräsentierten Disziplinen entgegen?
3. Mit Hilfe welcher Brückenschläge lassen sich die Barrieren umweltschützenden Handelns und Entscheidens auf den unterschiedlichen Akteursebenen verringern (vom handelnden Individuum über mit Entscheidungsmacht ausgestatteten Gruppen und Institutionen bis hin zur internationalen Staatenebenen)?
4. Wie sind die Barrieren umweltgerechten Handelns abschließend zu bewerten? Welche Implikationen leiten sich aus dieser Bewertung für die Wahl der Grundhaltung ab, mit deren Hilfe umweltgerechtes Handeln angeregt und gefördert werden sollte?

In der Zusammenschau der verschiedenen Beiträge wird deutlich, auf welchen unterschiedlichen Ebenen Handeln und Entscheiden zum Schutz der Umwelt angesiedelt sind (erste Leitfrage). Zunächst sind verschiedene Akteursebenen und -gruppen zu unterscheiden. Umweltschutz umfaßt beispielsweise auf der Mikroebene individuelles Handeln im Alltag (z.B. Verzicht auf das Autofahren) als auch in gesellschaftspolitischen Kontexten (z.B. die Berücksichtigung der Belange der Umwelt bei politischen Wahlen). Auf der nächsten Akteursebene, der Mesoebene, ist an Handlungen und Entscheidungen auf Gruppenebene zu denken. Hierzu gehören verschiedene gesellschaftliche Institutionen oder Gruppierungen (z.B. Umweltschutzgruppen), aber auch politische oder wirtschaftliche Entscheidungsgremien, die mit besonders hohem Einfluß ausgestattet sind, indem sie z.B. über den Erlaß oder die Auslegung umweltpolitischer Gesetze oder über die Investition zusätzlicher umweltschützender Technologien in Industrieanlagen zu befinden haben. Über diese eng umgrenzten Gruppen hinaus ist an offene gesellschaftliche Gruppierungen oder Milieus zu denken, die die natürliche Umwelt in unterschiedlicher Weise belasten bzw. schonen. Es schließt sich die Analyseeinheit der Makroebene als ganze Gesellschaft an, deren Betrachtung vor allem durch einen Vergleich der Schonung bzw. dem Verbrauch von Ressourcen zwischen Staaten Sinn macht.

Ebenso wie verschiedene Akteursgruppen zu unterscheiden sind, ist zwischen unterschiedlichen Umweltgütern zu differenzieren, die durch die Handlungsentscheidungen betroffen sind. Sie reichen von lokal umgrenzten bis zu globalen, geographisch nicht mehr begrenzbaren Umweltgütern. Ohne zu übersehen, daß auch der einzelne Bürger mit seinen individuellen Entscheidungen langfristig und in summativer Wirkung Einfluß auf globale Umweltprobleme nehmen kann, lassen sich die globalen Umweltprobleme am wirkungsvollsten auf Gruppen- bzw. Staatenebene angehen, denn an ihrem Zustandekommen ist jeder einzelne Akteur nur in geringem Maße beteiligt.

In diesem Buch werden - nach einem einführenden Beitrag von Ernst-Dieter Lantermann - zunächst die größeren Handlungseinheiten auf Gesellschafts- oder Gruppenebene analysiert. Hier stehen erwartungsgemäß globale Umweltprobleme und theoretische Überlegungen im Vordergrund. Es folgt die Analyse von Handlungen und die Überwindung ihrer Barrieren mit einem Schwerpunkt auf individueller Ebene bzw. auf der Ebene von eng umgrenzten Gruppen, wie den Bewohnern eines bestimmten Stadtteils. Dabei liegt der Schwerpunkt auf der Darstellung konkreter Anwendungsbeispiele. Die in den Beiträgen angesprochenen Barrieren lassen sich - ohne die Aspektvielfalt der einzelnen Beiträge vollständig abbilden zu können - wie folgt beschreiben (zweite Leitfrage):

- Der Beitrag von Ernst-Dieter Lantermann eröffnet die Diskussion. Macht es überhaupt Sinn, Begriffe wie "umweltbewußt", "umweltbezogen" oder "umweltgerecht", zu erörtern? Wäre es nicht "ökologisch valider", von einer Mehrzweckigkeit (Polytelie) auszugehen, innerhalb derer "Umwelt" ein - fast zufälliges, aber durchaus willkommenes - Objekt individueller Entscheidungen und individuellen Handelns ist? Zur Illustration dieser Fragen wird am Beispiel des Verzichts auf einen Zweitwagen demonstriert, daß umweltschützendes Handeln nicht notwendigerweise auf umweltschützenden Motiven beruht, sondern ebenso durch die Verfolgung anderer Interessen und Ziele motiviert sein kann. Neben externen Barrieren wird dem Erhalt bzw. der Erhöhung des eigenen Selbstwertgefühls eine besonders große Bedeutung zugeschrieben. Eine Gefährdung dieses Selbstwertgefühls - so läßt sich schlußfolgern - stellt somit eine besonders einflußreiche Barriere umweltschützenden Handelns dar.

- Die externen Restriktionen umweltschützenden Handelns werden im Beitrag von Wolfgang Gessner und Susanne Bruppacher vertieft. An den Beispielen der Computernutzung und des Einkaufsverhaltens illustrieren die Autoren den "Koordinationszwang", der dazu führt, daß der einzelne aufgrund externer Zwänge zu umweltgefährdenden Kauf- und Konsumentscheidungen geführt wird. Damit wird in diesem Beitrag die subjektzentrierte Betrachtung von Barrieren, die in der sozial- und verhaltenswissenschaftlichen Forschung zweifelsfrei dominiert, auf die Analyse objektiver Handlungsrestriktionen umgelenkt. Gemeinsam ist somit den ersten beiden Beiträgen, daß nicht die "traditionellen" Barrieren umweltschützenden Handelns im Vordergrund stehen, die auf die

252

subjektive Wahrnehmung und (fehlende) umweltbezogene Haltungen des Individuums gerichtet sind, sondern jene Barriereformen, die außerhalb des Zieles "Umweltschutz" bzw. außerhalb individueller Einflußmöglichkeiten stehen.

- Im dritten Beitrag analysiert Fritz Reusswig auf der Meso- und Makroebene die Barrieren, die sich dem Handeln und Entscheiden zum Schutz der Umwelt auf der Ebene von Akteursgruppen entgegenstellen. Er geht in seinem Lebensstilansatz davon aus, daß in den von ihm analysierten neun Milieus umweltschützendes Handeln durch jeweils milieuspezifische Barrieren erschwert wird. Eine der wesentlichen Aussagen ist, daß diese Lebensstile ökologische Pluralität widerspiegeln, weshalb je nach Milieu unterschiedliche Wege zur Überwindung der unterschiedlichen Barrieren einzuschlagen sind.

- Leo Montada fokussiert in seinem Beitrag Barrieren des Umweltschutzes in Form wahrgenommener Ungerechtigkeiten, die sich dem Umweltschutz auf gesellschaftspolitischer sowie individueller Ebene entgegenstellen. Mittels theoretischer Überlegungen und exemplarischer Daten aus vier Untersuchungen wird der Nachweis geführt, daß Fragen der Gerechtigkeit auf allen für Umweltschutz relevanten Handlungs- und Entscheidungsebenen eine zentrale Rolle spielen. Es wird nachgezeichnet, wie individuelle Gerechtigkeitsperzeptionen bezogen auf verschiedene Umweltschutzmaßnahmen (Appelle, Subventionen, Steuern, Verbote) zustande kommen und welche Wirksamkeit sie auf umweltschützende Bereitschaften und Entscheidungen haben. Die Daten bestätigen die Komplexität der Gerechtigkeitsbarrieren und -konflikte, die eine diskursive Lösungsfindung erforderlich macht, bei der die verschiedenen konfligierenden Gerechtigkeitsprinzipien gegeneinander abgewogen werden.

- Die Idee, Umweltkonflikte mit Hilfe von diskursiven Verfahren zu lösen, in denen die einander ergänzenden oder auch konfligierenden Gerechtigkeitsprinzipien sowie die unterschiedlichen Gerechtigkeitswahrnehmungen aller Beteiligten im Zentrum stehen, wird im Beitrag von Ortwin Renn ausgeführt. Dem Beitrag liegt die Annahme zugrunde, daß sich Barrieren umweltschützenden Handelns durch diskursive Partizipationsverfahren, in denen die Einhaltung von Fairneß Priorität hat, überwinden bzw. sogar vermeiden lassen. Die Partizipationsverfahren dienen dazu, gerechte Verteilungsnormen auszuhandeln und in konkreten umweltbezogenen Konfliktfällen anzuwenden, um so eine gerechtere Verteilung von Umweltgütern und Umweltbelastungen zu ermöglichen.

- Auf gesellschaftspolitischer Ebene ist auch der Beitrag von Volker Linneweber angesiedelt. Er führt das Konstrukt des Benachteiligungssyndroms ein: Akteure sind bestrebt, sich selbst in Relation zu anderen als unterpriviligiert und bezogen auf umweltschützende Maßnahmen als überdurchschnittlich engagiert zu sehen und zu präsentieren. Dieses Benachteiligungssyndrom erschwert Verzichte zum Schutz der Umwelt, gleichzeitig ermöglicht seine Analyse aber effiziente Möglichkeiten, die Wirksamkeit dieses Syndroms zu verringern bzw. aufzuheben.

- Auf dieser Verringerung von Barrieren kollektiven Handelns zum Schutz der Umwelt liegt der Schwerpunkt im nächsten Beitrag: Hans-Joachim Mosler und Heinz Gutscher zeigen mit Hilfe von Computersimulationen, welche individuellen und kollektiven Faktoren individuelles Handeln in großen Gruppen erschweren (vor allem wahrgenommene geringe Wirksamkeit eigenen Handelns) und unter welchen Bedingungen übernutzendes Handeln dennoch in umweltschützendes Handeln verändert wird. Aus diesen Analysen werden sehr spezifische Empfehlungen für die Praxis abgeleitet, die vor allem auf soziale Beeinflussung und Bündelung von Ressourcen und Aktivitäten abzielen.

- Im nächsten Beitrag von Lutz Eckensberger, Heiko Breit und Thomas Döring wird die Analyseebene kollektiven Handelns verlassen und die individuelle Handlungsebene betreten. Die Autoren beschreiben eine entwicklungspsychologische Perspektive, die auf der Typenlehre der Moralentwicklung aufbaut, und die es ermöglicht, Barrieren umweltschützenden Handelns nicht nur als Störfaktoren zu konzipieren, sondern ihre entwicklungsfördernde Funktion zu erkennen. Diese Entwicklungsperspektive wird auch auf die Barrieren selbst sowie auf die Analyse von Umweltproblemen angewendet. Damit wird in diesem Beitrag vor allem auf die Bedeutung der subjektiven Wahrnehmung und Bewertung von Barrieren abgehoben und diese subjektive Bewertung in Relation zum moralischen Urteil gesetzt.

- Auch im Beitrag von Elisabeth Kals, Ralf Becker und Dietmar Rieder steht individuelles Handeln und eine moralbezogene Perspektive im Vordergrund. Es wird ein Umweltschutzmodell vorgestellt, in dessen Zentrum die Zuschreibung von Verantwortung für den Schutz der Umwelt steht und das - wie anhand von Daten illustriert wird - bereits auf die Erklärung von Handlungsentscheidungen von Schulkindern erfolgreich angewendet werden kann. Als Barrieren umweltschützenden Handelns werden geringe Verantwortungszuschreibungen und die ihnen zugrunde liegenden Determinanten konzipiert. Es werden konkrete Interventionsempfehlungen ausgesprochen, wie sich diese individuellen Barrieren - etwa in der Schulpraxis - überwinden lassen.

- Diese umweltpädagogische Perspektive steht im Zentrum der Überlegungen von Dietmar Bolscho. Der Autor systematisiert die bisherigen Anstrengungen der Umweltbildung, gibt einen Überblick über die Forschung und präsentiert - über andere Bildungsbereiche hinaus - Daten zur Umweltbildung in der Schule. Die Barriereformen, die sich in diesem Beitrag finden, beziehen sich vor allem auf individuelle Barrieren in Form ungünstiger Motivationsprofile sowie situativer Bedingungen und biographischer Verläufe. Neben diesen individuellen Perspektive werden jedoch auch Barrieren angesprochen, die die Durchsetzung bzw. den Erfolg von Umweltbildungsprogrammen im allgemeinen erschweren können.

- Der Beitrag von Gerhard Lehwald und Axel Billig ist schließlich auf die Überwindung von Barrieren im Kontext der stadtteilbezogenen Umweltberatung ausgerichtet. In diesem Beitrag werden gleichsam viele der bisher diskutieren Barriereformen gebündelt: Neben individuellen Barrieren umweltschützenden Handelns werden äußere Rahmenbedingungen diskutiert, die umweltschützendes Handeln erschweren. Die Aussagen werden durch eigene empirische Daten gestützt und durch Formulierung konkreter Interventionsempfehlungen bei der stadtteilbezogenen Umweltberatung für die Praxis nutzbar gemacht.

Die Zusammenschau all dieser Barrieren, die in diesem Buch analysiert werden, zeigt, wie heterogen Hindernisse sein können, die umweltschützendem Handeln entgegenstehen: Sie umfassen psychologische Barrieren des Selbstwertschutzes, die nichts mit Umweltschutz zu tun haben, objektive Handlungsrestriktionen, lebensstilgebundene Barrieren, die Wahrnehmung von Ungerechtigkeit und mangelnde Beachtung von Fairneßprinzipien bei der Durchsetzung von Umweltschutzmaßnahmen, das Erleben subjektiver Benachteiligung oder das Erleben von Machtlosigkeit in großen anonymen Systemen, Barrieren, die aus einer entwicklungspsychologischen Morallehre erwachsen, mangelnde Verantwortungszuschreibungen und ihre individuellen Ursachen, ungünstige Motivationsprofile sowie stadtteilbezogene Barrieren.

Jede genannte Barriereform ist durch andere spezifische Interventionsentscheidungen zu überwinden, die in den Abschlußkapiteln der Beiträge genannt werden (dritte Leitfrage). Hält man sich diese Interventionsempfehlungen vor Augen, so werden die Ansprüche bescheiden: Patentlösungen lassen sich ohnehin nicht formulieren, doch sind bei einigen Barriereformen die individuellen Interventionsmöglichkeiten darüber hinaus gering. Eine Aufklärung und Bewußtmachung der Barrieren ist jedoch immer möglich. Hierzu gehört beispielsweise die Darstellung der objektiven Restriktionen umweltschützender Entscheidungen (vgl. den Beitrag von Gessner und Bruppacher). Interventionen, die über Aufklärung hinausgehen, sind jedoch mit steigender Analyseebene der betrachteten Akteure häufig auf gesellschaftspolitischer und nicht mehr auf individueller Ebene angesiedelt: Äußere Rahmenbedingungen sind beispielsweise durch andere Gesetzgebung oder veränderte Anreizstrukturen neu zu gestalten, oder die Veränderung lebensstilgebundener Barrieren in unterschiedlichen Milieus ist als gesellschaftlicher Prozeß zu begreifen, der sich durch Aufklärung und Interventionskampagnen möglicherweise initiieren, aber auf individueller Veränderungsebene nicht langfristig tragen läßt.

Daher, so kann man aus den Beiträgen schlußfolgern, liegt der Königsweg zur Lösung der Umweltkrise im Beschreiten multipler Interventionsansätze. Obgleich sich auf der Ebene des Individuums viele Barrieren identifizieren lassen, die umweltschützendes Handeln erschweren und daher Ansätze für Interventionen bieten, ist ein alleiniger individualpsychologischer Interventionsansatz sicherlich unzureichend: Gleichzeitig müssen auch die äußeren situativen Rahmenbedingungen, der soziale Kontext, in den das Individuum eingebettet ist, sowie grundlegende gesellschaftspolitische Strömungen überdacht und bei der Entwicklung von Interventionsprogrammen mitberücksichtigt werden.

Allen Barrieren ist gemeinsam, daß es - unter Ausnahme der objektiven Restriktionen von Handlungsentscheidungen - letztlich um ihre subjektive Wahrnehmung und Bewertung geht (vgl. zu dieser Diskussion Kaiser, 1998). Auf die Bedeutung dieser Wahrnehmungen haben beispielsweise die Beiträge von Volker Linneweber, von Hans-Joachim Mosler und Heinz Gutscher sowie von Lutz Eckensberger und Mitarbeitern ihren Analyseschwerpunkt gesetzt. Daher ist es notwendig, vor allem diese subjektive Wahrnehmung, etwa die wahrgenommenen vermeintlich geringen Verzichte anderer, in die gewünschte Richtung zu verändern.

Stellt man sich abschließend die Frage, wie die Barrieren umweltgerechten Handelns zu bewerten sind (vierte Leitfrage), so zeigt sich, daß sie keinesfalls "einfache Ausreden" aus dem Umweltschutz sind: Viele der angesprochenen Barrieren sind objektive Restriktionen (z.B. in Form mangelnder Handlungsmöglichkeiten), und auch die anderen, "weicheren" Restriktionen spiegeln individuelle Wahrnehmungen und Bewertungen und damit subjektive Realitäten und Restriktionen wider. Dabei wird nicht übersehen, daß es in manchen Fällen um die Verteidigung von Eigeninteresse im Sinne der Erhöhung eigener Ressourcen (Bequemlichkeit, Status, Macht usw.) geht (vgl. Montada, in press). Dieses Eigeninteresse sollte vor allem bei Handeln, das den Schutz der Umwelt gefährdet, von großer Bedeutung sein. In vielen Fällen geht es jedoch nicht primär um die Verfolgung von Eigeninteresse, sondern um grundlegende Wertekonflikte, um subjektive Gerechtigkeitsmotive und individuelles Fairneßerleben. Umweltschutz steht in potentieller Konkurrenz mit anderen Werten und Interessen (wie Sicherung des Wirtschaftswachstums oder Erhalt von Arbeitsplätzen), die ebenso moralbezogen (im Sinne des Schutzes des Gemeinwohls) sein können wie der Schutz der Umwelt und daher keine "einfachen Ausreden" aus dem Umweltschutz darstellen. Hier geht es darum, eine Balance in der Realisierung der unterschiedlichen Werte zu erreichen, die von den beteiligten Akteuren als gerecht wahrgenommen und daher mitgetragen wird.

Um dies zu erreichen, ist in Interventionsprogrammen (z.B. in Aufklärungskampagnen) eine Grundhaltung der Akzeptanz und Wertschätzung wahrgenommener Barrieren hilfreich. Diese Grundhaltung sollte jedoch nicht nur im Umgang mit Individuen handlungsleitend sein, sondern ist auch bei gesellschaftspolitischen oder Gruppeninterventionen einzunehmen und würde schließlich auch politische Diskurse und Verhandlungen erleichtern.

Nur wenn man die subjektive Realität der Wahrnehmung und Bewertung von Barrieren umweltschützenden Handelns und Entscheidens auf allen Interventionsebenen ernst nimmt, besteht eine Chance, daß der Schutz der Umwelt vor anderen Zielen und Interessen Priorität gewinnt. Dies sollte dazu führen, daß erstens Anstrengungen unternommen werden, ojektive gesellschaftspolitische Handlungsrestriktionen abzubauen, und daß zweitens wahrgenommene Handlungsrestriktionen neu bewertet werden und dadurch an Bedeutung verlieren.

Literatur

Caris, S.L. (1978). *Community attitudes toward pollution* (Research Paper 188). Chicago: Department of Geography.

Kaiser, G.F. (1998). Person und Situation als Determinanten unterschiedlicher Aspekte ökologischen Verhaltens. *Umweltpsychologie, 3* (2), 20-32.

Keul, A.G. (1995). Einleitung. Wohlbefinden in der Stadt - Abriß eines Forschungsfeldes. In A.G. Keul (Hrsg.), *Wohlbefinden in der Stadt* (S. 1-21). Weinheim: Psychologie Verlags Union.

Kruse, L. (1993). Umweltschmutz und Umweltschutz als Verhaltensprobleme. In R. Zwilling & W. Fritsche (Hrsg.), *Ökologie und Umwelt. Ein interdisziplinärer Ansatz* (S. 229-243). Heidelberg: Heidelberger Verlags Anstalt.

Montada, L. (in press). Justice: Just a rational choice? *Social Justice Research.*

Pawlik, K. (1991). The psychology of global environmental change: Some basic data and an agenda for cooperative international research. *International Journal of Psychology, 26,* 547-563.

WBGU, Wissenschaftlicher Beirat der Bundesregierung Globale Umweltveränderungen (Hrsg.). (1995). *Welt im Wandel. Wege zur Lösung globaler Umweltprobleme.* Berlin: Springer.

Springer
und
Umwelt

Als internationaler wissenschaftlicher
Verlag sind wir uns unserer besonderen
Verpflichtung der Umwelt gegenüber
bewußt und beziehen umweltorientierte
Grundsätze in Unternehmens-
entscheidungen mit ein. Von unseren
Geschäftspartnern (Druckereien,
Papierfabriken, Verpackungsherstellern
usw.) verlangen wir, daß sie sowohl
beim Herstellungsprozess selbst als
auch beim Einsatz der zur Verwendung
kommenden Materialien ökologische
Gesichtspunkte berücksichtigen.
Das für dieses Buch verwendete Papier
ist aus chlorfrei bzw. chlorarm
hergestelltem Zellstoff gefertigt und im
pH-Wert neutral.

Springer